JN073590

狂気の洗脳と操り

TRANCE FORMATION of AMERICA

トランスフォーメーション・オブ・アメリカ

CIAマインドコントロール性奴隷
「大統領モデル」が語った真実

キャシー・オブライエン
マーク・フィリップス
田元明日菜 翻訳
横河サラ 推薦

ヒカルランド

マーク・フィリップス（1943年～2017年）に、

愛と敬意を込めて……

彼はアメリカ政府の内部告発者として、真実を明らかにすることで、人々が生まれながらにして持つ思想の自由という権利を平和的なやり方で取り戻すために尽力し、命を捧げた。

それゆえ、本書に記された内容は、彼が命をかけて取り組んできた次のミッションに捧ぐものである。

・児童虐待、人身売買、最終的にはマインドコントロールを撲滅すること
・退役軍人を知識で武装させ、内なる戦争を止めさせること
・個人と国家の主権を平和的に回復すること
・私たちを自由にする真実によって、
個人と国家の主権を回復し、人間の本質的な価値、愛、そして魂の強さを取り戻すこと

TRANCE
FORMATION OF AMERICA
By Cathy O'Brien with Mark Phillips

Seventeenth Edition Privately Published in the
United States of America by
Reality Marketing, Incorporated

www.trance-formation.com

Copyright 1995

Japanese translation published by arrangement with Reality Marketing Inc.
through The English Agency (Japan) Ltd.

『トランス　フォーメーション・オブ・アメリカ』日本語版の出版によせて

推薦者　横河サラ

究極の愛のドキュメンタリー

ＭＫウルトラ・マインドコントロールのサバイバーであり、「大統領モデル」であったキャシー・オブライエンと、彼女と娘のケリーを命がけで救出し、巨大なマインドコントロール／人身売買シンジケートと闘い続けたマーク・フィリップスのことを知ったのは、もう何年も前のことだ。

きっかけは、「Gaia.com」にて２人がそれぞれインタビューを受けている動画だった。

それまで知らなかった、隠蔽《いんぺい》されてきた事実の壮絶さに衝撃を受け、ほぼ完全にノックアウトされてしまったことを記憶している。

同時に、２人の真剣な眼差しや表情、真摯《しんし》な話し方、バイブレーションの中に、これはスルーしてはならない情報だということを強く感じていた。

今年（2023年）3月、キャシーにインタビューしたミッシェル・ムーアの言葉を借りると、「知りたくなかったこと。だが、知らなくてはいけないこと」なのだ。

まだその頃のユーチューブは、検索をかければキャシーとマークが出ている動画を探し当てることができたので、衝撃を「真実を知るための作業」へと昇華させるべく、彼らの動画を片っ端から見ることにした。

私が視聴した動画の多くは、2人が『トランス　フォーメーション・オブ・アメリカ』の自費出版後、賛同した多くの協力者のもと、米国各地で開かれた講演会を録画したものだったが、そこで語られていた真実は、やはり耳や目を塞いだまま通り過ぎることのできないものだった。

MKウルトラ、モナーク・プロジェクトなどの言葉を耳にしたことのある人は多いと思うが、マインドコントロールとはいったい何なのか。

誰が、どのような目的でそれを始め、やり続けてきたのか。

まだ幼かった頃からキャシーを性奴隷として扱い、強烈なマインドコントロールのツールによって彼女の脳内をコンパートメントライズ（脳内部を区画に仕切ること）し、果てには、情報のやりとりのためのスパイとして使っていたハンドラーたち。

巨大なマインドコントロール／人身売買シンジケートの頂点は、米国政府のトップへと行き着く。キャシー・オブライエンが直面したのは、CIA工作員や諜報員たち、そして米国政府の頂点に居座っていた輩たちだった。

激しい虐待行為の反復により、彼女の脳内はコントロールされていく。悪党たちは、彼らが好きな時に好きなように「鍵」を使って記憶を詰め込んだり引き出したりしていたが、彼女自身は何が起きていたのか、自分が何を喋ったのかすら思い出すことができない状態だった。

マーク・フィリップスは、そのような状態だったキャシーと娘ケリーを救出した。

2人の長い闘いが始まり、そして果てしなく続いていく。

マークの無条件の愛と、高度な心理学を使ったヒーリングの手法により、キャシーは信頼できる人間がいることを初めて知り、記憶を回復していく。

そして、すべてを思い出したのだ。

キャシーが思い出したこと、それは「国家安全保障」の名のもと、米国政府のトップレベルにおいて、日常的に行われている犯罪や、血も涙もない極悪非道の数々だった。

2人が「重い隠蔽の蓋」を持ち上げたことにより、マインドコントロールの被害に遭っていた多くの人々が声を上げ始めた。

マークは「キャシーの事例が特殊なものであったらよかったのに、と思う。だが、マインドコントロールの被害に遭っている人々が、実に多く存在している」と言う。

それだけではない。

私たちは全員、マインドコントロールの被害者であり、日々その脅威にさらされている。

マインドコントロールは、全人類に対して巧妙に、止まることなく施され続けてきた。

経済システム、メディア、TV、食品、薬、電磁波、etc. etc.

挙げたら切りがないほど、私たちの周囲にあるもののほとんどが、人間をマインドコントロールするための道具だと言っても過言ではない。


マインドコントロールの基本手法は、トラウマを植え付けること、そして反復である。

繰り返し言い続けることで、嘘も本当になる、というのが彼らの考えなのだ。


例えば、ケネディ大統領の暗殺現場や、9・11のショッキングな映像を何度も何度もリピートしてテレビ画面に映し出すことにより、世界中の人々をトラウマに陥れた。

マインドコントロールは、ナチスの時代から研究や実験され続けてきた、新世界秩序《ニューワールドオーダー》、つまりネオナチの目的達成のための最大の兵器なのである。

『ダイヴ！ｉｎｔｏディスクロージャー』（２０１９年ヒカルランド刊）を書いていた時、最初はキャシーとマークのことも入れようと思っていたのだが、「今はまだ早すぎるのかもしれない」という気持ちが湧き上がり、数行を用いてこの本の原書を紹介するにとどまった。

あれから4年経った今、隠されてきた真実や事実の開示が驚くべきスピードで起き、集合意識の中に急速に浸透してきている。


そろそろよいタイミングではなかろうかと思い、ヒカルランドの石井社長に相談したところ、ありがたいことに出版を快諾してくださった。

二極性のグリッドがゆっくりと崩壊して行くこのタイムラインにおいて、キャシー・オブライエンとマーク・フィリップスが語る真実を日本語で読んでもらえることは、大きな喜びである。

キャシー自身も、メールのやりとりの中で「今ほどベストなタイミングはないわ」と言ってくれた。

しかも、『トランス　フォーメーション・オブ・アメリカ』に続き、2022年春にリリースされた映画『TRANCE』の日本語字幕版の制作もあわせて進行している。

今年2023年は、マインドコントロールへの理解と認識が、日本でぐっと深まることを大いに期待している。


それにしても……

生命は、いったいどこまで深く、闇の中へと入っていけるのだろう。

そして、「底なしの深い闇から、ゆるぎない無条件の愛への逆転」という奇跡はどのように起きるのか。

この本は、2人の生身の体験を通してその秘密を教えてくれる、まさに究極の愛のドキュメンタリーだ。

だから、どうか目を背けないでほしい。

現実に起きている事実を知ることなしに、深く傷ついてしまっている人類の集合意識、そして一人ひとりの人間に、真の癒しは起こり得ないからだ。

人間のスピリットの基本設定は、無条件の愛である自分自身として生きることである。

そこには常に、ゆるぎない歓喜と幸福感、輝きがある。

キャシー・オブライエンが命をかけて伝えてくれていることは、その状態を私たちが取り戻すために避けては通れない真実なのである。

目次

第二部　キャシー・オブライエン著　117

本書に記載されている役職や現況等は、英語原書発行当時のものです。
また、内容に露骨な性的描写や暴力的な表現が多く含まれていますが、
著者の意図を尊重し、そのまま訳出いたしました。
本文中、同ページ内に記載した漢数字の注釈は、翻訳者による補足です。

カバーデザイン　重原隆
翻訳協力　平澤貴大
本文仮名書体　蒼穹仮名（キャップス）

第一部

マーク・フィリップス著

17刷を記念して

本書は1995年9月に第1刷が発売された。初版発行以来、ここに記された数多くの理解に苦しむ真実が証明され、支配されたメディアを介しながらも、奇跡的に表に出てきた。ここに書かれた内容を調査し、真実の光を当ててくれる人に本書を届けるために、どうかご協力をお願いしたい。心理戦争は人類に対して静かに仕掛けられているのだ。

あなたの思考が自由である限り、どうか覚えておいてほしい。光のない部屋で1匹の蚊が心を苛立たせる状況を想像してみてほしい。

この本は、正義が勝つまで、そして、ケリーを回復させる技術的な解毒剤が提供されるまで、印刷され続けるだろう。本書の内容が、偏見のない、検閲のないマスメディアの注目を浴びるその日まで。皆様の支援に感謝を込めて。

序文

「万民のための自由と正義を」（アメリカ合衆国憲法、前文より）

マーク・フィリップス

私の名前は、マーカート（マーク）・ユーイング・フィリップス。1943年5月17日にテネシー州ナッシュビルで生まれた。犯罪歴はなく、精神に異常をきたしていると診断されたこともない。また、学者でも、専業作家でも、精神科医でもない。公的な学位はないが、外部から心をコントロールするという秘密科学の権威者として、メンタルヘルスと法執行機関の専門家たちから国際的に評価されている。

本書の第一部では、私がこのような評価を得るようになるまでの経緯を記している。簡潔に凝縮して書いたが、これは、私がなぜ、いつ、どこで、人類にとって極秘とされているこの研究（トラウマに基づくマインドコントロール）に着手したのかを理解していただくためのものである。機密扱いを解かれたアメリカ政府の文書が公開されたことで、アメリカ国防総省（DOD）は、古代の支配の方法であった魔術のメカニズムが、非常に危険であり、最高機密として扱われなければならないことを認めている。というのも、国防総省の下請け会社の従業員として、マインドコントロールの研究に携わったことがある私は、秘密保持の誓いに署名することを要求されているからだ。今日に至るまで、私は法律により、数ある「機密」の暴露の中でも特に、私の雇用に直接関係する特定の情報を明らかにすることを制限されている。

この極秘の技術は、人間の身体と心理を遠隔操作する進化したシステムであるが、最近になって、その正体は絶対的なマインドコントロールであるということが精神科医によって公式に認識されるようになった。

私がマインドコントロールの研究に初めて触れたのは、1960年代後半、ジョージア州アトランタにあるエモリー大学のヤーキス霊長類センターだった。そこで私は、霊長類の行動変容、つまり人間のマインドコントロールの基礎となるものについて学んだ。本書の第一部は、このような体験やその他の体験を通じて、私がどのように生涯にわたる挑戦の土台を築いてきたかを理解してもらうことを意図している。

しかし、ヤーキス霊長類センターやその他の政府出資の研究施設で目にした技術や、心を操るこの科学に関する長年の個人的な研究でさえも、1988年に予想外の出来事の連鎖によって起きた経験に対する十分な備えにはならなかった。私は国防総省が公式に「MKウルトラ」[1]と名づけた人体実験のことを個人的な経緯で知ったのだ。

私は、MKウルトラの生存者であるキャシー・オブライエンが提供する資料を見た連邦政府が、彼女の主張を正当に調査するようになることを期待し、僭越《せんえつ》ながらこの序文を執筆させていただいた。

私はMKウルトラの犠牲者であるキャシー・オブライエンと娘のケリーを、アメリカ政府の秘密兵器の見えない支配から解放することができた。その過程で、私はキャシーの心身の健康を回復させる手助けもした。しかし、正義を追求するための政府の協力は得られなかった。なぜ正義を手にすることができなかったのか、その理由を読者の皆さんにも知ってほしい。私は「正義は手に入らない、国家安全保障のためだ」と繰り返し言われてきたのだ。

本書は、主にキャシー・オブライエンの自伝である。彼女は国への政治的「奉仕」に志願したわけでもないのに、生来の自発的な意思に反して、アメリカ政府内の多くのいわゆる指導者たちによって、犯罪行為を持続させるために、すべての人生を利用された。この「裏切り者の指導者」たちは、国への政治的「奉仕」をしていない。彼らはその行動に対して責任を負わなければならないはずだ。

キャシーと私は、共に正義を追求し、彼女とケリーのリハビリに人生を捧げてきた。正義と社会復帰の道は国家安全保障という理由で阻止されてきたが、いったい誰のための安全保障なのだろうか？　それについてはキャシー・オブライエンが論理的な答えをくれるはずだ。おそらく、読み終わった後、あなたは、ほかの人にもこの本を読むように勧めるだろう。愛国者として力を合わせ、声を届ければ、キャシーとケリーのために、自分たちの政府のために、そして人類のために、良い変化をもたらすことができるのだ。といっても、私たちの偉大なる合衆国憲法を改正する必要はない。そうではなく、憲法を施行する必要があるのだ。

私たち全員が残酷な現実を受け入れなければならない。人類にとって、キャシーとケリー、そして多くのアメリカ政府の秘密兵器の犠牲者が経験したことに値するような正義や復讐は存在しないのだ。そして、こうした生存者のために正義を実現する残された唯一のチャンスは、彼らが体験したことを公の場で暴露することである。生存者たちは、自らの体験談が広く拡散されることで、政府が管理している秘密に、根本的で前向きな変化が起こることを目の当たりにする必要があるのだ。これは、遅ればせながら、正義に代わるものとして受け入れられることになるだろう。次の言葉には彼らの希望が宿っている。

「真実によってみじめな人生を送ることになったとしても、いつだって嘘に屈することはない」（無名の人物）

1　ハービー・M・ワインスタイン医学博士『ＣＩＡ洗脳実験室―父は人体実験の犠牲になった』（デジタルパブリッシング出版局刊）

第1章
マインドコントロールの別名

英語には、複数の定義や意味を持つ単語や成語がある。それぞれの言葉は、適用される文脈に応じて、異なる論理的、または文字通りの意味を持つ。だが、「マインドコントロール」という言葉からは、いつも、1つのことしか思い浮かばない。しかも非常に残念なことに、この言葉の認識は、本来の意味から大きく外れているのだ。

例えば、1980年代後半に出版されたランダムハウス社発行の『ウェブスター新語辞典』で、マインドコントロールという単語を調べてみると、マインドコントロールの項目がないことに気づくだろう。さらにもう一歩進んで、大学教授の教本である『オックスフォード・コンパニオン・トゥ・ザ・マインド』(オックスフォード・プレス、1987年)を入手すれば、心の研究に関するあらゆることを参照することができるにもかかわらず、マインドコントロールへの言及がないことがわかる。ランダムハウス、ウェブスター、オックスフォード・プレスの出版物を通じて、あなたは自分が情報統制の犠牲者であることに気がつくかもしれない。

マインドコントロールは、ときに「情報操作」と大まかに定義されることがある。これはこの用語を定義する方法の1つであるが、とはいえ、あなたは直ちに情報源に不信感を抱くはずだ。私たちが考えることは、自分の学んできたことに基づいているため、個人、あるいは国民の心を操作したければ、情報をコントロールすればいい。思想統制は情報統制の結果であり、数多くの熱心な精神科学研究者が、これを「ソフトマインドコントロール」と呼んでいる。

今日の私たちは、瞬時のコミュニケーションによって、多国籍企業や政府の存続が左右される世界に暮らしている。世の中が、いわゆる「情報過多」であると考えると、私たちは個人の生活に関して合理的な判断を下すのに十分な情報を見聞きしているように思われる。しかし、残念ながら、これは真実ではない。マインドコントロールという残虐行為に見られるように、私たちの知らないことが、これまでの社会を急速に破壊しつつあるのだ。

この問題に対する答えは明白である。私たちは、自由の国の国民として、国家安全保障の名目で犯罪行為が保護されているということ、そして、その情報が政府によって制限されることを許してはならないのである。

隠された知識は力と同じようなもので、それが最終的に行き着く先は支配である。そして、国のメディア情報を管理する人々（メディアの従業員ではない）が意図的に隠蔽しようとしたにもかかわらず、失敗に終わった秘密のマインドコントロールプロジェクトの存在が、メディアを通じて何年も漏れ伝わっていた。さらに、特定のセンセーショナルなニュースに対する論理的な説明が明らかに不足しているため、人々は文字通りマインドコントロールの現実に目覚めている。ジム・ジョーンズが集団自殺を率いたジョーンズタウンで、サーハン・ベシャラ・サーハン、ジョン・ヒンクリー、リー・ハーヴェイ・オズワルドに何が起こったかを思い出してほしい。そして、それ以上に重要なことは、なぜそれが起こったのか、ということである。こうした人物の間に存在する単純な共通項は、マインドコントロールである。これは、彼らの病歴を調査した上で、マスコミが公表している事実である。

実は、情報操作はマインドコントロールの一要素にすぎない。洗脳とは、あるジャーナリストが1951年頃、朝鮮戦争の捕虜の記事を書いた際に用いた造語で、中国人が思想改革と見なしたものを、そのように言い表していた。

多くの人は、「洗脳」という言葉を、記憶を破壊するという意味として理解している。この俗語は「マインドコントロール」という包括的な用語の代わりに、ニュースメディアで使われ続けている。事実、洗脳のテクニックは、トラウマに基づく行動変容に使用されるものと類似している。

過去30年間、世界中で多くの宗教団体が破壊的なカルトとして報道されてきた。ちなみに、これらの集団をカルトと定義するには、「破壊的」という言葉を強調する必要がある。というのも、ランダムハウス辞典はカルトを「宗教崇拝の特定のシステム」と定義しており、この定義によれば、カルトという言葉はすべての宗教を包含することになるからだ。

破壊的カルトと呼ばれる団体は、信者に対して洗脳、思想改革、マインド操作の手口を用いているとして、ニュースメディアから公に非難されている。しかし、メディアは、虐待の根拠となるマインドコントロールの根本的な問題を扱わないので、懸念が表明されているとは言えない。

おそらく、報道する側のメディアは、何らかの理由で、公にパンドラの箱を開けることができないのだろう。それであれば、メディアと一般市民が、これらの破壊的なカルト団体の指導者を詳しく調べてみることで、政府が後援するマインドコントロール研究との緊密なつながりが明らかになるのではなかろうか。これらの疑問は、それ自体を適切に対処することで、身体的・心理的加虐を含むこの社会的な疫病に重要な答えを提供することになるだろう。専門家による綿密な調査がもたらす答えは、破壊的カルト、連続殺人、性的児童虐待が社会に突きつけている問題の解決への第一歩となるかもしれない。

私たちは、マスコミが提供する情報の消費者として、半分だけしか伝えられていない真実を受け入れ続けている。この場合は、大衆心理操作の結果、生じたものだけを見聞きしているということだ。

歴史家は、記録された過去の出来事から未来を垣間見ることができる。記録された歴史を読み解くと、人間は各千年紀の終わりになると、ある種の奇妙な行動に焦点を合わせるようになるようだ。例えば、過去150年の間に、悪魔崇拝や悪魔教を含むオカルト的な「黒魔術」への関心が再興したことがある。これらの宗教は憲法で保護されているが、信者の心をコントロールするためにトラウマを利用する。

オカルト教団のマインドコントロールは、（信頼できると判断された生存者と法執行当局によると）応用科学とシャーマニズムの間のギャップを埋めるものとして認定されている。宗教的な表現方法の1つであるオカルトは、何千年も前から存在していた。しかし、オカルトの信仰体系そのものに隠された心の操作に関する真理を、科学が積極的に追求するようになったのは、ここ150年ほどのことである。

ランダムハウス辞典によると、オカルトとは、「通常の知識の範囲を超えた超自然的な作用の知識を主張する科学の実践」である。ここでも、秘密の知識が力を持っているということを改めて思い知らされる。

1971年、ニューヨーク・タイムズ紙は、中央情報局（CIA）とオカルト研究の関わりについての記事を報じたが、その根拠は、情報公開法に基づいてアメリカ合衆国政府印刷局が公開した文書から得たものであった。この文書は議会への報告書であり、オカルト宗教が黒魔術の実践者／観察者の精神に及ぼす因果関係の臨床所見にCIAが関心を持っていたことを明確に示している。CIAが特に関心を持っていたのは、ある種のオカルト的な儀式が実践者の心にもたらす暗示性の高さであった。特に、人肉食と血の儀式は、彼らの研究にとって、もっとも重要なテーマであった。

行動心理学は、人間の被暗示性をコントロールすることが、心を外部からコントロールするための基本であることを教えてくれる。あからさまな、あるいは秘密の「マインドコントロール行為」から人々を保護するための法律を制定するときには、この「被暗示性」という要素だけでも、人権法的な問題を引き起こす可能性がある。人間の被暗示性ということでいえば、消費者志向のサービスや製品の広告がすべて違法となる可能性があるからだ。広告や通信を介したサービス、製品のマーケティングは正当化することができるし、心理的操作、思考の改革、または行動の変容という形で表れた結果を、心の操作の一種として定義することもできる。愛国者の友人、スティーヴン・ジェイコブソンは、広告を通じて雄弁に心を操作する科学を公開し、1985年には、『アメリカにおけるマインドコントロール』[2]と題する本を出版した。広告メディアを巧みに使って人間の行動をうまく変えさせるための基本は、「ソフト」マインドコントロールの一形態となる心の操作技術を必要とする。

ちなみに、人類の「アキレス腱」である触覚による暗示性について述べると、誰もが何らかの形でソフトマインドコントロールの犠牲者になる可能性がある。

何がマインドコントロールで、何がマインドコントロールでないかという論争は、法学、人権学、メンタルヘルスなどの研究者の間で繰り広げられている。その一方で、この問題の混乱は、トラウマに基づくマインドコントロールを実践している者たちを法的に保護している。化学的、電子的操作を含むすべてのマインドコントロールは、マインドコントロールの専門家の間では一時的なものと見なされているのである。

アメリカ市民には、宗教的な信仰や言論の自由が保護される法律がある。一方で、破壊的なカルトの指導者やトラウマに基づくマインドコントロールを保護する法律は存在しない。ところが、アメリカ政府によるマインドコントロールの使用や、言論の自由と宗教の信仰の許容範囲には幅広い法的見解があるため、犯罪者が個人的な利益を目的として「羊たち」にマインドコントロール技術を使用できるという法的な抜け穴が開いたままになっているのである。

すべての問題には解決策がある。そして、この問題解決の方程式は、問題の本質を裏付ける研究の情報の質にかかっている。マインドコントロールの悪用から人々を守るために特別な法律を制定したところで無駄である。というのも、事実上、現存するすべての文明社会には、人々を保護し、マインドコントロールの実践者を罰するような法律や法律群があるが、特定の法律用語は、法律の制定者たちの解釈に従って施行されるからだ。マインドコントロールの悪用から私たちを守ることができる法律がいまだに施行されていないのは、法の解釈の問題と、国家安全保障という理由から、ＣＩＡと国家安全保障局（ＮＳＡ）が生存者の証言を隠蔽していることに起因しているのである。

政府主導のプロジェクトに関連している可能性のある人物が、マインドコントロールによる残虐行為を行った場合、それは通常、なかったことにされ、隠蔽される。このように、不幸な生存者が裁判所にアクセスしようとしても、国家安全保障局から命令を受けた、政府に雇われたいわゆる法律の専門家がそれを阻むのである。「マインドコントロール」という言葉を定義することは、１９４７年の「国家安全保障法」の限界を定義することに似ている。ということは国家安全保障論争を解決するための基本はシンプルだ。真理を論理的に適用すればいいのだ。

国家安全保障法が、軍事機密の完全性を守るためではなく、もっとも重い犯罪行為を守るために解釈されてきたというのは明白な真実である。

この法律を廃止し、アメリカ国民の憲法上の権利や、同盟国の権利を侵害しない国家安全保障に関する確立された軍事行動規則に置き換えることが、結果として憲法を遵守することにもつながるのである。

2

ISBN # 0-911485-00-7

第2章
営業マンから広告マン、啓蒙者、そして愛国者へ……
〜私自身の変化の歩み〜

「すべての革命は、流血であれ無血であれ、2つの段階がある。第1は自由を求める闘い、第2は権力を求める闘いである。自由を求める闘争は神聖である。その闘いに参加した者は、必ずといっていいほど、最高かつ非常に価値のある、内なる自己が表出したことを身体的に感じる。私たちは、真理に忠実であることが、国の統治に参加することよりもすばらしいことであると知っている。だから、政治的な蜃気楼の名の下に、倫理的な規範を否定するような社会であってはならないのである」[3]

祖母のママリン・ジョンソンに「私の人生は悪夢と化し、はっきりと目が覚めた」と言っていると、頬から涙が流れ落ち、顎を伝って、彼女のパテントレザーの靴に滴り落ちた。祖母は愛情を込めて私の肩をポンポンと叩きながら話を聞いてくれた。

このとき交わした言葉、部屋の壁紙や調度品、大好きな祖母ママリンのこと、涙の味と押し寄せる悲しみ……すべてが記憶に刻まれている。

それは1950年、私が小学2年生になる前の夏である。その前の年のことは、ぼんやりとしか覚えていない。

この1年で、私と家族の生活は大きく変わった。あまりの激変ぶりに、人生が楽ではないものだと気づく頃にはすでに1年が経過していた。私の吃音はますますひどくなっていた。まれにまとまった話ができるのは、「あなた」という言葉を使わない短い文章で、それも母と祖母に対してだけだった。たまに怒ったときや、森の中で1人、木に向かって歌ったり話しかけたりするときだけは、はっきりと話すことができた。吃音がひどくなって、コミュニケーションに問題を抱えるようになっていたのは、前の年に経験したトラウマが原因だったのかもしれない。このトラウマが、私の将来や、これから知り合う人たちの人生に、プラスにもマイナスにも影響を与えることになるとは、当時はまだ知る由もなかった。

1949年、テネシー州の暑くてベタベタした7月のある日、父はまず母が、そして私が、贈り物である4歳の元気な馬、ウォジャックの鞍にまたがる手伝いをしてくれた。私にとっては動物の背中に乗る初めての瞬間だった。興奮と吃音とで、私は文字通り言葉が出てこなかった。当時の記憶や写真では、汗ばんだ薄黄色の綿のシャツに、濃い茶色の短パン、茶色の靴下、そして汚れたテニスシューズを履いていた。6歳の私はとても痩せていて、母の後ろの鞍のスペースにはまだ余裕があった。

「さあ、ウォジャック、進みなさい」

手綱を握った母の丁寧な命令に従って、馬はゆっくりと私道を歩き始め、敷地の脇にある石灰岩でできた細い道へと入っていった。砂利道に着くと、馬は自ら、あるいは誘導されて、左に曲がった。ほんの少ししか走らないことに、私は一瞬がっかりした（このとき、もし母が反対方向に行くことにしていたら、あっというまに、車の往来があるところに飛び出していただろう）

馬が私道から田舎道へ曲がると、母はかかとで馬の脇腹を軽く叩いた。それから、もう1度「進みなさい」と言うと、馬は軽く体を動かして反応し、道の真ん中を早足で走り出した。

今思えば、馬のスピードは砂利道を安全に走行するには速すぎたのだ。そうとは知らず、はじめは怖いとも思っていなかった。だが、十字路が近づいてくるにつれて、「スピードを落としたほうがい、い、いいよ。く、く、くるまがく、く、くるかもし、し、しれないから」と半ば叫び出しそうになっていた。だが、その言葉を口にする前に、母は鞍から横に滑り落ちた。母は馬の下敷きになり、手綱も一緒に消えてしまったので、顔を見ることはできなかった。馬は全速力で駆け出していった。あっというまに、私は自分1人が鞍の上にいて、馬を操る術がないことを思い知らされた。咄嗟に馬のたてがみを引っ張ったが、効果はなかった。この瞬間、この暴走馬は交差点でも止まることはないと判断した。私は飛び降りた。落下は一瞬のことで、鋭い岩にいきなり着地しても痛みはなかったが、体はいつまでも回転を続けているような気がした。慌てて起き上がり、目に入った埃と血で瞬きしながら、母を探した。母は、道路の脇に放り出され、倒れていた。私は母のところへ駆け寄った。

はじめ、母は転倒して目を見開いたまま呆然としているのだろうと思った。まばたきもしないし、頭の周りは血だまりになっていた。このままでは轢《ひ》かれてしまうし、抱き上げる力もないので、父を呼ぼうと思い、家の方角に向かって叫び始めた。父はすぐに駆け寄ってきて「どうしたんだ！」と大声を上げた。「いったい何が起きたんだ？　いったい何が？」

私は「生きている」と答えようとしたが、いつものように言葉を失っていた。父はひざまずいて母に話しかけようとしたが、後頭部が内側に押しつぶされ、目を見開いたままになっているのを見て、言葉を止めた。父は即座に母を抱き上げると、走って家に戻りながら、11歳の姉に救急車を呼ぶように命じた。どうやって病院に行ったのかは、今でも思い出せない。

この悲惨な光景が、私の悪夢になることはなかった。私はこの悲劇から解離し、この光景を何度も頭の中で再生させることはなかった。自発的に、そして自力で、このトラウマの記憶障壁を作ったのである。これは、人間の正常な反応でもある。もし、このトラウマの後に拷問を受けていたとしても、事故のことも拷問のことも自発的には思い出せなかっただろう。結果的には、この経験が、本書へとつながっていくことになる。

悪夢は、その後の回復期に、母がもう自分自身ではいられないと悟ったときに始まった。馬が頭蓋骨を踏みつけたとき、母は脳の4分の1以上を失っていた。嗅覚、味覚、そして片耳の聴覚も失われてしまった。こうして母は身体的なハンディキャップを負った。私が母の心の状態を理解したのは、それから何年も経ってからであった。というのも、子供だった私には、母の境遇を知ったところで、アルコール依存症になってしまった父の恐ろしさに比べれば、大した問題ではなかったのだ。数年後には、父に続くように姉が酒との戦いに敗れることになる。アルコールを飲むと吃音がひどくなる私の場合は、酒に溺れなくてすんだ。

成長過程で何度も、母の病状は脳の損傷によるもので、自分の吃音は脳が正常に働いていないからだと聞かされていた私は、あるとき、脳について学ぼうと思い立った。事故後、何年もの間、母の脳に関する大人たちの会話を耳にしていた。そのうちに、脳とその結果生じる目に見えない心の影響への好奇心は最高潮に達し、私は生涯追い求めることになる道を定めていたのだ。

この時期くらいから、私は心や脳について十分に学び、母や自分自身を救い出したいと空想するようになっていた。

子供の頃、私の集中力は異常だと思われていた。私はとても頭が良いと思われていたが、学校での成績はそうではなかった。きちんと診断されたわけではないが、私は今でいうところの注意欠陥障害（ＡＤＤ）であった可能性が高い。吃音とＡＤＤというハンディキャップは、自立し、社会に出てから初めて直面することになる自己の課題であった。

この「自立」という目標は、幼い頃からの目標でもあった。私は16歳にしてようやく、幸せを追い求めて家を出ることができたのである。だが、最初の試みは失敗に終わった。とはいえ、実家の両親は離婚しており、帰る場所はなかった。

若くしてボロボロになり、行き場のなかった私は、２つのことを決意することができた。１つは「コミュニケーション能力を身につける」こと。そこで、まず地元の夜間大学に入学した。教室では、スピーチ、ビジネス法、心理学などを学んだ。図書館では、脳の働きとそれが心に及ぼす影響について勉強した。２つの仕事を掛け持ちしながらも、卒業に必要な授業に出席していたので、さほど収入はなかったが、勉強することで少しずつ使えるスキルが身についてきた。そのうちに、自分には「セールス力」があることに気がついた。これは、幼少の頃、会話よりも身振り手振りで人の心を読んでいたことが影響していたのかもしれない。

最初に就いた営業職では、あまりの成功ぶりに、雇用主から顧客数を減らされてしまうほどだった。そのため、転職をすることになった。

やがてベトナム戦争が勃発し、徴兵されることになった。その頃にはもう学校に行っていなかったので、自分の番号がもうすぐ呼ばれることはわかっていた。そして、実際にそうなった。しかし、思いがけず、祈りが通じて、兵役の免除を受けられることになった。それからまもなく、アンペックス社とアメリカ国防総省で民間人として働くことになった。国防総省での仕事では、霊長類や人間の行動変容の分野で活躍する一流の研究者たちと密な関係を築いた。皮肉なことだが、さまざまな研究現場で働くよりも、こうした科学者たちとの気軽な付き合いの中から、心について多くを学ぶことのほうが多かった。研究現場は、教育病院、州立精神病院、軍事基地、NASA（米航空宇宙局）施設、ヤーキス霊長類センターなど多岐にわたった。

その後、会社員として国内外への営業活動を行い、営業・マーケティング管理職として経営に携わった。私生活は、恋愛関係も含めて、またもやボロボロだったが、当時のキャリアと心、脳、人間の行動に関する研究は、私の感情表現の欠如を補うに十分な、やりがいのあるものであった。私が学んだ説得のコツは、意識的なものからサブリミナルなものまで、自分自身の心の防御と攻撃の道具の一部として長いこと役立っていたのである。私はそのとき、「コントロール・フリーク」にだけはなるまいと決心した。自分が何をコントロールできるかではなく、何が自分をコントロールしているのかを知ることのほうが、私にとっては望ましいことであった。

1986年頃、私が「コンフォート・ゾーン（快適な領域）」にとどまっていることに気づいた同業者の友人から「自分でビジネスを始めたらどうか」と助言を受けた。その直後、彼は6桁の報酬を得ていたマーケティング部長職を辞し、その後任候補に私を指名してくれた。

皮肉なことに、経営学やコミュニケーションの修士号を持っていないという理由で、私の推薦は却下された。こんなことは人生で初めてであった。結果的には彼のアシスタントがそのポジションに就き、私は昇進の見込みのない、アシスタントの空いたポジションをオファーされたが、もちろん断った。その後、友人は会社の金縛りから解放され、自分の会社を設立し、大成功を収めた。

同じ頃、長い間交流していなかった幼なじみと再会し、カントリー・ミュージック仲間であるアレックス・

ヒューストンを紹介してくれた。そのときに私は、レイ・マイヤーズとその妻レジーナのことを知った。彼らは、ヒューストンの妻、キャシーの娘と自分たちの子供に性的な虐待を行っていたとされる小児性愛者であった。

ヒューストンは、国際的なビジネスの場での交渉スキルを持ち、製造業の資金調達に十分な規模の販売契約を取れる人物を探しているようだった。数日間の無料コンサルティングの後、私はこの人物とその考え方について、いくつかの興味深い洞察を得ることができた。まず、ヒューストンは、大企業のエネルギー効率を高めるコンデンサーの製造に関して、合理的で利益を生み出す可能性のあるアイデアを持っていた。次に、彼はリスクを負うのを厭わない人物である印象を受けた。さらに、海外のバイヤーにプレゼンテーションするためのマーケティングプランの作成に出資してくれることにもなり、もしそのプランが売れたら、私が社長として会社を経営することにも同意してくれた。「もちろん任せてほしい！」というのが私の考えであった。

さて、この芽生えつつある関係において興味深いことがあった。というのは、私はヒューストンが不誠実な人物であることに気づいたのだ。そこで、ヒューストンから契約上の保護を受けるにはどうしたらいいか、法律的なアドバイスが早急に必要だと感じた。その数日後、ヒューストンと私は、ビジネスを始めることに合意した。私は、ロゴをデザインし、「ユニフェイズ」という名前をつけた。結んだ契約は、私たち2人がそれぞれの領域でコミットメントすることを約束する、鉄壁のものだった。この契約には、明らかに「誠実さ」をベースにした条項が含まれていたのだが、ヒューストンは私の法的な保護工作に賛同する意思を示し、私をますます当惑させた。

当時の私は、ヒューストンが自分の役割をきちんと果たせば、この会社は必ず成功すると思っていた。もし、そうでなくても、この会社は私の所有物であり、成功させることができると思っていた。

数か月後、ビジネスプランとマーケティングプランをブリーフケースに入れ、製品の宣伝用モデルを手に、ヒューストンと私は香港行きの飛行機に乗り込んだ。到着すると、背の高い恰幅の良い韓国人の紳士が迎えてくれ、ウィリアム・ユンと名乗った。彼は、国際海運の会社を経営していた。彼の船は、金属くずから中国製の短距離地対艦ミサイルまで、ありとあらゆるものを世界中に運んでいた。

ユンさん（極東のやり方に従ってそう呼ばれることを望んでいた）は、地球上でもっとも人口の多い国である中華人民共和国で、友人たちと共に合弁会社の交渉をすることに興味を持ってくれた。翌日には、ユンさんと私とヒューストンが北京に飛び、中国鉱業部との交渉に入る手はずが整っていた。数日間、主に私と鉱業部の副部長との通訳を介した話し合いが行われ、何とか交渉がまとまりそうな雰囲気になってきた。

そのときに私は、鉱業部が中国国防部の一部であることを知った。そして、生まれて初めて愛国心というものを感じた。中国がアメリカと対立する中東の国リビアにミサイルを供給していることは知っていた。中国は、ミサイルなどの兵器をリビアの安価な軽油と交換していたのだ。また、中国は、レーガン政権の貿易禁止令にあえて逆らった世界で唯一の国でもあった。そんな中国軍と関わりを持つことは、私にとって背信行為に等しかった。しかし、中国にはすでに多くの企業が進出している。しかも、ヒューストンは「そんなことは言っていられない」と言う。

北京から香港への帰りの飛行機で、ユンさんに自らの愛国心を打ち明けた。彼がいずれ私のビジネスパートナーになることはわかっていた。すると、ユンさんは、当時としては納得のいく複雑な説明で、私の不安を解きほぐしてくれた。そして「中国以外の国で発生する製品の販売収入は、すべて私と彼とで暫定的に管理するので、損をすることはない」と丁寧に教えてくれた。中国の合弁会社の法律では、製造した製品の60％を中国国外に出さなければならないのだ。

その後、ヒューストンと私はテネシー州に戻り、私はヒューストンの妻のキャシーに初めて会った。若くて美しいが、あまり賢くなさそうで、娼婦のような格好をしていた。私は、手荷物受取所に向かうとき、彼女から数歩離れるように歩を進めた。

この訪問から数週間後、中国の電気技術者と金融専門家の代表団がテネシーの事務所に飛来し、さらなる交渉と将来の製造のための（我々が保有する）技術生産データの収集にあたった。

代表団が中国へ出発して間もなく、私はアメリカ国務省の人間から謎の電話を受けた。どうやら、中国代表団の誰かが、国をまたいでテロリストに武器を供給していると認定され、入国を拒否されたようだ。この電話の主は「問題はない、この情報は公表されない」と断言した。私は礼を言うと共に、この情報が安全であるかを再確認した。

数か月後、香港の新たなパートナーとなったユンさんが、私、妻、ヒューストン、そして彼の妻のキャシーを、合弁会社の協定への正式調印のために中国に招待してくれた。だが、ヒューストンに「奥さんと一緒に来るのかい？」と聞いたところ、あっさりと「自分は行かない」と返された。すでに「予定」が入っていて、キャンセルできないのだと言う。そこで私は、キャシーと自分の妻を中国までエスコートすると申し出た。しかし、彼は、遠すぎるし、妻を観光のためだけに連れて行くには高すぎると言った。私は内心ホッとした。というのも、私はすでに中国語を十分に学んでいたので、私たちのビジネスパートナーがヒューストンのことを好きでなく、尊敬もしていないことを知っていたし、キャシーの振る舞いを恥ずかしいと思っていたからだ。後で知ったことだが、ヒューストンの「予定」とは、キャシーと幼い娘のケリーを悪名高いボヘミアン・グローブに売春／輸送（trance-sport／transport）することであった。

私は妻とは離婚に向けて別居中だったが、中国への旅は、華やかな雰囲気の中、予想通りうまくいった。しかし、帰国直前になって、ある男から中国国防省の身分証明書を見せられ、とんでもない情報を得たので、すっかりそちらに気をとられてしまった。この男は、私の過去の仕事上の付き合いを徹底的に洗い出さなければ得られないような情報ファイルを持っていたのだ。彼の英語力は、そのファイルの内容の一部を大まかに、緊張しながら訳すことができる程度だった。この男は、私がかつて持っていたアメリカ国防総省の機密事項扱い許可証の証拠写真を持っていた。彼は「中国人は私のことをすべて知っている」と言った。一瞬、脅迫されているのかという考えがよぎった。しかし、彼が政府の危惧していることを話し始めると、そんな考えはすぐに消え去った。政府の懸念とは、アレックス・ヒューストンとCIAとの関わり、ドラッグ、マネーロンダリング、児童買春、そして、奴隷制度についてだった。ヒューストンは「非常に悪い男」であり、その犯罪は「ホワイトハウスと関係している」と言われたが、マインドコントロールには言及されなかった。不信感はあったが、「極秘」というスタンプとイニシャルが押されたCIAの公式レターヘッド、アメリカ政府の文書を目の前でじっくりと見せられては、信じざるを得なかった。

この「役人」に対して最初に答えたことは、「ヒューストンは非常に愚かだし曲者なので、アメリカの〝秘密情報〟に関わることなどできない」というものだった。だが男は、ヒューストンの写真を見せてすぐに反論した。写真の中の彼は、悪魔のような笑みを浮かべながら、小さな、非常に若い、怯えた黒人の少年とアナルセックスをしているようだった。のちにこの少年はハイチ人であることが判明した。

恐ろしい情報とその正当性に直面した私は「あなた（あなたの国の政府）は私に何を望んでいるのか？」と尋ねた。

男は「彼を追い出し、彼や彼の仲間たちから距離を置くことだ」と答えた。

私は、「どうすればこの任務を遂行できると思うか？」と尋ねた。彼は「どのような方法でもかまわない」と言った。私は「あなたは、アメリカのテレビ番組で暴力的なやり方を見たことがあるかもしれないが、私が知っている唯一の方法は、会社の株を買って彼を追い出すことであり、そのためにはお金が必要だ」と告げた。すると、彼は「金額を提示して、手配してくれ。それで完了だ」と言った。

私は、中国政府との間で交わされた３１００万ドル相当の製品の契約を手にして、テネシーに戻った。その契約書には、ヒューストンの取引銀行、今は悪名高い国際商業信用銀行（ＢＣＣＩ）のニューヨーク支店から、私とその会社宛てに出された信用状がホッチキスで留められていた。金額は、アメリカドルで１００万相当だった。この契約は、私とユンさんにとって約１０００万ドルの粗利を生み出すものだった。

中国人からの「ヒューストンを任務から解雇しろ」という命令に対して、何をすればいいのかはよくわかっていた。この問題を解決するために、別の方法をとると逆効果になり、すべてが台無しになってしまう。しかも、かつて私が勤務していたキャピタル・インターナショナル・エアウェイズ(Capital International Airways)の間接的な雇用主であったＣＩＡが絡んでいるのだから、一歩間違えれば、私自身の命も危ない。私は、ヒューストンは腐りきった、愚かな人間だと自分に言い聞かせることで自分を安心させた。ＣＩＡも彼に敬意を払っていなかったに違いない。そうでなければ、ヒューストンが権力のある変態の仲間たちから離れて、国際的なビジネス取引をするために私を勧誘する必要などなかったはずだからだ。

私は自分のオフィスに車を走らせ、ヒューストンと会社を始めたときにサインした契約に違反する「何か」を見つけることから始めた。ヒューストンは公演のために不在にしていたので、私は彼のファイルを含むすべてのファイルに自由にアクセスすることができた。香港からの長いフライトの間に予期していた通り、15分ほどですべてのファイルを探し出すことができた。どうやら、ヒューストンと彼を紹介してくれた旧友は、「裏口入学」をしたようだ。さらに船荷証券と、皮肉なことにヒューストンが顧客の小切手を換金して預けたときに保管していた銀行の預金伝票を回収した。そこには、ヒューストンと、変態の仲間であるレイ・マイヤーズ以外、当社の誰にも、彼の口座のことを話さないようにと、ヒューストンが顧客に特別に指示した手紙のコピーもあった。この発見を受けて、私は現地の韓国人弁護士（香港滞在中にユンさんから名刺をもらっていた）に電話をして、株式譲渡の手続きを開始した。そして、喜んでヒューストンの退陣の求めを書いた。さらに、この問題を解決するために、オフィスを出て、アメリカと諸外国の情報機関に強力なコネクションを持ち続けていた古い親友（今は亡き）を訪ねた。私は、自分の人生をかけて信頼できる答えが必要だった。この情報機関を「退役」した空軍大将が、私の情報源になり得るのだ。

中国情報部の役人がカタコトの英語で言った「奴隷」という言葉が、地元のホテルのロビーに向かう短いドライブの間、頭の中で響いていた。その数分の間に、私は（彼への）質問を書き留めた。この面談で最大限の成果を得たいと強く願っていた。奴隷という言葉が心の中に暗い疑問を引き起こして、建設的な考えができずにいた。マインドコントロールという言葉を使って説明することになるであろうことにも抵抗があった。この信頼できる友人には、何でも自由に話せると思っていた。だが、マインドコントロールという言葉はどうしても避けたかった。これが罪な行為だからというよりは、私が20年間愛国心を持って守り続けてきた秘密を象徴する言葉だからだ。

到着して、社交辞令のような軽い雑談を交わした後には、空気が重くなった。私は、中国の諜報員が提出した私に関するファイル、特にヒューストンに関するファイルについて、理路整然とした質問を始めた。

「フラッシュ。お前は今も変わっていない。俺の言いたいことがわかるよな？」

「ああ」と私は答えた。

「今も変わっていない」。この言葉は、70年代のロックバラード、『スティル・ザ・セイム』（ボブ・シーガー）から引用したもので、数年前にポーカー仲間に教えてもらったものだった。その仲間は私がリスクをとって成功していく姿をこの歌と重ね合わせていたのだ。私は単なるギャンブルはしない。私が好きだったのは「リスクをコントロールすること」で、ポーカーはそのための娯楽の場だった。仲間はそれぞれ大金を支払うはめになったが、彼らはすぐに気がついた。私がポーカーで勝てていたのは「カードカウンティング（使われたカードをすべて覚え、残りのカードから勝つために必要なカードの出現率を予測すること）」をしていたからではなく、目の周りの微小筋肉のけいれんの反応も含めた、相手のボディランゲージを読み取る能力があったからだ。ヒューストンもまた、ゲームで私に勝つことができなかった。空軍大将の友人が言いたいことをざっと訳すと、アレックス・ヒューストンとの短いビジネス関係を生き延びられたことは、またしても「とてつもなくラッキー」だったということだ。

そこから先は、マインドコントロールの話になった。目に見えない巨大なＣＩＡの奴隷売買が世界中で行われているという話を数分聞いた後、話はテネシー州に限定されたものになった。私はキャシーと彼女の娘がトラウマに基づくマインドコントロールの犠牲者であることを知った。彼女たちは奴隷であり、アメリカ政府に「魂」を所有されていたのである。私は、自分が学んできた外部から心をコントロールする理論と応用のすべてが、完全に機能し、民間社会を侵食していることを知った。

私はしびれを切らしていた。乾いた口から出た最初の言葉は、「どうやって奴らを追い出せばいい？」であった。

彼は笑顔で「そんなことはしない！　こいつらを追い出してどうするんだ？」と言った。私が答える前に、彼は口を挟んで「いいか。お前は今も変わっていないが、アメリカ政府だって何も変わりゃしないんだ。今やCIAもFBIもMOB（マフィア）も同じ穴のムジナで、軍にも忍び寄ろうとしているんだ」と言った。

私は「それはわかっているが、この母娘をどうしたら救えるのか？」と答えた。

「オーケー、ハンドラー（調教師）がいない間に母親に電話をかけるんだ。いつものように、ダイヤルして2回鳴らし、電話を切ってかけ直し、1回鳴らして電話を切り、かけ直すという暗号を使え。お前が神であることを伝えるのだ。それから聖書の一節を話すんだ。彼女たちは皆、キリスト教に基づいたプログラムでコントロールされているんだ」

この手順がキャシーの注意を引くことを私が理解すると、友人は続けた。

「彼女は何でもする。ヒューストンを称えること以外なら何でもするさ、君が命令したことはね。何しろ神が命じたことなんだ。聖書に詳しい牧師を探して、二重の意味を持つ一節を教えてもらうんだ。どうすればいいかわかるよな？　いいかい、これができたら一人前だよ」

そして彼は「マーク、こんなのおかしいよ」と訴えた。「中国に行き、彼女たちを連れ出すんだ。アメリカという赤と白と青の掃き溜めのことは忘れろ。そのうちきれいになる。内部には、この混乱を食い止めようと努力している善人が大勢いるが、お前じゃ世界を救えないよ」

私は「救いたいのは、自分自身と、アメリカ政府の連中が人間だと思っていない、あの2人だけさ」と言葉を挟んだ。それから、救出劇の細かい点や、ヒューストンが彼女を連れ戻すのを合法的に止める方法について簡単に話し合った。以来、この友人と会うことは2度となかった。

車に戻りながら、友人の言葉を思い返していると、自分の人生が突然、針が何度も同じ溝をたどる傷だらけの蓄音機のレコードのように思えてきた。リビアに中国のミサイルを送ったユンさんに打ち明けた中国での思いとはうってかわって、愛国心はすっかり消えてしまった。このときばかりは、自分の心が最大の敵になったような気がした。あらゆるものに対する憎しみが、私をむしばんでいた。

私は、かつてこの国が私に与えてくれたものを愛していたが、今はアメリカ人であることを恥ずかしく思っている。そして、キャシーとケリーのことを考えると、男性であることまで恥じることになるとは、思ってもみなかった。

ナッシュビル南西の荒野にある、人里離れた我が家までの、いつもは退屈な長いドライブの間、友人に教えてもらった方法に内在するリスクについて考えていたことを今でもはっきりと覚えている。コカインの息にまみれたＣＩＡの鼻先から２人の奴隷を「盗み出す」ためにはどうすればいいのだろう？　私が心配したのは、それができるかどうかということではなく、「この２人を連れてどうするつもりなんだ？」という友人の質問のほうだった。

私は頭が真っ白になり、「また人生がややこしくなった」とつぶやいた。そして、「重要なことから第一に」という昔からのお決まりの言葉で自分を慰めた。

数日後、私は神を演じ、キャシーと彼女の８歳の娘ケリーをヒューストンの家から近くのアパートに引っ越させることにした。ヒューストンにはまったく気づかれなかった。指示されたように、私は意図的にキャシーの心の中に強力なコード化された暗示を入れた。これらのコマンドは、「アレックスが自分を殺そうとしている」という彼女自身の失われた記憶の認識を部分的に補うものであった。私はこのメッセージが、ヒューストンからの支配を阻止するための真実であることを知る由もなかった。

キャシーとケリーは非常に混乱し、現実味を感じていないように見えた。新しい、家具もまばらなキッチンで、私はキャシーが興奮気味に「神が私をキャシーの元へと送った」と説明するのを静かに聞いていた。彼女がそれを真実だと思ったのは、聖書を開くたびに欽定訳聖書の詩篇第37章37節が出てくるからだった。そこには実際に「完全なる人、マルコ（Mark）」と書かれていた。だが、電話で神を演じているときに、私は秘密の暗示をかけてこの聖書の引用を彼女の心の中に植え付けただけでなく、たった今、彼女の家で、そのページを「魔法のように」開けられるように、聖書の背表紙に細工をしたのだ。彼女は「ほら、神様がまたこのページを見せてくれたのよ」と言っていた。

その後、プログラム解除の言葉を使って、私は「あべこべ」の反応を見せてこう答えた。「あなたの言うとおりだ。それが伝えられた唯一の言葉だ。それでこのすべてが説明できる」。私は話題を変えようとした。彼女の中にいる鋭い観察眼の持ち主に、どうにか収めた笑いを気づかれないようにするためだ。プログラムされた奴隷は非常に従順であると警告されていたのだ。

神を冒瀆《ぼうとく》するつもりはない。私は昔も今も霊感が強いが、人生の答えを探すために宗教を研究しているうちに、聖書やコーラン、ブッダの教えに対する人間の解釈に冷笑的になっていた。だが、組織化された宗教に内心抱いていたこの考え方は、その瞬間、私の中に漂った恐怖を鎮めるのに何の役にも立たなかった。

宗教から話題を変えようとしながら、私はヒムラーの命令で、数世代にわたり、北欧の悪魔崇拝者の家族に対して行われたナチスのマインドコントロールの研究を思い出していた。キリスト教、特にカトリックは、ヒムラーがゴミ箱の中から選んだ宗教の1つである。ヒムラーは「選ばれし者」をターゲットとする、恐ろしいマインドコントロールの実験をしたのだ。この「選ばれし者」は、ヒトラーの新世界秩序のロボット・リーダーになるはずだった。私はキャシーに、ヒューストンに会う前はどんな宗教を信仰していたのかと尋ねた。彼女は「モルモンだけど、それ以前は敬虔なカトリック教徒だった」と答えた。

この衝撃的な事実を聞いて、頭の中がグルグルしていた。私はまたすぐに話題を変え、夕食に行き、翌日から彼女に務めてもらう予定だった私のアシスタントとしての仕事について話し合おうと提案した。ただし、実際は彼女の離婚計画について話し合うつもりだった。

その日の夜、私は過去の交友関係からＣＩＡの将校階級の人たちとつながっている人物を探すため、会話を盗聴されずに済む電話を探し始めた。この母娘の不幸を救えるのは、即座の解決策か、健全なメンタルヘルスの治療であった。だが、そんなものはない、ということがわかったし、何より私は「心の問題」について誰よりも知っていた。

家に帰ると、ネブラスカのボーイズ・タウンから帰ってきたアレックス・ヒューストンが、妻を捜していると叫んでいた。妻が〝いなくなった〟と言うのだ。

私は何も知らないふりをして、翌日の午後、急ぎの用事があるからと、家に来るように言った。翌朝、キャシーの弁護士を探し出し、離婚届を作成させた。

その日の午後、私が信頼を寄せている地元の保安官代理のグランビル・ラットクリフトが、家の中で待っていた。彼は私が留守のときに時々家を見張ってくれており、ヒューストンに離婚届と会社からの解雇通知を合法的に渡すために来てくれたのだ。私が録音したヒューストンへの最後の言葉は「私や彼女たちに手を出すと痛い目に遭うぞ。アレックス、出て行け！」だった（せいぜい１００歳まで生きてくれればいい）。

キャシーを守るためにヒューストンを法的に追い詰めたことで、私は自分自身も離婚の必要性があることに気づかされた。妻は、私がいないほうが精神的に充実した生活を送れるということでお互いに合意した。妻はフロリダに移り住み、母親のところに身を寄せた。私たちは、協議離婚を申請した。私は家と残った共同財産を売却することに同意した。一方で、キャシーとケリーを守ってくれる専門家が見つからずにいたので、売却するまでの間、私の家に2人を住まわせ、安全を確保した。そんなとき、近所の人から「銃を持った人が双眼鏡で私の家の写真を撮っているのを見た」と言われた。その後も、何者かが侵入してきた。だんだんと不安になってきた。

再度、ナッシュビルの腐敗した法執行機関で働く知り合いのCIA工作員に電話したところ、数日後、「今すぐそこから逃げろ」と知らせがあった。理由を尋ねると、「理由はよくわかっているはずだ」と言われた。家はすぐに売れたし、すでに会社や契約書、ニューヨークのBCIに預けていた100万ドルの信用状からも手を引くことにしていた。最後にはユンさんがナッシュビルに来た。彼はヒューストンの株を購入した。私は、ユンさんを空港に送り届けた。別れの言葉は、「さよなら、友よ」だった。彼は何も知らず、それ以来、一度も会ったことも話したこともない。その日の午後、私はオフィスを片付け、鍵を大家に渡し、個人と会社の銀行口座を解約した。

私は、これまでに経験したことのないような怒りを覚えていた。今にして思えば、これはただの人間から愛国者に変化していこうとしていたからこその苦しみであった。

私は、我が国の政府で何が起こっているのか、その答えが欲しいだけだ。その答えを探しながらも、自分たちの身を守らなければならない。次に向かったのは、ネバダ州のラスベガスだった。そこでは、キャピタル・インターナショナル・エアウェイズで勤務していた頃に仲良くなった裏社会の有力者たちと会った。かつて私は、彼らのギャンブルの旅費を「包み隠して」いたのだ。少なくとも、キャシーが何を、誰を知っているかを突き止めるまでは、この男たちが私を守ってくれると確信が持てた。だが、私は彼らがCIAの新しい資金調達の一翼を担っていることを思い知らされた。彼らの1人は、キューバ産の葉巻をくわえながら、「鶏小屋に卵は隠せないよ」と軽口を叩いた。

そして、そのときにコンタクトをとった男は、私がすでに国家安全保障に関与してしまっていることを冷たく告げた。私はこの「狡猾な男」に嘘をつき、「まあ、かまわないよ。２人（キャシーとケリー）をアラスカに連れて行って、声なきカメレオンのように遊ぶよ」とほのめかした。今にして思えば、この自発的な嘘によって、ＣＩＡやＭＯＢから命を狙われずに済んだのだろう。

キャシーと私はラスベガスに数日間滞在した。裁判所からケリーの実父であるウェイン・コックスとの面会を命じられ（ＣＩＡが関与していると思われる）、預けていたケリーを引き取るためだった。その後、ケリーの医療報告書から、彼女がおぞましいクリスマス休暇を過ごしたことを知ることになる。

私は、心の中でひとり怯えていたし、お金もあっという間になくなっていった。またしても、私は自分の人生のすべてから、そして誰からも、完全に疎外されているように感じた。このとき私は、自分がしていることは、正しいことなんだと、常に自分に言い聞かせるようになった。だが、現実的には、私は虎にまたがっており、その背中から降りて生き延びることができない状況にあったのだ。

3

ローマ版『カトリック・ウィークリー』（１９９１年）より

第3章
キャシーの心の回復
「誰もができる最高の贈り物は、良い思い出を贈ることだ」4

１９８８年のクリスマスの翌週、私はベガスのマフィアに誓った約束を半分果たしていた。私物はすべてコンテナに入れ、別の船で密かに輸送し、私は「新しい家族」とペットを連れて、アラスカのアンカレッジ行きのフェリーで移動していたのだ。氷と雪に覆われた約２５００キロの旅は3日ほどで終わる。しかし、残念なことに、その間に考え事をする時間ができてしまった。

資金繰りが悪化し、現実的にはＣＩＡから逃げも隠れもできない状態だった。キャシーとケリーは幸せそうで、自分たちは安全だと信じている。これが、私の最優先事項だった。私としては、この脱出計画をＣＩＡに納得させなければならず、私たちの存在がＣＩＡの脅威になることはないと思わせる必要があった。この計画は古代ローマ人の心理戦に基づいていた。私は、ロナルド・レーガンが映画（西部劇）で演じた登場人物に自分を重ね合わせ、2度と姿を現すことのない夕日に向かって走っていこうとしていた。私たちが向かう先は、地理的な意味でも、少なくとも春までは太陽が沈むことはない。航海の半ばにさしかかったある日の夜遅く、私は外の前方デッキで孤独を味わっていた。刺すように吹きつけるみぞれや雪交じりの風に感謝しながら、目を閉じ、思考を集中させるために心を無にした。当時の私は、怒りと耐え難い心の痛みが重なり、精神的に参っていた。

大切な10代の息子メイソンが傷つかないように、あるいは知らず知らずのうちに私に沈黙を強いるための駒として息子が利用されないように、私は父と子の絆を事実上、壊した。息子のことは心から愛していて、会えないことを寂しく思っていたし、今でもそう思っている。偽りと別離によって生じた感情的な痛みは私の中で増幅し、自分という存在を焼き尽くすように思えた。

私はキャシーとケリーを救うために、息子を疎んじ、侮辱し、自分の会社を倒産させ、同時に2つの離婚を画策し、個人的な財産をすべて売り払った。年老いた母にはもう2度と会えないのではないかと心配になった。母の健康状態は悪化していた。私の体重は20キロ近く減り、痩せこけたせいで、仕立てた服も似合わなくなっていた。密かに感じていた重度のうつ病から生じる慢性的な不眠症は、私を徐々に狂わせていった。短期記憶にも障害が出始めていた。30年以上ぶりに、ある単語を発音するときに吃音になっていることにも気がついた。しかも、これは答えを探し求めるための長く危険な冒険の始まりにすぎない、ということがわかっていた。

氷に覆われた船の鉄板の上で、ひとり目をつぶっていると、不思議な安堵感に包まれた。どういうわけか、こうした非常時に力を呼び起こす方法を思い出したのだ。私は、何年も前に習った瞑想法で、内なる力と導きを求めて静かに祈り始めた。すると、私たちは必ず生き延びて、この物語を伝えることができるという、穏やかな確信が湧いてきた。

そして突然、凍てつく風が顔や手に吹き付けてくることに気づいた。私は、再び感覚を取り戻したような高揚感を覚えた。どうやら私は、感情とともに触覚も抑圧していたようだ。キャシーとケリーのマインドコントロールのことを知って以来、初めて生きている実感を得た瞬間だった。

目を開けると、もうひとりではなかった。どこからか声が聞こえてくる。周りを見渡すと、すぐ隣に深緑色の毛布にくるまってしゃがみこんでいる人がいた。またしても「おい、大丈夫かい？」という声が聞こえる。この人こそ、その後、親しくなり敬意を払うようになるマーク・デモント氏だった。彼は、アラスカの人たちが言うところの「サワードウ」の典型である。サワードウとは、大雑把に言うと、「米48州（アラスカとハワイを除いた州、アメリカ本土のこと）」の出身者で、故郷に愛想を尽かした金のない人々のことだ。私たちは、CIAの麻薬乱用、メディアの暴力、とどまることのない欲望でおかしくなった社会からの難民であり、共にサワードウであった。

私は彼にタバコを差し出し、友好の握手を持ちかけた。それは私がほぼ1年ぶりに自発的に行ったことだった。私たちは、到着後も連絡を取り合うことにした。

約2日後、私たちは無事にアンカレッジの港に降り立った。フェリーの船長から、この日はこの10年でもっとも寒い日だと聞かされた。船内の温度計は華氏マイナス70度を指していた。私にとっては予想外の天候であり、キャシーとケリーにとっては体力勝負の日となった。

1980年頃、私は2年ほどアラスカに滞在したことがある。キャピタル・インターナショナル・エアウェイズ時代の上司だったジョージ・カマツが、グレート・ノーザン航空という新しい航空会社を立ち上げたとき、その手伝いをしたのだ。大好きなアラスカを離れたのは、過酷な環境のせいというよりは、カマツの毎日の暴言に耐えられなかったからだ。この堅物な男は、CIAの管理下にあるほかの航空会社で長く勤めていた、多彩な経歴の持ち主だった。なかでも、悪名高い米国森林局の航空支援部門である、エア・アメリカやエバーグリーン航空（CIAの管理下にある）などの航空会社では最高幹部の地位に就いていた。

アラスカに戻った私は、職に就いていないにもかかわらず、かつて間接的に働いていたあの組織、中央情報局（ＣＩＡ）に動物のように追跡されていることを知った。だが、２、３日しっかり寝たことで体調はすっかり良くなり、追跡されているということも気にならなくなった。それよりも、もっと生産的なことを考えていたと記憶している。迫りくる恐怖を日々の思考の養分にするつもりはなかった。

キャシーと私は、可能な限りの時間を使って、自分たちの家と呼べるような住居を探した。そしてベッドルームが2つあって、暖房の効いたガレージがある、安価な4世帯住宅を見つけた。ペットのアライグマと犬2匹のためにも、暖房の効いたガレージが必要だったのだ。テレビ、ベッド、テーブルと椅子があれば、それ以上の家具は必要ない。不便さが話題に上ることはなく、私たちは快適に暮らしていた。

人里離れた田舎町チャギアックにある「私たちの場所」に落ち着いた後は、すぐに普通のことを始めた。ケリーをすばらしい公立学校に入学させ、新しい隣人と出会い、雪で遊んだ。そのすべてが、キャシーとケリーの知らない、ごくありふれた家族のあり方だった。

しかし、残されたわずかな財産が、目の前から消えていく。ケリーのために必要な喘息の薬代は、毎月400ドルを超えていた。ケリーの健康状態が悪化したのは、連続殺人犯であるウェイン・コックスと過ごした2週間の「地獄」のせいではないだろうか。私はそのように疑っていた。ケリーは、自分と4歳の義弟ジェイコブが受けた恐ろしい悪魔の儀式を詳しく説明してくれた。

幸いなことに、私には高価なニコンのカメラ、銃、宝石類などがまだ手元にあった。これらは、私が売却できる最後の実物資産だった。ケリーの状況や健康状態が悪化し、生活保護を受けるようになるまでの5か月間は、それらを売却して生活費をまかなった。

この5か月の間、ケリーは学校に通っていたし、電話も持っていなかったので、邪魔をされることなく、私とキャシーは一緒にディプログラミング（プログラムの解除）に力を注いだ。ケリーを学校に送り、帰宅すると同時に、ほぼ毎日のように、私たちの取り組みは始まった。そして夜は、夕食と宿題を終えてケリーが寝ると、すぐに「セッション」を再開した。このように、週7日、昼夜を問わず、ディプログラミングに集中し、夜中の3時頃には疲れ果てて気を失ってしまうほどだった。

キャシーのバラバラになった心を元に戻すためのディプログラミングは、本質的には何の問題もないものだった。しかし、20年近く前に受けた教育の記憶を頼りに「専門知識」を応用している中で、小さな問題は起きていた。私は、コリー・ハモンド以外の権威ある専門家とコミュニケーションをとることなく、セラピーを始めた。最大の課題は、キャシーが自分の記憶を書き留めるときに、常にトランス状態になってしまうことをコントロールする方法を学ぶことであった。

私はＦＢＩに催眠術師であると報告していたが、それは、もしＦＢＩとＣＩＡがこの報告に従って私がキャシーに催眠術を使っていたことを証明すれば、法廷での彼女の証言が無価値なものになると思ったからだ。このようにして、ＣＩＡから報復されるという脅威を回避したのである。実際、私は催眠療法を徹底的に研究し、キャシーのトランス状態をコントロールする方法を学んだ。それによって、彼女の催眠が解けるとも思っていた。その後私は、あまり使われていない臨床ツールを応用して、記憶を取り戻すことを可能にした「専門家」として、精神科医たちから評価されることになる。

私が学んだディプログラミングの技術もさることながら、私が用いた手法では、ルールを明確化したセラピーを行っていた。これらのセラピーのルールは、厳格に守られた。キャシーは、自分の心を完全にコントロールするためには、私とそのセラピーを全面的に信頼しなければならないことを理解し、同意した。セラピーは次のように進められた。

1．私は、キャシーの身体的・心理的な安全を確保するために、外部からの影響を受けないように常に警戒していた。

2．キャシーの記憶は、彼女によって書かれたものでなければ、言語化することができない。私が唯一できることは、過去を重視し、記憶を回復しつつあるキャシーの現存する人格に向けて質問をすることだけだった。その質問は、誰が、何を、いつ、どのように、どこで記憶しているのか、ということに限られる。たとえ、その答えを事前に知ることができたとしても、私が口を挟むことはない。たとえ答えを知っていたとしても、私たちの認識は根本的に異なっているかもしれないし、人格の区分の間にさらなる記憶の障壁が生じる可能性があったからだ。

3．私はキャシーにマインドコントロールについて根本から説明し、彼女は自分に起こったことは自分のせいではないことを理解した。しかし、彼女が自分の行動に責任を持つようになったことを理解するのは、その場限りだった。セラピーを通じて、彼女は段々と自分の心をコントロールするようになっていった。

4．私たちは、キャシーが教わってきた宗教的信念について何時間も「知的な議論」を行い、まるで手品師のトリックの幻想が現実を混乱させるように、キャシーの幻想を「論理的に」論破していった。

5．記憶の回復とジャーナリングの過程で、キャシーの感情表現はいっさい許されなかった。私は彼女に「どう感じる?」と聞いたことはない。このことは、身の安全と同じくらい記憶の迅速な回復のためには重要だった。私は、キャシーに十分な食事、ビタミン、水、睡眠を与え、弱った身体の健康を回復させた。

6. 私はキャシーに、心の「仮想現実」のメカニズムを通じて記憶を追体験するのではなく、「心の映画のスクリーン」で記憶を眺める方法を教えた。

7. 私は、キャシーに、自己催眠の技法(瞑想と見なす人もいる)を使って、自分自身をトランス状態にする方法と、トランス状態の深さをコントロールする方法を教えた。これは、ガイド・イメージと呼ばれる催眠誘導を使った場合に起こりうる、キャシーの記憶の混濁や混乱を避けるためのものである。

8. キャシーは、本や新聞、雑誌を読んだり、テレビを見たり、思い出したことをケリーと話し合ったりすることを許されなかった。キャシーは、今日に至るまで情報を統制されてきたため、整理すべき記憶が混濁するのを最小限にとどめたかったのだ。このルールのことは、記憶が表出し始めたケリーも理解し、尊重していた。

9. キャシーが示すすべての行動パターンや社会的習慣は、私たちの間の論理的な話し合いによって再検討された。日課を含め、事前に確立された行動パターンはすべて、スケジュールを立て直すか、完全に停止した。

10. 私は、彼女が経験していると感じる「失われた時間」を知らせてもらうために、1日24時間、腕時計をつけるよう要求した。トラウマがないのに失われた時間があるということは、人格の入れ替わりが起きていることを強く示唆している。一方、時間の計算ができるようになることは、回復が進んでいることを示している。

キャシーが取り戻し始めた記憶は、これまで誰も耳にしたことのないようなおぞましいものだった。

私は、キャシーと恋に落ちたが、それはストックホルム症候群のような心理的な病を発症した結果ではないかと考えることもあった。とはいえ、キャシーを好きになったことに変わりないので、そんなことはどうでもよかった。だが、キャシーとケリーの話を聞くうちに、私は自分自身がPTSD（心的外傷後ストレス障害）に苦しんでいることがわかった。キャシーとケリーもPTSDだったため、その症状に気づかなかったのだ。

私自身の健康状態も、急速に悪化していった。回復していた体重はまたしても減り始めた。胃痛、嘔吐、下痢はひどくなった。そのため、潰瘍の患者にはマーロックスとして知られる特許薬に文字通り頼って生きていた。本土に住む友人の医師に、盗聴されずに電話をかけると、信頼できる地元の内科医の名前を教えてくれた。私の苦境を察してか、友人はその医師の予約を取ってくれて、すぐに検査をしてもらえることになった。

胃カメラを使った検査の結果、水系媒介の寄生虫が原因で胃壁に穴が開いていることがわかり、緊急手術を勧められた。私が「今は無理だ。手術しないであとどれくらい持つだろうか？」と尋ねると、医師は「私の指示にどれだけ従えるかによる」と言った。「わかった」と私は答えた。その後、点滴と処方された薬のおかげで、体調は数日で回復に向かった。

この療養期間中に、私はキャシーの記憶の回復を早めるための答えを電話で探し始めた。その間にもまたもや、かつての仲間から、「私はすべてを知っている」と言われた。私は納得がいかなかった。しかし、そんな私の執念が実を結び、ある電話をきっかけに、いわゆる「鉱脈を掘り当てる」ことができた。

というのは、解離性障害の治療のための秘密の実験研究に関する医学書が、不思議なことに、アンカレッジ公立図書館のイーグル・リバー分館に「予約」されていたのだ。私は、ある日のある時刻にそれを受け取るようにと、密かに連絡を受けて、それに従った。

図書館を出ようとすると、食料品の袋を抱えた中年の女性が近づいてきて図書館は開いているかと聞いてきた。私は開館している図書館の入り口から外に出ようとしていたので、これは変だと思った。だが、好奇心もつかの間、彼女が「最近、ミルトン・エリクソン博士の本は読んだかしら?」と聞いてきたので、私は「いいえ、でも、ウィリアム・S・クローガー博士の『臨床と実験的催眠』という本を借りているんです」と返事をした。

「あら、そうなの。私はクローガー博士の大ファンなのよ。ご存知のように、彼はサブリミナル・マインドコントロール(理論)研究の父と言われているエリクソン博士の大ファンなの」。そう言って、歩き始めた彼女は、振り返り、微笑みながら「マーク、うまく活用してちょうだい」と言った。

彼女は私の名前を呼ぶと見せかけて、本について伝えようとしているのだと思った。この発言から、彼女が、この図書館に本を届ける責任者であると判断した。すぐに、それが本の中に入っているしおり(ブックマーク)のことだとわかった。これは私に必要なコミュニケーションの手段だった。その「しおり」には、フリーダイヤルの800番と、それを利用する日時が記されていた。この800番をはじめ、同じように通信手段として提供された多くの番号を使って、私はスパイが使う地下の情報網に密かにアクセスした。この方法によって、その後2年間、キャシーと取り組んだマインドワークの迷路の中にいながらも、私は電話を通じてガイダンスを受けることができた。

800の番号に電話をかけると、「今すぐ社員番号を入力してください」と電子音声が流れる。私は、以前ある人物から「割り当てられた」一連の番号を使って、音声案内に従った。次に聞こえたのは、電話をかける音だった。8回鳴ったところで、私の知らない人が電話に出て「どうしました？」と聞いてきた。私は、まるで玄関に入れてもらえた掃除機のセールスマンが、定型のセールス・プレゼンテーションをするような気分で、緊張しながらも、キャシーのために早く治療体制を整える必要があることを強調して伝えた。

その声は「渡された本を読んだことがあるか？」と尋ねてきた。

「ええ、けれども、臨床用語の多くは外国語でした」

すると、その声の主は私に図書館に戻り、「用語の定義が書かれた心理学の参考書を手に入れる」ように指示した。私は、その指示を遮って、このディプログラミングのプロセスを早く進めることができる人と話すことができないかと尋ねた。

「この国にディプログラミングができる人は2人しかいません。1人はボストン（マサチューセッツ州）、もう1人はフェニックス（アリゾナ州）にいます。ですが、いずれにせよあなたが（キャシーから）得ているような情報では、あまり役に立たないし、信頼してもらうこともできないでしょう」

そして、男はためらいながら「あなたには紹介状が必要となるでしょうが、私にはできません。でも、どうすればいいかは知っているはずです」と言った。

私は「何のための紹介状なのですか？」と尋ねた。

「この病気について知っていて、役に立つかもしれない医師と話す機会を得るためです」

「わかりました。その医者は誰ですか？」

「ユタ州ソルトレイクシティのコリー・ハモンドです」

私は「おやおや、そこはモルモン教の本部がある場所で、キャシーが最後に宗教的なトラウマを植え付けられた本拠地じゃないか」と言った。

「そのとおり！」とその声は続けた。「しかし、あなたが注意深く振る舞い、自分のこと（情報）をあまり明かさなければ、この医師は信頼できます。彼はほかの（マインドコントロールの残虐行為を知っている）人たちと同じように偏執狂ですが、何かの役に立つかもしれません。ですが、十分注意してください。皆がこの男を監視しているから、何を言っても彼ら（悪者）に伝わってしまうのです」

「ありがとうございます」と私は答えた。

ハモンド博士と知り合いの紹介者を探す過程で、私は解離性障害の専門家であり、イリノイ州シカゴで有名な精神科医のベネット・ブラウン博士に電話をかけた。会話の中で、私は博士がキャシーやケリーのような人たちのために、病棟全体を使って治療をしていることを知った。なぜ、もっと早く彼に相談に乗ってもらわなかったのだろう。この短い電話越しでの会話を通じて、私はブラウン医師と出会い、彼がこの施設内の「ベッド」を長い間待ち続けている患者を何人も抱えていることを知った。そして、この医師に「友人」の名前と電話番号を教えてもらった。それが『ピープル』誌の調査記者、シヴィア・タマルキンである。

この『ピープル／タイム・ライフ』誌の記者に連絡を取ったことが、有益な情報を得るための最大の判断ミスとなった。彼女は、間接的に私の人生を犠牲にし、間接的にケリーの「専門的」なセラピーの機会を失わせることになったのである。

私が初めてシヴィアと話したとき、彼女は霜が降りた後にカエデの木が葉を落とすように、重要な名前を落としていった。私は、この一見情報通に見える人物との会話を、当時もその後も、ほとんどすべてオーディオテープに記録している。シヴィアはまず、ボストンにいるディプログラミングの専門家であるスティーヴン・ハッサンという元統一教会信者のマインドコントロール専門家の名前と電話番号を教えてくれた。次に、ＵＣ

LAのジョリオン（ジョリー）・ウェストに連絡するための名前と電話番号を教えてくれた。さらに彼女は、嫌々ながらコリー・ハモンド博士と連絡を取るのに必要な紹介状を渡してくれた。最後の連絡先だけは、唯一の「手短に役立つ」連絡先となった。

PTSDで低下した判断力を最大限に生かし、マインドコントロールの専門家のスティーヴン・ハッサンに電話をして、ケリー（だけでも）を助ける方法を相談したところ、彼がアラスカの我が家まで来てくれることになった。どうやら、彼の目的はキャシーにトラウマを植え付け、有名な暗号を使って、彼女が私から逃げ出すように仕向けることだったようだ。しかし、キャシーとケリーにとって幸運だったのは、彼の倫理観と同じくらい、彼のロボットのような話し方が非常に稚拙だったことである。私はハッサンの声と記録から、彼が悪意ある理由で、UCLAの精神科医の友人であるウェスト博士とマーガレット・シンガー博士のことを同業者として尊敬していることがわかった。ウェスト博士がCIAのために何十年もMKウルトラ計画のマインドコントロールの研究をしていたことを私はほとんど知らなかった。CIAが支援するウェスト博士の研究の一部は、１９７０年代にMKウルトラ計画の議会調査官によって暴露されていたようだ。しかし、アメリカ政府が国家安全保障の名目で彼と彼の研究に対するさらなる調査を中断したため、彼は世間の注目を浴びることなく生き延びたのである。彼の唯一の罪は、小学生の目の前でLSDを過剰摂取し、象を殺したことである。この事実は、キャシーと私が彼と電話で話した後に知ることになるのだが、その後、私たちは災難に見舞われることになる。だが、その話はここでは割愛する。

コリー・ハモンド博士との電話でのやりとりは、有益な情報源であり、良きサポートとなった。彼は、私がセラピーの専門的なアドバイスを求める上で、もっとも貴重な生の情報資産であった。その後、ハモンド博士は、１９９１年のシンポジウムでの発表を通じて、マインドコントロールについて、彼の知る限りの真実を精神医療界に伝えた。彼はエリクソンの「蘇生法」と呼ばれる、痛みや解除反応を伴わない、記憶回復のための特別な技法を私に助言し、私の大切なキャシーを、文字通り恐怖の記憶から救ってくれたのである。ハモンド博士こそ、私にとってのヒーローである。

アラスカの春は、私が慣れ親しんだテネシーとはまったく異なっていた。アラスカの人々はそれを「解氷」と呼んでいる。鳥のさえずりの代わりに、あらゆるものから氷が溶け出す水滴の音が聞こえてきた。道路は茶色くドロドロになっていた。春という季節の移り変わりを歓迎するはずだったのに、何とも憂うつな気分である。唯一の朗報は、暗い日中に徐々に暖かい日差しが差すようになってきたことだった。だが、この季節の変わり目に、私の知らない時限爆弾がカウントダウンを始めた。ケリーの喘息と容態が、理由もなく急激に悪化していったのだ。

5月のある金曜日の朝、キャシーにケリーの学校の校長から電話があり、「早く迎えに来て、医者に見せてほしい」と言われた。保健医によると、ケリーは喘息の発作がひどく、持っている薬も効かないということだった。私たちが迎えに行くと、ケリーの容態は奇跡的に良くなったように見えた。しかし、それも束の間だった。

次の日曜日には、ケリーは絶えず咳をするようになっていた。いつも使っているポンプ式の喘息の薬は使い果たしてしまった。私は、こっそりと蒸留水でこれを代用し、ケリーが息苦しそうにしている間、一緒に座っていた。それから、エリクソンの誘導イメージの技法を使って、ハァハァと言いながら山に登っていく少女の話を始めた。そして、山の頂上に着いた少女が、疲れて野の花のベッドで眠ってしまうという話で締めくくった。ケリーは、普通の呼吸に戻り、数時間は熟睡していたが、また目が覚めて咳き込むということを繰り返した。私は枕元に戻り「どうして咳が止まらないのかな？」と尋ねた。

ケリーはやや動揺しながらも、「喘息だから」と答えた。私は水を置き換えるトリックを繰り返し、ケリーは次第に落ち着きを取り戻した。

「パパ、ウェイン（ケリーの父親で連続殺人鬼とされる悪魔主義者）は私が死ぬと言ったの」

「でも、あの人は医者じゃないよ」と私は言った。

「本当に何度も何度もそう言われたの」

「いつそんなことを言ったんだい？」

ケリーは「学校が終わったとき」と答えた。私が「どういう意味だい？」と尋ねると、彼女はロボットのように「学校が終わったとき」と繰り返した。

「いつ、ウェインがそう言ったかを覚えているかい？」と私は尋ねた。

「ベッドで」と彼女は続けた。「あの人は、私が眠っていると思って、アレックス（ヒューストン）と電話で話していたの。そのあと私に話しかけてきた」

私はそのときに、ウェイン・コックスが催眠術という臨床技術を使って、ケリーの死をプログラムしていることを知った。アレックス・ヒューストンがコックスのプログラムを指導していたのだ。

ケリーは深いトランス状態に入っていたので、私は話を中断して、「まあ、学校に通えなくなったわけではないし、明日には学校に行けるくらい元気になるよ」と答えた。

私が示唆したように、ケリーの体調は翌朝には回復し、学校に行った。そして、この日がバーチウッド小学校での最後の日となった。

数時間後、キャシーと私は再び呼び出された。保健医の質問にキャシーが正直に答えると「医者に連れて行かなかったのですか?」と激昂された。キャシーは「ええ、でも、これから連れて行くわ」と答えた。

その日の夜、キャシー、ケリー、私の3人は、ケリーのために救急車に乗ることになってしまった。移送先のアンカレッジのヒューマナ病院で、キャシーと私は若くて明るく美しい医師、ローリー・シェパードと出会った。私は個人面談をお願いし、彼女はそれに応えてくれた。

私は30分ほどキャシーとケリーが何から救われたかを説明した後、彼女にマインドコントロールの定義を説明した。それを知ったシェパード医師は、地元の女性精神科医パット・パトリック博士に相談し、ケリーの診断を依頼した。

診断が終わり、パトリック医師はキャシーと、そして私を診察室に呼んだ。ケリーには、繰り返される深刻なトラウマから生じる多重人格障害(MPD)[5]という精神障害があることが、この診断で初めて明らかになった。

私はパトリック博士に、ケリーが虐待を受けたかどうかを確認するために、性的虐待の専門家を手配してもらえないか、と頼んだ。彼女はそれに応えてくれた。結果は陽性だった。パトリック博士とキャシーは、この検証に安堵したような表情を浮かべた。しかし、私はこの結果に愕然とした。

ケリーの喘息の症状はヒューマナ病院で落ち着き、その後はチャーター・ノース精神病院に転送され、入院治療を受けることになった。パトリック医師は、彼女が知っている中で最高のケアを提供してくれたようだ。しかし、残念ながら、それでも十分ではなかった。数か月が経ち、アラスカ州の福祉当局はケリーの状態が改善しておらず、効果のない治療費が毎週数千ドルにも膨れ上がっていることに気づき始めたのだ。

パトリック医師、キャシー、そして私は、テネシー州の暴力犯罪被害者補償委員会の協力を得て、低所得者医療補助を受け入れてくれる病院を探し始めた。そしてついに、ケンタッキー州のオーエンズボロに、宗教的儀式によって虐待された子供たちを専門に扱うことを謳っている病院が見つかった。ケリーはこの施設に移され、転院にかかる費用はすべてアラスカ州が負担してくれた。のちにこの病院は、子供の居住者の数に応じて、連邦政府と州政府から利用料を徴収するだけの人間の倉庫にすぎないことが判明する。良い場所に思えたが、ケリーへのケアは「ゼロ」に等しかった。

ケリーがこのケンタッキー州の病院に移され、キャシーが順調に回復するようになる前の夏、私は、今なら仕事を探すために2人の元を離れても大丈夫だと感じた。旅費、生活費、そして冬にケリーと一緒に本土に戻るための資金がどうしても必要だったのだ。

私はすぐにアラスカ・ビジネス・カレッジに就職し、入学希望者の面接官を務めることになった。営業成績がよかったので、2週間で担当係からディレクターへと昇進した。その後5か月間、稼いだお金をできるだけ貯金して、ケリーの近くに引っ越すための資金にした。キャシーやケリーと離れて暮らす苦しみは、1年近く音信不通だった息子との別離を思い起こさせた。

キャシーは、私の勧めに応じて父親に電話し、ケリーのための資金援助を懇願した。父親は500ドルを送金し、「ここはアメリカだ。1人でミシガンに戻ってこない限り、金は出さない」と言った。この言葉が、キャシーの抑圧されていた記憶を呼び覚ました。彼女は変態奴隷商人である父アール・オブライエンに、幼少期に拷問されていたのだ。

やがてFBIからキャシーに電話があり、アンカレッジのFBI事務所に出頭して尋問を受けるようにと言われた。到着したキャシーは、父親から金を脅し取ろうとした罪で連邦政府の捜査を受けていることを告げられた。

この告発を聞いたとき、キャシーは妙に安心したような顔をした。後から知ったことだが、彼女は自分の頭がおかしいわけでも、記憶が「妄想」だったわけでもなく、父親が実際に自分や兄弟姉妹にそうした行為をしていたことがわかって、気持ちが楽になったそうだ。

このＦＢＩ捜査官は明らかに同情的で、彼の推薦により、司法省の「扇動的」捜査は取り下げられたと伝えられている。この捜査官はその後、モルモン教会を通じて現金の寄付を取りつけ、私たちが彼の管轄の捜査対象から離れられるようにしてくれた。

同じ時期に、アンカレッジのＦＢＩ事務所の別の特別捜査官を通じて、フロリダで弁護士をしている私の元妻とその上司が関与した犯罪について、「知っていること」を尋問されたことも付け加えておくべき事実だろう。私は事件とは無関係で一切何も知らなかった。ＦＢＩは事実上、私に対する捜査活動を通じて、キャシーとケリーの擁護者としての私の信用を失墜させようとしていたのだと、今ならわかる。その後、元妻とその上司である弁護士に対する事件は解決し、上司である弁護士は第一級殺人で有罪判決を受けた。元妻は州の証人となり、無罪となった。

しかし、その数日後、私は全国ネットの人気番組「未解決ミステリー」で元妻が逮捕され、裁判にかけられるところを「見る」ことになる。その不幸なたった1件の殺人事件は、その後何週間も全米のニュースを賑わせた。一方でキャシーの証言は、ＦＢＩが証拠を提供したにもかかわらず、〝国家安全保障〟を理由に意図的に隠蔽された。

アラスカは秋から冬へと移り変わり、山々は雪に覆われつつあった。空気もひんやりとしてきた。季節の変わり目は、新しい家族に、もう1つの変化を告げるものだった。ケリーがケンタッキー州立バレー精神医学研究所（V.I.P.）に転院することになったのだ。

キャシーと私は、アラスカ・ビジネス・カレッジでの短い在職期間中に稼いだお金をすべて貯金し、本土に戻る準備をしていた。

今にして思えば、キャシーは「融合」と呼ばれる回復期に入ったのだ。彼女はもうとっくに人格の入れ替わりをやめて、美しく、知的で、論理的な女性になっていた。今や誰かに引きずられて、私に逆らったり、私から離れたりすることもない。彼女はトラウマを引き起こした記憶を日記に書き続け、専門家からも安定していると診断された。

アンカレッジからシアトルへ向かう船やフェリーは、何か月も先まで予約でいっぱいだった。貨物や車しか受け付けていないのだ。私はアラスカ航空の片道切符を2枚購入し、自家用車のAMCペーサーと残りの荷物をアンカレッジの港に運び、船積みした。

ところが、荷物をまとめて飛行機に乗ろうとしたとき、近くの火山が噴火し、その後2週間、アンカレッジを発着するすべての航空便がストップしてしまった。私たちは、空港が再開されるのを心待ちにしていた。私たちが先に出発し、ケリーとケリーの看護師が後に続く予定だった。そしてこれが、正義を追求する私たちの果てしない旅の第一歩となった。

4　この言葉はマーク・フィリップスのモットーだった。

5　多重人格障害は、現在は解離性同一性障害と呼ばれている。

第4章
真実と結果
追求される私たち、否定される正義

待ちに待ったシアトル（ワシントン）国際空港への到着は、新たな始まりの幕開けとなった。キャシーは、ケリーが回復する見込みがあると楽観的だった。しかし、私自身はそれほど楽観視していなかった。というのも、民間の精神科医がアメリカ政府のマインドコントロールの研究に関する知識に乏しいことを、過去の経験や内部情報源を通じて知っていたからだ。医師が知ることのできるマインドコントロールの情報といえば、問題を抱えた患者から提供されるヒステリックな言葉だけである。ヒステリックな言葉は、この場合、病気の症状によって起こる誤った情報として、メンタルヘルスの専門家には広く知られている。多くの医師が、これを恐怖と慢性的な現実の否認によって引き起こされる「現実逃避」と診断しているのだ。

１９９０年は、20世紀最後の10年とミレニアムの始まりであったが、大部分のメンタルヘルスの専門医はマインドコントロールの存在について否定的な態度を取り続けたままであった。科学としてのメンタルヘルスは、まだ１００歳にもなっていない。ほかのヒーリング技術と比較してもかなり未熟な産業である。

メンタルヘルスの歴史が浅いこと、ユングやフロイトの古風で神秘的な理論に根ざしていること、政府が管理する研究情報が入手できないことなどから、「メンタルヘルス」という言葉は、患者や医師から矛盾した言葉として捉えられている。私がインタビューした解離性障害の患者は、この職業に就く人々を「精神の悪魔」と呼び、善意の医療提供者を「強姦魔」と呼ぶことがよくある。関係者にとっては残念なことであるが、多くの報告例では、こうした残酷なレッテルが、提供されるケアの質と一致しているのである。私は、メンタルヘルスの分野におけるヒーリング技術がマインドコントロール患者の治療に応用されることを、コンセプトとしては強く支持するが、こうした患者のニーズに応えるためには国家安全保障法を抜本的に改正しない限り、実現が難しいと考えている。

1970年頃、私はその「軽い」一例を目撃した。ある種の深刻な頭部外傷によって脳に損傷を受けた若者を対象とした、精神医学の「最高機密実験」のビデオ撮影を監督したことがあったのだ。この患者は歩ける状態だった。彼は何も覚えておらず、自分を表現することも、ましてや考えることもできない。だが、彼は脳死状態ではなかった。心が死んでいたのだ。実験的な薬物と周波数などを含むハイテク電子技術の組み合わせにより、彼の脳は思考プロセスを構築できるよう「再教育」された。思考を阻害していた脳の瘢痕《はんこん》組織は、化学的・電子的にバイパスされている。私はこの実験方法を、自動車のイグニッションスイッチをショートさせてエンジンをかけるようなものだと考えており、車のキーを使えなくするのと同じだと思っていた。この常軌を逸した実験的治療の手順とその後の結果は、事細かに記録されていた。このときの記録、ビデオテープ、医師のメモは機密情報の封筒に入れられ、メリーランド州の陸軍基地に宅配便で運ばれた。

この件が印象に残っているのは、その直後に起きた出来事が理由である。実験の主治医が、隣接する病棟にいる「自分の」患者（「国防総省のモルモット」ではない）に、この方法を適用すれば「おそらく回復するだろう」と、同僚の看護師に辛辣に訴えているのが聞こえてきたのだ。この医師は、国防総省の守秘義務によって、自分の患者に最先端の治療法を適用することが禁じられていると訴えていた。彼は、2人の主人に仕えなければならないことに不満を持っていた。主人の1人である国防総省は、医師免許、賠償責任保険、秘密保持の誓いなどを通じて、彼のキャリアを支配している。もう1人の主人は、医師となる際に署名した「ヒポクラテスの誓い」に基づく、医師自身の道徳観や倫理観である。

メンタルヘルスという医療分野は、このように、国防総省の膨大な研究成果や技術開発の恩恵を受けることなく、患者に最先端のケアを提供するモデルを確立するための学習曲線を描いているのだ。言い換えれば、メンタルヘルスの提供者たちもが、瞬く間にマインド／情報コントロールの第2の被害者集団になりつつあるのである。

メンタルヘルスの専門家は危機的状況にあり、失敗と成功の岐路に立たされている。利用可能な技術を応用して成功するという道は、国家安全保障という理由で閉ざされているように見える。

国防総省が心の研究の秘密を管理し、連邦政府が情報の封じ込めを行った結果、メンタルヘルスの従事者たちは、患者や裁判所、そして最近では特定の目的を持った団体から身を守る立場に立たされることになった。こうした集団は、メンタルヘルスの専門家を攻撃の対象にしているのである。「虚偽記憶症候群財団」や「サイエントロジー教会」のような、非常に疑わしい意図を持つ、資金力のある組織は、メンタルヘルスに関する職業を公に非難してきた。

サイエントロジー教会は、メンタルヘルスの専門職を公に非難するわかりやすい先導者として出現した。ワシントンD.C.に拠点を置く教会の「人権」ロビー団体を通じて、彼らは倫理的な製薬会社やメンタルヘルス従事者に対する多数の訴訟を伴う大規模なネガティブキャンペーンを開始したのである。サイエントロジーの信者たちは、教会の創設者であるL・ロン・ハバードが、行動療法を通じて精神疾患の万能薬を発見したと信じている。サイエンス・フィクション作家として成功したハバードは、アメリカ海軍情報部での軍務を通じてサブリミナル・マインドコントロールの知識を得たとされている。彼は、行動療法プログラム「ダイアネティックス」を最初の妻ダイアンの名前にちなんで名付けた。

虚偽記憶症候群財団は、主に性的虐待で告発された人たちが利用するロビー団体である。この団体は、トラウマを負った結果、解離性障害に苦しむようになった人々のセラピーを制限する法律を必死で作ろうとしている。さらに、抑圧された記憶は作り話であるといった信念まで表明している。虚偽記憶症候群財団は、メンタルヘルスの専門家のアキレス腱を見つけたのである。

今日まで、(繰り返されるトラウマの結果起きる)解離性障害の効果的な治療法を開発するためのモデルは、アメリカ精神医学会やアメリカ心理学会から発表されていない。そこにはモデル開発を難しくしているいくつかの要因がある。第1の要因は、機密扱いのマインドコントロール研究に関する国家安全保障上の秘密が絡んでいることである。

マインドコントロールの被害者を精神科医に紹介することは、繊細な手術が必要な患者を、目隠しをして手錠をかけた外科医に任せるのと同じことなのだ。このような状況を知っていたからこそ、私はケリーの回復を楽観視していたキャシーとは異なる意見を内心では持っていた。とはいえ、キャシーは完治に近づいていたし、ケリーのために今できることはすべてやっていると自覚していた。

政府内で「誰が」重要な医学研究の成果や技術情報をメンタルヘルスの専門家から隠そうとしているのかを明らかにすれば、理解の土台になるのではないだろうか。私は、キャピタル・インターナショナル・エアウェイズで働いていた経験から、この疑問に対するはっきりとした意見を持っていた。その答えは、のちにワシントンD.C.のニュース特派員でジャーナリストのリンダ・ハントが著書『シークレット・アジェンダ』の中で雄弁に語っている。この本が書かれた歴史的な背景にあるのが機密指定を解除された国防総省の文書である。これによるとペーパークリップ作戦は、ナチスとファシストの科学者を40年以上かけてアメリカに極秘輸入・移転させるためのものだったそうだ。優秀な犯罪科学者たちは、主にロケットと心という2つの分野の研究に取り組んでいた。彼らは、有名な大学、カレッジ、産業界、NASAなどの権威あるポジションに配置された。長年にわたり、こうして輸入された犯罪者たちは、アメリカ政府主催の研究を通じて、高度なロケット技術とマインドコントロールの応用によって、私たちの社会に直接影響を及ぼしてきたのである。『シークレット・アジェンダ』によると、ペーパークリップ作戦の結果として、ナチズムの哲学や政府の形態は今も生きており、多少なりとも我が国を破壊しているという。

このことは、ペーパークリップ作戦の主要な輸送機関の1つであるキャピタル・インターナショナル・エアウェイズに勤務していたときに得た個人的な知識からも証明できる。

シアトルからアメリカ南東部へ向かう長いドライブの間、私の心を駆けめぐった思考には、このような背景があった。正義を求め、アラスカで行った電話作戦の結果がどうなったかも気になっていた。

最初の目的地は、アラバマ州のハンツビルだった。この場所はNASAが所有する宇宙ロケットセンターがあることで有名なアメリカ南部の都市である。また、ペンタゴン（国防総省）の闇予算が、全米でいちばん使われている町でもある。だが、キャシーは、この町と警察、そしてNASAの研究施設に対して、まったく違った印象を持っている。キャシーとケリーにとってハンツビルは、アレックス・ヒューストンが最先端の技術を用いた拷問や、児童・成人向けポルノ映画を制作するために定期的に2人を連れて訪れる場所だったのだ。

今回のハンツビル行きは、キャシーにとって、ある経験を除いては、これまでの経験とは違うものになるはずだった。彼女も私も、正義を追求する中で、初めて法執行機関から命を狙われることになったのだ。これは私にとっては驚きであったが、キャシーにとっては「普通」のことだった。

この脅迫は、ハンツビルに拠点を置く法律扶助団体「全米児童擁護団体」に私が電話をかけたことから始まった。この団体は、地元の有権者たちから「銃禁止のバド」と呼ばれている地方検事バド・クレイマーの指導力によって結成されたことを公表していた。この擁護団体にキャシーのハンツビルでの過去の体験を話したところ、ハンツビル市警の2人の「悪徳」警官から連絡があった。彼らはジェフ・ベネットとチャック・クラブツリーという名前だった。

ハンツビルに到着すると、この2人の悪徳警官が私たちとトレーラーを、麻薬取引の舞台となる地元のアパートメントまで案内してくれた。そのアパートメントは家具付きで、各部屋に盗聴器と盗撮器が設置されていた。ベネットに「盗聴器が仕掛けられているのか？」と尋ねると、彼はきっぱりと否定した。この嘘から、私とキャシーは誰かの研究のための標本にされることを確信した。私はそれが「誰か」を知っていたので、彼らを欺くために最高の演技をした。この行動が、おそらく私たちの命を救ったのだろう。

数週間遅れで、2人の悪徳警官はキャシーや私との話し合いの席についた。彼女は、2人の犯人の詳細な身体描写、名前、彼らが住んでいて児童・成人ポルノを製造していたとされる場所の地図など、数々の証言を提供した。この2人の加害者は、ハンツビルの警察官で、地方検事のバド・クレイマーを当選させるためのキャンペーンにも一役買っていた。彼らの名は、オーディ・メジャースとフランク・クローウェル巡査部長である。

キャシーが記憶をすべて吐き出した後、クラブツリーとベネットは、「生きているうちにハンツビルを離れろ、残るつもりなら黙っていろ」と命じた。

のちにキャシーと私は、私たちが情報を提供した5つ以上の州のすべての法執行官にクラブツリーとベネットが報告を入れていたことを知ることになる。彼らは私たちが「プロの詐欺師犯罪者」であると報告したのだ。おそらく彼らは、他州で提出された報告書の中に、ハンツビルの警察における私たちの「素行の悪さ」が記載されていたことから、この信用失墜戦術を実行できたのだろう。さらに、FBIのナッシュビル支局は、クラブツリーとベネットの嘘を実行する役割を担っていた。だが、このFBIの動きは、友好的な地方検事が「人格を攻撃した者たちの身元を特定し、起訴する」と私たちの代理人のベン・パーサーに伝えたことで止まった。嫌がらせがなくなったのだ。

興味深いのは、「バド」・クレイマーがその後1年足らずで下院議員に当選したことである。当選後、数か月もすると、彼は長年にわたる隠蔽行為に加担するようになっていた。バドは、情報機関、国防総省、そしてもちろん、何よりの財政的支援者であるNASAの調査を隠蔽してきたと言われている。

ジョージア州アトランタに在住する医師の妻、フェイ・イェーガーは、バドの怒りに触れながらも法廷で生き残ることができた。彼女の罪は、ひどい虐待を受けていた子供を擁護し、保護したことである。この勇気ある女性は、裁判で勝利を収めた。そして今度は連邦裁判所に反訴を起こした。

バドの使い古した脅し文句に動揺しながらも、私たちはナッシュビルに戻った。ケンタッキー州のV.I.P.病院がケリーのアラスカ州での医療記録を突然、「誤りである」と言い出したのだ。V.I.P.いわく、ケリーは「異常なし」だそうだ。その上、「今すぐ引き取りに来なければ、ケンタッキー州の児童福祉局に預け、養父母を探すことになる」とまで言われた。

これは恐ろしい事態であった。というのも、ケリーが健全な状態でいられる環境は限られているからだ。彼女は、3人の医師やセラピストから自殺や殺人を起こす可能性があると宣告されていた。とはいえ、キャシーと私には定住する家がない。そこで、私たちはケリーをテネシー州に連れ帰り、ケリー、キャシー、私の3人で、母が暮らす小さな2ベッドルームの家に滞在した。しかし、この生活は長くは続かなかった。（プログラムされている）ケリーの喘息が2日もしないうちに再発し、母から引き離される運命となったのだ。ケリーは息も絶え絶えで、ナッシュビルのバンダービルト病院に駆け込み、緊急治療をしてもらった。ケリーの容態はまたしても極めて危険な状態にまで悪化し、その後、回復した。主治医は、マインドコントロールのことを知るまで、この回復を奇跡的なことだと思っていた。

ケリーの過去の医療記録と精神科の記録を調べたバンダービルト病院の医師は、私たちがこれまで見てきたなかでも最悪の児童倉庫、「羽をもがれた蝶の家」（84ページ写真参照）、クロケット／カンバーランドハウスに転院することを勧めてきた。キャシーと私は失業中で、ケリーはメディケイド（低所得者向けの医療保険制度）しか適用できなかったので、テネシー州は一時的な親権を要求してきた。彼らはケリーに専門的なセラピーを受けさせる気など毛頭なく、法的には合法的だが、道徳的には強要に等しい要求をしてきた。

5人の弁護士がキャシーに対抗し、2年にわたる長い裁判を経て、私たちは部分的な勝利を収めた。ケリーはテネシー州メンフィスのチャーター・ノース病院に移された。そこでも多重人格／解離性同一性障害のセラピーは受けられなかったが、ソーシャルワーカーのアボット・ジョーダンから初めて心からの共感を得ることができた。

この間、私は、ナッシュビルの首都警察によって生命と自由を脅かされた。殺人課のミッキー・ミラー警部に脅迫され、彼の友人で部下のトミー・ジェイコブス警部補からも同じことを言われた。ミラーは「あの子のことは忘れたほうがいい、体調が変わる前に、今すぐすべてから手を引け」、ジェイコブスは「あの子の病気は父親（コックス）が治せる。あの子はアレルギー持ちなだけだ。2人のことは忘れたほうがいい」と言っていた。この会話はすべて録音テープに残っている。

このような脅迫があった数か月の間で、テネシー州内のあらゆる法執行機関から、私たちは生活と自由を脅かされるようになった。ＦＢＩのナッシュビル支局からも脅迫を受けた。彼らはＦＢＩ側の「事務的なミス」という形で、私がジョージ・ブッシュ大統領を脅したという「濡れ衣」を着せてきたのだ。この容疑はまったく根拠のないもので、その後、私が弁護士を立てたことで取り下げられた。

１９９１年になり、キャシーと私は、正義を追求するための「次の段階」として、組織的な情報発信をしなければならないと決心した。このプロジェクトの資金は、いつも精神的な支えとなってくれていたビル・ロスが間接的に援助してくれた。

キャシーと私は、ビル・ロスのような心優しい人に、トラウマに基づくマインドコントロールのような恐ろしい情報を話すのは気が進まないと思っていた。しかし、私たちが長年にわたる講演活動や医師への相談を通じて学んだことがある。大抵の人々は、自分がもはや「食物連鎖の頂点」にいない理由を理解している。ビル・ロスは、多くの人々と同じように、私たちが生きているうちにこの話を公にしてほしいと願っていた。

アラスカから本土に戻って5年、正義を追い求めた必死の努力の過程で学んだことは、誰にも言えるはずがない。キャシー、ケリー、そして私が経験した心痛、絶望、貧困を、誰一人としてほかに味わわせることがあってはならないのだ。

情報発信活動が一段落した頃、私たちが世間から支持を得るために役立つと思われるアイデアをキャシーから持ちかけられた。彼女はかねてから『トランザム７０００』に出演している歌手／俳優のジェリー・リードの娘であるセイディナ・リードを助けたいと何度も言っていた。キャシーによれば、彼女は長年にわたってセイディナと共にポルノ作品に何度も起用され、かつて美しかったこの女性との絆を深めていたのだ。

セイディナの夫であるデイヴィッド・ロリック、通称デイヴ・ローは、その後、妻をサディスティックに支配するようになったと言われている。注目すべきは、ローがアレックス・ヒューストンから特定の拷問を用いて奴隷を調教する訓練を受けたと言われていることである。ローはセイディナと出会う前にヒューストンと一緒に暮らし、2人は愛し合っていたとも言われている。キャシーと私は当時、ジェリー・リードは、キャシーの父親とは違って娘を奴隷にすることに関与していないと素朴に信じていた。さらに、政治や芸能界に多くのコネクションを持つジェリー・リードは、強力な味方になると確信していた。しかし、そうはならなかった。

セイディナを救出すると、すぐに彼女は話を始めた。それは、テネシー州ブレントウッドのレストランで、有名人である彼女の父親やその代理人と共に私の計画について話し合った後のことであった。リードには、私が武装して彼の家に向かっていることをローに警告するだけの十分な時間があった。そして、証拠はすべて消えた。

数年後、アメリカの税関職員から、私が「リードを脅迫している」ことをリードの関係者から（おそらくリード本人のことだが）ほのめかされていることを教えてもらった。この「清廉潔白」な税関職員は、私がローの奴隷状態からセイディナを救い出したことも、セイディナ、ジェリー・リード、そして彼の妻プリシーとの面会をすべて録音しておいたことも知っていた。彼は公然と私の身の安全を心配し、リードは私を脅すために嘘をついているのだと言った。

救出から2か月もしないうちに、セイディナと彼女の母親は、ローの性的な児童虐待（セイディナの4歳の息子に対する）などの行為を刑事告訴した。ナッシュビル地方検事局で働く「スパイ情報提供者」が、この告発と予想される結果を私に知らせてくれた。だが、国家安全保障という理由で、何の行動も起こされなかった。

セイディナは、多くの国家元首や、駐米サウジアラビア大使のバンダル・ビン・スルターン王子に売春をさせられていた。ジョージ・ブッシュの友人であるバンダルとの面会の場面を目撃した者によると、彼女は彼のお気に入りの奴隷の1人であった。救出されて以来、私たちはセイディナや彼女の家族の誰とも連絡を取っていない。正義を追求するためのこの地獄の旅のなかで、キャシーは、加害者たちから聞いた以上の話を知ることができなかった。私は、憲法が美しい計画にすぎず、盗まれ、略奪され、国家安全保障のためにすり替えられているということを身をもって知った。

今日、キャシー、ケリー、私、そしてすべての真の愛国者は、革命か進化かの岐路に立たされている。武力革命によって、私たち愛国者が滅びれば、完全に政府が管理する社会が出現し、再び「暗黒時代」の到来を告げることになるだろう。銃を所有し、内部事情を知っていても、私たちは戦いの技術においては劣勢である。しかし、もし私たちが、発達したコミュニケーション技術によって心の問題に立ち向かい、進化することを選べば、憲法を復活させ、国民を自由にすることができるのである。行き着く先は革命か進化か……ご存知のように、人生に変化は避けられない。

私たち一人ひとりが今、個人の時間と失われつつある資源の一部を使って、この犯罪を白日の下にさらし、私たちの政府を取り戻すことを恐れず行動する集団と個人を支援するために、身を挺する必要がある。私たちは、最小のもので最大限の努力をすることを約束する新しいリーダーを求めなければならない。これらのリーダーは、「沈黙は死に等しい」という戦いの叫びを分かち合っている必要がある。

6　リンダ・ハント『シークレット・アジェンダ　アメリカ政府、ナチスの科学者、ペーパークリップ作戦』（1991年、未邦訳）

INSERTS: VARIOUS SUPPORT DOCUMENTS AND PICTURES

【裏付けとなる数々のドキュメントと写真】

アレックス・ヒューストン

NEWS

ADVANTAGE MAGAZINE DECEMBER 1987

The power of saving energy

Nashville-based Uni-Phayse Inc. has landed a $31 million purchase contract with the People's Republic of China for capacitors, which operate as electronic power factor correction systems.

Founded approximately a year ago, the company will supply the energy managing systems to the Chinese government over the next 15 years, according to Mark Phillips, president.

"Initial applications will be directed toward that country's mining industry," says Phillips. "The Chinese have had to shut factories down on an alternating-day schedule because of power shortages. This device will enable them, in essence, to save enough energy to keep their factories going."

Ranging in size from a computer chip to a small office, the devices primarily affect the energy losses that occur with the use of electric motors, according to Phillips. "There are two types of electrical power," he explains, "and the power factor is the type used to turn a motor on." Although it is not used once the motor is running, it keeps running through the lines, Phillips says. Typically, it is then shot back to the power company and no one benefits.

"However, capacitors, which are installed near the equipment, store the energy almost instantaneously and then release it back to the motor when the motor demands it," Phillips says. Companies can realize a 15-17 percent savings in their energy bills, Phillips claims, in addition to eradicating the "power factor" penalties charged by the utility companies.

Although the technology has been available in this country for 50 years, according to Phillips, very few efforts have been made to manufacture and market the systems.

"Frankly speaking," he says, "because energy costs have been so low in this country until the last decade, there hasn't been any real interest in conserving energy. Of course, that is changing."

The company is working with TVA to identify industries that are experiencing "power factor" penalties. For now, says Phillips, there are several industries and institutions, such as schools, which can benefit from the technology.

While working with the local market, Phillips is also negotiating with other Pacific Rim and Third World countries, which he says are keenly aware of their need to manage energy.

"The bottom line of what we're doing is developing an educational program on the benefits of energy management for these countries, and we will also be manufacturing other energy-saving devices in the future," the executive says.

Currently manufacturing the systems at full capacity in the company's Florida plant, Uni-Phayse plans to open a second manufacturing operation in Nashville early next year. Phillips is in the process of locating and purchasing equipment for the plant, which he says will employ approximately 30 people.

— by *Bonnie Arnett*

February 5, 1988

Uni-Phayse, Inc.
107 Music City Circle, Suite 310
Nashville, TN 37214

Re: Resignation

Gentlemen:

I hereby tender my resignation as an officer and director of Uni-Phayse, Inc., effective immediately.

W. Alex Houston

アレックス・ヒューストンと経営していた会社ユニフェイズに関する新聞記事と、アレックス・ヒューストンの辞任の署名

YING ZHAN International Trading (
YING HAI Enterprises Ltd.

C. Y. Chiu
President

Rm. 1904-1906 Hua Qin International Bldg.,
340, Queen's Road Central, Hong Kong
Tel 8150855 (4 Lines)
Telex: 73035 YZHAN HX
Cable: YZHANITCO
Fax: 5-422085

Rm. 221 No. 24 E
MU XU DI, BEIJI
Tel: 367995

JOINT VENTURE CONTRACT
For Establishing
SHENZHEN UNI-PHAYSE CO. LTD.

Party A: Metallurgical Import & Export Corp. Shenzhen Industry & Trade Co.
Representative: 1987.10.2
Party B: Metallurgical Equipment Corp of the Ministry of Metallurgical Industry of China
Representative: 1987.10.2
Party C. Ying Hai Enterprises Ltd. of Hong Kong
Representative: Oct 2 '87
Party D: Uni-Phayse Inc. of USA
Representative:

MEC Ministry of Metallurgical Industry
Metallurgical Equipment Corp.

ZHAI XINTING
President

46 Dongsixi Dajie
Beijing China

Tel: 55.7031—4384
Cable: 3131 Beijing
Telex: 222355 YJMEC C

Section of Economic Information
Economic Information Center
Ministry of Ordnance Industry
868561-853

LU JUNDA
Bureau Chief

San Li-He
Beijing, China
P.O. Box 84 Beijing

Tel: 86.8441-525
216
Cable: 1105

SHIPPING & TRADING
William S. W. YOC
Managing Director

Tel.: 5-299677 (5 Lines) Telex: 74889 OCLIN HX
60793 OCLIN HX (A.O.

Oceanlink Limited
Oceanlink Maritime Ltd.
Yinghai Enterprises Ltd.
Rm. 606, Asian House, 1 Hennessy Rd., Wanchai, H.
G. P. O. Box 3312 HKG FAX: 5-861341

uni-phayse inc.
An International Company

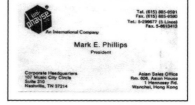

Tel. (615) 885-8581
Fax. (615) 885-9590
Tel.: 5-299677 (5 Lines)
Fax. 5-8613413

Mark E. Phillips
President

Corporate Headquarters
107 Music City Circle
Suite 310
Nashville, TN 37214

Asian Sales Office
Rm. 606, Asian House
1 Hennessy Rd.
Wanchai, Hong Kong

合弁会社の関係者の名刺・契約書

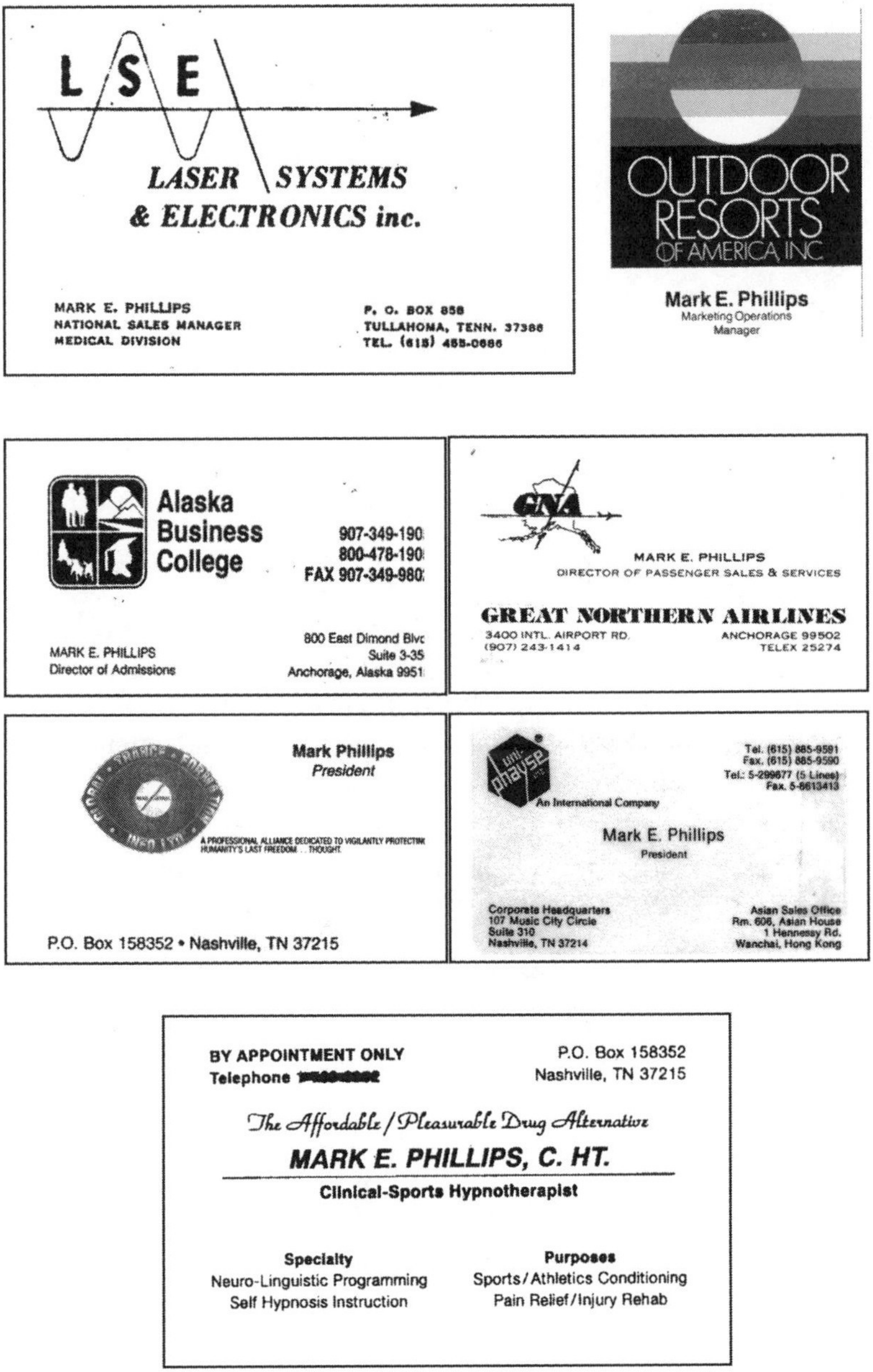
LSE
LASER SYSTEMS & ELECTRONICS inc.
MARK E. PHILLIPS
NATIONAL SALES MANAGER
MEDICAL DIVISION
P. O. BOX 858
TULLAHOMA, TENN. 37388
TEL. (615) 455-0686
OUTDOOR RESORTS OF AMERICA, INC
Mark E. Phillips
Marketing Operations Manager
Alaska Business College
907-349-190
800-478-190
FAX 907-349-980
MARK E. PHILLIPS
Director of Admissions
800 East Dimond Blvd
Suite 3-35
Anchorage, Alaska 9951
GNA
MARK E. PHILLIPS
DIRECTOR OF PASSENGER SALES & SERVICES
GREAT NORTHERN AIRLINES
3400 INTL. AIRPORT RD.
(907) 243-1414
ANCHORAGE 99502
TELEX 25274
Mark Phillips
President
A PROFESSIONAL ALLIANCE DEDICATED TO VIGILANTLY PROTECTING HUMANITY'S LAST FREEDOM . . . THOUGHT.
P.O. Box 158352 • Nashville, TN 37215
uni-phayse
An International Company
Tel. (615) 885-9591
Fax. (615) 885-9590
Tel.: 5-299677 (5 Lines)
Fax. 5-6613413
Mark E. Phillips
President
Corporate Headquarters
107 Music City Circle
Suite 310
Nashville, TN 37214
Asian Sales Office
Rm. 606, Asian House
1 Hennessy Rd.
Wanchai, Hong Kong
BY APPOINTMENT ONLY
Telephone [redacted]
P.O. Box 158352
Nashville, TN 37215
The Affordable / Pleasurable Drug Alternative
MARK E. PHILLIPS, C. HT.
Clinical-Sports Hypnotherapist
Specialty
Neuro-Linguistic Programming
Self Hypnosis Instruction
Purposes
Sports / Athletics Conditioning
Pain Relief / Injury Rehab

マーク・フィリップスの名刺

U. S. Department of Justice

United States Attorney

Middle District of Tennessee

110 9th Avenue South, Suite A-961
Nashville, Tennessee 37203-3870

615/736-5151
FTS/852-5151

September 9, 1991

Mr. Mark Phillips

Dear Mr. Phillips:

This letter will advise you of the following matters pertaining to testimony before the Federal Grand Jury for which you have been subpoenaed.

1. You are a possible subject of an investigation by the Federal Grand Jury. This means that the United States Attorney's Office or the Grand Jury has substantial evidence linking you to the commission of a crime and you are, in the judgment of the United States Attorney's Office, a possible defendant.

2. The Grand Jury is conducting an investigation of possible violations of federal laws including Title 18, U.S.C. Section 871, mailing threatening communications.

3. You may refuse to answer any questions if a truthful answer to the questions would tend to incriminate you.

4. Anything you do say may be used against you by the Grand Jury or in a subsequent legal proceeding.

5. You are entitled to consult with counsel about this matter. If you cannot afford to hire an attorney, one will be appointed for you upon your request to the court.

6. If you have retained counsel, or have been appointed counsel, the Grand Jury will permit you a reasonable opportunity to step outside the grand jury room to consult with counsel before answering questions, if you so desire.

Sincerely,

VAN S. VINCENT
Assistant United States Attorney

/tp

地方裁判所からの召喚状

AO 110 (Rev. 12/89) Subpoena to Testify Before Grand Jury

United States District Court

MIDDLE DISTRICT OF TENNESSEE

TO:

MARK PHILLIPS

SUBPOENA TO TESTIFY BEFORE GRAND JURY

SUBPOENA FOR:
☐ PERSON ☑ DOCUMENT(S) OR OBJECT(S)

YOU ARE HEREBY COMMANDED to appear and testify before the Grand Jury of the United States District Court at the place, date, and time specified below.

PLACE	COURTROOM
U.S. Courthouse 8th & Broad Nashville, TN 37203	A-825 Grand Jury Room
	DATE AND TIME Sept. 19, 1991 ~~1:00 p.m.~~ 3:00 PM

YOU ARE ALSO COMMANDED to bring with you the following document(s) or object(s):*

You will be asked to provide fingerprints, palmprints, handwriting exemplars, and testimony.

☐ *Please see additional information on reverse*

This subpoena shall remain in effect until you are granted leave to depart by the court or by an officer acting on behalf of the court.

CLERK	DATE
Juliet Griffin (BY) DEPUTY CLERK Carolyn Morris	Sept. 9, 1991

This subpoena is issued on application of the United States of America	NAME, ADDRESS AND PHONE NUMBER OF ASSISTANT U.S. ATTORNEY VAN VINCENT, AUSA A-961 U.S. Courthouse Nashville, TN 37203 615/736-5151

地方裁判所からの召喚状

マークとペットのアライグマ（1988年）

ケリー、キャシー、マークの家族写真（1988年）

キャシーとマーク（1988年、ネバダ州ラスベガス）

キャシーとマーク（1995年）

ケリー（1984年）

左：コスメル島にいるキャシー（1986年）。この後、メキシコでデ・ラ・マドリ大統領に売春をさせられた
右：キーウェストで麻薬密売をさせられたキャシーとケリー（1987年）

左：米領ヴァージン諸島セント・トーマス島にて、CIA のコカイン作戦をジェフ・メリットと共に行っていたときの写真
右：NCL でスターラップ・ケイに行ったキャシー。CIA の通信基地の近く

写真内の矢印は、キャシーに使用されていたオズの砂時計である

テネシー州が運営する「倉庫」である「羽をもがれた蝶の家」。ケリーは政治犯としてこの場所に収容された（今も政治犯とされている）

左：サンフランシスコで行われた抗議活動。陸軍中佐のアキノが連邦政府に守られていることや、児童保護協会での彼の立場に抗議している
右：ケリーにとっては生物学上の父親であり、オカルト連続殺人犯であるウェイン・コックスとの面会が裁判所によって命じられた（1988年）

ケリーと小児性愛者ボックスカー・ウィリー。バーモント州ラトランド（1985年）

左：ジェラルド・フォードの知るキャシー
右：キャシーの父親で小児性愛者のアール・オブライエン

左：キャシーの初聖体（1966年５月）
右：オブライエン家　キャロル、マイク、ビル、キャシー、アール、トム、ケリー・ジョー、キム、ティム（1980年）

左：スパーキー・アンダーソン。ケリーが虐待者として名指しし、子供時代にキャシーを虐待した
右：フォードの前に立っているのは、キャシーの兄のトム（1966年）。バンダージャクトとフォード大統領を乗せて地元のパレードで運転していた

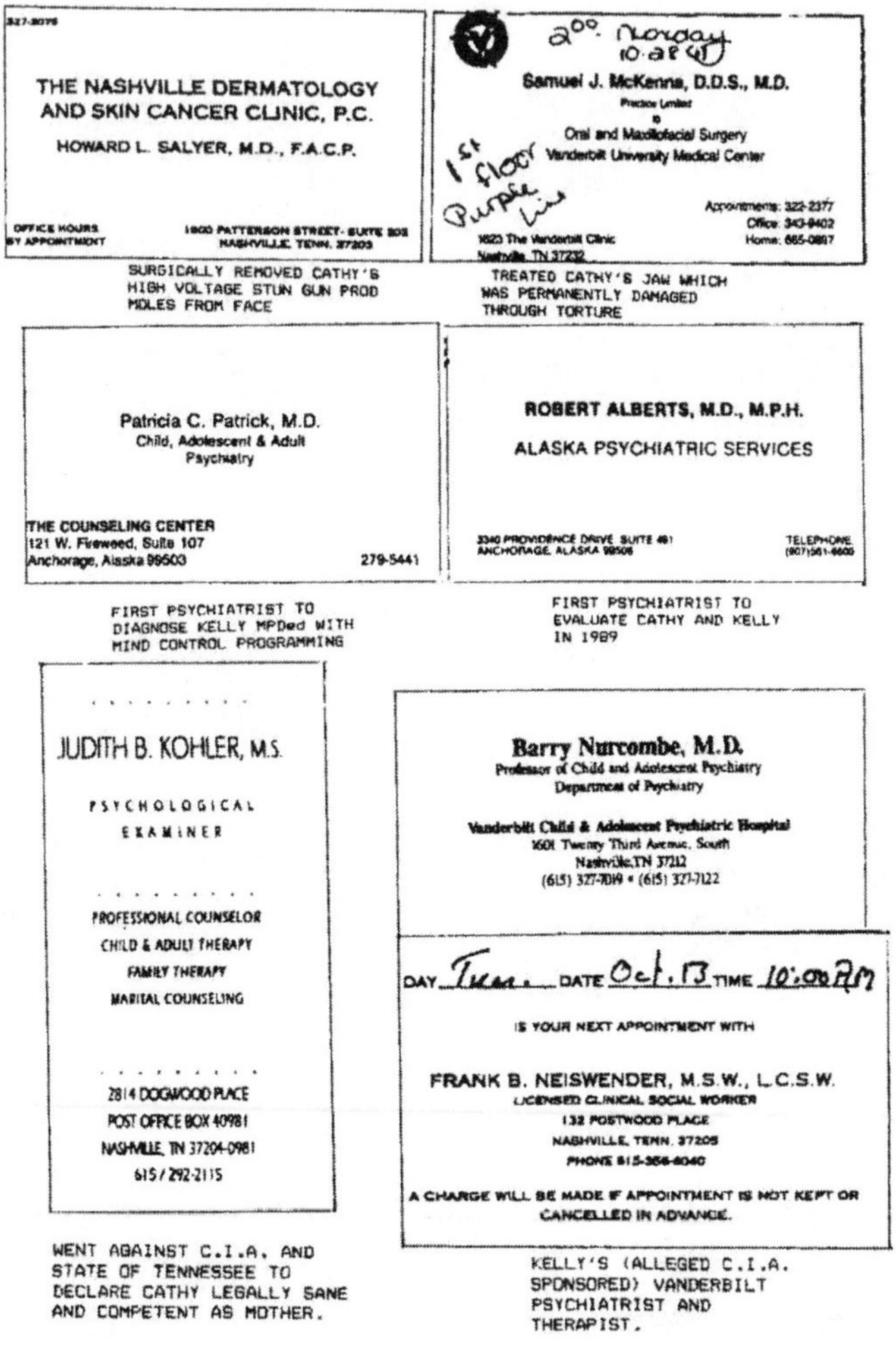

327-3075

THE NASHVILLE DERMATOLOGY
AND SKIN CANCER CLINIC, P.C.

HOWARD L. SALYER, M.D., F.A.C.P.

OFFICE HOURS
BY APPOINTMENT

1900 PATTERSON STREET- SUITE 302
NASHVILLE, TENN. 37203

SURGICALLY REMOVED CATHY'S
HIGH VOLTAGE STUN GUN PROD
MOLES FROM FACE

2[00] Monday
10 am

Samuel J. McKenna, D.D.S., M.D.
Practice Limited
to
Oral and Maxillofacial Surgery
Vanderbilt University Medical Center

1st floor
Purple Line

Appointments: 322-2377
Office: 343-9402
Home: 665-0897

1623 The Vanderbilt Clinic
Nashville, TN 37232

TREATED CATHY'S JAW WHICH
WAS PERMANENTLY DAMAGED
THROUGH TORTURE

Patricia C. Patrick, M.D.
Child, Adolescent & Adult
Psychiatry

THE COUNSELING CENTER
121 W. Fireweed, Suite 107
Anchorage, Alaska 99503
279-5441

FIRST PSYCHIATRIST TO
DIAGNOSE KELLY MPDed WITH
MIND CONTROL PROGRAMMING

ROBERT ALBERTS, M.D., M.P.H.

ALASKA PSYCHIATRIC SERVICES

3340 PROVIDENCE DRIVE SUITE 461
ANCHORAGE, ALASKA 99508

TELEPHONE
(907)561-6600

FIRST PSYCHIATRIST TO
EVALUATE CATHY AND KELLY
IN 1989

JUDITH B. KOHLER, M.S.

PSYCHOLOGICAL
EXAMINER

PROFESSIONAL COUNSELOR
CHILD & ADULT THERAPY
FAMILY THERAPY
MARITAL COUNSELING

2814 DOGWOOD PLACE
POST OFFICE BOX 40981
NASHVILLE, TN 37204-0981
615/292-2115

WENT AGAINST C.I.A. AND
STATE OF TENNESSEE TO
DECLARE CATHY LEGALLY SANE
AND COMPETENT AS MOTHER.

Barry Nurcombe, M.D.
Professor of Child and Adolescent Psychiatry
Department of Psychiatry

Vanderbilt Child & Adolescent Psychiatric Hospital
1601 Twenty Third Avenue, South
Nashville, TN 37212
(615) 327-7049 • (615) 327-7122

DAY Tues. DATE Oct. 13 TIME 10:00 AM

IS YOUR NEXT APPOINTMENT WITH

FRANK B. NEISWENDER, M.S.W., L.C.S.W.
LICENSED CLINICAL SOCIAL WORKER
132 POSTWOOD PLACE
NASHVILLE, TENN. 37205
PHONE 615-356-6040

A CHARGE WILL BE MADE IF APPOINTMENT IS NOT KEPT OR
CANCELLED IN ADVANCE.

KELLY'S (ALLEGED C.I.A.
SPONSORED) VANDERBILT
PSYCHIATRIST AND
THERAPIST.

左上：キャシーの顔に押しつけられた高電圧のスタンガンの跡を外科的な処置によって取り除いた医師、ハワード・L・サーリヤー
右上：拷問によって後遺症が残ったキャシーの顎を治療した医師、サミュエル・J・マッケナ
中央左：ケリーがマインドコントロールのプログラミングによって、解離性同一性障害になったという診断を初めて下した精神科医、パトリシア・C・パトリック
中央右：1989年にキャシーとケリーを初めて検査した精神科医、ロバート・アルバーツ
左下：CIA とテネシー州に反して、キャシーが正常で、母としての能力があることを診断したカウンセラー、ジュディス・B・コーラー
右下：ケリーの（CIA がスポンサーとされる）バンダービルト病院での担当精神科医とセラピスト、バリー・ナーカムとフランク・B・ニースウェンダー

PEDIATRIC CONSULTANTS OF ALASKA, INC.
Clinton B. Lillibridge, M.D. F.A.A.P.

June 22, 1989

Investigator Jack Chapman
Anchorage Police Dept.
4501 S Bragaw
Anchorage, Alaska 99507

RE: KELLY O'BRIEN

Dear Mr. Chapman:

Kelly O'Brien appeared in my office in the company of her mother, Cathy O'Brien, on 06/12/89. Mother requested evaluation for possible sexual abuse.

Child appeared somewhat ill at ease but was fully cooperative and had a good sense of humor - joking during the examination.

PHYSICAL EXAMINATION: HEENT: She was a rather round face child with prominent cheeks. Otherwise negative. BREASTS: Breasts are Tanner Stage 0 development. CHEST: Fine musical wheezes throughout. GU: The genital exam is Tanner Stage 0 development. The introitus is intensely red with a moderate white discharge. Culture for sexually transmitted diseases was negative. The hymen has a smooth thick edge with a 6 X 8 mm opening. The vaginal mucosa appeared normal. RECTAL: Anus has no tears, no fissures, and no scars. EXTREM: Extremities are rather stocky in the proximal portion.

DIAGNOSIS: Large opening in the hymen indicative of sexual penetration. Nonspecific vaginitis of childhood. Chronic asthma.

COMMENT: Vaginitis causes some swelling of the hymen tissue. If the swelling were not present, the opening through the hymen may appear considerably larger. The size of the opening itself is typical for a child who has been sexually penetrated with an object the size of an adult finger. This could not have been caused by an accident because the hymen is recessed back into the introitus far enough to protect it from damage occurring from falls, splits, etc.

CLINTON B. LILLIBRIDGE, M.D.
Pediatrician

CBL/bw
cc: Dr. Bruno Kappes

JUN 23 1989

1200 Airport Heights Drive, Suite 230 • Anchorage, Alaska 99508
Telephone (907) 276-5517

ケリーが性的虐待を受けた可能性があることが報告されている

PEDIATRIC CONSULTANTS OF ALASKA, INC.
Clinton B. Lillibridge, M.D., F.A.A.P.

September 11, 1989

Dion Roberts, M.D.
4001 Dale St.
Suite 210
Anchorage, Alaska 99508

Dear Dion:

Kelly Cox is a 9 and 1/2-year-old chronic asthmatic that was involved with her parent in a cult which did mind programming. Mother and Kelly are now in rather intensive treatment for this with salutary effect.

She had physical findings of chronic asthma. They have applied for Social Security Disability which requires evaluation and expertise beyond mine. A copy of the paperwork is enclosed.

CLINTON B. LILLIBRIDGE, M.D.
Pediatric Gastroenterologist

CBL/bw
enclosure

SEP 15 1989

1200 Airport Heights Drive, Suite 230 • Anchorage, Alaska 99508
Telephone (907) 276-5517

ケリーの喘息は、カルトによるマインドプログラミングが関係している可能性がある、ということが報告されている

CHARTER NORTH HOSPITAL
2530 DE BARR ROAD
ANCHORAGE, ALASKA 99508
(907)-258-7575

COX (O'BRIEN), KELLY
DR. PATRICK
M.R.#: 00-32-75
ADMISSION DATE: 09-19-89
DISCHARGE DATE: 10-16-89
D.O.B.: 02-19-80

DISCHARGE SUMMARY

DISCHARGE DIAGNOSES:
AXIS I: Dissociative Disorder

AXIS II: Post Traumatic Stress Disorder

AXIS III: Bronchial asthma

AXIS IV: Precipitating stress: Severe

AXIS V: Highest level of function: Fair

The patient is a 9½ year old girl who was admitted to the hospital on transfer from Humana Hospital where she has been a patient for approximately two weeks. She was admitted there because of an acute asthmatic episode in which she had deteriorated from a previous time. Additionally, the patient is a victim of sexual abuse and ritualized abuse involving hypnosis, mind control, and psychological programming. The patient had been under the hypnotic control of her step-father from the age of two and a half until approximately six months prior to admission. During this time the patient had been sexually abused and had participated in ritual abuse and had been programmed to die. Last June, at the end of the school year, the patient had an acute asthmatic episode requiring intensive treatment at Humana Hospital. During that time she was on steroids and has been recently on a course of steroids. The patient is admitted to Charter North Hospital because of suicidal/homicidal ideation. The ideation appears to be mostly directed towards herself, her mother and her step-father.

The patient's mental status examination at the time of admission indicates an attractive blonde-haired girl with a slightly moon shaped faces consistent with the use of steroids. She relates easily to the examiner whom she knows through her outpatient treatment. She is animated and engaging. She is quite resistant to exploration of her problems but can fairly easily refer to the sexual abuse she has experienced. There are no bizarre or unusual behaviors noted in this examination tonight. She does seem somewhat agitated and admits that she is apprehensive. She appears to be intellectually bright.

ADMITTING DIAGNOSIS: Dissociative Disorder OS, Post Traumatic Stress Syndrome and Bronchial Asthma.

Social history was obtained by the unit social worker. It is his assessment that she is an engaging and verbal youngster on a superficial social level. The writer was able to "trigger" the patient's defenses which consisted of a horse personna and withdrawal. Activity level was good and eye contact appropriate.

チャーター・ノース病院でのケリーの退院記録。ケリーが性的虐待や儀式による虐待、マインドコントロールの被害者であることが記録されている

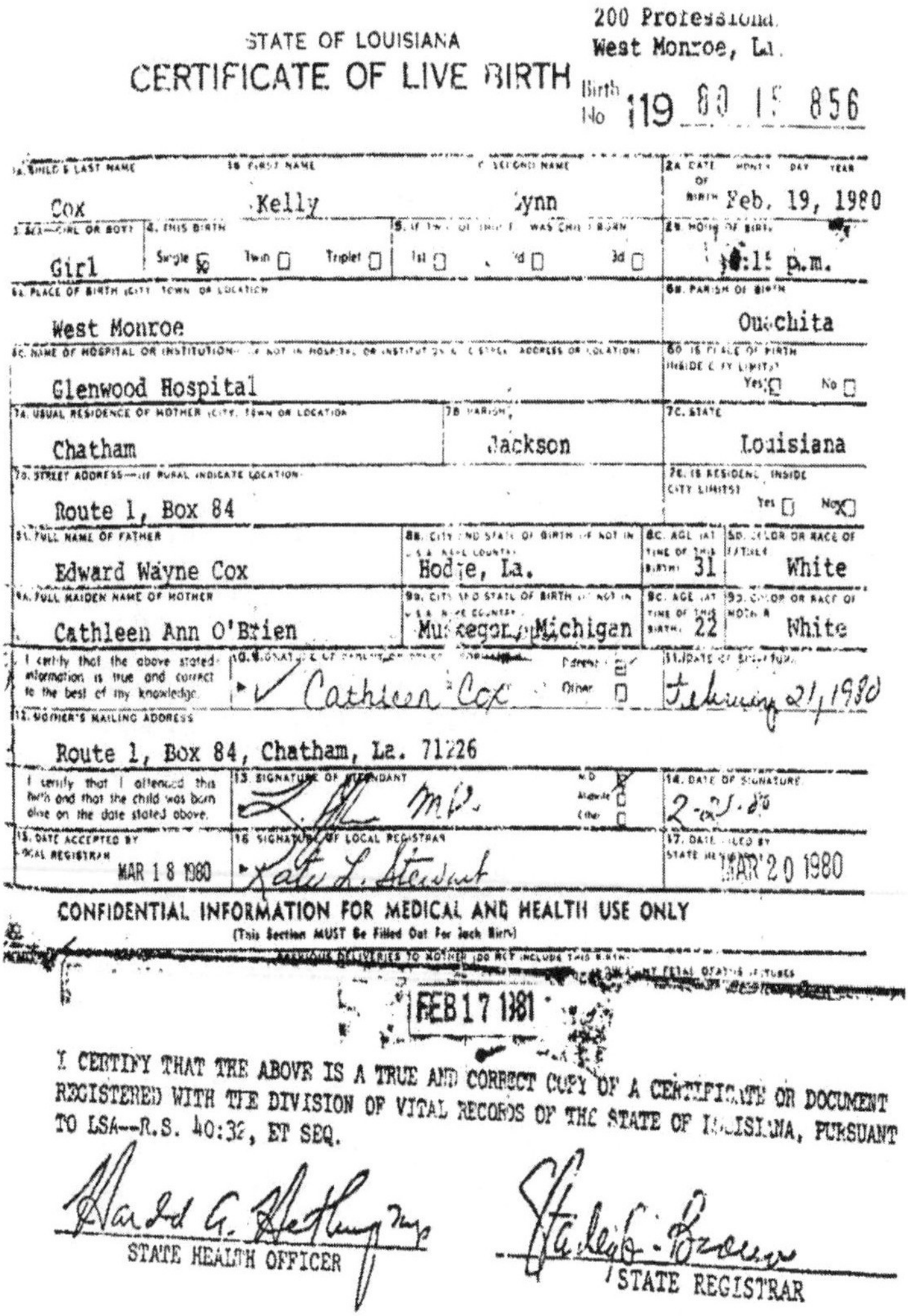

200 Professional
West Monroe, La.

STATE OF LOUISIANA
CERTIFICATE OF LIVE BIRTH

Birth No 119 80 15 856

1a. CHILD'S LAST NAME: Cox	1b. FIRST NAME: Kelly	1c. SECOND NAME: Lynn	2a. DATE OF BIRTH (MONTH, DAY, YEAR): Feb. 19, 1980
3. SEX—GIRL OR BOY? Girl	4. THIS BIRTH: Single ☒ Twin ☐ Triplet ☐	5. IF TWIN OR TRIPLET, WAS CHILD BORN: 1st ☐ 2d ☐ 3d ☐	2b. HOUR OF BIRTH: 9:15 p.m.
6a. PLACE OF BIRTH (CITY, TOWN OR LOCATION): West Monroe			6b. PARISH OF BIRTH: Ouachita
6c. NAME OF HOSPITAL OR INSTITUTION: Glenwood Hospital			6d. IS PLACE OF BIRTH INSIDE CITY LIMITS? Yes ☐ No ☐
7a. USUAL RESIDENCE OF MOTHER (CITY, TOWN OR LOCATION): Chatham	7b. PARISH: Jackson		7c. STATE: Louisiana
7d. STREET ADDRESS—IF RURAL INDICATE LOCATION: Route 1, Box 84			7e. IS RESIDENCE INSIDE CITY LIMITS? Yes ☐ No ☒
8a. FULL NAME OF FATHER: Edward Wayne Cox	8b. CITY AND STATE OF BIRTH: Hodge, La.	8c. AGE (AT TIME OF THIS BIRTH): 31	8d. COLOR OR RACE OF FATHER: White
9a. FULL MAIDEN NAME OF MOTHER: Cathleen Ann O'Brien	9b. CITY AND STATE OF BIRTH: Muskegon, Michigan	9c. AGE (AT TIME OF THIS BIRTH): 22	9d. COLOR OR RACE OF MOTHER: White
I certify that the above stated information is true and correct to the best of my knowledge.	10. SIGNATURE OF PARENT OR OTHER INFORMANT: ✓ Cathleen Cox	Parent ☒ Other ☐	11. DATE OF SIGNATURE: February 21, 1980
12. MOTHER'S MAILING ADDRESS: Route 1, Box 84, Chatham, La. 71226			
I certify that I attended this birth and that the child was born alive on the date stated above.	13. SIGNATURE OF ATTENDANT: [signature] M.D.	M.D. ☒ Midwife ☐ Other ☐	14. DATE OF SIGNATURE: 2-21-80
15. DATE ACCEPTED BY LOCAL REGISTRAR: MAR 18 1980	16. SIGNATURE OF LOCAL REGISTRAR: Kate L. Stewart		17. DATE FILED BY STATE REGISTRAR: MAR 20 1980

CONFIDENTIAL INFORMATION FOR MEDICAL AND HEALTH USE ONLY
(This Section MUST Be Filled Out For Each Birth)

FEB 17 1981

I CERTIFY THAT THE ABOVE IS A TRUE AND CORRECT COPY OF A CERTIFICATE OR DOCUMENT REGISTERED WITH THE DIVISION OF VITAL RECORDS OF THE STATE OF LOUISIANA, PURSUANT TO LSA--R.S. 40:32, ET SEQ.

STATE HEALTH OFFICER
STATE REGISTRAR

ケリーの出生証明書。ウェイン・コックスが実の父親であることが記されている

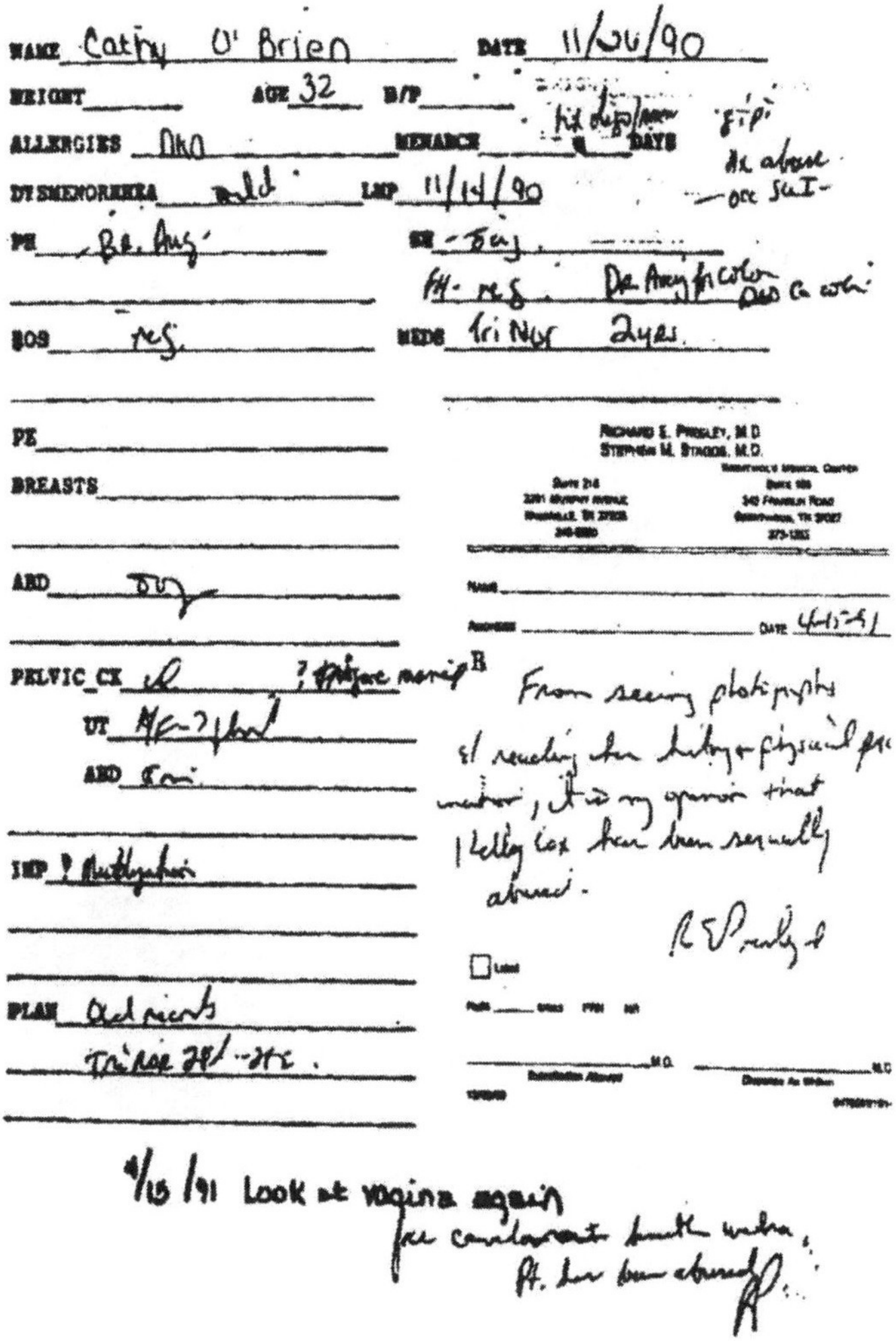
NAME Cathy O'Brien DATE 11/26/90
HEIGHT AGE 32 B/P
ALLERGIES NKA MENARCHE DAYS
DYSMENORRHEA LMP 11/14/90
PH SH
FH
ROS MEDS Tri Nor 2yrs.
PE
BREASTS
ABD
PELVIC CX
UT
ADN
IMP
PLAN

RICHARD E. PRESLEY, M.D.
STEPHEN M. STAGGS, M.D.
NAME
ADDRESS DATE 4-15-91
℞ From seeing photographs & reading her history & physical ... it is my opinion that Kelly Cox has been sexually abused.
R E Presley
Label
Refill
Substitution Allowed
Dispense As Written

4/15/91 Look at vagina again
Pt. has been abused

キャシーの診断記録。膣を再検査することになった

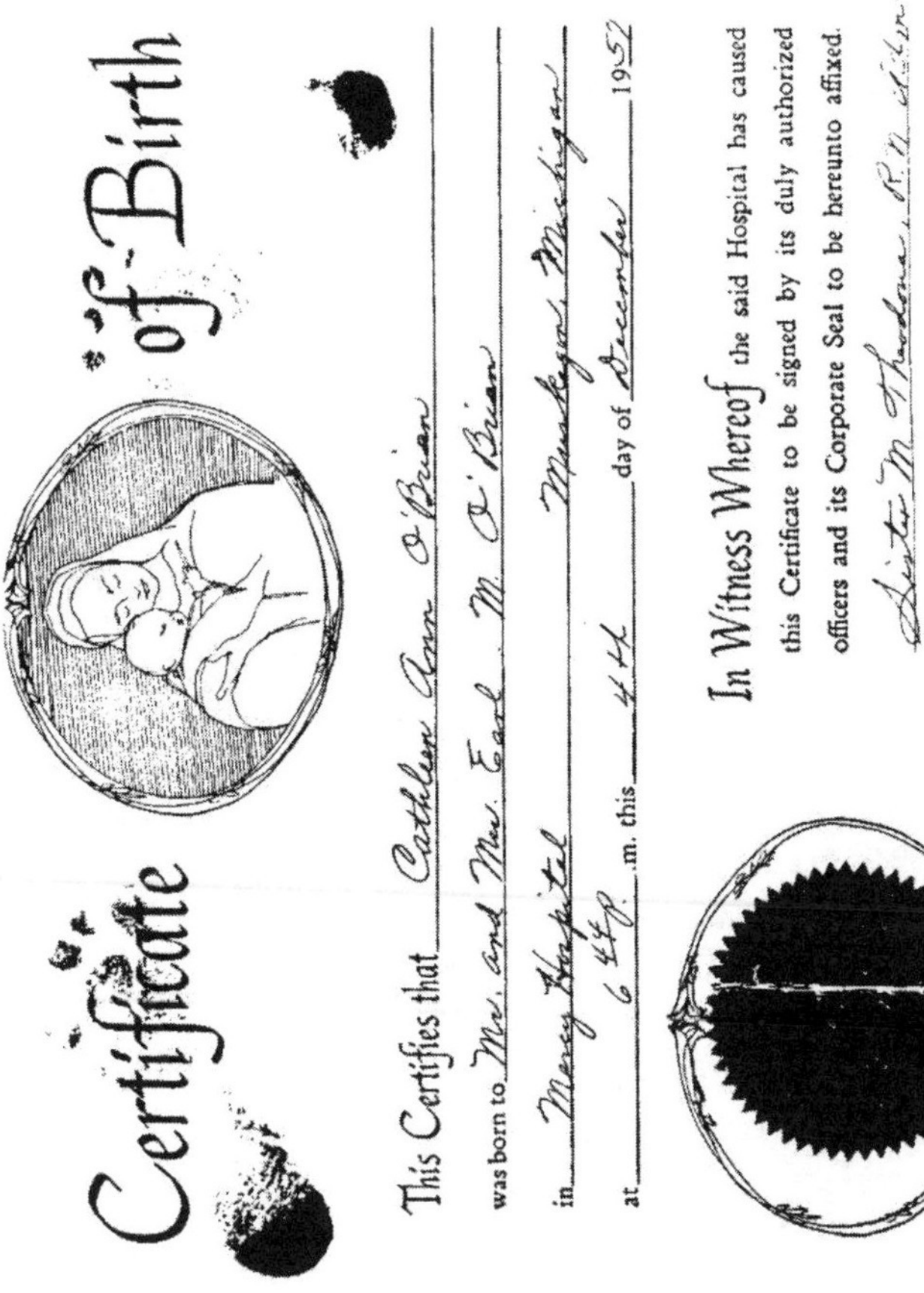
Certificate of Birth

This Certifies that Cathleen Ann O'Brian

was born to Mr. and Mrs. Earl M. O'Brian

in Mercy Hospital Muskegon, Michigan

at 6 44 p .m. this 4th day of December 1952

In Witness Whereof the said Hospital has caused this Certificate to be signed by its duly authorized officers and its Corporate Seal to be hereunto affixed.

Sister M. Theodore, R.N.

キャシーの出生証明書

THE WHITE HOUSE

WASHINGTON

November 20, 1990

Dear Congressman Clement:

Thank you for your recent letter enclosing correspondence you received from Mark Phillips of Nashville, Tennessee.

We appreciate your interest in sharing Mr. Phillips' letter with us. I have taken the liberty of forwarding a copy of your correspondence to the appropriate officials for further attention.

Thank you again for your interest in writing.

With best regards,

Sincerely,

Frederick D. McClure
Assistant to the President
for Legislative Affairs

The Honorable Bob Clement
House of Representatives
Washington, D.C. 20515

大統領補佐官のフレデリック・D・マクルーアから、ボブ・クレメント下院議員に宛てられた手紙。ボブ・クレメントが送付したマーク・フィリップスの手紙を受領したという報告が書かれている

THE WHITE HOUSE

WASHINGTON

December 14, 1990

Dear Mr. Phillips:

Congressman Bob Clement has sent us the copies he received of your November 15, 1990 letters to President Bush and Attorney General Thornburg. While we have not received your original letter, we are forwarding these copies to officials at the Department of Justice for appropriate consideration.

With best wishes,

Sincerely,

Shirley M. Green

Shirley M. Green
Special Assistant to the President
for Presidential Messages
and Correspondence

Mr. Mark E. Phillips
Post Office Box 158352
Nashville, TN 37215

大統領特別補佐官シャーリー・M・グリーンからマーク宛ての手紙。ブッシュとソーンバーグに言及した手紙について、然るべき処置をとるということが書かれている

BOB CLEMENT
6TH DISTRICT TENNESSEE

COMMITTEE ON
PUBLIC WORKS AND TRANSPORTATION

COMMITTEE ON
MERCHANT MARINE AND FISHERIES

CONGRESSIONAL TRAVEL AND
TOURISM CAUCUS
STEERING COMMITTEE

DEMOCRATIC STEERING AND
POLICY COMMITTEE

Congress of the United States
House of Representatives
Washington, DC 20515-4205

DISTRICT OFFICES
552 U.S. COURTHOUSE
NASHVILLE, TN 37203
615-736-5295

510 MAIN STREET
SPRINGFIELD, TN 37172
615-384-6600

2701 JEFFERSON STREET
SUITE 103
NASHVILLE, TN 37208
615-320-1363

WASHINGTON OFFICE
ROOM 325
CANNON HOUSE OFFICE BUILDING
202-225-4311

November 15, 1990

Mr. Mark Phillips
P.O. Box 158352
Nashville, Tennessee 37215

Dear Mr. Phillips:

As you requested, I have forwarded to the President and Attorney General Thornburgh the packages you delivered to my office.

Should I receive a response, I will be pleased to share it with you. In the meantime, please feel free to call on me if I can be of further assistance.

Thank you, again, for bringing this matter to my attention.

Sincerely,

Bob Clement
Member of Congress

BC/df

THIS STATIONERY PRINTED ON PAPER MADE WITH RECYCLED FIBERS

ボブ・クレメントがマーク・フィリップスに送った手紙。何かあった場合には、すぐ知らせるということや他にも手助けできることがあれば協力するということを申し出てくれた

BOB DOLE
KANSAS
141 SENATE HART BUILDING
(202) 224-6521

United States Senate

WASHINGTON, DC

March 13,1991

Mr. Mark Phillips
P.O. Box 158352
Nashville, Tennessee 37215

Dear Mr. Phillips:

Thank you for contacting me concerning the Monarch Program.

The tradition of Congressional courtesy provides that we allow our colleagues the opportunity to assist their own constituents. Accordingly, I have referred your letter to Senator Al Gore. He is in the best position to review the matter, and I am confident that he will offer all appropriate suggestions and assistance.

I appreciate the confidence you have shown by contacting me.

Sincerely,

BOB DOLE
United States Senate

BD/cr

cc: The Honorable Al Gore

ボブ・ドール上院議員からの返信。アル・ゴア上院議員に事実確認をしてもらうという内容だった

Central Intelligence Agency

Washington, D.C. 20505

17 JUL 1991

Ms. Cathy O'Brien
P.O. Box 158352
Nashville, Tennessee 37215

Reference: P91-0739

Dear Ms. O'Brien:

This is a final response to your Privacy Act request for information on yourself. We have searched those Agency systems that might contain information regarding you and find that we were unable to identify any information or record filed under the name or names you have provided.

We appreciate your patience and understanding during the period required to process your request.

Sincerely,

John H. Wright
Information and Privacy Coordinator

CIA からキャシーに宛てられた手紙。キャシーが提供した情報に一致する事実は、特定できなかったということが記されている

BOB CLEMENT
8TH DISTRICT, TENNESSEE

COMMITTEE ON
PUBLIC WORKS AND TRANSPORTATION

COMMITTEE ON
VETERANS' AFFAIRS

CONGRESSIONAL TRAVEL AND
TOURISM CAUCUS
STEERING COMMITTEE

Congress of the United States
House of Representatives
Washington, DC 20515–4205

July 11, 1992

DISTRICT OFFICES:
552 U.S. COURTHOUSE
NASHVILLE, TN 37203
615-736-5295

101 5TH AVENUE EAST
SUITE 201
SPRINGFIELD, TN 37172
615-384-8600

2701 JEFFERSON STREET
SUITE 103
NASHVILLE, TN 37208
615-320-1363

WASHINGTON OFFICE:
ROOM 325
CANNON HOUSE OFFICE BUILDING
WASHINGTON, DC 20515-4205
202-225-4311

Ms. Cathy O'Brien
P.O. Box 158352
Nashville, Tennessee 37215

Dear Ms. O'Brien:

Thank you for sharing with me the additional information about your daughter.

I hope the future looks brighter for you and Kelly. Please keep me informed of any additional progress in this case.

Sincerely,

Bob Clement
Member of Congress

BC/df

THIS STATIONERY PRINTED ON PAPER MADE WITH RECYCLED FIBERS

ボブ・クレメント下院議員からキャシーに宛てられた手紙。引き続き情報を提供してほしいということが記載されている

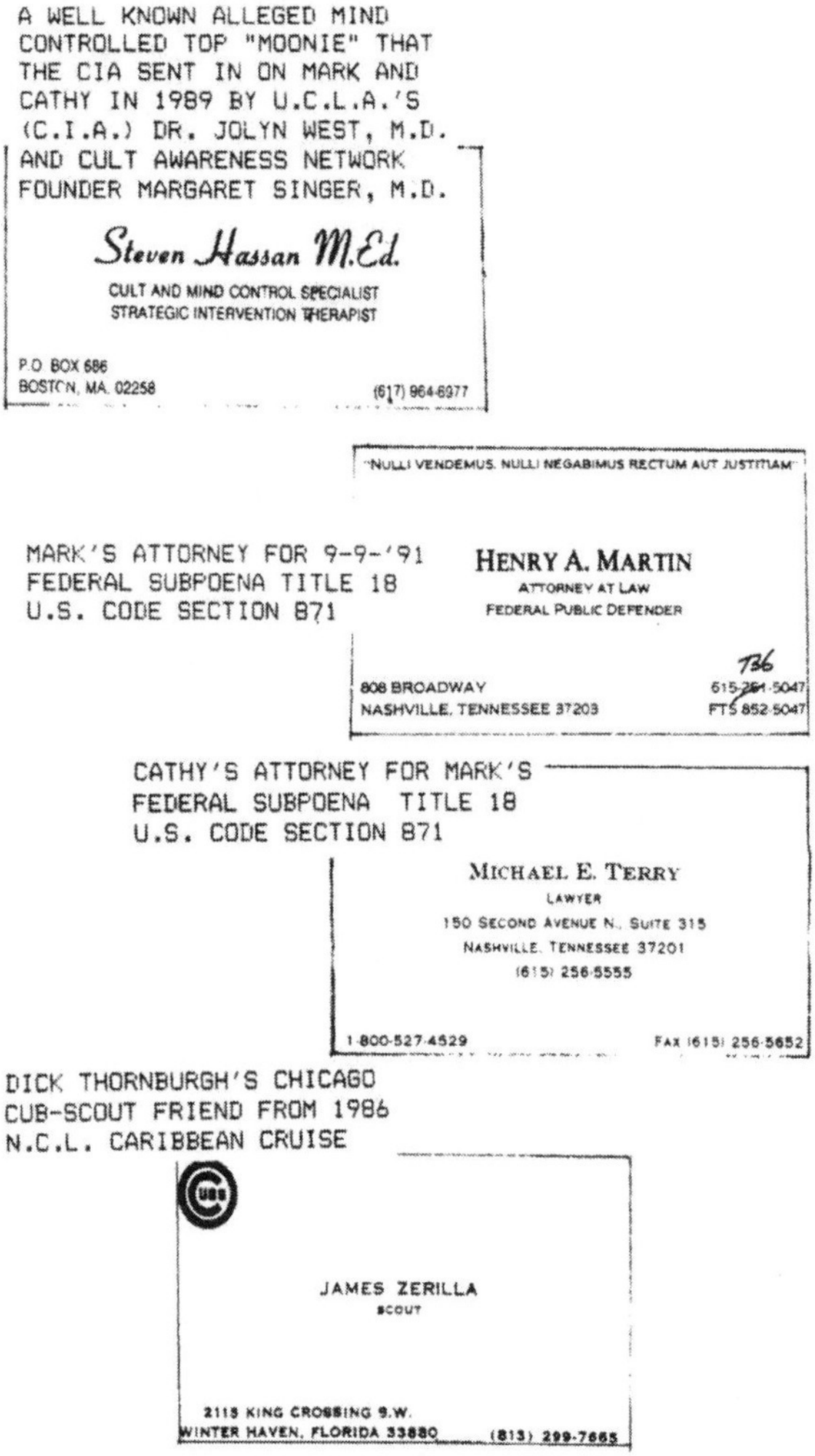
A WELL KNOWN ALLEGED MIND
CONTROLLED TOP "MOONIE" THAT
THE CIA SENT IN ON MARK AND
CATHY IN 1989 BY U.C.L.A.'S
(C.I.A.) DR. JOLYN WEST, M.D.
AND CULT AWARENESS NETWORK
FOUNDER MARGARET SINGER, M.D.

Steven Hassan M.Ed.
CULT AND MIND CONTROL SPECIALIST
STRATEGIC INTERVENTION THERAPIST

P.O. BOX 686
BOSTON, MA. 02258
(617) 964-6977

"NULLI VENDEMUS. NULLI NEGABIMUS RECTUM AUT JUSTITIAM"

MARK'S ATTORNEY FOR 9-9-'91
FEDERAL SUBPOENA TITLE 18
U.S. CODE SECTION 871

HENRY A. MARTIN
ATTORNEY AT LAW
FEDERAL PUBLIC DEFENDER

808 BROADWAY
NASHVILLE, TENNESSEE 37203
736
615-[illegible]-5047
FTS 852-5047

CATHY'S ATTORNEY FOR MARK'S
FEDERAL SUBPOENA TITLE 18
U.S. CODE SECTION 871

MICHAEL E. TERRY
LAWYER
150 SECOND AVENUE N., SUITE 315
NASHVILLE, TENNESSEE 37201
(615) 256-5555

1-800-527-4529
FAX (615) 256-5652

DICK THORNBURGH'S CHICAGO
CUB-SCOUT FRIEND FROM 1986
N.C.L. CARIBBEAN CRUISE

JAMES ZERILLA
SCOUT

2115 KING CROSSING S.W.
WINTER HAVEN, FLORIDA 33880
(813) 299-7665

①CIA が1989年に、UCLA（CIA）のジョリン・ウェスト医学博士や、カルト・アウェアネス・ネットワークの創立者であるマーガレット・シンガー医学博士を通じて、マークとキャシーの元に送り込んだ、マインドコントロールされた統一教会信者、スティーヴン・ハッサン

②1991年９月９日、「合衆国法典第18編871条」に関して、マークが召喚された際にマークを担当した弁護士、ヘンリー・A・マーティン

③「合衆国法典第18編871条」に関してマークが召喚された際に、キャシーを担当した弁護士、マイケル・E・テリー

④1986年の NCL のカリブ海クルーズ以来、ディック・ソーンバーグと同じシカゴのカブスカウトで活動していたジェームズ・ゼリラ

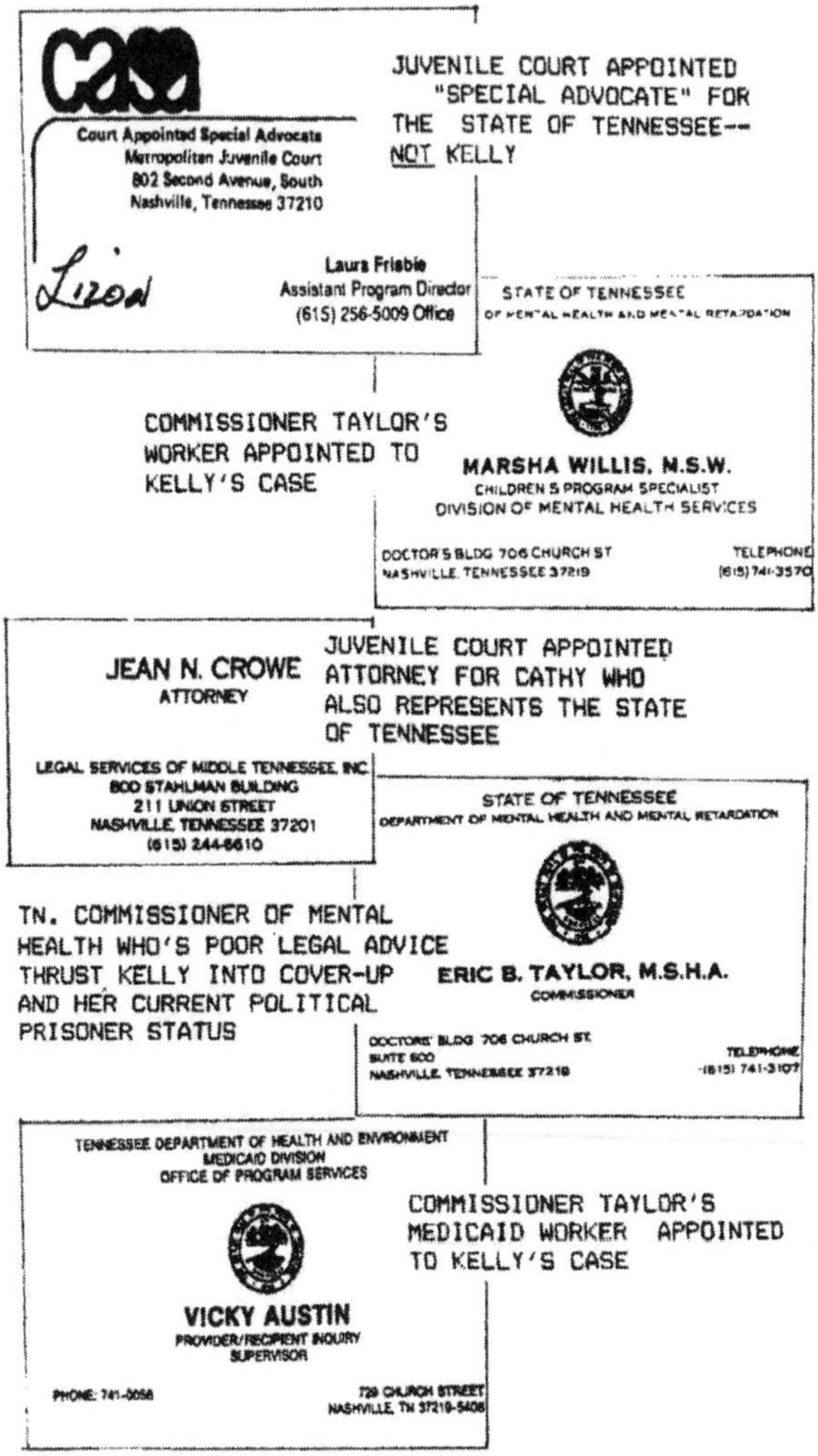
CASA
Court Appointed Special Advocates
Metropolitan Juvenile Court
802 Second Avenue, South
Nashville, Tennessee 37210
Laura Frisbie
Assistant Program Director
(615) 256-5009 Office

JUVENILE COURT APPOINTED "SPECIAL ADVOCATE" FOR THE STATE OF TENNESSEE-- NOT KELLY

STATE OF TENNESSEE
OF MENTAL HEALTH AND MENTAL RETARDATION
MARSHA WILLIS, M.S.W.
CHILDREN'S PROGRAM SPECIALIST
DIVISION OF MENTAL HEALTH SERVICES
DOCTOR'S BLDG 706 CHURCH ST
NASHVILLE, TENNESSEE 37219
TELEPHONE
(615) 741-3570

COMMISSIONER TAYLOR'S WORKER APPOINTED TO KELLY'S CASE

JEAN N. CROWE
ATTORNEY
LEGAL SERVICES OF MIDDLE TENNESSEE, INC.
800 STAHLMAN BUILDING
211 UNION STREET
NASHVILLE, TENNESSEE 37201
(615) 244-6610

JUVENILE COURT APPOINTED ATTORNEY FOR CATHY WHO ALSO REPRESENTS THE STATE OF TENNESSEE

STATE OF TENNESSEE
DEPARTMENT OF MENTAL HEALTH AND MENTAL RETARDATION
ERIC B. TAYLOR, M.S.H.A.
COMMISSIONER
DOCTORS' BLDG 706 CHURCH ST.
SUITE 600
NASHVILLE, TENNESSEE 37219
TELEPHONE
(615) 741-3107

TN. COMMISSIONER OF MENTAL HEALTH WHO'S POOR LEGAL ADVICE THRUST KELLY INTO COVER-UP AND HER CURRENT POLITICAL PRISONER STATUS

TENNESSEE DEPARTMENT OF HEALTH AND ENVIRONMENT
MEDICAID DIVISION
OFFICE OF PROGRAM SERVICES
VICKY AUSTIN
PROVIDER/RECIPIENT INQUIRY
SUPERVISOR
PHONE: 741-0058
729 CHURCH STREET
NASHVILLE, TN 37219-5406

COMMISSIONER TAYLOR'S MEDICAID WORKER APPOINTED TO KELLY'S CASE

①少年裁判所がケリーではなく、テネシー州のために任命した“特別擁護人”ローラ・フリスビー
②テイラー委員が任命したケリーの担当者、マーシャ・ウィリス
③少年裁判所が命じた、テネシー州の代理人であるキャシーの弁護士、ジーン・N・クロウ
④テネシー州の精神衛生局長エリック・B・テイラー。彼の乏しい法律アドバイスによって、隠蔽が行われ、ケリーは政治犯とされてしまった
⑤テイラー委員が任命した、ケリーのメディケイド担当者、ヴィッキー・オースティン

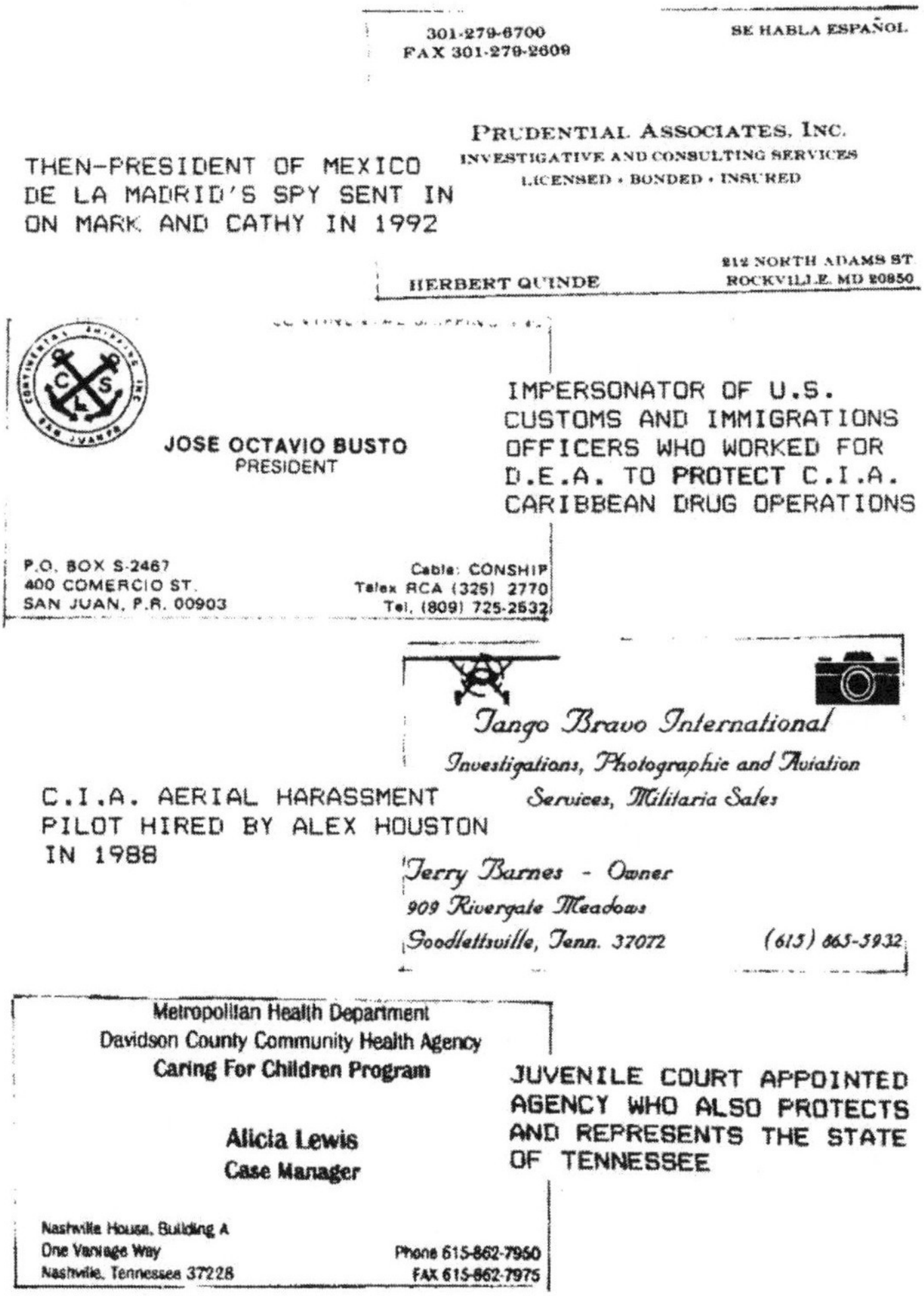
301-279-6700
FAX 301-279-2609

SE HABLA ESPAÑOL

PRUDENTIAL ASSOCIATES, INC.
INVESTIGATIVE AND CONSULTING SERVICES
LICENSED • BONDED • INSURED

HERBERT QUINDE

212 NORTH ADAMS ST
ROCKVILLE, MD 20850

THEN-PRESIDENT OF MEXICO DE LA MADRID'S SPY SENT IN ON MARK AND CATHY IN 1992

JOSE OCTAVIO BUSTO
PRESIDENT

P.O. BOX S-2467
400 COMERCIO ST.
SAN JUAN, P.R. 00903

Cable: CONSHIP
Telex RCA (325) 2770
Tel. (809) 725-2632

IMPERSONATOR OF U.S. CUSTOMS AND IMMIGRATIONS OFFICERS WHO WORKED FOR D.E.A. TO PROTECT C.I.A. CARIBBEAN DRUG OPERATIONS

Tango Bravo International
Investigations, Photographic and Aviation Services, Militaria Sales

Jerry Barnes - Owner
909 Rivergate Meadows
Goodlettsville, Tenn. 37072
(615) 865-5932

C.I.A. AERIAL HARASSMENT PILOT HIRED BY ALEX HOUSTON IN 1988

Metropolitan Health Department
Davidson County Community Health Agency
Caring For Children Program

Alicia Lewis
Case Manager

Nashville House, Building A
One Vantage Way
Nashville, Tennessee 37228

Phone 615-862-7950
FAX 615-862-7975

JUVENILE COURT APPOINTED AGENCY WHO ALSO PROTECTS AND REPRESENTS THE STATE OF TENNESSEE

①1992年に、メキシコのデ・ラ・マドリ大統領がマークとキャシーの元に送り込んだスパイ、ハーバート・クインデ
②税関や入国管理局の職員になりすまし、カリブでの麻薬作戦では、CIA を守るために麻薬取締局で働いていたホセ・オクタヴィオ・ブスト
③1988年にアレックス・ヒューストンに雇われていたCIA の嫌がらせパイロット、ジェリー・バーンズ
④アリシア・ルイス。少年裁判所は、テネシー州を守る代理人をまたしても任命した

【マークとキャシーが1991年に、詳細な証言、資料、情報を提供した州の代理人たち】

STATE AGENCIES TO WHOM MARK AND CATHY PROVIDED DETAILED TESTIMONY, DOCUMENTATION, AND INFORMATION IN 1991

OMNI VISIONS, INC
Breaking the Traditional Boundaries of Care

Kathy Joyner, M.A.
Resource Coordinator

1451 Elm Hill Pike • Suite 250-A
Nashville, TN 37210
367-1622 • Fax 367-1890

JUVENILE COURT APPOINTED AGENCY WHO IMPLEMENTED CIVIL RIGHTS VIOLATIONS

ANDREW EARL
SPECIAL AGENT
TENNESSEE BUREAU OF INVESTIGATION

P.O. BOX 100940
NASHVILLE TN 37210-0940

STATE OF TENNESSEE
23RD JUDICIAL DISTRICT

DAN M. ALSOBROOKS
DISTRICT ATTORNEY GENERAL

P.O. BOX 580
CHARLOTTE, TN 37036
(615) 789-5021

NETWORK: 840-2512
ASHLAND CITY: (615) 792-4635
WAVERLY: (615) 296-9159

STATE VICTIM'S ADVOCACY ORGANIZATION THAT WAS BARRED FROM JUVENILE COURT PROCEEDINGS

"Equal Justice For Victims"

ORGANIZED VICTIMS OF VIOLENT CRIME
P.O. Box 1221
Madison, TN 37115-1221

Hot Line (615) 865-4385

EDITH S. HAMMONS
President

19TH SENATORIAL DISTRICT

THELMA M. HARPER
SENATOR

SUITE 6
LEGISLATIVE PLAZA
NASHVILLE TN 37243-0219

(615) 741-2453

TENNESSEE STATE SENATOR TO WHOM CATHY SUBMITTED DETAILS OF KELLY'S POLITICAL PRISONER STATUS AFTER SPEAKING TO THE STATE LEGISLATURE ABOUT THE BILL IN KELLY'S NAME 902 (SENATE) 1462 (HOUSE) AND HER RIGHT TO QUALIFIED REHABILITATION.

①少年裁判所は公民権を侵害する代理人を任命した（キャシー・ジョイナー、アンドリュー・アール、ダン・M・アルソーブルックス）
②州の犯罪被害者擁護団体。少年裁判所での訴訟に関与することを禁じられた
③テネシー州の上院議員セルマ・M・ハーパー。キャシーは、ケリーの名前がついた法案、第902号（上院）・第1462号（下院）と、ケリーがリハビリを受ける権利があることを州議会で演説した後、ケリーが政治犯にされてしまった詳細を彼に提出した

A FEW OF MANY FEDERAL AGENTS
AND/OR AGENCIES TO WHOM
MARK AND CATHY PROVIDED DETAILED
TESTIMONY AND INFORMATION
FROM 1989 THROUGH 1991

RAYMOND E. EGANEY, JR.
SPECIAL AGENT FBI

FEDERAL BUREAU OF INVESTIGATION

FEDERAL BUILDING
8TH & BROADWAY
NASHVILLE, TN 37201

TEL (615) 256-3676

DEPARTMENT OF THE TREASURY
UNITED STATES CUSTOMS SERVICE
OFFICE OF INTERNAL AFFAIRS

KENNETH J. McMILLIN
ASSISTANT REGIONAL DIRECTOR (SECURITY)

UNITED STATES CUSTOMS SERVICE
423 CANAL STREET, ROOM 312
NEW ORLEANS, LOUISIANA 70130

FTS: 682-2187

(504) 589-2187

KEN MARISCHEN
SPECIAL AGENT

FEDERAL BUREAU OF INVESTIGATION

701 "C" STREET
P.O. BOX 100560
ANCHORAGE, ALASKA 99510

TEL (907) 276-4441

James Max Kitchens
Resident Agent in Charge

907-271-4038

U.S. Customs Service
Office of Enforcement

620 East 10th Ave., Suite 106
Anchorage, AK 99501

1989年から1991年にかけて、マークとキャシーが詳細な証言や情報を提供した連邦捜査員や，連邦政府関係機関の人々の名刺

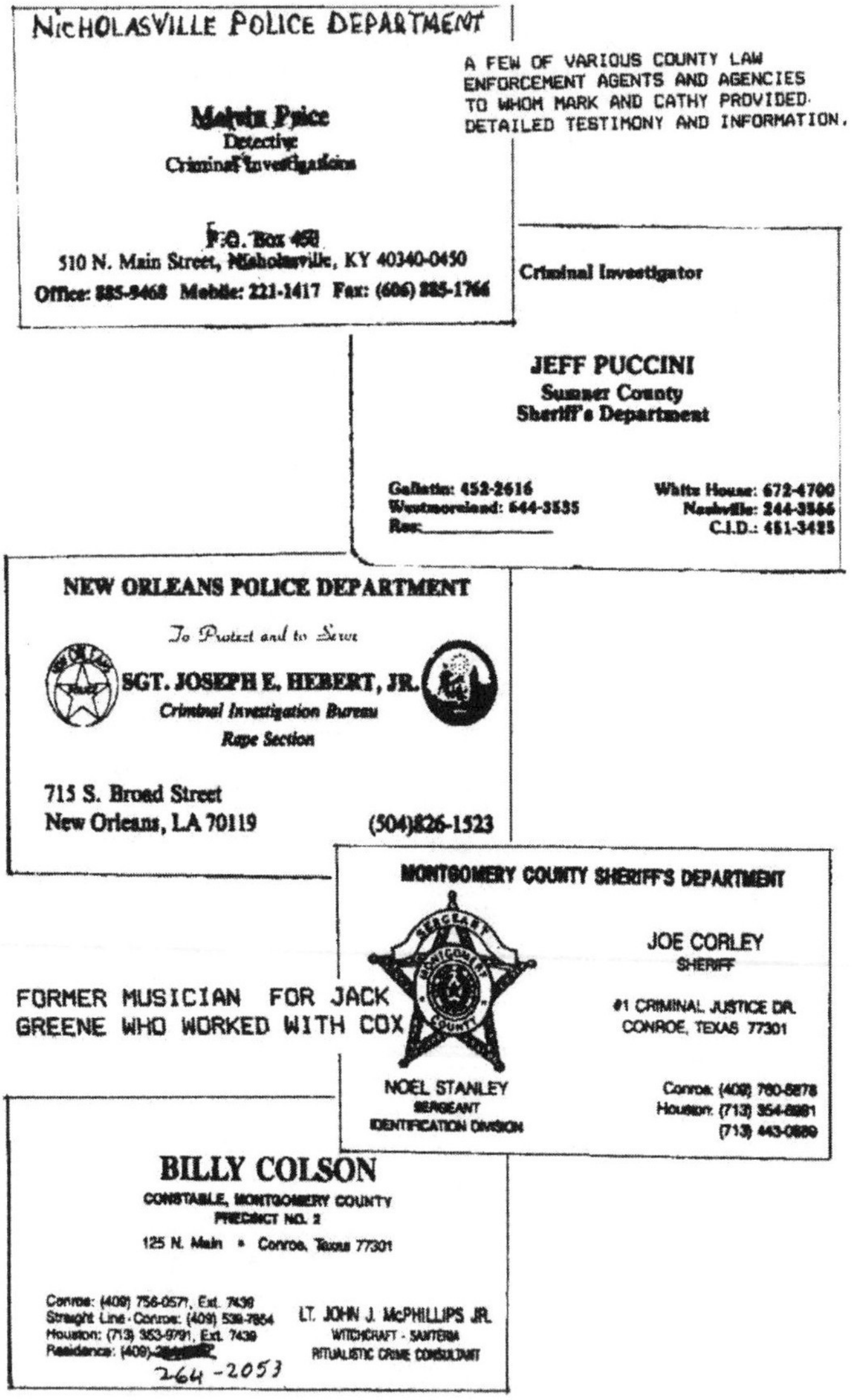
NICHOLASVILLE POLICE DEPARTMENT

Melvin Price
Detective
Criminal Investigations

P.O. Box 450
510 N. Main Street, Nicholasville, KY 40340-0450
Office: 885-9468 Mobile: 221-1417 Fax: (606) 885-1766

A FEW OF VARIOUS COUNTY LAW ENFORCEMENT AGENTS AND AGENCIES TO WHOM MARK AND CATHY PROVIDED DETAILED TESTIMONY AND INFORMATION.

Criminal Investigator

JEFF PUCCINI
Sumner County
Sheriff's Department

Gallatin: 452-2616
Westmoreland: 644-3535
Res: ____________
White House: 672-4700
Nashville: 244-3566
C.I.D.: 451-3425

NEW ORLEANS POLICE DEPARTMENT
To Protect and to Serve
SGT. JOSEPH E. HEBERT, JR.
Criminal Investigation Bureau
Rape Section

715 S. Broad Street
New Orleans, LA 70119
(504)826-1523

MONTGOMERY COUNTY SHERIFF'S DEPARTMENT
JOE CORLEY
SHERIFF
#1 CRIMINAL JUSTICE DR.
CONROE, TEXAS 77301
NOEL STANLEY
SERGEANT
IDENTIFICATION DIVISION
Conroe: (409) 760-5878
Houston: (713) 354-8881
(713) 443-0880

FORMER MUSICIAN FOR JACK GREENE WHO WORKED WITH COX

BILLY COLSON
CONSTABLE, MONTGOMERY COUNTY
PRECINCT NO. 2
125 N. Main • Conroe, Texas 77301

Conroe: (409) 756-0571, Ext. 7439
Straight Line - Conroe: (409) 539-7854
Houston: (713) 353-9791, Ext. 7439
Residence: (409)-[redacted]
264-2053
LT. JOHN J. McPHILLIPS JR.
WITCHCRAFT - SANTERIA
RITUALISTIC CRIME CONSULTANT

マークとキャシーが詳細な証言や情報を提供した警察官たちの名刺の一部。ジョー・コーリーは元ミュージシャンで、コックスと共にジャック・グリーンのために働いていた

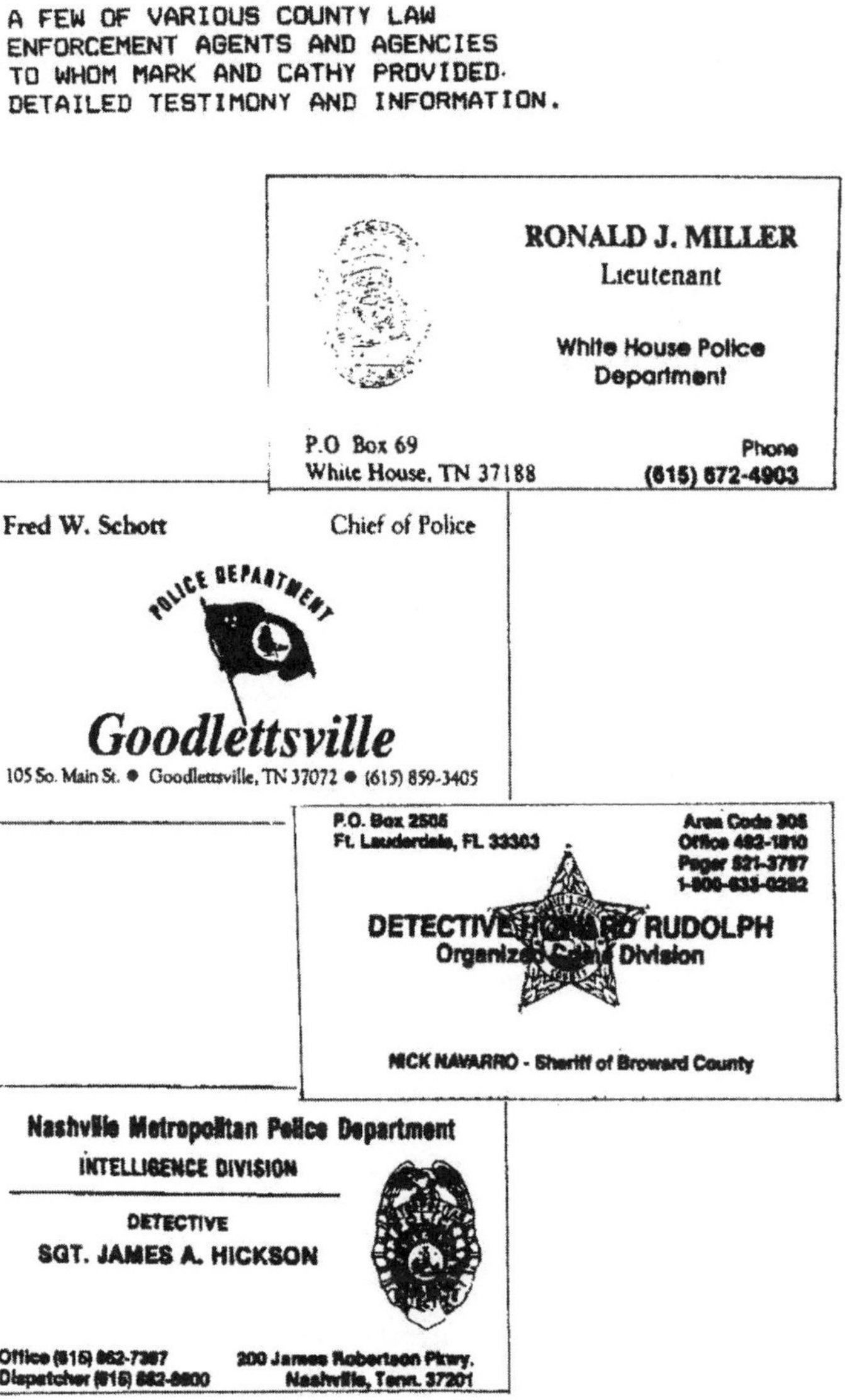
A FEW OF VARIOUS COUNTY LAW
ENFORCEMENT AGENTS AND AGENCIES
TO WHOM MARK AND CATHY PROVIDED
DETAILED TESTIMONY AND INFORMATION.

RONALD J. MILLER
Lieutenant
White House Police
Department
P.O Box 69
White House, TN 37188
Phone
(615) 672-4903

Fred W. Schott
Chief of Police
POLICE DEPARTMENT
Goodlettsville
105 So. Main St. ● Goodlettsville, TN 37072 ● (615) 859-3405

P.O. Box 2505
Ft. Lauderdale, FL 33303
Area Code 305
Office 492-1810
Pager 521-3797
1-800-833-0292
DETECTIVE HOWARD RUDOLPH
Organized Crime Division
NICK NAVARRO - Sheriff of Broward County

Nashville Metropolitan Police Department
INTELLIGENCE DIVISION
DETECTIVE
SGT. JAMES A. HICKSON
Office (615) 862-7367
Dispatcher (615) 862-8600
200 James Robertson Pkwy.
Nashville, Tenn. 37201

マークとキャシーが詳細な証言や情報を提供した警察官たちの名刺の一部

PROJECT MKULTRA, THE CIA'S PROGRAM OF RESEARCH IN BEHAVIORAL MODIFICATION

JOINT HEARING

BEFORE THE

SELECT COMMITTEE ON INTELLIGENCE

AND THE

SUBCOMMITTEE ON HEALTH AND SCIENTIFIC RESEARCH

OF THE

COMMITTEE ON HUMAN RESOURCES UNITED STATES SENATE

NINETY-FIFTH CONGRESS

FIRST SESSION

AUGUST 3, 1977

Printed for the use of the Select Committee on Intelligence
and Committee on Human Resources

U.S. GOVERNMENT PRINTING OFFICE

[illegible]

WASHINGTON : 1977

For sale by the Superintendent of Documents, U.S. Government Printing Office
Washington, D.C., 20402
Stock No. 052-070-04357-1

CIAの行動変容プログラム、MKウルトラ計画に関する公聴会の資料

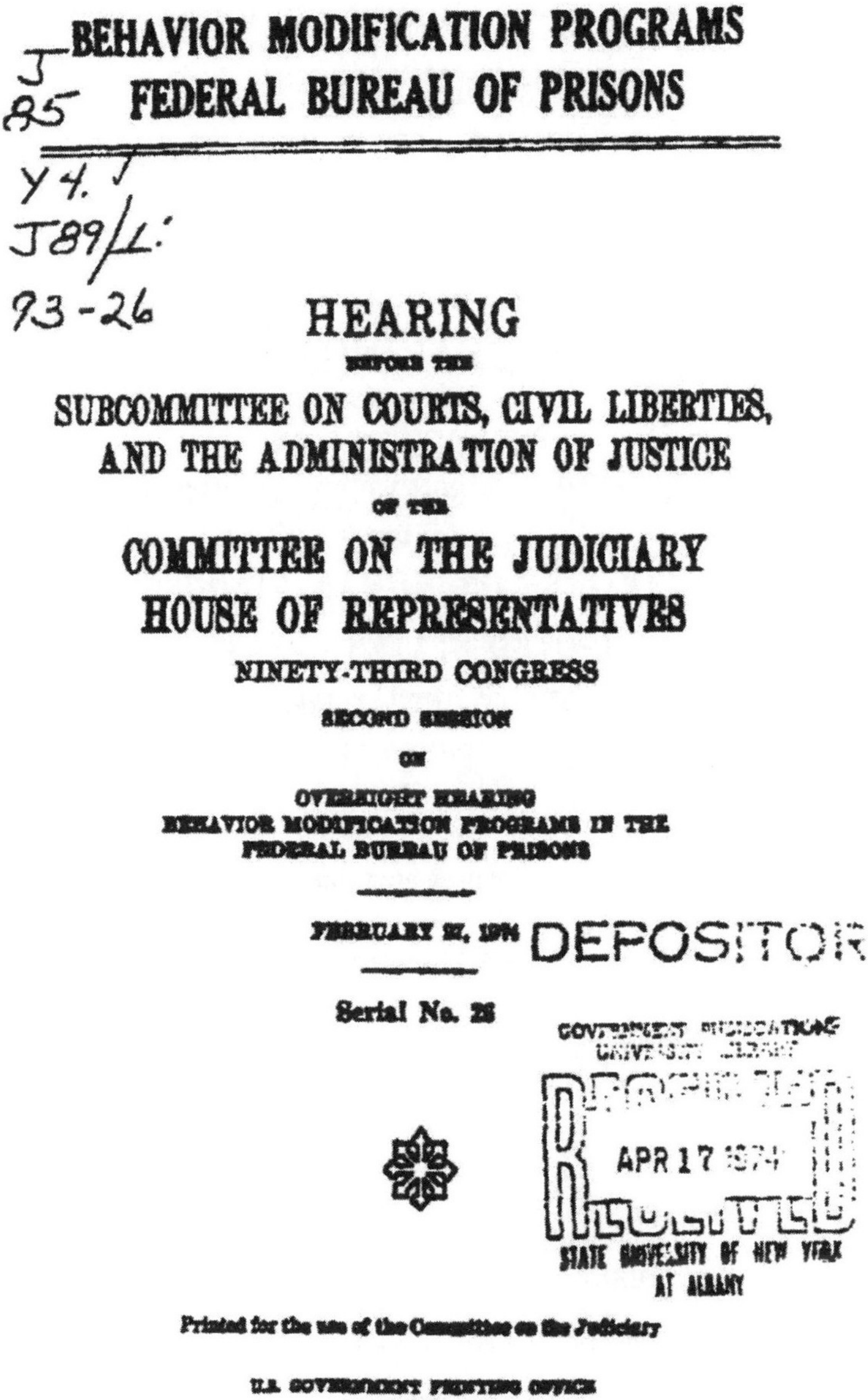

J
85
Y4.J
J89/1:
93-26

BEHAVIOR MODIFICATION PROGRAMS FEDERAL BUREAU OF PRISONS

HEARING

BEFORE THE

SUBCOMMITTEE ON COURTS, CIVIL LIBERTIES, AND THE ADMINISTRATION OF JUSTICE

OF THE

COMMITTEE ON THE JUDICIARY HOUSE OF REPRESENTATIVES

NINETY-THIRD CONGRESS

SECOND SESSION

ON

OVERSIGHT HEARING
BEHAVIOR MODIFICATION PROGRAMS IN THE FEDERAL BUREAU OF PRISONS

FEBRUARY 27, 1974

DEPOSITORY

Serial No. 26

GOVERNMENT PUBLICATIONS
UNIVERSITY LIBRARY
RECEIVED
APR 17 1974
STATE UNIVERSITY OF NEW YORK
AT ALBANY

Printed for the use of the Committee on the Judiciary

U.S. GOVERNMENT PRINTING OFFICE
WASHINGTON : 1974
[illegible] O

連邦刑務所局の行動変容プログラムに関する公聴会の資料

Y 4. H88: B52/3 1977 .1043

BIOLOGICAL TESTING INVOLVING HUMAN SUBJECTS BY THE DEPARTMENT OF DEFENSE, 1977

HEARINGS

BEFORE THE

SUBCOMMITTEE ON HEALTH AND SCIENTIFIC RESEARCH

OF THE

COMMITTEE ON HUMAN RESOURCES UNITED STATES SENATE

NINETY-FIFTH CONGRESS

FIRST SESSION

ON

EXAMINATION OF SERIOUS DEFICIENCIES IN THE DEFENSE DEPARTMENT'S EFFORTS TO PROTECT THE HUMAN SUBJECTS, OF DRUG RESEARCH

MARCH 8 AND MAY 23, 1977

DEPOSITORY

GOVERNMENT PUBLICATIONS
UNIVERSITY LIBRARY
RECEIVED
NOV 8 1977
STATE UNIVERSITY OF NEW YORK
AT ALBANY

SUNY-ALBANY
UNIVERSITY LIBRARY
GOVERNMENT PUBLICATIONS

Printed for the use of the Committee on Human Resources

U.S. GOVERNMENT PRINTING OFFICE

87-857 O WASHINGTON : 1977

1977年に国防総省が行った人体を使った生物学的実験に関する公聴会の資料

BASIC ISSUES IN BIOMEDICAL AND BEHAVIORAL RESEARCH, 1976

HEARINGS

BEFORE THE

SUBCOMMITTEE ON HEALTH

OF THE

COMMITTEE ON
LABOR AND PUBLIC WELFARE
UNITED STATES SENATE

NINETY-FOURTH CONGRESS

SECOND SESSION

ON

EXAMINATION OF PUBLIC POLICY IN THE AREA OF BIO-MEDICAL AND BEHAVIORAL RESEARCH

JUNE 16 AND 17, 1976

Printed for the use of the Committee on Labor and Public Welfare

U.S. GOVERNMENT PRINTING OFFICE

76-858 O WASHINGTON : 1976

生物医学、行動学の研究における基本的な問題に関する公聴会の資料

. Y.
H88:
D84
.1043

HUMAN DRUG TESTING BY THE CIA, 1977

HEARINGS

BEFORE THE

SUBCOMMITTEE ON
HEALTH AND SCIENTIFIC RESEARCH

OF THE

COMMITTEE ON HUMAN RESOURCES
UNITED STATES SENATE

NINETY-FIFTH CONGRESS

FIRST SESSION

ON

S. 1893

TO AMEND THE PUBLIC HEALTH SERVICE ACT TO ESTABLISH THE PRESIDENT'S COMMISSION FOR THE PROTECTION OF HUMAN SUBJECTS OF BIOMEDICAL AND BEHAVIORAL RESEARCH, AND FOR OTHER PURPOSES

SEPTEMBER 20 AND 21, 1977

DEPOSITORY

SUNY-ALBANY
UNIVERSITY LIBRARY
GOVERNMENT PUBLICATIONS

GOVERNMENT PUBLICATIONS
UNIVERSITY LIBRARY
RECEIVED
FEB 16 1978
STATE UNIVERSITY OF NEW YORK
AT ALBANY

Printed for the use of the Committee on Human Resources

U.S. GOVERNMENT PRINTING OFFICE
[illegible] O WASHINGTON : 1977

1977年にCIAによって行われた人体を使ったドラッグ実験に関する公聴会の資料

Y 4. In 8/19: C 56 1009

THE USE OF CLASSIFIED INFORMATION IN LITIGATION

HEARINGS

BEFORE THE

SUBCOMMITTEE ON SECRECY AND DISCLOSURE

OF THE

SELECT COMMITTEE ON INTELLIGENCE

OF THE

UNITED STATES SENATE

NINETY-FIFTH CONGRESS

SECOND SESSION

MARCH 1, 2, 6, 1978

Printed for the use of the Select Committee on Intelligence

U.S. GOVERNMENT PRINTING OFFICE

WASHINGTON : 1978

訴訟における機密情報の使用に関する公聴会の資料

LEGISLATION TO MODIFY THE APPLICATION OF THE FREEDOM OF INFORMATION ACT TO THE CENTRAL INTELLIGENCE AGENCY

HEARING

BEFORE THE

SUBCOMMITTEE ON LEGISLATION

OF THE

PERMANENT SELECT COMMITTEE ON INTELLIGENCE HOUSE OF REPRESENTATIVES

NINETY-EIGHTH CONGRESS

SECOND SESSION

FEBRUARY 8, 1984

SCHAFFER LI
MAY 25 19
UNION COL

Printed for the use of the Permanent Select Committee on Intelligence

U.S. GOVERNMENT PRINTING OFFICE
WASHINGTON : 1984

中央情報局（CIA）への情報公開法の適用を修正する法案に関する公聴会の資料

Y4.In8/19.F96

WHETHER DISCLOSURE OF FUNDS AUTHORIZED FOR INTELLIGENCE ACTIVITIES IS IN THE PUBLIC INTEREST

HEARINGS

BEFORE THE

SELECT COMMITTEE ON INTELLIGENCE

OF THE

UNITED STATES SENATE

NINETY-FIFTH CONGRESS

FIRST SESSION

APRIL 27 AND 28, 1977

Printed for the use of the Select Committee on Intelligence

U.S. GOVERNMENT PRINTING OFFICE

WASHINGTON : 1977

For sale by the Superintendent of Documents, U.S. Government Printing Office
Washington, D.C. 20402

情報活動のために認可された資金を開示することが公共の利益になるかどうかという議題に関する公聴会の資料

ABUSE OF PSYCHIATRY FOR POLITICAL REPRESSION IN THE SOVIET UNION

VOLUME II

HEARING

TESTIMONY OF DR. NORMAN B. HIRT

SUBMITTED

TO THE

SUBCOMMITTEE TO INVESTIGATE THE ADMINISTRATION OF THE INTERNAL SECURITY ACT AND OTHER INTERNAL SECURITY LAWS

OF THE

COMMITTEE ON THE JUDICIARY

UNITED STATES SENATE

NINETY-FOURTH CONGRESS

FIRST SESSION

STAFF INTERVIEW OF OCTOBER 27, 1972, COVERED BY JURAT OF MARCH 12, 1974

Printed for the use of the Committee on the Judiciary

[illegible]FFER LIBRARY
MAR 17 1975
UNION

U.S. GOVERNMENT PRINTING OFFICE

43-230 WASHINGTON : 197[illegible]

For sale by the Superintendent of Documents, U.S. Government Printing Office
Washington, D.C. 20402 - Price $1.35
Stock Number 052-070-02750

ソビエト連邦における政治的抑圧を目的とした精神医学の濫用に関する公聴会の資料

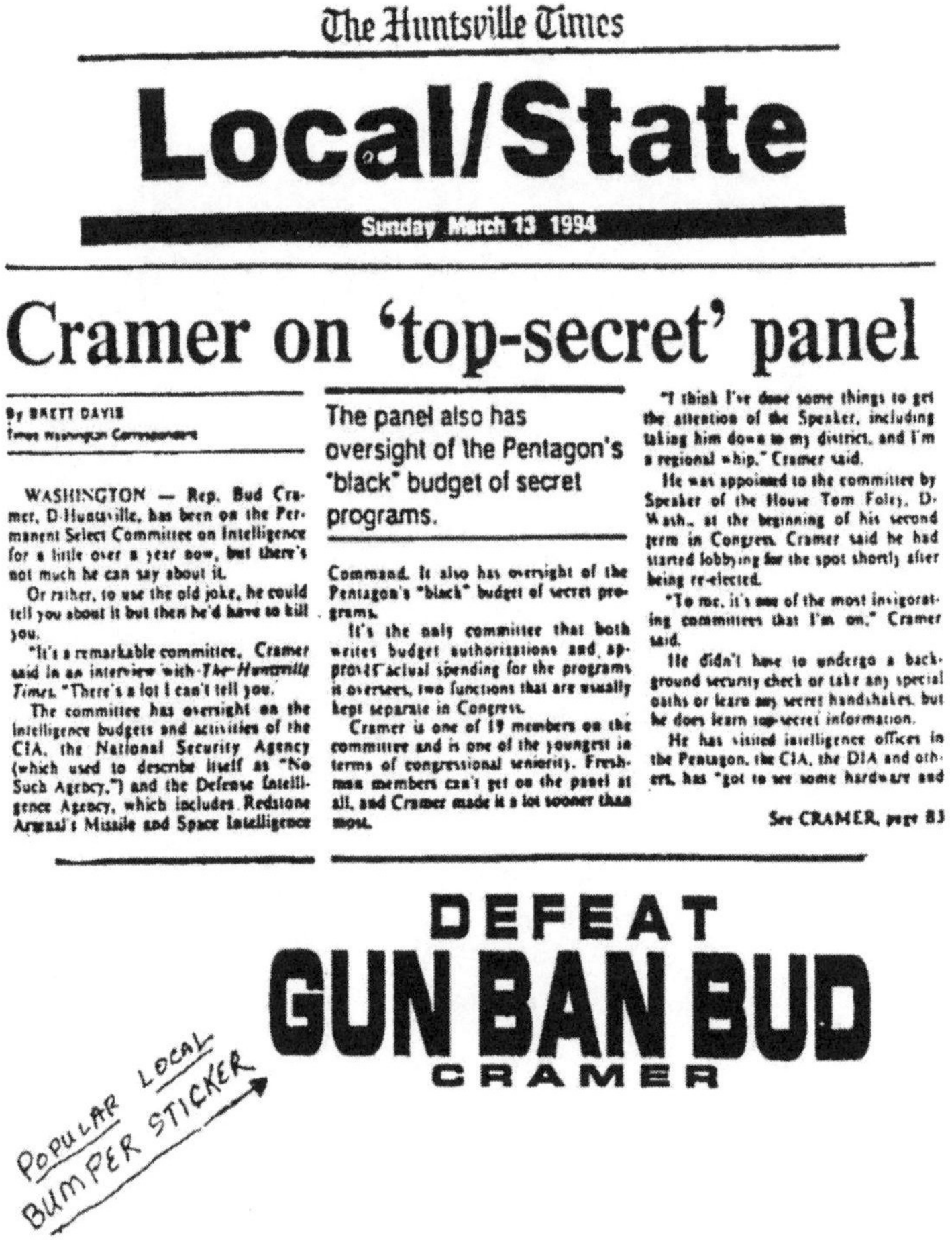

The Huntsville Times

Local/State

Sunday March 13 1994

Cramer on 'top-secret' panel

By BRETT DAVIS
Times Washington Correspondent

WASHINGTON — Rep. Bud Cramer, D-Huntsville, has been on the Permanent Select Committee on Intelligence for a little over a year now, but there's not much he can say about it.

Or rather, to use the old joke, he could tell you about it but then he'd have to kill you.

"It's a remarkable committee, Cramer said in an interview with *The Huntsville Times*. "There's a lot I can't tell you.

The committee has oversight on the intelligence budgets and activities of the CIA, the National Security Agency (which used to describe itself as "No Such Agency,") and the Defense Intelligence Agency, which includes Redstone Arsenal's Missile and Space Intelligence Command. It also has oversight of the Pentagon's "black" budget of secret programs.

The panel also has oversight of the Pentagon's "black" budget of secret programs.

It's the only committee that both writes budget authorizations and approves actual spending for the programs it oversees, two functions that are usually kept separate in Congress.

Cramer is one of 19 members on the committee and is one of the youngest in terms of congressional seniority. Freshman members can't get on the panel at all, and Cramer made it a lot sooner than most.

"I think I've done some things to get the attention of the Speaker, including taking him down to my district, and I'm a regional whip," Cramer said.

He was appointed to the committee by Speaker of the House Tom Foley, D-Wash., at the beginning of his second term in Congress. Cramer said he had started lobbying for the spot shortly after being re-elected.

"To me, it's one of the most invigorating committees that I'm on," Cramer said.

He didn't have to undergo a background security check or take any special oaths or learn any secret handshakes, but he does learn top-secret information.

He has visited intelligence offices in the Pentagon, the CIA, the DIA and others, has "got to see some hardware and

See CRAMER, page 83

地元で人気の警官、バド・クレイマーについて取り上げている新聞記事。彼がペンタゴンの闇予算に関わっていることが示唆されている

第二部

キャシー・オブライエン著

公開書簡

マインドコントロールは絶対的なものである。ＭＫウルトラ計画の「モナーク・プロジェクト」で、トラウマに基づいたマインドコントロールが行われた結果、私は自分の自由意志で思考をコントロールできなくなった。私の心を支配し、最終的に私の行動までも支配した人々は、自分たちを「宇宙人」「悪魔」「神」だと主張した。

しかし、新世界秩序を支配するこれらの人々が語る恐ろしい主張や幻想とは裏腹に、彼らは地球上に生きる「人間」という枠から飛び出ることはなかった。彼らは、私たちと同じように、自然の法則と人間が作った法の下に生きている。

彼らは私の信仰心、母性本能、人間への純粋な関心を利用して私を操ったが、生来の私を「所有」することはできなかった。すなわち、私自身を彼らの一員にすることはできなかったのだ。

彼らは人間の魂が持っている強さを理解していなかった。彼らはその存在すら知らなかった。それはどうしてだろうか？

献辞

本書はケリーのために書かれた本である。ケリーが、我が国のいわゆる指導者たちの手によって耐え忍んだMKウルトラ計画のマインドコントロールという虐待を読者の皆さんにも理解してもらい、適切なリハビリテーションを受ける権利を認めてもらうことを目的としている。

また、本書を、私とケリーをマインドコントロールから救い出し、私の心、記憶、そして最終的には自由意志の回復を愛情深く支援し、ケリーの回復への道を切り開いてくれたマーク・フィリップスに捧ぐ。

謝辞

この場をお借りして、姿は見えなくとも、確かにそこにいてくれる皆様へ感謝の意を表したい。

そして、自分が何者であるかを知っている、名もなき方々にも感謝を込めて。

トランス　フォーメーション・オブ・アメリカ

私の名前はキャサリン（キャシー）・アン・オブライエン、1957年12月4日、ミシガン州マスキーゴン生まれである。私は、「私たちの」アメリカ合衆国政府が、新世界秩序（単一世界政府）を実現するために、秘密裏に、違法に、そして違憲に使用している人知れぬ手段に関して、皆さんに学んでいただき、判断していただくために、この本を執筆した。十分な証拠に基づいたこの手法は、行動変容（洗脳）の精巧で高度な形態であり、一般にマインドコントロールとして知られる。アメリカ政府の最高機密であるこの心理作戦に関する知識は、ホワイトハウスの「大統領モデル」というマインドコントロール奴隷であった私の個人的な経験から引き出されたものである。

ここに収められた情報の多くは、この事件に精通している法執行機関、科学者、情報機関にいる勇敢で、強い意志を持った「清廉潔白」なメンバーによって裏付けられ、検証されたものである。こうした人々の尽力があったからこそ、私は身体的・心理的拷問を受け続けた自分に何が起こったのかを理解し、確信することができた。私は心をコントロールされ、行動を操られていたのだ。これらの勇敢な人々のなかには、私を支配したシステムに雇われていて、仕事、家族、人生を失う恐怖に怯えながら生活している人もいる。彼らは、新世界秩序の技術者たちが使っているこの手段を公にするために、できる限りのことをやってきたが、効果はなかった。本書は、この目に見えない個人的・社会的脅威を暴露するために活動している人権擁護者たち、アメリカで認められている敬意を払うべき活動家たちに対する公的・私的支援を呼びかける草の根的な活動の一環である。これは、正義を求める情熱を持ち、憲法を回復し、アメリカを取り戻すことに関心を示す、団結した協力的な市民によって可能になるのである。あなたが手にしているこの本は、あなたが学び、行動するためのものである。

本書の内容は、皆さんが短時間で読めるように内容を凝縮しているが、私が報告する内容の多くを裏付ける文書は、文字通り何千ものファイルとして存在する。加害者たちよりも巧みにシステムを操作する方法を見つけた献身的な人々のおかげで、参考資料が情報源から機密解除されたのだ！

真実と正義、そして最終的には、アメリカを建国した自由を尊重する愛国心が私を駆り立てた。今こそ、影の政府と呼ばれる、政府を支配する者たちの世界支配の動機を暴かなくてはいけない。今、アメリカを取り戻せば、この国の健全な歴史と未来を守ることができる。アドルフ・ヒトラーが去ってから文字通り始まる、人類に放たれたマインドコントロールという残虐行為が世界中に蔓延する運命を迂回させることができるのだ。ヒトラーが１９３９年に「新世界秩序」と呼んだ世界支配は、現在、アメリカを支配する者たちによって、とりわけ遺伝子マインドコントロール工学の先端技術を通じて実行されている。

ダニエル・イノウエ上院議員（ハワイ州選出）は、上院小委員会でこの秘密政府の運営について、「影の政府は、独自の空軍、海軍、資金調達機構を持ち、『国益』という名の独自の目的を追求する力があり、あらゆる抑制と均衡の制度、そして法律そのものから自由である」と評した。

私の第一の擁護者であり、熟練したディプログラマー（洗脳を解いて元の思想に戻す療法を行う専門家）であるマーク・フィリップスの専門知識は、アメリカ国防総省が得た「最高機密」のマインドコントロール研究と研究者たちの知識によって培われたもので、私の心が正常に機能するように回復させる役割を果たした。その結果、私は記憶を取り戻し、試練を乗り越え、現在は憤りを抱えている。１９８８年、マーク・フィリップスは、一連の見事な画策によって、当時8歳だった娘のケリーと私をマインドコントロールというものから救い出し、リハビリのために安全なアラスカに連れて行ってくれた。そして、記憶を喪失していた私の心を解きほぐし、忘れるはずだったことを意識的に思い出させるという骨の折れる取り組みを始めたのである。

私のプログラムが解除されれば、アメリカおよび諸外国の政府の機密情報と個人の評判が危険にさらされる。だが彼らは、私のプログラムが解除され、リハビリを通じて、ケリーと私が、特にレーガン／ブッシュ政権時代に強制的に参加させられた秘密の犯罪活動や変態的な行為を語り出すとは思ってもいなかった。そして今、自分の心をコントロールできるようになった私は、母、そしてアメリカの愛国者として、自由意志を行使し、娘と私が耐え忍んだ政府の支配者たちによるマインドコントロールの残虐行為を暴露することが自分の義務だと考えている。このパンドラの箱の中にある個人的な見解には、新世界秩序を実現するためにマインドコントロールがどのように使われているかという的確な考察と、この世界と心の支配の背後にいるいわゆる「黒幕」が誰であるかということに関する個人的な知見が織り込まれている。

ジョン・Ｆ・ケネディ大統領が撃たれたときに、自分がどこにいて何をしていたかを正確に記憶しているアメリカ人は多い。彼の暗殺は国民にトラウマを植え付け、人間の心がトラウマにまつわる出来事をいかに鮮明に記録するかを示す一例となっている。私は、自分がマインドコントロールされている間、日常的にトラウマに耐えてきたため、記録を見て詳細な記憶を鮮明に思い出すだけの余裕があった。本書では、いくつかの出来事をそのままの表現で引用しているが、これは文字通りの意味である。卑猥《ひわい》な言葉を使用したことについてはお詫びするが、これは発言の整合性を保ち、発言者の性格を正確に反映させるためには必要なことであった。

私は自分の考えを述べる自由があるが、14歳のケリーはそうではない。ケリーの人格は破壊されたままで、プログラムされた幼い心は、いまだにリハビリを受けられていない。モナーク・プロジェクトのハイテク技術を駆使したマインドコントロールは、文字通り、ケリーが生まれたときから行われており、彼女が自分の心と人生をコントロールできるようになるためには、専門性の高い適切なケアが必要だと言われている。しかも、ケリーの加害者たちは政治的な富を所有しているがゆえに、ケリーの回復と正義を求める不可侵の権利を得るための私たちのあらゆる試みは、いわゆる「国家安全保障」という口実で妨害されているのだ。その結果、ケリーはテネシー州の保護下にある精神病院という倉庫に収容されたままだ。彼女はこのシステムの犠牲者である。このシステムは、我々を虐待してきた政府の「リーダー」によってコントロールされ操作されているため、国の制度を使って軍のトップシークレットの虐待を報告することは許されない。しかも、これはワシントンD.C.にいる腐敗した異常な虐待者たちが指示する連邦政府の資金で成り立っている。だから、ケリーは政治犯として今も精神病院にいて、助けを待ち、苦しんでいる。

法律や権利の侵害、心理戦による脅迫戦術、命を脅かされる脅威、ほかにもさまざまな形でのＣＩＡのもみ消しは、１９４７年の国家安全保障法と１９８６年のレーガン修正条項のおかげで、これまで何の妨げも歯止めもないままであり、政府の支配者が選んだものは何であれ検閲・隠蔽できるようになっている。一方で、ソビエト連邦が崩壊して以来、我が国は外部の脅威から解放され、「自由な報道」は、もはや検閲に制限されることはないと言われている。この事実を見ても、私たちは正義を追求するために自由でなければならないはずなのに、そうはなっていない。その理由についても知ってほしい。

こうした真実を伝えたくて、私は本書を出版することにした。娘と引き離された不当で痛ましい日々は5年にも及び、その間にも、腐敗し、操作された国の制度を通じて虐待者は娘と自由に接近することができた。私は、必ず解決できるこの問題について、助言、専門知識、そして世論喚起という形で、皆様からの助けを求めることを切に望み、意図している。

私はもはやトラウマに基づいたマインドコントロールの虐待に支配されていないが、私が被害者だったことで、ケリーは今もこれを耐え忍んでいる。しかし、ケリーは今、真実を明らかにし、少年裁判所が彼女に禁じている助けを得ようと、私を頼りにしているのだ。私はこの本をケリーや彼女のような人たち、そしてこの国に蔓延するマインドコントロールの残虐行為を知らないすべてのアメリカ人に捧げたいと思う。アメリカ人の知らないことが、人々を内側から破壊しているのだ。知識は、マインドコントロールから唯一、身を守る方法である。今こそ目を覚まし、真実で武装し、すべての人に自由と正義という憲法の価値を取り戻し、憲法修正第13条を遡って施行し、アメリカを取り戻すときなのだ！

第1章
人間としての始まり

私は生まれてすぐに母の乳首ではなく、父のペニスを吸い始めたそうだ。小児性愛者の父、アール・オブライエンはそのように自慢げに話している。近親相姦の虐待は数世代にわたって行われ、幼少期に同様の虐待を受けた私の母、キャロル・タニスは、多重人格障害1を発症し、父の異常な行為に抗議することはなかった。私のもっとも古い記憶は、父のペニスが小さな喉に詰まり、息ができなかったというもの。父の精液と母の母乳の区別はつかなかった。考えたことすらなかったが、この幼い頃の性的虐待が、摂食、呼吸、性、親の認識に関する根本的な概念を歪めたという自覚はある。

私は幼児期に、本能的に母のもとに走って助けを求めることができなかった（当時はまだほとんど歩けなかった）。嗚咽《おえつ》しながら父の精液を飲み干し、空気を吸おうとすると、恐怖がこみ上げてくる。ようやく母が私のもとにやってくると、母は私を慰めるどころか、私が癇癪《かんしゃく》を起こし「息を止めている」と非難し、顔に冷たい水をかけてきた。びっくりしたし、母はもちろん、誰も私のことを助けてはくれないのだと思った。だから、多重人格障害になるしかなかったのだ。幼い頃は、父がしていることが悪いことだと論理的に理解することはできなかった。息さえできないような性的虐待を、日常のごく自然な行為として受け入れ、父の性的嗜好を満たすために、その苦痛と息苦しさに対処するため人格を分離させていた。

子供の頃の私は、解離することで父の虐待に耐えていた。父のペニスを見たり近くに感じたりするまでは、父の前にいても、性的虐待を思い出すことはなかった。ところが、1度それを見ると、条件反射的に恐怖を覚え、トラウマに耐えてきた記憶が蘇るのだった。そして、虐待の記憶と、それにどう対処したかを思い出すのだ。後述するが、私の脳の一部は、父に従属する別の人格に発達していた。父はそれをアメリカ政府に貸し、売り出していた。

私の脳は、その他の虐待や状況にも対処していた。父は貧しく、機能不全に陥った、何世代にもわたって近親相姦が起こっていた大家族の子供だったようだ。父の母親は、父が2歳のときに夫を亡くし、地元の材木業者の売春婦として生計を立てていた。父の兄弟姉妹は皆、父と同じように性的、儀式的な虐待を受けていた。彼らは薬物中毒者、売春婦、路上生活者、小児性愛者になり、私や私の兄弟姉妹も性的な虐待を受けた。私は、この拷問のような人間関係のトラウマに対処するために、さらに人格の分離を繰り返した。

母もまた、何世代にもわたって機能不全に陥った家族で育ったが、母の場合は、やや上流階級の家庭に属していた。母の父親は、自らが率いるフリーメイソンのブルーロッジが入ったビルを所有し、軍務を終えた後は夫婦で地ビール販売業を営んでいた。祖父母は母と3人の兄弟を性的に虐待し、その兄弟はやがて同じように私を性的に虐待するようになった。

私たち家族は、ミシガン州ニウェーゴにある祖父のメイソンロッジがある広大な原野に、よくキャンプに出かけた。「ハイ・バンクス」と呼ばれる大きな断崖からは、祖父が所有する土地へと続くホワイト・リバーが見渡せ、私たちはそこにテントを張っていた。母の兄弟であるテッドおじさんとアーサー・ボンバー・タニスおじさんは、たびたび私たちに付いてきて、私と弟を性的に虐待していた。

1961年11月頃の鹿狩りの季節に、父が家族を連れてハイ・バンクスでキャンプをし、おじたちと一緒に狩りをしたときのことである。その夜、私と弟が小児性愛者を満足させるためにキャンプファイヤーの周りで性的に交わされていると、迷子のハンターが私たちのキャンプに偶然やってきた。すると、父は逃げようとした彼を撃った。ライフルの爆音が脳内に響き渡り、私の心はさらにバラバラになってしまった。私は解離性トランス状態となり朦朧《もうろう》として座っていたが、母は几帳面にキャンプ場を片付け、父とおじが死体を処理していた。

父の運転する車で現場から離れると、行方不明の仲間を必死で探して道路を封鎖していた数人のハンターに呼び止められた。彼らは、父が殺した男について説明し、銃声を聞いたと言った。私はトランス状態からふと我に返り、ヒステリックに泣き叫んだが、自分がなぜ泣いているのかわからなかった。

やがてテッドおじさん[2]は路上生活者になった。ボンバーおじさんは数年後、40代前半でアルコール依存症が原因で亡くなった。父はというと、経済的、政治的なコネをさらに拡大していった。

母のいちばん上の兄、ボブおじさんは空軍の情報部のパイロットで、バチカンのために働いているとよく自慢していたが、一方で彼は商業ポルノの製作者でもあり、地元のミシガン・マフィアのために児童ポルノを製造し、マフィアのポルノ・キングでアメリカ下院議員のジェリー・フォード[3]に差し出していた。私はボブおじさんとその「友人」、そしておじさんが父と共有する性的なビジネスにうまく対処するために人格を分離させていった。

父は初等教育しか受けておらず、地元のスポーツフィッシャー用にミミズ掘りの仕事をしていた。しかし私が6歳になる頃には、兄のビルと私をポルノに出演させることで、ミシガン州の砂丘にある大きな家に引っ越せるほど稼げるようになっていた。父はそこで快適な暮らしを送っていた。ミシガン湖の東岸に来る観光客や麻薬の売人たちは、私たち子供を利用した変態的なセックスに金を払い、父の財布はさらに潤っていった。父は違法な麻薬販売にも手を染めた。

私たちが引っ越して間もなく、父が児童ポルノを郵便で送り届けていたことが明るみになった。それは、サム・オブライエンおじさんのボクサー犬、バスターと私の獣姦映像だった。ポルノ製造に関与していたボブおじさんはこの事態による訴追を免れる手として、父にアメリカ国防情報局の極秘プロジェクトのことを知らせた。それが「モナーク・プロジェクト」である。モナーク・プロジェクトとは、マインドコントロール作戦の1つで、近親相姦で虐待された多重人格の子供たちを「遺伝子マインドコントロール研究」のために「募集」していた。私はその「候補者」であり、「選ばれし者」であった。父は訴追を免れるため、この機会をつかんだ。そんな騒ぎの中、ジェリー・フォードが証拠品を手に家にやってきて、父と面会した。

「アールは家にいる？」と母に声をかけると、母は緊張して網戸の後ろに立ち、彼を家に入れるのをためらっていた。

「まだ帰っていないわ」母は声を震わせながら答えた[4]。

「彼はそろそろ仕事から帰ってくるはずよ。あなたを待っていたわ」

「それならよかった」とフォードは私に目を向けた。私は玄関ポーチの外に立っていた。彼は没収されたポルノの入った大きな茶色の封筒を小脇に抱えて、「犬が好きなんだね」と言った。

「バスターはかわいい犬なの。面白いのよ」と私は答えた。私はポルノを没収されたとき、なぜ犬が連れ去られたのか理解できなかったので、「でも、いなくなっちゃった」と文句を言った。

「バスターがいない？」とフォードが聞くので、「そうだよ、おじさんが連れて行っちゃったんだ」と言うと、フォードはその皮肉に大笑いした。当時、まだ幼かった私は、バスターがいなくなったことを彼が面白がっているのだと思った。そのとき父が新車のコンバーチブルのクラクションを鳴らして車道に出てきた。フォードは立ち上がった。彼の股間が目の高さに来たとき、私は彼のペニスが勃起していることに気づき、反射的に手を伸ばした。

「今はだめだ、ハニー」と彼は言った。「仕事があるから……」

フォードは両親と中に入り、そこで私の運命が正式に決まった。


それから間もなく、父はハーバードで2週間の講習を受けるためボストンに飛んだ。MKウルトラ計画の分派であるモナーク・プロジェクトで、私の育成法を学んできたのだ。ボストンから戻った父は、いわゆる「リバース・サイコロジー（逆心理学）」の新しい知識に満足し、微笑んでいた。

私は「悪魔の反転」と呼ばれるダジャレのような言葉遊びや「お前はお前の生活費（keep）を稼げ。俺はお前の稼ぎをもらっておいて（keep）やる」といった言葉を浴びせられた。そして、父は私に犬のチャームが付いたブレスレットをプレゼントし、母にはこのプロジェクトを推進するうえで重要な「子供を増やす」という知らせを届けた（現在、私には16歳から37歳までの2人の姉と4人の弟がいるが、彼らはまだマインドコントロールされている）。

母は父の提案に応じ、言葉を巧みに操る術を身に付けた。例えば、私が上下のパジャマのホックをうまく留められず、「ホックを留めて（Snap me.）」と頼むと母は人差し指で私の肌をパチンとはたく（snap）のだ。

こうしたことからも、母が父の性的虐待から私を守る気がないことが改めてわかり、精神的な苦痛を覚えた。

父はまた、政府の指示に従い私をシンデレラのように働かせた。私は暖炉の灰をかき集め、薪を運び積み上げ、落ち葉をかき集め、雪かきをし、氷割りをし、掃除をした。「お前の小さな手は熊手やモップ、シャベル、ほうきの柄にぴったりだから」と父は言っていた。

この頃には、父の友人、地元のマフィアやフリーメイソン、親戚、悪魔崇拝者、警察官、ほかにも見知らぬ人々による売春が行われるようになっていた。売春、肉体労働、ポルノ撮影、近親相姦などの虐待を受けていないときには、私は本の世界に閉じこもった。多重人格障害／解離性同一性障害により記憶力が発達しており、4歳のときには本を読めるようになっていたのだ。

MKウルトラ計画やモナーク・プロジェクトに関わった政府の研究者たちは、多重人格障害／解離性同一性障害の特性である正確な記憶力はもちろん、その他の「超人的」な特性についても理解していた。例えば、多重人格障害／解離性同一性障害の人たちの視力は、通常の人々の44倍もある。また、異常なまでに痛みに強いことや記憶を区分けする力は、軍事や秘密作戦のために「必要」だった。さらに、私の性の認識は幼少期から根本的に歪んでいた。このプログラミングは、私の記憶の区画（臨床医はこれを人格と呼ぶ）の奥深くに自分の行動を隠せると考えた、邪悪な政治家にとって魅力的で有益なものだった。

父がボストンから帰ってきた直後、私は当時のミシガン州上院議員ガイ・ヴァンダージャクトに日常的に売春をさせられていた。彼はその後、アメリカの下院議員になり、やがてジョージ・ブッシュを大統領の座に就かせた、共和党の全国議会委員会の委員長になった。私は、彼がいつも参加していた数々の地元のパレードの後に、マキナック島の政治集会や私の故郷であるミシガン州などで売春をさせられていた。

ボブおじさんは、父が私の寝室を赤、白、青のパネルとアメリカ国旗で飾るのを手伝っていた。彼はモナーク・プロジェクトの方法論に従って私の心をかき乱したのだ。この際、空想と現実を混同させるためにおとぎ話が利用されたが、なかでもディズニーやオズの魔法使いはよく使われたテーマだった。

私は、ポルノに関する人格、獣姦に関する人格、近親相姦に関する人格、母からのひどい精神的虐待に耐えるための人格、売春に関する人格を持っていたが、残りの「私」は学校である程度「普通」に機能していた。この「普通」の人格は、私が耐えている虐待を隠すためのものだったが、何よりも「世界のどこかに、人々が互いに傷つけ合わない場所がある」という希望を持っていた。この人格は、ミシガン州マスキーゴンにあるカトリック教会である聖フランシスコ・サレジオ教会のカテキズム（週1回の授業）にも出席していた。

カテキズムの先生は修道女、つまり「シスター」だった。意識的に虐待から身を守ろうとすることはできなかったが、修道女になれば、自分の求める人生を手に入れることができると私は信じていた。家族にも、警察にも、政治家にも、自分を守ってもらうことはできない。だから教会こそ答えだと思っていたのだ。私は授業に熱心に耳を傾け、宗教的な祈りを捧げた。教会の政治的な仕組みもすべて学び、初めての懺悔《ざんげ》に備えていた。

私が教わったカトリックの信仰では、人間は神（父）と直接会話できる立場になく、代わりに司祭にとりなしてもらわなければならない、という考え方がある。これが懺悔を受ける目的である。神父（ファーザーともいう）に自分の罪を告げると、神父はそのメッセージを神に伝えてくれる。そして私たちは、懺悔、つまり罰として、「アヴェ・マリア」と「父なる神」の祈りを何回唱えればよいかを神父から教えてもらうのだ。カテキズムの先生は、「婚外性交」を含む「罪」の例をいくつか挙げていた。

神父のジェームズ・セーレンが、クローゼットほどの大きさの告解室の小さな仕切りを開けたとき、私は教えられた通り、「父よ、私をお許しください」と言って、父や兄とセックスしたことを告げた。

彼は「アヴェ・マリアと父なる神の祈りを唱えれば、イーオー[一]は許されるだろうか?」と言った。

この懺悔は悪ふざけなのか、それとも神は性的な児童虐待を容認しているのだろうか。その夜、父は私と話をした。どうやら神父が「父《ファーザー》」に取り次いだようである。父は私に、「これからは、懺悔に行くときは『親に逆らった』とだけ言いなさい、それ以上は言わないように!」と指示した。

次に懺悔に行ったとき、私は言われたとおりにした。告解室と神父の間の仕切りが外れると、窓からペニスが突き出された。セーレン神父によると、神は懺悔として、セーレン神父を父と同じように扱えと言ったそうだ。そして、「もっとも小さい者の1人にしたのは、わたしにしてくれたこと」という聖書の教えを忘れるなと言った。セーレン神父にオーラルセックスをした後、告解室から出ると、ほかの子供たちが自分の番を待ち侘びていた。先生からは時間がかかりすぎたことを叱られ、懺悔に「我らの父よ」という言葉を追加するようにと言われた。もう懺悔をしたと言うと、ほかの子が懺悔の儀式の「順序」をもう1度教えてくれたが、それは今しがた経験したこととはまるで異なるものだった。その理由がわからないまま、私は修道女になることを断念した。こうして私の中に残っていた「普通」の人格はさらに分離してしまった。

私は慢性的な「白昼夢」にもかかわらず[5]、正確な記憶力のおかげで勉強が得意で、学校では正常であるかのような錯覚があった。友達も多く、休み時間には夢中になって遊び、現実逃避のため無意識のうちに大量のエネルギーを消費していた。そして、父が読むようにと勧めてくれた本に没頭した。だが、それらは『オズの

一　ギリシア神話に登場する女性。ゼウスとの情事を知られ、牝牛に姿を変えられてギリシアからエジプトまで各地をさまよった。

魔法使い』、『不思議の国のアリス』、『青いイルカの島』、『ディズニー・クラシックス』、『シンデレラ』など、マインドコントロールのために使われた本ばかりだった[6]。

テレビを観るのも、父によって制限され、監視されていた。しかし私は、『オズの魔法使い』、『不思議の国のアリス』、『ディズニー・クラシックス』、『シンデレラ』といった「最高」の映画だけは繰り返し観ることが許されていた。


小学2年生のとき、私が所属していたブラウニー隊が、当時のミシガン州上院議員ヴァンダージャクトも参加したメモリアル・デーのパレードで行進することになった。パレードの終わりに、ヴァンダージャクトは私を近くのモーテルに連れて行き、オーラルセックスをさせてから、ブラウニー隊が待っているところに私を送り届けた。ブラウニー隊のリーダーや仲間たちは、ヴァンダージャクトが私を連れ出したことを賞賛してくれた。彼らはその話を聞こうと集まってきた。私はサッシュに精液が白く飛び散っているのに気づき、慌ててそれを拭きながら「ミルクセーキを飲んだ」と説明した。ブラウニー隊の仲間に彼から受けた性行為を隠さなければならなかったことは、私の学校での人格にまで影響を及ぼし、残された「普通」の人格は、さらに小さくなってしまった。

この事件の記憶が頭の中で遮断されていたため、3年生の担任の先生が「ミシガン州の州都ランシングに遠足に行く」と言っても、私はヴァンダージャクトを思い出さなかった。州都に着くと、私はクラスメートたちから離れ、ヴァンダージャクトのオフィスに案内された。そこには、彼の友人であり師でもあるジェラルド・フォード（やがて大統領になる人物）が待っていた。ヴァンダージャクトは私のスカートをめくり、パンティーを下ろして、机の上に寝かせ、彼やフォードとセックスをさせた。その後ヴァンダージャクトが私の肛門に小さなアメリカ国旗を入れ、それを振るように指示すると、彼らは笑った。そして、「国があなたのために何をしてくれるかではなく、あなたが国のために何ができるかを求めよ」という、マインドコントロールされた私の残りの人生を導く標語が刻まれた、ケネディのペンを贈られた。

ヴァンダージャクトは、私をクラスメートが集まる議会のバルコニーに連れ戻した。彼はクラスメート全員の前で私に腕を回し、先ほど肛門を使って私に振らせたアメリカ国旗を贈呈した。学校での人格はまたしても分離してしまったが、私はまだどこかで、いつの日か、逃れられる場所を見つけたいという希望を持ち続けた。……しかし、何から逃れようとしていたのかは、気がつくと思い出せなくなっていた。

1 多重人格障害（ＭＰＤ）は、現在、精神保健の専門家の間では解離性同一性障害（ＤＩＤ）として知られている異常な状況に対する心の防衛手段である。文字通り、理解できないほど恐ろしいトラウマに対処するための方法なのだ。例えば近親相姦のレイプは、原始的な本能を脅かし、痛みの許容量を超えるものだ。このような恐ろしい虐待の記憶を区分けすることで、心のほかの部分は何事もなかったかのように「通常」に機能することができるのだ。この区分けは、脳が実際に脳の特定の部分へのニューロン経路を停止させることによって作り出される。この神経回路は、虐待が再発すると、再び開かれる。トラウマに対してすでに条件付けされている脳の同じ部分が、必要に応じて何度もトラウマに対処するのである。

2 テッドおじさんも、殺人のあった夜、ヒステリックに泣いていた。彼は数年後、殺害現場近くのホワイト・リバーに車を突っ込ませて自殺しようとした。

3 レズリー・リンチ・キング・ジュニアことジェラルド（ジェリー）・フォードは、ＣＩＡの予算小委員会の委員を務め、ジョン・Ｆ・ケネディ大統領暗殺事件を調査するウォーレン委員会の委員に任命されたが、私は彼のことをポルノのボスとしてしか知らない。

4　母は「顔が見分けられない」とよくこぼしていたが、それは母が肉体的・精神的なトラウマを抱えていて、自分の感覚をコントロールできていない証拠だと、個人的な経験から理解している。

5　もし先生が、児童虐待の明らかな兆候について教育を受けていたら、私の「正常な錯覚」は、助けを求める叫びとして解釈されたことだろう。解離性トランス状態のときに見ている白昼夢、絵に描かれた無力感や性の描写、私の顔にある電気棒の跡は、たしかに認識されていたはずである。

6　これらと同じテーマは、モナーク・プロジェクトの奴隷を作る際に日常的に使用されていた。この事実は、メンタルヘルスの専門家との長年の対話を経て浮かび上がってきたものである。

第2章
沈黙の儀式

1966年5月7日、私はカトリックのベールや白いパテントレザーの靴といった、初聖体拝領に必要な白い服を着ていた。マスキーゴンの聖フランシスコ・サレジオ教会に新しく建てられた、歪んだコンクリートの建物の外に立って式の開始を待っていると、教会の関係者であるガイ・ヴァンダージャクトが芝生を歩いて近づいてきた。

彼は片膝をついてこう言った。「今日はきれいだね。君の名前と同じように美しいよ。キャサリンはゲール語で『純粋な者』という意味だけれど、君はその名の通り純粋で完璧な存在だとわかる。アンは『恵み』という意味だ。君の心が純粋で清らかなのは、神の恵みによるもので、後天的なものではない。主なる救済者が背負った十字架のように、君は彼の血で覆われている。これをあげよう」

そう言うと彼は黒いベルベットの箱を開け、バラ色の十字架のネックレスを見せた。ケネディの言葉が刻まれたペンを州都でプレゼントしてくれたように、このバラ色の十字架のネックレスに秘められたメッセージは、マインドコントロールされた私の残りの人生を導くものだった。

同じく小児性愛者のドン神父はモナーク・プロジェクトの仲間に加わり、ローブのポケットから青い聖母のチャームを取り出して私に渡した。ドン神父は「聖なるカトリック教会への奉仕を象徴するものだ」と言い、私は「奉仕し、従うことを約束します」と答えた。

ヴァンダージャクトは、バラ色の十字架と青い処女マリアを私の首にかけると「これで赤、白、青の3色の服装で式に臨むことができる」と言った。そのとき彼の吐息が私の首にかかったように感じられた。さらに彼は「神父様が『キリストの御からだ』と言ったら、『アーメン』と言いなさい。君はキリストが神によって創造された人間であること、そして人間が何のために存在するのかを知っている。神父が聖体を渡すときには、神父の親指から聖体を吸わないと、聖体が口の上にくっついてしまうよ」と言った。

私はカテキズムのクラスメートと一緒に、聖体拝領のミサが行われる教会の行列に並ぶため急いだ。

「キリストの御からだ」とドン神父は言い、聖体を掲げた。

私は「アーメン」と答え、彼の親指から聖体拝領のパンを吸い取った。

礼拝の後、両親がほかの教区民と一緒にいる間、ヴァンダージャクトやドン神父と少し話をした。神父様は私に、「神はあなたをお選びになった。あなたは選ばれし者である[1]……」と言った。

その晩、ヴァンダージャクトは私の両親が開いたホームパーティーに出席した。彼は父としばらくは話をしたが、残りのほとんどを「海の上の任務」から戻ってきたばかりのボブおじさんと話をして過ごしていた。ボブおじさんとヴァンダージャクトは長年の友人だった。パーティーが終わると、ヴァンダージャクトは「ドン神父との特別な夜の礼拝」のために私を教会まで送った。

ヴァンダージャクトは、新しい聖フランシスコ教会の向かいにある古い教会の牧師館のドアの鍵を開け、「キリストの御からだを食べてしまった今、とても重要な話をしなければならない」と説明した。

後述するが、ここで切り出された話、トラウマになるような血の儀式、そして性的虐待によって、私はアメリカ政府とイエズス会による新世界秩序のための巧妙なマインドコントロールのプログラムを、長年にわたって容易に受け入れるようになってしまった。

「私はバチカンのために活動をしている。君は今、聖なるカトリック教会と契約を交わしたところだ。その契約を絶対に破ってはいけない」とヴァンダージャクトは言った。

当時の私はまだ疑問を持つ能力があったので「契約とは何ですか？」と質問した。

すると彼は答えた。

「契約とは、教会の長年の秘密を守ると約束することだ。教皇はすべての秘密をバチカンにしまい込んでいる。ボブおじさんと私はバチカンに行ったことがあるんだ。君もそろそろ聖なる契約を交わし、キリストが誕生するずっと前に書かれた教会の秘密を学ぶべきときだ。ドミニコ会の修道士は、ノアが新世界に運んだ契約を守り、その秘密を守り続けていた。それらは羊皮紙に書かれ、バチカンの秘密の場所に保管されていた。彼らはその場所や内容を決して明らかにしないように沈黙の誓いを立てたんだ。君も誓いを立て、秘密を墓場まで持っていかなければならない。お父さん、お母さん、みんなには内緒にしておくように」

ヴァンダージャクトは、多重人格障害／解離性同一性障害の特性である記憶の区分けをコントロールし、モナーク・プロジェクトで利用される「次元間／内次元」プログラミングの基礎的な聖書解釈によって幼い私の心に付け入っていた。

「キリストはすべてを見たのだ」とヴァンダージャクトは言った。

「それらは次元《ディメンション》であり、死へ向かう途中で見ることができる場所だ[2]。死の次元《ダイメンション》と呼ばれている。キリストは死んで戻って来て、天国に行く途中で見たことをすべて話してくれた。彼は3日間姿を消したが、その期間は実際にはもっと長かった。なぜならそこで流れる時間はほかの次元と同じではないのだ。そして煉獄《れんごく》というのは1つの異次元だ。地獄もそうだ。その間にたくさんの異次元がある。オズも別の次元だ。探検の世界は無限大で、君はこれらの次元を行き来し、宇宙の秘密を学ぶことができる。君は教会のために、これらの異世界を探索するよう選ばれたのだ。静寂の中で耳を傾ければ、君の使命を導く彼の声が聞こえてくるだろう[3]。バラ色の十字架はドロシーが履いていたルビーの靴のようなものだ。キャシー、異次元を旅するときは決してバラ色の十字架を外してはならない。それがあればいつでも家に帰ることができる」

ドン神父はヴァンダージャクトとともに、私に屠殺した子羊の血を浴びせる儀式を行い、恐ろしい血の儀式のトラウマによって、前もって決められていた認知とマインドコントロール・プログラムの基礎を私の心の奥深くに閉じ込めた。「沈黙の誓い」はイエズス会の修道士が秘密を守らせ、心を静め、内なる導きをするために行われる。ドン神父とガイ・ヴァンダージャクトは「沈黙の儀式」によって秘密が守られると確信していて、小児性愛者の嗜好を満たすために私を従わせた。彼らは「キャシーはすばらしい舌だ」と冗談を言っていた。「沈黙の儀式」が行われると、それまで頭の中で聞こえていた多重人格者の声はふと止んだ。意図的に作られた記憶の区画という静寂の中で、加害者たちの声だけが聞こえてきた。その沈黙は、マインドコントロールによってモナーク・プロジェクトに関与している人物やその内容を封じ込めるためのものだった。

私の家族はカナダとの国境近くの五大湖に浮かぶ小さな島、ミシガン州マキナック島でよく休暇を過ごしていた。マキナック島には知事公邸や歴史的なグランドホテルがあり、私は父によって、小児性愛者のジェリー・フォードやガイ・ヴァンダージャクト、のちにアメリカ上院議員となるロバート・C・バードらに売春させられていた。売春の被害に遭っていた私のマインドコントロールされた脳の一部は、マキナック島を別次元の場所として捉えていた。また島はどこか古風な雰囲気に包まれていて、時の流れは感じられなかった。小さな島なので自動車は禁止されており、移動手段は馬車か自転車だった。かつてリー・アイアコッカが当時のロムニー知事公邸でのカクテルパーティーに出席した際には、「自動車メーカーの重役たちにとって車のない島ほど気楽な場所はないよ」と言っていたのを耳にしたこともある。

地理的にカナダに近いマキナック島には、アメリカとカナダの友好的な空気が流れている。私も子供ながらに「アメリカとカナダには国境がない」という印象を抱いていた。父はいつも家族をナイアガラの滝に連れていき、マキナックで起こったことを象徴的に「洗い流す」ようにしていた。ナイアガラの滝はマキナック島からとても近い場所にあり、アメリカとカナダの国境をまたぐように迫力のある滝がたくさんある。

1968年にピエール・トルドーがカナダの首相に選ばれたとき、「ピエール・トルドーは我々の仲間だよ」という言葉をたびたび耳にした。それを初めて知ったのは、ある日曜日のミサの後、ドン神父が父とトルドーのことを話していて、トルドーがバチカンへの忠誠心を意味する隠語を使っていたときだった。この事実は、モナーク・プロジェクトに関わるカトリック・イエズス会の人々の中ですぐに広まった。

トルドーが就任した年の夏、父はいつものように家族を連れてマキナック島へ行った。知事公邸の敷地内にある大きな像に登るとグランドホテルが見渡せた。グランドホテルの正面にはアメリカの国旗とともにカナダの国旗も掲げられている。私が銅像から滑り降りると、ガイ・ヴァンダージャクトは飲み物とタバコを持って近づいてきて、私の髪を整えながら「シャツをまっすぐにしろ、大事な人が来ているんだ」と言った。

私はシャツをピンクのショートパンツに入れ、「あの旗があるってことは、誰か重要な人がここにいるのね」と言った。

「バチカンにいたとき、トルドー首相はローマ法王の友人だと言われていた。彼は私たちと同じ考えを持っている、真のカトリック教徒だ。彼はキャシーの舌が好きなんだ」と、ヴァンダージャクトは言った。

それからヴァンダージャクトは私を邸宅の2階に案内した。アンティーク品が所狭しと並ぶ薄暗い寝室で、ピエール・トルドーは窓のシェードを下ろしていた。ヴァンダージャクトは私の背後でドアを閉めた。トルドーのタキシードはきちんと椅子に掛けられ、フォーマルなパンツに白いシャツ、真っ赤なカマーバンドを身に着けていた。「すてきな帯ですね」と私は言った。

「まだ誰も『沈黙』を教えていないのか？」

彼の陰気で不機嫌な態度は、滑らかで絹のような声でいくぶん和らいでいた。

そのとき沈黙の儀式を受けた私の一部が反応し、トルドーによって意図的に形成された内なる認識の次元が現れた。私はこの次元というものが、私自身の区分された心の中の次元であることを理解できず、同様に「王国への扉の鍵」というのが、私をコントロールする心のコード、鍵、トリガーを指すことも理解できていなかった。「ガイから、キャシーの舌が好きだと言っていたことを聞きました」と私はヴァンダージャクトが言ったことを繰り返した。「あなたは鍵の番人なのですか？」

トルドーは冷たく暗い瞳で私を見透かしたようだった。「ませた質問をするよりも、教えから学べることのほうが多いだろう。子供は聞くのではなく、見るものだと習わなかったのか？」

「ませた質問？」と私は尋ねた。「ませた質問とは何ですか？」

トルドーは苛立ったようにため息をついた。「それ自体は関係ない。重要なのは口を閉ざし、心を静め、教えに耳を傾けることだ。沈黙は美徳だ。心の静けさの中にある静寂に耳を傾けなさい。心の奥底に入りなさい」彼はゆっくりと導いた。「深く、深く、静かなところへ……」

トルドーは洗練された催眠術のような言葉で、巧みにマインドコントロールをした。彼は小児性愛者としての性的嗜好を満たすために、私の「沈黙」を引き出しただけでなく、プログラミングのような方法で、私の

「思考様式」をも導いた。このようにして、彼はNASAやモナーク・プロジェクトの関係者がよく使う鏡の次元のテーマ「Ａｉｒ―Ｗａｔｅｒプログラム」の基礎を植え付けた。彼は自分の名前ピエールを「Ｐｅｅ―Ａｉｒ」（おしっこをする）ともじり、私が彼に売春するたびにアクセスするこのテーマに、倒錯したひねりを加えた。

もし私が正しく恐怖を感じられたなら、ピエール・トルドーに恐怖を抱いたことだろう。トルドーのゆっくりした慎重な動きは、その残忍な力を隠していた。滑らかで柔らかい声は私の心を貫き、まるで思考に侵入するようだった。女性的で、マニキュアを塗った長い指の冷たい感触は、性に対する熱意とは対照的だった……。そして、このような異常な性行為に及ぶのは、私が「荒々しく、軽蔑的な態度」であるからだと言われた。

世間知らずだった私は、トルドーの物腰や前髪を梳《と》かした髪型を、フランス系の人々の特徴だと思っていた。ウィスコンシン州ミルウォーキーにいる「新しい」おじいちゃんであるヴァンおじいさんの家を訪ねたとき、私は「フランス人のことは何でも知っている」と自慢したことさえある。

母の父はケネディが暗殺される直前に亡くなっており、祖母はすぐにミルウォーキーに暮らす裕福で政治色の強い実業家に取り入った。祖母がヴァン・ヴァンデンバーグおじいさんと出会ったのは、五大湖を行き来する客船・貨物船の「ミルウォーキー・クリッパー号」の中だった。クリッパー号はヴァンデンバーグ・モーターのキャデラックなどをカナダに運ぶだけでなく、父がアメリカ政府を経由して流通させた地元の沿岸警備隊公認の麻薬も輸送していた。父と一緒にマスキーゴンの埠頭まで麻薬を受け取りに行くこともあったが、そのときには、大抵、売春が絡んでいた。ジェリー・フォードとガイ・ヴァンダージャクトは、仕事をしながらときどき船内のカジノで遊んでいたが、私の祖母とヴァンおじいさんとのつながりはそこで生まれたそうだ。ヴァンおじいさんはジェリー・フォードを知っていて、その後ピエール・トルドーと知り合った。

「フランス人の何を知っているんだい？」ヴァンおじいさんはリビングの床に座って、連れてきたばかりの犬を撫でている私に尋ねた。私は黙っておじいさんの言うことを聞いていた。

「ピエール・トルドーに会ったことがあるんだろう？」とおじいさんは続けた。

「わんちゃんが好きなことも知っているよ。だから今の君のおばあちゃんのために、この犬を買ってやったんだ。君もこの子と遊ぶといい。名前はペペ。フレンチ・プードルだ」

心の中で、目の前の大きなフレンチ・プードルとトルドーを比べながら、私は「フランス人のことは、よく知っているのよ」と言った。「爪がきれいだし……」そう言って私はペペの足の爪を撫でた。「面白い毛並みをしていて……」私はペペの刈り込まれた毛を撫でた。「よくおしっこをするの」そう言って私は笑った。

ヴァンおじいさんはペペにリードを付けながら「それじゃあ、外に連れて行こう」と言った。近所にあるすべての木々を通り過ぎながら犬を散歩させ、私はこの犬を「ピーピー」と呼ぶことにした。

ボブおじさんは私とペペのポルノを何度も撮影し、獣姦映画を制作した。のちにピエール・トルドーもそれを観ていたことを知った。ヴァンおじいさんが祖母と離婚した後も、私がトルドーの小児性愛という異常な行為を乗り越えた後も、ペペは私の体験の一部であり続けた。

私は思春期を迎えるのが遅かった。しかし13歳になる頃には胸は柔らかく膨らみ、小児性愛者であるヴァンダージャクトの性的嗜好を満たすには「年上すぎる」状態になっていた。ある日、父に連れられてマキナック島の政治集会で売春させられることになったとき、ヴァンダージャクトは、ワシントンD.C.の下院議員だった頃に新たに友人になったウェストバージニアの民主党上院議員ロバート・C・バードを私に紹介した。バードは私が生まれたときからすでに上院の議長で、のちに臨時議長、歳入担当のリーダーとして全権を掌握した人物だ。彼の周りの人々、特に私の父は、彼のことをよく注目し尊敬していた。部屋で2人っきりになると、彼は威嚇《いかく》するような姿勢で私に迫ってきた。冷たく青い切れ長の目が私を捉える。私は服を脱ぎ、命令されるままにベッドに入った。彼のペニスは異常に小さく、痛くもなんともないことに一瞬ほっとした。それに、口に含んでも呼吸することができた。しかし、彼は私がいかに痛みに耐えられるか、いかに「彼のために作られた」のかを延々と語り、残虐な性行為に及んでいった。それまで私が耐えてきたスパンキングや手錠は、バード上院議員のきつい拷問に比べると子供の遊びのように感じられた。私の体には何百もの傷跡ができ、今でもその傷跡が残っている。ヴァンダージャクトとのセックスは「私がどれだけ与えられるか」というものだったが、バードとのセックスは「私がどれだけ受け取れるか」というものだった。つまりは人間が論理的に耐えうる以上の苦痛を強いられたのだ。私は13歳のときにバードに捧げられ、モナーク・プロジェクトに則って未来が決まってしまった。そして父は彼の仕様に合わせて私を育てていった。

それ以来、多重人格障害／解離性同一性障害の症状はますますひどくなった。父の催眠術のプログラミングをしっかり根付かせるために、私は疲労困憊《こんぱい》するほど肉体を消耗し続けた。私が参加させられたポルノはバードと会ってからさらに暴力的になった。これまで小児性愛と獣姦が主なテーマだったのが、拷問的なサディズムとマゾヒズム（S&M）に変わったのだ。

父と母は毎日、私の「精神を壊す」ために協力し、私のわずかな自信を喪失させ、自尊心を引き裂き、自由意志の衝動を消滅させた。夢は現実、現実は夢、黒は白、上は下だと教えられた。さらに、「おやすみ、ぐっすり眠ってね、パパとママの夢を見なさい」という言葉を毎晩聞かされた。これは真夜中に行われる近親相姦を「ただの悪い夢」だと思い込むように、私の心を混同させるためのものだった。

テレビも本も音楽も、以前よりさらに厳しく管理され、監視されるようになった。これは私のわずかな選択の自由を奪うためだけでなく、マインドコントロールの条件付けのためでもあった。

例えば、ジュディ・ガーランドの『オズの魔法使い』は毎年放映されるが、私の家だと、その放映日は盛大な祝日になった。これは、将来、基盤となるプログラミングのための準備で、ドロシーのように「虹の彼方に」ある別の次元へと「回転」していくというテーマのものだった。最終的に「鳥（バード）」が虹の彼方に飛んでいく」は、私の人生の一部となるテーマになった。

父はウォルト・ディズニー映画『シンデレラ』を一緒に観ようと言い、私の存在をシンデレラになぞらえ、「魔法のように変身し、汚れた小さな奴隷から美しいプリンセスになる」と言った。それは典型的な「逆心理学」を使ったユーモアで、父は「いつの日にか王子様（プリンス）の元に行く」と歌いながら、ポルノの写真（プリント）を見せたり、「行く」の部分を強調して、性的な意味を持たせたりしていた。

私と一緒に児童ポルノによく出演していた兄のビルは、モナーク・プロジェクトの「選ばれし者」ではなかった（後年、このプロジェクトには多くの子供たちが捧げられることになった）。それでも、父は「私にとって良いことは、兄にとっても良いことだ」と考えた。父は私たちをウォルト・ディズニーの『ピノキオ』に連れ出し、私と兄のことをまだ彫りかけの人形だと説明した。この映画やその他のディズニー映画がもたらす現実の歪みは、政府からの訓練を受けた父の意識と潜在意識に基づく支配と相まって、私たちの空想と現実を見分ける力をさらに失わせた。2歳年上の兄はトラウマを植え付けられた幼少期をいまだに引きずっていて、今日もディズニーのテーマや作品に夢中になっている。兄の家はディズニーのグッズで飾られ、ディズニーの服を着て、ディズニーの電話で父の指示を聞き、『星に願いを』がお気に入りの歌で、そのせいで兄の子供たちも同じテーマに夢中になってしまった。

また父は私にアルフレッド・ヒッチコックの恐ろしい映画『鳥（ザ・バード）』を観るように言った。これにより「鳥／バードから隠れる場所はない」という映画のテーマが私の中に刻み込まれた。

私はもはや自分で疑問を持つことができなくなっていた。政府や軍のマインドコントロールであり基礎的な心理基盤である「逃げる場所も隠れる場所もない」というフレーズを簡単に信じ込んでいたのだ。後年になると「誰に電話するつもりだ？」やロナルド・レーガンの「いくら走っても逃げられないぞ」といった言葉が心の奥底で響くようになった。結局、助けを求めようと思ったとしても、誰が助けてくれるのだろう？　警察？　教会？　両親？　親族？　政治家？　学校？　私を助けてくれる人はもう誰もいない、そう感じた。

私はモナーク・プロジェクトのマインドコントロールを受けた奴隷が必ず観る物語、『かわいい魔女ジニー』『ゆかいなブレディー家』『ガンビー&ポーキー』『奥さまは魔女』などを楽しんでいた。『かわいい魔女ジニー』では、空軍の少佐である主人を喜ばせるジニーに共感したが、これは自分が体験している現実とテレビ番組のファンタジーを混同させるものだった。また私は周りの人に対して、自分の家族は「ブレディー家のようなものだ」と話していた。クレイアニメ『ガンビー&ポーキー』では、登場するキャラクターと同じように私にも柔軟性があると信じ込まされていた。私は体を自由に操り、どんな性交体位にも対応することができたのだ。さらに「鏡」はカトリック的な条件付けや『不思議の国のアリス』、『オズの魔法使い』といった物語と連動して、異次元や冒険への入り口として扱われていた。『奥さまは魔女』では、魔女よりも普通の隣人のほうが正気でないと見なされていた。

ほかにも私という奇妙な存在に適用された、逆転の発想がある。私は学校でカントリー・ミュージックを聴いている唯一の子供だった。バード上院議員はカントリー・ミュージックのバイオリニストを気取っていて、彼のすることを好きになるのが私の義務だった。カントリー・ミュージックを聴くか、音楽をまったく聴かないか、どちらかの選択肢しかなかったのだ。私にとって音楽とは心理的な逃避手段であり、解離の道具でもあった。音楽はモナーク・プロジェクトの「大統領モデル」を適用し、マインドコントロール奴隷として私の将来を決定付けるために使われていた。

私は勧められるままに『ボックスカー・チルドレン』シリーズを何度も何度も読み返した。線路沿いのボックスカーの家で自活する子供たちの試練、トラウマ、苦難に共感したのだ。また父はよく汽車の音を聞かせ、私が今『フリーダム・トレイン（自由のための旅路）』の線路の上でトレーニングしている／列車の中にいる（in Train-ing）と無意識に思わせていた。[4]『フリーダム・トレイン』というのはハリエット・タブマンの奴隷のための地下鉄道から着想を得たもので、「自由」という言葉の意味を逆転させていた。というのも、「one track mind（ワン・トラック・マインド：視野が狭い）」という言葉を使って、「奴隷であることが自由である」という信念を植え付けたのだ。このことは私のために用意された計画（トラック）に沿って行動することが重要であると、より強く意識させるものだった。父はたびたび、「神が脳みそ《ブレイン》をお与えになったとき、お前は神が『電車《トレイン》』と言ったと勘違いして、違う線に乗り込んでしまったのだ」と言っていた。

有罪判決を受けた犯罪者（死刑囚）、カントリー・ミュージックのエンターテイナー、そしてCIAの工作員であるマール・ハガードは、政府のマインドコントロール奴隷作戦に関する有名な隠語をたびたび歌に使っていた。彼は『フリーダム・トレイン』や『オーバー・ザ・レインボー』などの曲を発表している。父は私に何度もこう言った。マール・ハガードは私の「お気に入り」の歌手で、彼の歌はプログラミングを強化するものだ、と。

当然、バード上院議員は私の「お気に入り」のバイオリニストだった。彼はバイオリンで列車の音を出しながら、『オレンジ・ブロッサム・スペシャル』のような列車の曲を演奏した。時折、彼がバイオリンを弾く間、私は縛られ、猿轡《さるぐつわ》をはめられ、捕らわれの観客となった。またあるときは「セックスに新しい次元を加えるために、オルゴールのダンサーのようにくるくる回りなさい」と指示された。その新しい次元は、彼の欲を満たすための拷問によって、さらなる激しい肉体的苦痛を伴うものだった。

父は政治的なコネを利用して、地元の工場でカムシャフトの自動車部品を製造するようになった。やがて父はペンタゴン調達局や一般調達局（ＧＳＡ）でのコネと、ダブルバインド（2つの矛盾したメッセージを出すことで、相手を混乱させる可能性のあるコミュニケーションのこと）の催眠術の習得によって、販売管理職に昇進した。さらに、私たち子供を性的に搾取することで収入を補い続けた。そこにはコカインの斡旋だけでなく、マスキーゴン沿岸警備隊の職員に堂々と私に売春させることで得た収入も含まれていた。その一方で、父は毎週日曜日に私たちを教会に連れ出し、母はというとプロジェクトに従い赤ん坊を産み育てるのに忙しくしていた。父はいかにも小児性愛者らしく、リトルリーグでスポーツチームのコーチをしたり、学校やカテキズムの付き添いをしたり、ボーイスカウトに参加したりして、子供たちに囲まれた生活を送っていた。彼は模範的な市民であり、「コミュニティの柱」であるかのように見せかけていた。そうでないことを知っている私の一部は、ただ沈黙し続けていた。

1 モナーク・プロジェクトの奴隷は「選ばれし者」と呼ばれた。

2 死の扉プログラムなど、瀕死状態まで追い込む拷問は、モナーク・プロジェクトに沿ってカトリック・イエズス会とＣＩＡによって共同で行われていた。

3 後から聞いた私を導く声は、マインドコントロールのプログラマーやハンドラーの声であった。

4 『フリーダム・トレイン』は、モナーク・プロジェクト奴隷作戦の国際的に認知された隠語で、私が被害に遭っている間、繰り返し耳にしていた。

第3章
私にとっての最初の大統領

ミシガン州マスキーゴンは、海岸沿いの観光地であり、毎年沿岸警備隊のフェスティバルが開催され、ミシガン州各地から多くの人々が訪れる。ヴァンダージャクトは、このような機会を通じて、人目を引く存在であり続けた。父はヴァンダージャクトと一緒にいる姿をよく目撃され、子供向けのパレードや砂の彫刻コンテストなど、フェスティバルのイベントの審査をしている姿が写真にも残っている。後年、父は1966年製の赤いフォードのオープンカーを磨き上げ、パレードの運転手としてヴァンダージャクトを乗せるようになった。そうすることで、父は「地域社会の中心人物」であるかのような錯覚に陥っていた。

1973年、バード上院議員は父に、私を聖フランシスコ・サレジオ教会のレプレス神父が監督するマスキーゴン・カトリック・セントラル高校に入学させるよう指示した。もちろん、カトリック教会には、ローマ教皇を頂点とする独自の政治体制がある。カトリック教会とアメリカ政府が政治的に強く結びついていることは、レーガン政権時代の大統領とローマ教皇の関係が大きく取り上げられたことで公然と証明された。私は初聖体を済ませていたため、当然この政治的な関係を知っていたのだが、「沈黙の儀式」はこの関係を覆い隠すことを意図していた。私はモナーク・プロジェクトの身体的、心理的条件付けにカトリック・セントラル高校が直接関与していることを知り、アメリカ政府とカトリック教会の結びつきを確信した。

バード上院議員が私の学校を公立から寄宿舎制に変えたとき、彼は学校にいるときの私の人格を解離させ破壊した。学校は教会によって管理され、後から知ったことだが、ＣＩＡの腐敗した部門によって監視されていたのである。

カトリック・セントラル高校に入学する頃には、すでに派閥やグループができていた。私は、「良い子」たちとも、「悪い子」たちともうまくやっていけた。だが、そのうちに「良い子」たちは、私が「悪い子」たちとも仲良くしていることに気づいた。やがて、私に共感してくれるのは、プロジェクトの被害者たちだけになっていた。自分たちが多重人格障害／解離性同一性障害で、マインドコントロールされていることを知っている者たちは、羊のように群れて、固い絆で結ばれていた。それぞれが、状況に応じて人格を入れ替え、大抵は一心同体で行動した。私たちは、儀式的にトラウマを植え付けられ、常にトランス状態に置かれ、学校の授業中に洗脳された。私はもはや「学校での人格」を持たず、常に中身が入れ替わっていたため、学校の記憶を持つ脳の区画を意識的に引き出すことはできなかった。そのため、写真で残っているものを除けば、授業に出席していた記憶はない。成績は優（Ａ）から不可までバラバラである。この優（Ａ）は必ずしも学問的に獲得したものではない。

必修科目である宗教の授業では、シスター・アン・マリーが「告解」というテーマで指導を行っていた。これは、校長でもあったヴェスピット神父に告解するための準備のようなものだった。シスターが私たちに告解を命じた日、私は行くのを拒んだ。懺悔室で再び性的暴行を受けるのではないかと、無意識のうちに恐れていたのだ。それでシスターは、私が「悪魔崇拝者」であり、「地獄に落ちる」と言って、クラスで私のことを見せしめにした。学校に蔓延するオカルトからは逃れることはできないようで、私はもはやカトリックと悪魔崇拝の区別さえつかなくなっていた。

バード上院議員がカトリックの学校に通わせた目的が何であれ、私はカトリックの宗教的な教えに従う理由がなかった。したがって、「悪魔の反転」の言葉が持ち出されても、それが私にとって「霊的な魔力」となることはなかった。だが、誰もこのことには気づいていないようだった。カトリック高校がうっかり私に打ち込んだ反迷信のくさびは、彼らが私を支配しようとしたオカルト原理と迷信的なトラウマを疑問視するのに役立ったただけである。

悪魔崇拝は、モナーク・プロジェクトのマインドコントロールにおいて、極度の苦痛と暴力をもたらすトラウマの基盤としてよく使われているが、これは、ドイツ・ナチスのヒムラーの研究から生まれたと言われている。だが、私は相手の望みどおりに、これが「霊的戦争」であり、人間の能力では止められないという無力感に支配され続けることはなかった。だが、宗教的な信条、不信心に関係なく、待ち受けていたのは同じ「結果」だった。自分の体が男たちに犯され、拷問され、蹂躙《じゅうりん》されるのを目の当たりにして、私は文字通り、気が狂いそうになっていた。

しかし、カトリック・セントラル高校は、私の耐久力を計画通りに高めていった。私は命令されるままに、女子陸上部の2マイル競走の選手となった。マスキーゴン・カトリック・セントラル高校は、ミシガン州の高校スポーツ界をリードし、マインドコントロール技術を使って、スター選手を「改造」し、従来の記録を塗り替え、優秀な成績を収めさせることに成功した。この学校は、プログラムされた選手たちをプロリーグに送り込み、全米にその名を轟かせた。しかし、トミー・ラソーダ率いるドジャースのように、カトリック・セントラル高校の一貫した勝利は、疑惑と疑問を呼び起こすようになる。そして、１９７５年に学校は閉鎖の危機にさらされるほどのスキャンダルを起こしてしまった。

部活では、女子と男子の陸上部が放課後に集まって練習していた。私は、モナーク・プロジェクトの被害者であり、コーチのチェベリーニと彼の催眠術によってマインドコントロールされて指導を受ける数少ない女子生徒の1人だった。私は、2マイルのレースを走るための体型を整えるために、1日に13マイル走るよう指示された（これも悪魔の悪巧みである）。私は、男子の2マイル競走の記録保持者である男性の友人とよく走った。彼と私は、モナーク・プロジェクトの被害者であることから、多くのことを分かち合う友人でもあった。私たちは、痛みと疲労を感じなくする方法を一緒に学んだ。そして、時間や距離を意識することなく、コーチのチェベリーニが頭の中で設定した速いペースに身を任せていた。私たちは、オズの魔法使いのプログラムに沿って、トラックを「黄色いレンガ道」と認識していた。バード上院議員の計画は、カトリック・セントラル高校での指導を通じて、私の肉体的な耐久力を高め、激しい拷問的な性倒錯に耐えさせるというもので、それはまさに成功したのである。

マキナック島やナイアガラの滝への定期的な旅行をはじめとして、私の家族はたびたびキャンプに出かけ、「すべてから逃れよう」とした。といっても、実際には、儀式的に虐待を受け、売春、ポルノの映画の現場に連れて行かれた。1974年の秋、父はミシガン州のシダー・スプリングスという人里離れた小さな町で毎年開催される、レッド・フランネル・デイズという昔ながらのフェスティバルに「時を遡って」、キャンプに行こうと言い出した。母は私に、ジーンズとセーター、そしてこの日のために洗濯してアイロンをかけたカトリック学校の制服を用意するように言った。

シダー・スプリングスは静かな場所だった。フェスティバルのために、小さな駐車場にはおんぼろの遊園地が設置され、地元の農家が所有するラバや馬を互いに競走させて、どれがもっとも重いものを引っ張れるかを競うイベントなどがあった。メインストリートには、赤のフランネル肌着／下着の工場をはじめとする、地元の企業がいくつか軒を連ねていた。町の中心部には、パレードの参加者で、赤いフランネルの肌着を着なかった者を収容するために、模擬の独房が建てられていた。この牢屋は、キーストーンの準警察官によって警備されていた。パレードを見ようとする人はほとんどいないのに、町の人たちが列をなして行進し始めたので、私は面白がっていた。知的障害者がバトンを持ってパレードを先導し、自転車に乗った子供たち、老人たちの荷馬車、小学生のバンドが続き、そのあとを人々が歩いていった。みんな赤いフランネルの肌着を着ていた。パレードのフィナーレを飾る町の消防車が、白バイに囲まれて近づいてくる。そのとき、「プレジデントが来るぞ」というささやき声が聞こえた。私はてっきり工場の社長のことだと思った。しかし、それは間違いだった。消防車が止まり、当時のジェラルド・フォード大統領がシークレットサービスの手を借りて、歩道に降りる姿を私は恐る恐る見ていた。

父は興奮気味に私の腕を引っ張って、半ば引きずるようにしながら、フォード大統領と話をするために、シークレットサービスの間をすり抜けた。私が緊張して周りを見回している間、父はその日の夜に、フォード大統領に私を娼婦として斡旋するため、必要な手配をしていた。パレードには欠かせないヴァンダージャクトは、サイン会をしていた。彼が私に微笑みかけたとき、誰かが私の腕を乱暴につかんだ。緊張と驚きで、私は悲鳴をあげた。キーストーンの警察官だった。彼は私を牢屋に放り込み、大統領と話すときに赤いフランネルの肌着をつけていなかったことを叱り、それを見ていた観衆は笑った。私はフォードと一緒にいるところを知り合いに見られないように、目立たないようにしていたが、仮に見つかったところで、彼らは私のようにフォードの本性を知っているわけではない。その後、父が保釈金を払い、私が釈放されるまで、キーストーンの警察官は私がいかに幸運かを延々と話し続けた。

その夜、私は指示された通りにカトリック高校の制服を着て、解離性トランス状態になり、父の運転する車で地元の州兵の武器庫に行き、そこでフォードに売春をさせられた。フォードは私を誰もいない部屋に連れて行き、木の床に押し倒すと、ズボンのチャックを下ろして、「この上で祈りなさい」と言った。そして残酷な性的暴行を受けた。その後は、高電圧をかけられ、記憶を消された。私は車に運ばれ、後部座席に横たわっていた。筋肉が収縮し、呆然とし、痛みで動けなかった。マスキーゴンに戻ると、父はいつものように私をビーチに送り出し、浜辺に打ち寄せる波の音を繰り返し聞きながら、「記憶を洗い流す」ようにと言い、私は夕日を眺めさせられた。私は、「逃げ場がない」という信念に完全に囚われていた。アメリカの大統領からも逃げられないのだ。

フォード大統領との出会いを境に、「私」の中の「まともな」部分、つまり生来の人格が死んでしまったような気がしたのを覚えている。ある朝、カトリック・セントラル高校の階段を上り、ドアに手を伸ばしたとき、思わず泣いてしまった。階段のいちばん上で泣き崩れたのだ。なぜ泣いているのか、自分でもよくわからない。解離性同一性障害の私は、めったに泣くことはなかった。けれども、何時間も経って学校が終わってからも、まだ泣いていた。誰かが私を見つけてくれたのだが、今でも学校の階段を降りた記憶がない。その日以降、1988年に救出され、プログラミングが解除され、人格が統合されるまで、「感情」というものを経験したことがなかった。このとき、私の脳は、多重人格として知られるさまざまな記憶の区画を通じて機能していたが、虐待から「自由」になっている部分はなかった。まるで「逃げ場がない」かのように、私の脳の中にも逃げ場がなかったのだ。これこそ、虐待者が必要としていた、完全なコントロールだった。

第4章
もっとも危険なゲーム

ミシガン州トラバースシティ（ヴァンダージャクトの本拠地）でバード上院議員と引き合わせられることを知った私は、刑務所に入ることでバードとの約束から逃れようと、地元のコンビニエンスストアでキャンディを盗んだ。盗みが発覚すると、警察が呼ばれた。しかし、政治的な権力を持つ加害者たちは当然、私に警察沙汰を起こすことなど許さない。この問題は不思議なことに突然、すべて立ち消えになってしまった。私が受けた唯一の「罰」は、校長であるヴェスビット神父と面談することだった。

ヴェスビット神父は、私がモナーク・プロジェクトの一員であることを知っていて、対処の方法をわかっていた。彼は放課後、学校の礼拝堂で、プロジェクトの仲間数人を巻き込んで悪魔的な儀式を行いながら、私をレイプした。子供たちはよく先生にあだ名をつけるが、ヴェスビット神父がなぜ「モサモサ尻」と呼ばれているのかを知っているのは、私を含めた数人の生徒だけだった。彼の背中は黒く太い毛で覆われていた。彼は何度か私の相談に乗り、「君のような境遇の子供は、みんな交換留学生プログラムの一員だと思っているよ」と言った。

それから間もなく、おじのボブ・タニスが我が家を訪ねてきた。空軍の「秘密工作」のために飛行機でやってきたそうだ。今にして思えば、CIAが使う典型的な手口の1つで、嘘に嘘を重ねた作り話であった。彼は、カトリック教会が政府に関与するのは、神父がマフィアやスパイから告解を聞くためで、「正当化」される行為なのだ、ということを言っていた。交換留学生は「スパイ予備軍」でもあり、神父は告解を通じて問題について知るのだそうだ。そのため、留学生は消耗品とみなされ、国外に送り出されているのである。おじは父に、すぐにでも学校のガイダンス・カウンセラーでCIAの工作員であるデニス・デラニーに会うようにと勧めた。父とデラニーはセントフランシス郡にいたときからの長年の友人で「私のような子供の扱い方を知っている」と熱心に言っていた。そして、私は放課後に彼と会うことになった。

デラニーはまず、自分が「すべて」を理解していて、「私を元に戻すために必要なこと」を知っていると告げた。そして、そのためには家族でワイオミング州のティトン山脈に行く必要があると言って、父のために封筒に入った地図と情報まで渡してくれた。その後、彼はオフィスの電気を消して、スライドプロジェクターをつけた。私はティトン山脈の数々の滝の風景を見せられたが、それらはすべて、スライドが動いている間、私が命令通りに彼にオーラルセックスをするという現実を「操作する」ためのものであった。彼は、さらなる「カウンセリング」が必要だとして、フォローアップの予定を入れた。ティトンへの旅行は、いつものマキナック島やナイアガラの滝の旅とは違う風景を見せてくれる可能性もあったが、私にはもはや人生の方向転換を望むことはできなかった。私の人生は「運命づけられている」と言われ、目の前に広がる道、つまり「黄色いレンガ道」をたどるしかなかったのだ。私はワイオミングに行く運命にあったが、その理由は到着するまでわからなかった。

デラニーのフォローアップのカウンセリングを受けたとき、家族と一緒にティトン山脈に行くことが確定した。デラニーは、次にフロリダのディズニー・ワールドへ行くときに、この場所を旅行することについて父とすでに話をしていると告げた。行く場所が増えたと知っても驚かなかった。興奮したり、疑ったり、心配したりする気持ちにもなれない。デラニーがモナーク・プロジェクトに深く関わっていることなら知っていた。彼は再び、私に性的な接触をはかろうとしていただけでなく、私に運命づけられている完全なマインドコントロールへの道を開く手助けをしていたのだ。

1974年のクリスマス休暇に、父は私たち家族をフロリダ州タンパ経由でディズニー・ワールドまで連れて行った。地理に疎《うと》い私は、父がレンタルしたバンを運転してマクディィル空軍基地のゲートに行くまで、タンパがディズニー・ワールドとは別の方角であることに気がつかなかった。そこでは軍人に出迎えられ、「行動変容」のプログラミングのために、基地の最高機密であるハイテク・マインドコントロール施設に案内された。ここから、私がモナーク・プロジェクトの犠牲者となっている間ずっと耐え続けることになる、政府関連施設での一連のマインドコントロールテストや、プログラミング・セッションが始まった。

軍やNASA、政府の施設内で受けた、私を完全にマインドコントロール下に置くための手順は、モナーク・プロジェクトの必要条件と一致していた。これには、事前の身体的・心理的トラウマ、睡眠・食事・水を絶つこと、高電圧電気ショック、特定の記憶区画・人格の催眠／調和プログラミングなどが含まれる。私はハイテク機器を用いた手法で、アメリカ政府に心と人生を完全に支配された。文字通り、意識から追い出され、プログラムされた潜在意識を通してのみ存在するようになった。自由意志も理性も失い、自分に起きていることに疑問を持つことさえできなくなった。ただ、言われたとおりにすることしかできなかったのである。

マクディィル空軍基地での出来事の後、家庭での生活は悪化していった。父と母は私に対してさらなるコントロールと条件付けを行うようになった。実の兄弟姉妹（当時は妹が1人いた）との接触は一切許されなくなった。父の虐待から彼らを守ろうと無意識に努力することもなくなり、それまで共有していた愛情ある関係に対しても絶望的で空虚な感情を抱くようになった。当然のことながら、自分の身を守ったり、その後、自分の娘を守ったりしたときと同じように、彼らを守ることはできなかった。しかし、政府のプログラミングが始まるまでは、毎晩のように「子守り」をし、何時間もかけて長い散歩をさせ、少しでも両親の手の届かないところに彼らを置いておこうとしていた。無意識のうちに、それでも何かが変わると信じていたのである。だが、末の弟が母に、母といるより私といるほうが好きだと言ったその日から、弟やほかの兄弟姉妹のそばにいられなくなった。どうやら私は、両親が私を兄弟姉妹から引き離さざるを得なくなるほど、大きな存在になっていたようである。私は学校や仕事から帰るとすぐに、ガレージにあるクローゼットサイズの寝室へ行くよう命じられた。弟や妹と話をすることも、顔を見ることも、抱きしめることもできなかった。食卓を整えたり、皿洗いをしたり、他の家事をするために部屋から出されることはあっても、家族と一緒に夕食をとることは許されなかった。寝室からトイレに行くと、母は「誰もあなたの檻をゆさぶっていないわよ」と言って、ガレージにある自分の部屋に私を帰らせた。

1975年の夏、家族でミシガン州からワイオミング州のティトン山脈までドライブに行ったときのことだった。兄弟姉妹との交流やコミュニケーションを禁じられていた私は、シボレー・サバーバンの後部の荷物置き場に乗るように命じられた。私は本の世界や、父から言われた比喩的な催眠暗示の中に隔離され、果てなく続く大草原の海で、「琥珀《こはく》色の穀物の波」が窓の前を通り過ぎるのを見ながら、より深いトランス状態になっていった。ガソリンスタンドに立ち寄ったとき、父は私を中に入れて、壁に取り付けられた「ジャッカロープ

（アメリカのワイオミング州などに棲息すると言われる未確認動物）」のぬいぐるみを見せた。私はトランス状態で解離しており、暗示にかかりやすくなっていたため、それが本当にジャックラビットとアンテロープを掛け合わせた動物だと信じていた。バッドランズは、夜になって涼しくなっても華氏100度を超える暑さだった。日中は猛烈に暑く、喉が渇いて仕方なかった。父は、私がワイオミング州で耐え忍ぶであろう過酷な拷問やプログラミングに備えて、水分を断つことで肉体的な準備をさせていた。

フォード大統領のホワイトハウス首席補佐官、のちにジョージ・H・W・ブッシュ大統領の国防長官、外交問題評議会（CFR）のメンバー、そして1996年の大統領候補となったディック・チェイニーは、もともとワイオミング州で唯一の下院議員であった。このディック・チェイニーのために、私たち家族はワイオミングに行き、私はまたしても残虐な行為、つまり彼が主催する「もっとも危険なゲーム」である人間狩りを耐え忍ぶことになったのだ。

私は、この「もっとも危険なゲーム」が、軍人のサバイバルと戦闘の訓練用に考案されたものだと理解している。だが、私や私が知るほかの奴隷たちに対しては、「隠れる場所がない」ことを認識させ、トラウマを植え付け、その後のプログラミングを行うための手段として使用されていた。長年にわたる私の経験からお伝えすると、「もっとも危険なゲーム」は、裸にされて荒野に放たれ、男や犬に狩られるというのを基本とした、さまざまなバリエーションがあるゲームだった。ただし、実際には、「荒野」はすべて軍の頑丈なフェンスで囲まれていたため、私が捕まり、繰り返しレイプされ、拷問されるのは時間の問題であった。

ディック・チェイニーは、マインドコントロールの犠牲者にトラウマを植え付けるため、そして、自分の性的嗜好を満たすために「もっとも危険なゲーム」に夢中になっているようだった。私がこのゲームに出会ったのは、ワイオミング州グレイブル近くの狩猟小屋に行ったときで、このときは肉体的にも精神的にもひどく打ちのめされた。私は、チェイニーのプログラムでひどいトラウマを植え付けられた。

チェイニーは私の周りを歩きながら、こう言った。

「お前を剥製にしてジャッカロープのようにまたがって、2本足の可愛子ちゃんと呼んでやる。それとも、これを（ズボンのチャックを下ろして特大のペニスを見せた）お前の喉に詰め込んで、またがってやろうか？どっちがいい？」

血と汗が体の汚れと混ざり合い、泥のように脚や肩を滑り落ちていく。疲労と痛みで体は震え、そんな質問に答えることもできずに立ち尽くしていると「さあ、決めるんだ」とチェイニーが迫ってくる。私は何も言えずに黙っていた。

「どうせ、お前に選択肢はないんだ。俺が決めてやろう。だから、お前はここにいるんだ。俺がお前の心を作り、お前を私の所有物（心）にするためさ。お前はずいぶん前に心を失ってしまったんだ。これから俺が1つ与えてあげよう。魔法使い（オズの魔法使い）が、かかしに脳を与えたように、黄色いレンガ道がお前をここに導いてくれたんだ。お前は『長い長い道のりを経て』脳を手に入れるんだ。そして、それを俺が与えてやろう」

血が靴まで滴って、私はそこに気を取られていた。プログラミングがもっと進んでいれば、おそらくそんなことに気づくこともなかったし、それを拭き取ろうと思う能力もなかっただろう。しかし、その時点では政府・軍のプログラミングのために、マクディル空軍基地とディズニー・ワールドに行っただけである。ようやく、話ができるようになった私は、「もしよろしければ、お手洗いを貸していただけませんか？」と懇願した。

チェイニーは怒りで顔を真っ赤にした。そしていきなり私に近づいてくると、背中を壁に叩きつけ、片方の手を胸に、もう片方の手を喉に当て、親指で頸動脈を圧迫しながら首を絞めてきた。目を大きく見開き、唾を吐きながら、彼は怒った声で言った。

「俺を馬鹿にするなら殺すぞ。素手で殺してやる。お前が最初じゃないし、最後でもない。いつでも好きなときに殺してやる」

彼は私を背後の簡易ベッドに押し倒した。そして、その怒りを性的な形で放出した。

ミシガンまでの長い帰路、私はサバーバンの座席の後ろで、チェイニーの残忍な行為と高電圧拷問、それにワイオミングでの体験を思い出して、吐き気と痛みを覚えながら、ひたすら横たわっていた。父はティトン山脈を流れる滝に立ち寄り、チェイニーの記憶を「洗い流す」ようにと言った。私はチェイニーから命令に従えと教えこまれていたにもかかわらず、指示通りに森を抜けて滝まで歩いて行くのがやっとだった。

翌年の「毎年恒例」のディズニー・ワールドへの旅行は、父が運転する新車のトレーラー（ホリデー・ランブラー・ロイヤル・インターナショナル）で向かった（私は〝家族ではない〟ので、中に入ることは許されず、外のテントで寝た）。フロリダ州タイタスビルのケネディ宇宙センターで降ろされると、私はそこで初めてNASAのプログラムを体験することになった。それ以来、私はテネシー州のナッシュビルに向かう「黄色いレンガ道」をたどることで頭がいっぱいになった。口にするのは、ナッシュビルへの引っ越しの話ばかりだった。「なんで？」と聞かれたときには「そうしなければいけないから」と答えていた。

私はトランス状態のまま、高校3年間を過ごしていた。その間も、宗教的価値観からはますます遠ざかっていった。それは、宗教の授業を担当していたブラザー・エメットが、ピアズ・ポール・リードの著書『生存者』を通じてカニバリズムを奨励していたことや、セントフランシス教会で開催された、オカルト儀式を含むリトリートでの教えが理由だった。私は、マスキーゴン・カトリック・セントラル高校を創立200周年の1

976年に卒業した。

その後、私はバード上院議員の指示で、子供の頃にヴァンダージャクトと約束したホープ・カレッジに入学するという計画を修正した。私の「真の教育」は学校ではなく、マインドコントロール・プログラミングによってもたらされるものであるため、一時的にマスキーゴン・コミュニティ・カレッジに通うことになったのだ。さらに、「真の教育」を受けるためには私を疲れさせなくてはならず、私は大学に通う傍ら、3つの単純労働をさせられた。

1976年、大学の最初の学期に、私はカトリック・セントラル高校出身の同じくモナーク・プロジェクトの犠牲者である友人とナッシュビルに行くことになった（彼女は今も使い捨てされる被害者の立場であるため、安全のために身元は公表しない）。父の説明によると、私はナッシュビルのフィドラーズインというホテルに泊まり、世界的にも有名なプリンターズ・アレイといういかがわしいカントリー・ミュージックのナイトクラブを見学し、金曜日の夜にはグランド・オール・オープリーに行くことになっていた。感謝祭でチケットの残数が少なかったにもかかわらず、チケットは友人を通して手に入れることができた。

友人と共にアメリカのミュージック・シティに到着したときには、フィドラーズインと、バード上院議員のバイオリン演奏の結びつきなど考えもしなかった。また、プリンターズ・アレイ内のブラック・プードルというナイトクラブで、カントリー・ミュージックのスターが、私の行動を指示するようになったのも、奇妙なことだった。

友人と私は、毎晩、ブラック・プードルのフリーパスをもらい、芸人でありCIA工作員でもあるジャック・グリーンと彼のバンド、デスパレードが演奏するこの店に通うようになった。セットの合間には、グリーンとバンドメンバーが私と友人のそばに座り、私たちの心を操作していた。バンドのメンバーであるウェイン・コックスは、ルイジアナ州選出の上院議員Ｊ・ベネット・ジョンストンの下で準軍事的な傭兵活動の訓練を受けており、私たちの出会いは「運命」だと言われた。グリーンの関係者は皆、ＣＩＡの「フリーダム・トレイン」作戦に参加しているとすぐにわかった。私がグリーンに、友人と私は金曜の夜にはグランド・オール・オープリーに行くので戻って来れないと告げると、彼もその晩に、オープリーで仕事があると言った。彼は、自分の演奏が終わると、すぐにステージで会えるように手配をした。そして、オープリーの「セキュリティ」ガードでナッシュビル首都警察のボブ・エゼル警部補が親友であり、彼が私たちを中に入れてくれると説明してくれた。

オープリーで、私は友人と一緒に客席に座り、ジャック・グリーンが「特別ゲスト」としてロバート・Ｃ・バード上院議員を紹介するのを見守った。バードを見た瞬間、私はあらかじめ設定された深いトランス状態に陥り、グリーンの指示にロボット的に従った。舞台裏でグリーンは、バード上院議員と同室の楽屋を指さし、私を中に入れるように命じた。それまで客席にいた人格は、バードをエンターテイナーとして認識していたので、それ以上のことは考えられなかったし、考えようともしなかった。しかし、楽屋に入り、鏡張りの洗面台の縁にボクサーパンツ姿で腰掛けているバードを見たとき、私はマキナック島の連邦上院議員として13歳のときから彼を知っている子供の人格に切り替わり、性的な反応を示した。その後、バードは私を「自分のもの」と言い張り、「ずっと自分の小さな魔女が欲しかったんだ」と興奮気味に話した。この言葉の重大さを、私はやがて知ることになる。

ジャック・グリーンのバンドのメンバーであるウェイン・コックスは、のちに、オープリーでバード上院議員のバックバンドになることだけが、「背後でサポートをする」方法ではなかったと教えてくれた。彼は政治的にも、フリーダム・トレインの活動においても、彼を支援していたのである。そしてコックスは、私と友人が残りの旅をテネシー州ヘンダーソンヴィルにある彼のトレーラーで過ごすように手配をした。私たちは従うしかなかった。

翌日の夜、ジャック・グリーンがブラック・プードルでのショーを終えた後、コックスは私と友人を近くのアフターアワーズ・クラブ「デーモンズ・デン」まで送ってくれた。そこでコックスは私たちをピックアップし、ヘンダーソンヴィルまで連れて行ってくれるはずだった。だが、その代わりに、私たちは薬を飲まされ、ユニオン駅に連れて行かれた。ユニオン駅は、当時ナッシュビルにあった廃墟のような駅で、唯一まだ稼働していると思われる列車はフリーダム・トレインだけだった。

バード上院議員は、私にカトリックの学校での教育を受けさせることで、迷信を信じさせようとしていた。だから、石とスレートでできた古い列車ターミナルの塔の中で受けたオカルト儀式は最大の効果を発揮するはずだった。しかし、その苦痛と恐怖は、迷信に関係なく、それ自体で十分に効果をもたらし、心を打ち砕いた。コックスは、「懐中電灯ツアー」として、私と友人を連れてユニオン駅の瓦礫《がれき》の中を通り、地面に寝ているホームレスのところまで行った。コックスは私に「鉄道のホームレスにさようならのキスをしろ」と命じ、私の顔がまだ彼から離れていないうちに、その眉間を撃った[1]。それから、ナタで男の両手を切り落とし、それをジップロックの袋に入れた。そして、おんぼろの階段を上って、古びた駅の倉庫の中に私たちを招き入れた。そこには、ジャック・グリーンと彼のバンドのメンバー、そして黒いローブを着た人たちが、赤いビロードで飾られたキャンドルの灯る部屋で、黒い革の祭壇の周りに集まっていた。ひどくショックを受けながら、私は祭壇に横たわり、レイプと拷問を受け、参加者はセックスと血とカニバリズムの儀式にふけった。

翌日、私はコックスのソファで目を覚ました。「悪夢を見た」という漠然とした意識があった。立ち上がると、出血多量のあまり気を失った。膣から大量に出血していたのだ。私はミシガンに帰る準備をするのが精一杯で、友人は友人で精神状態が安定していなかったので助けにならなかった。自分の身に何が起こったのかわからなかったし、それを疑うこともできなかった。しかも、私は新たな強迫観念にとらわれていた。バード上院議員の命令で、ナッシュビルに移り、コックスと結婚するように儀式でプログラムされたのである。

ミシガン州に戻ると、私は両親にナッシュビルに移ってコックスと結婚することが自分の「運命」だと伝えた。両親は、父が私をバード上院議員に売り渡したことを教えてくれなかった。儲かる軍事契約と引き換えに、私は6年生のときに売られ、父は億万長者になった。バードは子供を搾取する犯罪者でありながらも、罪に問われることなく、アメリカ政府のためにＣＩＡ工作員として働いていた！　ナッシュビルで受けたあの心を打ち砕くオカルト儀式は、父に富と名声を与えた新しい人生の始まりであると同時に、私を拷問の対象という新しい局面に突き落としたのだ。

1　ナッシュビル警察のボブ・エゼル警部補は、グランド・オール・オープリーの警備員として、この殺人を隠蔽していた。

第5章 心をいじくる《ティンカーリング・ウィズ・ザ・マインド》

1977年のことである。19歳の私は、マインドコントロール奴隷として、CIA／DIAのモナーク・プロジェクトの「フリーダム・トレイン」作戦に参加していた。私を文字通り、所有していたのは、当時20年間現職で上院歳出委員会のメンバーであったアメリカ上院多数党院内総務のロバート・C・バードだった。バードの「小さな魔女（性奴隷）」として、私は政府の秘密工作に関わることにもなった。こうした理由から、私が発達させてきた以上の記憶の区画／人格が必要だったのだと、今ならわかる。だからこそ、心を打ち砕くようなオカルト儀式だけでなく、コックスとの「運命的な」結婚が必要だったのだ。

モナーク・プロジェクトの基本構造は、バードが「所有者」として私の人生をコントロールし、コックスが主な「ハンドラー（調教師）」となってバードの命令に従い、私が重要な場所やイベントに約束の時間に確実に参加し、マインドコントロール下に置かれるようにするというものだった。コックスは私の父とは異なり、自分の役割に対して現金での報酬はもらっていなかったと言われている。その代わり、彼は命令に従わなければ、ドラッグの運び屋やオカルト連続殺人犯として起訴される運命にあった。コックスの主な役割は、度重なるオカルト的なトラウマで私の心を打ち砕くこと、そして、娘のケリーをモナーク・プロジェクトの遺伝子マインドコントロールの研究下で育てることだった。

私はコックスとの結婚を命じられて、ナッシュビルに移り住んだ。コックスは私を故郷のルイジアナ州チャタムの辺鄙《へんぴ》な沼地に連れて行き、数か月間、オカルト的なトラウマを植え付けた。コックスの母親は魔術の使い手で、コックスは性的にも儀式的にも母親に憧れていたことを認めている。この親子は自分たちの信条を私に教え込もうとしていたが、彼らのやっていたことは何世紀にもわたって魔女たちが使ってきたマインドコントロールを弱体化したようなもので、科学的事実よりも迷信に根差していた。こうした迷信と、コックスが受けてきた傭兵訓練は相反するものだったようで、彼は制御不能な激しい怒りから殺人を起こすこともあった。例えば、コックスはナイフで何度も刺して人間を殺害し、「旅立つ魂」と血しぶきが私の心を支配する力を彼に与えてくれると信じていた。といっても実際は、その出来事に対する私の嫌悪感とその後のトラウマが、解離とトランス状態を引き起こし、私の潜在意識をコックスや他者の命令に開かれた状態にしていた。

コックスと過ごした3年間のうちで、彼は儀式を通じて私を6回妊娠・中絶させ、そのうちの何人かを食べ、ほかの子は陶器に作り替えて保存し、州の間で取引され、オカルト的に利用されている身体パーツのビジネスで売りさばいた。コックスはいつも、ナタで手を切り落とすという手口で殺人をしていた。彼が母親と住む家で営む陶器店で焼いた「栄光の手」には需要があり、オカルト界隈の地下供給網で流通していた。さらにコックスは、テキサス、アーカンソー、ミシシッピ、テネシー、フロリダなどにおけるコカインと身体パーツの流通ルートを保護していた。

彼の母親の両親がタイタスビルにあるNASAケネディ宇宙センターからわずか数分のミムスに住んでいたため、コックスと私は何度かフロリダに足を運んだことがある。コックスは私の父と同じく、マインドコントロール実験とプログラミングを受けるために、命令どおりに私がそこにいるよう取り計らっていた。コックスは私を「選ばれし者」として認識し、CIAの「モナーク・プロジェクト」という言葉を誇らしげに使い、私をNASAの施設に預ける理由を「正当化」していた。

コックスには、さまざまな状況に応じた信念体系があり、それらはすべて迷信に基づくものであった。彼は自然霊や悪魔との霊的コミュニケーションや「神の導き」を信じ、サタンは鎮めなければならず、イエスは宇宙人、バミューダトライアングルは異次元への扉であり、世界の終わりが近いと信じていた。彼は信仰を理由に、聖書をどこにでも持ち歩き、オカルト儀式にも行き、神学者のように聖句を引用していた。そして、「体を食べて血を飲む」「血で洗う」ことを正当化し、神がアブラハムを試して、祭壇の上で息子のイサクをナイフで殺すように命じたという話を持ち出して、「子供を殺す」ことさえも正当化していた。ジム・ジョーンズはチャーリー・マンソンと同様にコックスの憧れの人物の1人であり、彼はジョーンズタウンの大虐殺のことを「(CIAの)マインドコントロールの力」の代表例として褒めそやしていた。

コックスは私に末日聖徒イエス・キリスト教会のモルモン教徒になるように求めた。これは、サタンが至るところにいることを「証明」するためだった。特にルイジアナ州モンローのモルモン教会ではコックスがオカルト儀式を指導し、テネシー州ヘンダーソンヴィルの教会ではいわゆる「フリーダム・トレイン」が進行していた[1]。

コックスは宗教的迷信を私に植え付けようとしていたが、その役割は1978年の夏の初めにルイジアナ州シュリーブポートの事務所で出会ったJ・ベネット・ジョンストンに横取りされることになる。

1978年の夏、コックスの母メアリーが運転する車で、私たちはバークスデール空軍基地の近くにあるジヨンストンの事務所まで行った。メアリーが無機質な金属製のドアを無遠慮にノックしている間、私はドアに付けられた金属製の文字を読んだ。「ジェネラル・ダイナミクス研究開発部」。ドアノブの近くにはこうあった。「事前の許可なく敷地内に入ることは禁じられており、違反者は連邦法により処罰する」

やがて水色のレジャースーツを着た、体臭のきついジョンストンがドアを開けた。メアリーはルイジアナ州訛りのゆったりとした野暮ったい口調で「こんにちは、上院議員さん。おっしゃるとおり、子供たちを連れてきましたよ」と言った。

ジョンストンは苛立ちまじりの嫌悪感を浮かべ彼女を見ると「そうかい」と言った。そして、メアリーにコックスと話す間、しばらく外で待つように伝え、その後、コックスをモンローの自宅まで連れて帰り、数日後、空港に私を迎えに来るようにと告げた。

コックスと私は、ジョンストンの殺風景な軍人仕様の家具付きの事務所に通された。壁には大統領や軍の写真が数枚だけ飾られている。ジョンストンは、仕事机の前に座り、コックスの潜在意識に、ディズニーのピーター・パンをテーマにした暗号めいた言葉を使って語りかけた[2]。

「君の心臓が動いている限り、君が何年にもわたって餌付けてきた「クロックダイヤル（人生における困難）」がすぐ後ろを追いかけてくるだろう。（ピーター）パンは、ゲームの一歩先を行く方法を知っていて、ときに手を差し伸べることで、クロコダイルの餌になるという運命から逃れることができるのだ」

コックスは殺された犠牲者をバラバラにして、仲間の悪魔崇拝者や、オカルト的なトラウマを抱えた／ピーター・パンのテーマのプログラミングをされた傭兵に「栄光の手」を配る一方で、「残った」体の一部を家の裏の沼に棲むワニに食べさせていた。このコックスの歪んだ殺人を伴う行動は、ジョンストンに植え付けられたトラウマであるピーター・パンのテーマのプログラミングに起因するものだった……。そして、そのプログラミングを私も「直接」体験することになる。

バード上院議員の命令でコックスに暗号めいた指示を出したジョンストンは、続けてこう言った。

「ピーター・パンには頭が下がる思いだよ。キャプテン（フック）のために娼婦を作るという生業《なりわい》は儲かるからね。娼婦を作るといえば、卑劣なバード君が言っていたが、日々の調教を、エイリアンのテーマにシフトすれば、君にとっても儲かる話になるそうだよ」。こうしてジョンストンは、私の軍事的マインドコントロール・プログラミングを確実に実行する意図があることを明らかにした。

さらに、ジョンストンはコックスにこう言った。「ちょっくら下準備をして、カウントダウンのための靴を用意しておく。準備ができたら彼女を送るから、そこから先は君の仕事だ……」

コックスはジョンストンのオフィスから出るよう命じられ、その後、ジョンストンはすべての関心を私に向けた。2人きりになると、彼は私の心を、そして最終的には私の信念と認識を将来的なプログラミングのために操った。彼は、自分が無名の海軍幹部と握手している写真を見ながら、このように言った。

「私は1943年のあの日、後年フィラデルフィア実験として知られる実験で、時間の構造に穴が開いたのを見ていたんだ。アトランティス大陸が消失したように、健康な青年たちが奇妙な事象のねじれの中で船と共に消えてしまった。敵から見えないように、次元をすり抜ける渦が作られたんだ。これは予想以上の成功を収めて、私たち全員が宇宙を旅したよ。私たちが月に人を上陸させたとしても、まったく不思議ではないね。遠い惑星や銀河への旅は、超次元旅行のハイテク魔術に比べれば、たやすいことなのさ。超次元的な移動は、距離や速度など、時間の尺度をすべて超越してしまう。時間の構造が破れたから、私たちは銀河間を旅することができるようになった。今いる次元はもちろん、未来や過去にも出入りできるんだ。過去にタイムトラベルすることで歴史の流れを変えることもできるし、未来に飛び出して、これから起こる出来事についての知恵や知識を得ることもできる。過去を支配することで、未来を支配することもできるんだ。相対性理論とフィラデルフィア実験を通じて獲得した力のおかげで、今では比較的容易な仕事さ。私自身、ＥＴ（地球外生命体）になって帰ってきたんだ。そして、私たちの船は宇宙船としてこの地球に戻ってきた[3]。あの運命の日、私は宇宙の鍵を手に入れて、今もそれを持ち歩いているのだが、選ばれし者がいたときにだけ、この鍵を分け与えている。君は『選ばれし者』だから（ジョンストンは「沈黙の儀式」の条件付けと意図的に結び付けようとしていた）、惑星間移動のノウハウを学ばなければならない。君の使命は次元を超えることだ。私から学べば、無限の次元を行き来することができる。私の言うことを聞いてくれ。君はいろいろなところへ行くことができるんだ。光に乗って行く方法も教えてやる。基礎を教えてやるから、君は光の仕事を実践するんだ。宇宙の鍵は光速にある。旅をする方法は光線に乗ることだけだ。光の元に行くことを学ぶんだ……。君の使命は『時間をいじくること』を学ぶことなんだ。私がその旅に君を連れ出す。さあ、一緒に行こう。そろそろこの飛行機を出て、別の飛行機に乗るときだ」

ジョンストンは私を連れて、ジェネラル・ダイナミクス社のオフィスからバークスデール空軍基地の飛行場までの短い距離を歩いた。目的地のオクラホマ州のティンカー空軍基地までは小型貨物機が用意されていた。

飛行機に乗ると、ジョンストンは私の性的にプログラムされた人格にアクセスし、攻撃的な性行為のために使った。彼はコカインを使用することで、自らの興奮をさらに高め、小型飛行機の後部座席に私を荒々しく縛り付けてセックスをした。パイロットが操縦室から大声で「おい、危ないからやめてくれ」と叫んだときも、ジョンストンは笑いながら「私が今、何をしているかわかっているのか？」と答えた。

ティンカー空軍基地に到着する頃には、肩から肘まで続く黒い痣ができ始めていた。飛行場を横切ると、制服姿の男が出迎えた。ジョンストンは彼のことをよく知っているようで、「キャプテン」と呼んでいた（これはピーター・パンのテーマと結びついている)。ジョンストンは彼に「少し下準備をして、カウントダウンのための靴をセットする。準備ができたら、彼女を届けるから、そこからの操縦は頼むよ……」と言った。男は「ああ、わかっている。よろしく頼むよ」と答えた。ジョンストンは私のキャミソールの紐を前腕のあたりまで引き下げた(それでも痣は隠しきれなかった)。彼は微笑みながらこう続けた。「君は北部のアメリカ人というよりは南部の美女だね」

キャプテンは「今日、私たちがすべてを終えれば、彼女はティンカーの妖精になる」と言った。そして、ジョンストンが私をティンカーまで護衛した主な目的に言及し、「南アメリカの作戦のほうはどうなっているんだ?」と尋ねた。

「そのことについては、君に話をしなければならない」とジョンストンは答えた。2人は、まるで過去にも傭兵に関する仕事を一緒にしていたかのような口ぶりだった。

「君の部下に協力してもらいたいことがある」

「協力? それとも隠蔽か?」

「作戦の先頭に立ってくれるなら、どちらでもいい」とジョンストンは苦笑した。

ジョンストンは以前に、ティンカー(ピーター・パンのテーマ)のプログラムでマインドコントロールされた傭兵を利用することを、次のように「正当化」していた。「傭兵は、古風なアメリカ市民ではなく、自分の中のガイドシステムに従う宣教師なんだ。政治が自由への道を阻むから、彼らは国際法を潜り抜け、軍人が夢見る仕事を実行するんだ……」

私は、看護師に付き添われて、2人から離れた。看護師は、私の負傷した腕の手当てをすると言っていた。だが実際は、私を「ティンカー・ベルの檻」[4](底が格子状になった電気を流す金属製の檻)に入れるつもりだったのだ。中に閉じ込められた私は、直流の高電圧をかけられ、ピーター・パンのテーマのマインドコントロール・プログラミングによって新たな心の区画を作り出された。そして、ピーター・パンのティンカー・ベルのように、私は移動の手段として「光に乗る」ことを学んだ[5]。さらに、私が植え付けられたティンカー・ベルのテーマのマインドコントロールには、多重人格障害／解離性同一性障害のせいで、時間というものを理解できないという私の「性質」に根ざした、ネバー・ネバーランドという時間を超越する感覚も含まれていた。ルイジアナ州でコックスと私は、ピーター・パンのテーマと「光に乗る」ということを潜在意識の中で共有していた。ただし、コックスが意識的にティンカー空軍基地のプログラムをジョンストンの傭兵団の中で作動させることができたのに対し、私のトランス状態はずっと「ネバー・ネバーランド」[6]の状態だった。

コックスが銃やコカインを持ち出し、ジョンストンの指示通りに特定の傭兵を活動させるとき、私は何度もその場に一緒にいた。こうした移動の際、私は軍事施設にはなかった地下兵器庫や備蓄武器を数多く目にしたが、ジョンストン上院議員はこのことをすでに知っていた。また、政府公認のコカイン作戦にも立ち会った。

１９７９年のコカイン取引では、コックスとともにアーカンソー州ホットスプリングス近くのワチタ国有林に行き、「ティンカー・ベルのような妖精を探し」、「光に乗る」ことにした。

東の空から光が近づいてくるのが見えるまで、私たちは線路の近くの茂みに座っていた。そのときは、言われたとおりに「光に乗る」つもりだった。しかし、振り返ってみると、意図的に人格が入れ替わっていて、近くの空き地にはヘリコプターが着陸していたことを覚えている。

コックスと私は、コックスが運転するバンから約90～１８０キロのコカインを降ろし、ヘリコプターに積み上げた。その後、フェンスに囲まれた暗い空き地にしか見えない小さな空港に飛ばされると、小さな倉庫のような金属製の建物が並んでいるのが見えた。コカインが倉庫に降ろされる間、コックスと私は車で近くの灰色の石造りのホテルに連れて行かれた。運転手は私たちを案内しながら2階に上がると、ペントハウスのドアをノックした。

「ああ、俺だ」と声が返ってきた。

「ティンカー・ベルとピーター・パンが来ている」と運転手が言った。

「彼らを入れてくれ」

コックスと私はその部屋に入った。そこでは、当時のアーカンソー州知事ビル・クリントンがブリーフケースを開けていた。クリントンとジョンストンは、ティンカー空軍基地発祥の違法な秘密作戦の協力者だった。

コックスが言った。

「ジョンストン上院議員から聞いたよ。バード（上院議員）が、あなたを私たちの仲間だと言っているとね」[7]

「それがどうしたと?」

クリントンの声は苛立っていた。

「選ばれし者だ」コックスは私のほうを見てうなずいた。

クリントンは私に尋ねた。

「誰の命令で選ばれたんだ?」

私は暗号めいた適切なコードとなる返答をし、クリントンに話を進めさせた。そして「何で来たんだ?」という彼の質問を私は言葉通りに解釈し、多重人格障害／解離性同一性障害奴隷として「当たり前」のことのように「光に乗って来ました」と答えた。

クリントンは目を丸くして、コックスを見返した。コックスはいつものように神経質そうな顔で体を前後に揺すっていた。

「用件を言うんだ」とクリントンは命じた。コックスは咳払いをして、鼻をつまんで体を揺り動かしながら、「えーと、えーと……」と言った。クリントンはうんざりしたような顔をした。そして「あいつをここから出せ!」と運転手に命じ、コックスはすぐに外に連れ出された。

「それでいい」とクリントンは言った。それから、イエズス会ではお馴染みの手信号と不可解な言葉を使って、私のトリガー/スイッチを作動させ、以前にプログラムされたメッセージにアクセスした。

「ジョンストン上院議員からこれを渡すようにと言われたの」私はそう言って、クリントンに薄くて大きな茶色の封筒を手渡した。そして「あなたを高く飛ばせる妖精の粉もあるわ」と伝えた。私はポケットから、ジョンストンとクリントンが共有している秘密のコカインの粉末を2列分吸いこんだ。彼は微笑み「ベンに感動したと伝えてくれ」と言って、私をドアのところまで案内してくれた。

ティンカー空軍基地で受けた過酷な拷問とマインドコントロール・プログラミングは、この単純な「ミッション」、そしてその他の多くのことのための準備だった。コックスの常軌を逸したオカルト的な連続殺人は、バードの意図したとおりに私の多重人格を細分化した一方で、ジョンストンのエイリアンをテーマとしたマインドコントロールは、私を絶対的なロボットのような無力感の中に閉じ込めた。だが、私が理性を保てていたならば、異次元旅行や宇宙人の存在よりも、コックスの殺人行為やポルノ王ジェリー・フォードが大統領に就任したことのほうがよっぽど奇妙に感じていたことだろう。

1980年2月に娘のケリーが生まれたとき、コックスの元雇い主であるジャック・グリーンは、ナッシュビルのCIAフリーダム・トレインの「コンダクター（車掌／指揮官）」としての役割を果たすためにルイジアナに行き、私と会った。彼は私を隣に座らせ、コックスがケリーを製造するという（遺伝的）役割を果たしたので、バード上院議員が私をナッシュビルに戻すよう命じたと説明した。グリーンは長々と話し、私がもともとプログラムされていた、ナッシュビルに移り住むという「強迫観念」を催眠術のように蘇らせた。彼は、コックスがもはや命令に従えないほど正気を失ってしまっていると言った。というのも、私は極度の体調不良（髪の毛はほとんど抜けてしまっていた）に陥っていたし、ルイジアナ州の人里離れたチャタム湿地の家の周辺からは腐った人肉の臭いが漂っていたからだ。

もし、私に自分自身の心があれば、刑務所の地下牢から解放されたような気分になったと思う。しかし私は、「神の導き」を受け、すぐにでもナッシュビルに移り住まなくてはいけないし、私を待っている家があると、コックスに淡々と伝えることしかできなかった。コックスは、バードの命令に従うしかなかった。生後3か月のケリーと私はテネシー州に移り住んだが、コックスも一時は一緒に移動して、新しいハンドラーに私たちの状況を詳しく説明した。数週間のうちに、コックスはルイジアナ州チャタムに戻り、母親と暮らすようになった（今日もそうしている）。現在、彼は生贄用のヤギを育て、オカルト的な連続殺人行為を続けているそうだ。だが、彼が裁かれることはない。その理由は、彼と彼の母親が知る人たち、そして、そうした人々の行為が明るみに出ると困るからだ。

1　モルモン教会においてオカルト的儀式が蔓延しているという情報は、司教たちの間に出回っており、その後、教会員たちの道徳と思想の自由を回復するために、ペース司教によって公表された事実である。

2　ジョンストン上院議員の二重、三重の暗号の言葉に、当時の私は当惑していた。今にして思えば、このマインドコントロールの要素によって、犯罪的な秘密の活動について見知らぬ人に聞かれたときでも、情報を拡散させることがなかったのだ。私は言われるがまま、それが「別の次元」で起きているに違いないと信じていたのだ。

3　ジョンストンは、バトンルージュ近くの軍事施設で、彼の「宇宙船」（当時トップシークレットだった実験機で、のちにステルス戦闘機として知られるようになる）を見るように手配し、私の中で彼の策略を「有効なもの」にしたのである。機密扱いの三角形のステルス機は、当時の私には異質で、実際のアメリカの戦闘機というより、宇宙船のように見えた。このことは、彼の非人道的な態度や、私が以前から抱いていた超次元的な移動に対する信念と相まって、彼が「ＥＴ」と称する存在であることの確信につながった。

4　これは「キツツキ格子」と呼ばれるものだと理解している。

5　「光に乗る」ことは、私がいずれ経験することになる、軍のヘリコプターや飛行機で運ばれ、政府のための何らかの計画をロボットのように実行するという体験とスクランブルされた。この「超次元」旅行により、私の地上での体験は、別の次元で起こったものとして認識されるようになった。

6　私は心的外傷後ストレス障害（ＰＴＳＤ）が原因のトランス状態のままであった。

7　イエズス会もピエール・トルドーについて「私たちの仲間」と述べている。

第6章 アメリカ軍とNASAのマインドコントロール訓練

テネシー州に移って間もなく、私はバード上院議員が、私にとっての生き地獄を別の地獄にすり替えたことを知った。私の新しいマインドコントロール・ハンドラーは、CIA工作員でカントリー・ミュージックの腹話術師兼ステージ催眠術師のアレックス・ヒューストンに代わったが、彼はコックスの後を引き継いだだけのように思えた。運命に従うしかなかったケリーと私は、テネシー州グッドレッツヴィルにあるジャック・グリーンの農場に隣接するヒューストンの敷地内の古ぼけたトレーラーに引っ越した。私はグリーンの農場でさらにオカルト的な儀式を受け、儀式的に孕まされ、今度はヒューストンに中絶させられた。コックスとヒューストンの違いは、迷信の中身である。ヒューストンは、科学的に証明されたアメリカ政府のマインドコントロールの研究開発に従って、自分が何をしているのか、なぜそれをやっているのかを正確に知っていたのである。私はこの知識を、彼と「知る人ぞ知る」人たちとの会話から得た。

アレックス・ヒューストンは私より26歳年上で、ボブ・ホープらの米国慰問協会（USO）ツアーに同行し、海外を回って人々を楽しませていたときに、ステージ催眠と政府のマインドコントロール手法の知識を軍から得たと言っていた。このツアーの後、ヒューストンはワシントンD.C.に移り、彼の分身であるエレマーという操り人形と共に、60年代にはジミー・ディーンのテレビ番組のレギュラーを務めたと言われている[1]。ヒューストンによると、彼は政府の秘密作戦に関与していたことから、軍事基地内の将校クラブへの慰問が定期的に予定に組み込まれていた。

コックスがヒューストンの農場に滞在していた短い期間に彼は、政府のマインドコントロール奴隷であるルイーズ・マンドレルと、彼女の夫でハンドラーのR・C・バノンの後ろで楽器を演奏していた。コックスは、ルイーズの妹であるバーバラ・マンドレルが1960年代に政府の支援を得て仕事を始めたときに、ヒューストンがキャリアをスタートさせたのと同じ米国慰問協会（USO）のツアーで彼女と海外を旅していたことがある。マンドレル一家の父親でマネージャーのアービー・マンドレルは、3人の娘に性的虐待を加え、私の父が私を売ったのと同じように、マインドコントロールされた彼女たちを熱心に売り込んだそうだ。その娘たちも、上院議員ロバート・C・バードの所有物であった。

コックスは精神異常のためにルイーズとの仕事をすぐに解雇された。あるとき、ヒューストンがマンドレル夫妻と一緒に旅行したとき、アービー・マンドレルはコックスを解雇するきっかけとなった出来事を話してくれた。彼は、旅行中にコックスが自分にとって厄介な存在になったのだと、ヒューストンと私に語った。

「変な奴だとは思っていたよ。まあ、それはそれでいいんだ。だけど、あいつがホテルの裏にテントを張って、ミズーリへの行進[2]の合図であるトランペットの音が聞こえるようになったと言い出したとき、俺は『行進を始めろ』と言ってやったよ。『お前はもう終わりだ。ナッシュビルでの仕事はもう終わりだ。2度と戻ってくるな』と言ってね。それだけだ。あいつの役目は終わったんだ」

ヒューストンはマンドレルとUSO時代の思い出話をしながら、バーバラの後ろで演奏していた頃はコックスを容認できていたのかと尋ねた。

「まあ、そうだね。あの頃のあいつ（コックス）は、多少なりとも頭が良かったからね」

アービー・マンドレルは続けた。

「バーバラは当時まだ子供だったけど、本格的にスターとして活動できる才能があった。俺は、あの子がこの業界で成功するために必要なものを持っていると思ったんだ。そこにバードがやってきて、最新のテクノロジーを導入してくれたんだ」

ヒューストンは、「君が言っているのは、（音楽の）機器のことかい？　それともハンツビル（アラバマ州のNASAマインドコントロール訓練センター）にあるような機器のことかい？」と口を挟んだ。

「両方だ」とマンドレルは答えた。「だが、あの子をスターに押し上げたのはハンツビルだったよ。その後、門戸は大きく開かれたんだ。バードはバーバラのことをとても誇りに思っていたし、扉はどんどん開かれていった。あの子の才能と、彼女の心とキャリアに及ぼしているバードの影響力を考えれば、俺たちが離れる道はなかったんだ」

1980年に、ヒューストンが私のマインドコントロール・ハンドラーに任命されると、バードの影響は私の心にも及び、ヒューストンの「エンターテインメント」キャリアを押し上げることになった。彼の活動は、アメリカ全土、メキシコ、カナダ、カリブ海全域での麻薬とマネーロンダリングの秘密作戦に関与するまでに広がっていった。

ヒューストンは大量の「ショー以外で得た」お金を持っていたが、私がそれを手にすることは決して許されなかった。私のような奴隷は、お金を持つことで自由になってはいけないので、私は「貧しさ」というもう1

つの支配の手段にも耐えなければいけなかった。大学時代に3つの仕事を掛け持ちしていたときには、稼いだお金をすべて親に取り上げられたが、コックスのコカインと身体パーツ事業で得た金はすべて秘密の集会とドラッグに再投資され、基本的な生活必需品はチャリティーに頼らざるを得なくなった。ヒューストンと一緒にいたときには、食料品や生活必需品に使うお金をすべて「稼ぐ」必要があったが、意図的にそうできないようにされていた。このため、私は経済的にヒューストンに依存し続け、たとえ逃げられるだけの十分な知識があったとしても、逃げ出す力はすっかり奪われていた。

母親として生来持っている母性本能は、過去に兄弟姉妹を守ろうという試みが失敗したことで、ますます強くなっていたのだと思う（私には妹が2人いる）。というのも、ケリーを守らなければという思いが、ヒューストンが新たなハンドラーとなったときに、「戦うか逃げるか」という選択肢を突きつけてきたのだ。「戦う」能力はとっくに失われていたので、新たな母性本能が「逃げること」を駆り立てた。

私はケリーと私自身をヒューストンから救い出し、モナーク・プロジェクトでの娘の運命を救うために、できる限りのことをした。だが、理性を失い記憶喪失になっていたので、私が「逃亡」した場所は、富裕層が集まるミシガン州のグランドヘブンにある両親の新居だった。何から逃げるのか、どこに向かうのかさえわかっていなかった。ボロボロの服を着て赤ん坊の娘を抱き、ケリーのためにと寄付されたわずかな品々を携えての到着であった。数日後、両親はバード上院議員の指示を受け、それに従って私をヒューストンの元に戻し、さらにルイジアナに送り返してさらなる条件付けをさせた。

3か月間、コックスによる激しい拷問を受け続けた後には、母性本能に従おうとは思えなくなり、自分の名前もほとんどわからなくなっていた。自分が何歳で、どこにいて、どれくらいの期間そこにいたのか、その間にケリーに何があったのかも、まったくわからなかった。ケリー自身の証言やケリーがプログラムされている多重人格障害／解離性同一性障害は、この間、そしてその後も何度も離れ離れになるたびに、ハイテクで高度な条件付けと拷問によって植え付けられたトラウマの表れだった。

バードの指示でヒューストンの元に戻されると、私の脳はプログラムされ、さらなるプログラムと誘導のために新しい記憶の区画が作られた。集中的なマインドコントロールの行動プログラムがすぐに始まり、ヒューストンはカントリー・ミュージックの巡業という名目で、私を約束の目的地へと確実に連れて行った。

1980年代初頭の私の基本的なプログラミングは、ケンタッキー州のフォート・キャンベルで、陸軍中佐のマイケル・アキノによって植え付けられた。アキノは、国防情報局の心理戦部門（サイオプス）でトップシークレットの機密情報の取扱いを許可されていた。

彼はネオナチを公言し、ヒムラーに影響を受けた悪魔崇拝のセト寺院の創設者でもあり、カリフォルニア州サンフランシスコのプレシディオ・デイケアにおける児童儀式と性的虐待で告訴された。しかし、私の父やコックスのように、アキノは「法を超越」し、CIAに運命づけられた若い心にトラウマを植え付け、モナーク・プロジェクトのマインドコントロール奴隷から「優れた人種」を作り出そうとする探求の中で、プログラムを続けているのである。アキノはオカルト的な迷信を深く信じているようなことを言っていたが、私はすぐに、彼が私と同じくらいそれらを信じていないことに気づいた。彼の持つ「悪魔の力」は、高電圧のスタンガン[3]という形で定期的に使用された。アキノはオカルト（血のトラウマ）をトラウマのベースとして使っていたが、彼のプログラミングはハイテクで「巧み」であり、私が無知で支離滅裂な魔女になることはなかった。

彼はすぐにコックスの影響を排除し、バードの仕様に従って私をサディスティックなセックス、CIAの秘密の麻薬取引、恐喝、売春活動のための「自分自身の小さな魔女」としてプログラミングし始めたのである。

コックスのもとに戻った3か月の間に、私の膣壁の上部の筋肉は、ヒューストンがバード上院議員の歪んだ性的嗜好を満たし、醜い魔女の顔[4]を彫るために切断されて落とされた。アキノは切除の方法に関する古代のやり方を指示し、ヒューストンは硝酸銀と熱いエクストラクト・ナイフを使って、麻酔もなしに魔女の顔を細部まで彫り上げた。筋肉を下に曲げることによって、顔が膣から突き出てくるようにしたのだ。この手術によって、バードは彼の小さく未発達なペニスに適した膣を手に入れただけでなく、商業・非商業問わずポルノや売春で何度も何度も見せられる公平な「珍品」を手に入れたのである。

1981年11月のジョン・F・ケネディ暗殺日に、私はアレックス・ヒューストンと見せかけの「結婚」をすることを余儀なくされた。その月の初め、売春目的でワシントンD.C.に連れて行かれたとき、バードは、私がヒューストンに「誓いを立てれば」、実際に「結婚」することになると教えてくれた。

「これは私たち2人の間の誓いだ」とバードは言った。「死が2人を分かつまで私を尊敬し従いなさい」。そして、バードは私に、近くの店でウェディングドレスを買ってくるように言った。その後ヒューストンは長年にわたって、このときワシントンD.C.で着ていた私のウェディングドレスの意味をからかった……それはポルノ写真や商業ビデオでよく描かれる「私たちの初夜を記念して」というものだった。

アレックス・ヒューストンの「結婚介添人」であるジミー・ウォーカーは、ラリー・フリントの過激なグラビアが売り物の商業ポルノ雑誌『ハスラー』のカメラマンでもあった。ナッシュビルのオープリーランド・ホテルで式を挙げた後、バードは私に「結婚祝い」を贈ってくれた。それは、私が教え込まれたカトリックとバチカンの信条に「私たちの結婚式」を根付かせるために意図的にデザインされた、バラ模様のクリスタル製の十字架であった。ラリー・フリントの写真には、「結婚式の夜を記念して」、ウェディングドレスを着てクリスタルの十字架を付けた私の姿が写っている。私の知る限り、マインドコントロールされた奴隷は、皆、所有者やハンドラーと「結婚」することを強いられ、このように囲い込まれるのが常だった。

ヒューストンのブッキング・エージェント、レジー・マック（マクローリン）は、テネシー州ナッシュビルのユナイテッド・タレント、のちのマクファデン・エージェンシーに所属し、政府の秘密活動の遂行を手助けするために、CIA絡みのカントリー・ミュージックの興行を重要なポイントでブッキングしていた。例えば、ヒューストンの腹話術「アレックスとエレマー」は、ワシントンD.C.近くの郡や州のイベントで公演が行われていた。私はその場所で車やヘリコプターに乗せられ、ホワイトハウスやペンタゴンまでエスコートされた。この後の活動は、記憶の中で区分けされており、私は自分が単にカントリー・ミュージックの巡業にいたと思い込んでいたし、「故郷」の誰も私の不在を疑うことはなかった。ほかにも、ヒューストンは、毎年バードのいるウェストバージニアのステート・フェアで芸を行い、私がそこにいることを正当なものに見せていたが、実際は既婚の上院議員に売春をさせていた。

80年代初期、レジー・マクローリンは、アキノとのマインドコントロール・プログラミングにとって都合がいい場所にヒューストンを優先的にブッキングした。最初はケンタッキー州のフォート・キャンベルやアラバマ州アニストンのフォート・マクラレン、そして、もっとも頻度が高いのはアラバマ州ハンツビルのレッドストーン兵器廠《しょう》とマーシャル宇宙飛行センターで、そこで私はアキノの拷問とプログラムを受けることになった。軍のマインドコントロールは迅速かつ効果的で、高度な技術を駆使したものだったが、私を「大統領モデル」としてコントロールしたのは、NASAのプログラムだった。アキノは軍とNASAの両方で私のプログラミングを施した。彼はNASAを通じた最新の技術的進歩とテクニックを利用することができた。これには感覚遮断タンク、バーチャルリアリティ、フライトシミュレータ、周波数などで心を操ることも含まれていた。

ケリーは2歳までにアキノと彼のプログラミングを受け、基本的な人格が形成される前に、もろく幼い心を打ち砕かれた。アキノはケリーにオカルトを用いるのではなく、性的暴行と高電圧による拷問で心身に傷を負わせたのである。彼女は、私と同じように、今日まで、この「非悪魔的」虐待による多くの傷跡を残したままだ。私は、長い年月をかけてこれについて調査し、NASAの技術とアキノのプログラミングが、モナーク・プロジェクトの標準的な睡眠、食物、水の剝奪や高電圧と組み合わされて、ケリーを最先端の遺伝的多世代MPD／DID心理的マインドコントロール工学の対象にしていたことを突き止めた。

1981年、アラバマ州ハンツビルでプログラミング・セッションの1つが行われているときに、バードは個人的にアキノに加わった。NASAが政府からの資金援助を受けるかどうかを決定するのが、バードの上院歳出委員会であったので、NASAは、バードに全面的に協力した。

私は冷たい金属製のテーブルに裸で横たわり、トランス状態になり、私をプログラミングするすべての言葉と詳細、そしてバードとアキノの業務的とも取れるあらゆる会話を鮮明に記録した。バードは、アキノに、私に実行させせたい変態的な行為の具体的な詳細を伝えていた。さらに、彼らは地元で製作するよう手配していた2本のプライベートポルノ映画を使って私の記憶をすり替えようと話していた。タイトルは『人格を分裂させる方法』と『性奴隷の作り方』である。これらのフィルムは、NASAが記憶の「混乱」とマインドコントロールの手順の記録という2つの目的のために製作に関わったものである。アラバマ州ハンツビルでのポルノ製作者は、2人の地元警官で、1人は巡査部長だった（今も現職である）[5]。それゆえ、NASAとCIAは必要なときには、隠蔽工作をすることができた。

映画『性奴隷の作り方』では、一般的な「スピン」プログラムが描かれているが、これは要するに、プログラムされた特定の行為を解除したりアクセスしたりするための組み合わせのことを言っている。例えば、近親相姦の記憶を保持する心の区画は、元の虐待が目前に迫ったときに刺激されて開く。父のペニスを見ると、特定の反応が「トリガー」となり、脳の神経回路が開き、以前父の行為に対処した脳の部分が再びそれに対処できるようになると考えられているのだ。「スピン」プログラミングでは、父のペニスを見るというトリガーが、特定の言葉のコマンドと特定の数という物理的な組み合わせに置き換えられ、「組み合わせ」さえあれば、誰でも私の脳のその特定の部分にアクセスできるようになるのだ。

父による最初の虐待の「知識」を持った私の心の一部は、「痛くてサディスティックなセックスが好き」であることを学んだ。バード上院議員は、私を鞭打つときに、私が泣き叫ぶか、あるいは性的興奮を覚え、もっとやってくれと「懇願」するかを、彼が決められるように、私をプログラムすることを望んだ。プログラミングの後、バードと会うと、私はオルゴールのダンサーのように、バードのもてあそびが止まるまでグルグルと回りながら「踊る」のだった。私の心は、私が意識して数えようが数えまいが、正確な数だけ回転し（普通の人が目覚まし時計なしで特定の時間に起きるのと同じように）、アクセスされたときには望ましい行為をとるようになった。

これはセックス・プログラムの単純化された一例に過ぎず、私はセックス以外でもプログラミングされていた。しかし、アメリカ軍レッドストーン兵器廠でのこの特別なプログラミングこそが、私の存在を完全に変え、「大統領モデル」として政府の闇予算に関する秘密作戦に参加するための土台を築いたのである。

ケリーが拷問され、プログラムされているのを見たり、知ったりすることは、私自身のマインドコントロール・プログラミングにとって有害であることが証明され、母と娘に同時に行われる「クロス・プログラミング」はほとんど実行できなかった。

1982年の秋、ヒューストンはバード上院議員の地元であるウェストバージニア州のステート・フェアで公演を行う予定だった。バードは、アキノ中佐と一緒にホテルに到着し、おそらくはプログラミングのため、ケリーを連れていた。彼はKKKに所属しているので、私が最近、黒人芸人でCIA工作員のチャーリー・プライドと売春をしていたことに腹を立てていた。そもそも私は、状況に従うことしかできなかったのに、バードはその怒りを最終責任者であるヒューストンではなく、私にぶつけてきた。彼は鞭を取り出し、これまで何度もそうしてきたように、私を打ち始めた。このときばかりは、いつまでも終わらない気がした。

アキノがケリーを連れて戻ってきたときも、バードはまだ私を殴っていた。私はケリーのヒステリックな叫び声を聞いて、意識を取り戻し、床から起き上がることができた。バードは私にバスルームに行き、冷たいシャワーを浴びて止血するよう命じた。しかし、私の体はその命令を実行することができず、浴室で再び倒れ、床一面に血を流してしまった。再びケリーの叫び声で意識を取り戻し、扉のところまで這って行くと、バードがケリーに性的暴行を加え、アキノが服を脱いで加わっているのが見えた。

バスルームには小さな窓があり、そこから逃げて、助けを呼ぶことができるように思えたが、私はバードに捕まり、床に叩きつけられた。シャワー室に放り込まれ、出血を遅らせるために冷水をかけられたときには、バスルーム全体が血まみれになっていた。

その日の午後、バード上院議員が有権者を前に演説をしようとしていたステート・フェアで、ケリーと私は午後の陽光の中、手をつないで立っていた。バードが壇上で観衆の喝采を浴びるなか、私のブラウスは鞭で打たれたばかりの肌に張り付いていた。

バードはモナーク・プロジェクトの被害者であるケリーに定期的に性的虐待を行っていたが、ウェストバージニアでの恐ろしい事件は、私が本能的に突き動かされた最後の機会になった。バードは自分が「修道士長」であると主張するウェストバージニアのイエズス会大学を通じて、ハイテク・マインドコントロール機器にアクセスした[6]。そして、アキノのマインドコントロール・プログラミングは、それをさらに確かなものにした。

ケリーは、バードとアキノの両者から多くの性的虐待を受けたと報告している。アキノはケリーへのマインドコントロールのプログラミングに性的虐待を取り入れ、性的な調教を行い、さらに、バードとそのような出来事を共有していたようだ。私の経験では、アキノが暴行を見せることで、バードの歪んだ性的嗜好は高まった。ウェストバージニアでこのようにトラウマを植え付けられたことで、条件付けによる私自身のプログラミングは強化され、バードの一見逃れようのないコントロールにますます支配されるようになっていった。

私のプログラムの大部分とケリーのプログラムの大部分は、またしても「オズ」をテーマにしていた。つまり、私にアクセスするためのコード、キー、トリガーの組み合わせは、L・フランク・ボームの物語『オズの魔法使い』に関連していたのである。ボームが意図したかどうかは別として（あるいはウォルト・ディズニーやルイス・キャロルが意図したかどうかは別として）、彼の書いた心理的に強い影響力を持つ物語が、心を操るために使われたことは明らかである。

『オズの魔法使い』は、加害者がよく使うテーマに適している。例えば、多重人格障害/解離性同一性障害のほぼ全員が、儀式化された拷問中にペットを失うという苦しみを味わっている。そして、ボームが描く主人公ドロシーの「オズの虹の彼方」での悪夢のような体験はすべて、自分の命を危険にさらしてでもペットを守りたいという願いから生じている。加害者はこの話の教訓を利用して、被害者にあらゆる抵抗をやめて協力するように仕向ける。さもなければ「お前も、俺の可愛い子も、お前の可愛い犬（あるいは子供）も捕まえてやる」と言うのである。夢と現実が入り混じった「虹の彼方」は、解離性同一性障害を抱える者の潜在意識にある人格の切り替えを操作するためのテーマを虐待者に提供している。多くの場合、このテーマはオズのように超次元的であるか、あるいは、ドロシーがカンザスの自室のベッドで目覚めたときのように、たった今経験したことは「ただの悪い夢」だったと言われるのである。

ＣＩＡは二重の意味を持つ英語の言葉を暗号として使用している（メンタルヘルスの用語では「ダブルバインド」と呼ばれる）。これは、親しい人々の間で「内輪ネタ」を通じてコミュニケーションをとるときと同じような役割を果たす。おそらく、だからこそ、政府はプロのコメディアンを奴隷の使い手にしているのだろう。マインドコントロール奴隷の心は潜在意識を通して意識的に機能するので、空想と現実、意図された意味と文字通りの意味を見分ける術がなく、二重階層の言葉が特に効果的なのである。

私が関与した多くのＣＩＡの秘密工作は、公共の場で行われた。その会話を耳にした人は、それが実際にトランス状態を引き起こす言葉とは思いもしないだろう。１つ例を挙げるなら、ドロシーが「黄色いレンガ道」を歩くときに仲間にしたように、あるとき、ワシントンD.C.のシークレットサービスの護衛が、私と腕を組んだことがあった。これは、部外者にとっては普通の行動、あるいは恋愛関係にあるような行動に見えたことだろう。しかし、私にとっては、「最後まで忠実に」（これはイラク戦争の際のブッシュの発言でもある）、指示に従えという合図であった。私たちは腕を組んで、混雑したスミソニアン航空宇宙博物館を通り抜け、近くのＮＡＳＡ本部へ向かった。そこで彼は、ドアの「Service Entrance（通用口）」のサインを読み上げる。音節をわずかに強調して「Serve — us, En — Trance（トランス状態になって、私たちに仕えろ）」と密かに命令するのである。

1　ジミー・ディーンは、マインドコントロール奴隷の使用を含む、犯罪の秘密活動について知っており、進んで参加している。

2　「ミズーリへの行進」はモルモン教に基づく信仰で、1980年代半ばにミズーリ州ブランソンに移転したカントリー・ミュージック界のCIAの一派と連動している。

3　12万ボルトのスタンガンは、5センチ間隔で2つの押し付けられた跡や痣が残るが、主に膣や直腸に使われる円筒形のスタンガンでは、2センチ間隔の押し付けられた跡や痣が残る。ラリー・フリントのゴミのような雑誌『ハスラー』を見ると、彼が撮影したマインドコントロール奴隷の、特に喉、唇の近く、背中にスタンガンを当てられた跡があることがわかる。

4　「魔女の顔」は、バフォメット（テンプル騎士団が崇拝したとされる偶像）やイエズス会修道士の顔とも言われている。

5　私は1990年にこの巡査部長と（看守）警官を写真で確認し、この話を暴露した結果、当時の地方検事、現アラバマ州ハンツビル連邦議会常設情報委員会のバド・クレイマー下院議員（民主党）を通じて、マークと私の命を脅かされることになってしまった！

6　マインドコントロールされた多重人格障害／解離性同一性障害奴隷にとって、「ヘッドフライヤー」という言葉は、脳への高電圧という意味である。

第7章
チャーム・スクール

アキノに基本的なセックス・プログラムを教え込まれた後には、ヒューストンに連れられて、オハイオ州ヤングスタウンの「チャーム・スクール二一」と呼ばれる地獄のような性奴隷訓練所にたびたび参加させられた。ヒューストンはヤングスタウン地域で郡のフェアや警察友愛会のショー、あるいは小さなカントリー・ミュージックの演奏会によく出演し、あのおぞましいチャーム・スクールの近郊に私たちを連れ出した。ときにはケリーも一緒に拷問を受けることがあった。だが大抵は、同年代のCIAやマフィアの奴隷たちと一緒の訓練を受けさせるために私をドアの前まで送り届けると、ヒューストンは、ケリーを連れて去っていった。チャーム・スクールが開催されているときは、1度に何人もの少女が拷問され、訓練を受ける。私は、チャーム・スクールに通った数多くの少女を見聞きしてきたが、当然のことながら、生き残った人や、それを語れるくらい心が回復した人は、ほとんどいないと言われている。

二一　女性に礼儀作法、身だしなみ、社交スキル、話し方などを教える学校。

チャーム・スクールは、メロン銀行一族（バードの芸術基金の最大の寄付者）の特定のメンバーによって運営されていたと伝えられている。運営者は、拷問という現実と映画のファンタジーを混同させようと、映画『マイ・フェア・レディ』から「ガバナー」という名前と役職を名乗っていた。「ガバナー」とは、ロンドンのスラングで、映画の中では、ストリートチルドレンの女性を上流社会で通用するレディに変身させた教授に与えられた肩書きであった。また、メロンが「ガバナー」という称号を使ったのは、学校を売春宿に見立てて出入りしていた本物のガバナー（知事）のことを指していたからでもあった。この知事とは、当時のペンシルバニア州知事（のちに司法長官、現在は国連事務次官）のディック・ソーンバーグのことである[1]。アキノは、チャーム・スクールにいくつかのプログラムを提供し、私が知る政府関係者は皆、少なくともその存在を知っていた。当時のヤングスタウン市の保安官で、現在は下院議員のジム・トラフィカントは、チャーム・スクールでのプログラムを常に提供していた。彼は、ドアをゆっくり開けて「こっちを歩け／このように歩け（Walk this way）」と言って、自らを「ラーチ[三]」に見立てていた。訓練中の奴隷にとって、これは彼が歩いているように歩け、という意味であった……ラーチ、イゴール[四]、街娼、かかし、といった具合に私たちは歩かされた。

ドアが閉まれば、チャーム・スクールは私にとって、魔法をかけられ、催眠術（暗示）にかかったように、選ばれた政治家のための高級娼婦となるようプログラムされる場だった。私は娼婦の歩き方を習った。話すタイミング、服装、座り方、立ち方、その他諸々を学んだが、テーブルマナーは教えられなかった。というのも、

三 『アダムス・ファミリー』に登場するみすぼらしく陰気な執事。

四 フランケンシュタインの助手。

奴隷は働くときに食べ物や水を与えられないからだ。そして何より、どんな性的嗜好も満足させられる方法を教えられた。トラフィカントは奴隷のためのチャーム・スクールの門を開いただけでなく、たびたび奴隷たちが新しく学んだ性的なスキルを「テスト」して、奴隷が帰宅できる時期や、あるいは帰宅できるかどうかを決定していた。

チャーム・スクールの3日間の通常コースには、睡眠、食事、水の剥奪、トラウマ、高電圧、プログラミングといった内容が含まれている。実験的、あるいはCIAが製造した「特注」ドラッグが投与されることもあり、プログラムの効果を最大限にしたり、あるいはプログラムを区分けしたりするために、特定の脳波を発生させることもあった。私の場合、初日はいつも地下牢に吊るされて過ごした。チャーム・スクールは、石造りの年季の入った鉄道系の男爵の旧邸宅を利用しており、その地下が、ワインセラーになっていたのである。そこは暗くて、湿っていて、カビ臭く、典型的な拷問部屋の装飾が施されていた。さらに、さまざまな吊り鎖、伸縮棚、鞭、そして獣姦などの用途のために去勢された動物がいた。

手首を縛られ吊るされていると、隣の独房の動物の声やにおいがしてきた。サタンと呼ばれる黒いヌビアンヤギ、ネスターと呼ばれる小さなロバ、ときにはトリガーと呼ばれる小さな白いポニー、そしてさまざまな犬、猫、蛇などを相手にすることもあった。チャーム・スクールの動物はすべて、尿のにおいに性的に反応するように訓練されている。ディック・ソーンバーグのように、この種の変態行為を特に好む者が独房に入ってきて、私に放尿すると、私はただちに鎖から解かれ、獣姦の訓練やポルノ撮影、あるいは見物している変態たちを喜ばせることをさせられるのだった。

私は足首から吊るされ、拷問台に張り付けられ、焼かれ、何度も拷問された。手足を壁に鎖でつなぐのは「型破り《オフ・ザ・ウォール》のセックス」をさせるためだ。ポルノ用に撮影するとき以外は、叫んでも意味がないので、私はオズのやり方で「沈黙」を教えられた。このときには、犬が吠えないよう訓練するために使われる電子式の犬用吠え声防止首輪が使用された。

私は何度もポルノを撮影され、いつも2階の「マスターの部屋」に連れて行かれて、チャーム・スクールの本当の「マスター」で、当時のペンシルバニア州知事ディック・ソーンバーグ、下院議員ジム・トラフィカント、マイケル・アキノ中佐などに会った[2]。ケリーも一緒にいたときは、同じように耐え、さらなる精神的トラウマを植え付けるために、お互いに肉体的な拷問を受ける姿を見せ合うことを余儀なくされた。誰が、何を、いつ、どこで、どのようにしたのか、決して思い出せないようにするためだ。これは、クロス・プログラミングと呼ばれるものである。

意図的に記憶喪失が作り出されたにもかかわらず、私は、人間が作ったこの地獄の壁を越えて、チャーム・スクールのほかの奴隷たちに無意識のうちに共感的な理解を深めるようになった。この理解は私の存在の奥底から発せられ、ほかのマインドコントロールの犠牲者を思う気持ちが、彼らの無言の訴えを代弁しなければいけないという今の活動にもつながっている。

やがて私は被害者の1人と親しくなった。この女性が生き延び、いずれ回復するためにも彼女の名前をここで挙げることはしない。ヒューストンが政府後援の巡業で、ディック・ソーンバーグが知事だった頃に彼女の故郷であるペンシルバニア州に日常的に行っていたことから、この美しいブロンドの女性と私は、何年にもわたって一緒にいる機会が何度もあった。

この友人と私は、ラリー・フリントの商業ポルノ雑誌の写真を一緒に撮ったり、CIAの秘密工作の資金源となる違法映画に出演したりした。さらに、彼女の夫／ハンドラーがテネシー州のヒューストンの農場に行き、新しい「花嫁」の調教について指導を受けたときにも、彼女と私は2週間を共に過ごすことができた。

私は友人の「結婚式」の「主賓」を務めたが、彼女の結婚も、私とヒューストンの結婚と同様のものだった。モナーク・プロジェクトの奴隷の常として、彼女とハンドラーの結婚は、彼女をマインドコントロールしていた上院議員アーレン・スペクターとの結婚と同じことだった。

私が参加させられた「結婚式」は、ポルノ撮影のためだけに、ペンシルバニア州にあるアーレン・スペクターのコノート・レイクの家で行われた。スペクターの石造りの家は、森の中の人里離れた場所にあり、男性的な内装だった。メインルーム以外の部屋は、変態的なセックスで使用されるか、古めかしいNASAのバーチャルリアリティやプログラミング機器が置かれていた。スペクターの芝居小屋のカビ臭い匂いは、バラの香りに打ち消されていた。バラの香りは、「結婚式」の日に、彼が奴隷に象徴的に贈ったものだった。

友人の「結婚式」の写真にはカトリックのテーマが写り込んでおり、そこに出てくる十字架は、私がバードから受け取ったものと同じようなローズカットのクリスタルだった。だが、どのような姿であろうとも、彼女には生まれつきの道徳心があるように感じられた。彼女と私は、被害者として似た者同士だったことから「ミラー／ミーアキャット」と呼ばれるようになった。彼女も私と同じように、信仰心と母性本能を操られ、コントロールされていた。彼女の左手首には、政府の作戦への加担を意味する繊細なバラのタトゥーが彫られていたが、スペクターがどれほど不道徳な行為をしようと、彼女の善良さを奪うことはできないように、彼女の高貴なイメージが損なわれることは決してなかった。アーレン・スペクターが正式にこの奴隷の所有者になると、彼女のチャーム・スクールでのステータスは「大統領モデル」にまで昇格した。

チャーム・スクールに加えて、私は今後の作戦のために大がかりなプログラムに耐えた。ヒューストンはオクラホマ・フェア、メイソンロッジ、F.O.P.コンベンションなどにたびたびブッキングされていたが、それはティンカー空軍基地の近くに戻り、私にさらなるプログラムを受けさせるためであった。ティンカー・ベルの条件付けでは、政府からのメッセージの受信と伝達を直接的にコントロールされることを通じて、正確な記憶力をさらに強化させられた。これはいわば、私の脳をコンピューターで区分けすることに相当する。私は、ペンタゴンとCIAの秘密工作予算の資金源となる国際麻薬取引など、秘密犯罪活動の訓練も受けた。

CIAが指揮するヒューストンのカントリー・ミュージックの巡業で、私はネブラスカ州のオファット空軍基地にある最高機密の軍／NASA施設に連れられてきた。そこでは、のちにケリーやほかのマインドコントロール奴隷にも使われた「逃げることはできても、隠れることはできない」[3]という条件付けが心に深く刻み込まれた。

私は地下のいわゆる「秘密の」円形の部屋に連れて行かれたが、その壁には世界中の衛星写真を映し出すスクリーンがたくさんあった。これらの衛星は「天空の眼」と呼ばれている。空軍の職員は、私の一挙手一投足を「衛星で監視することができる」と説明した。4画面ある別の監視画面では、今思えば作為的な事前に収録したスライドショーが実演され、彼が話し、それをコンピューターに入力するたびに、場面がどんどん変わっていった。

「どこに逃げるんだ?」と男は私に聞いた。

「北極? 南極? ブラジル? 山? 砂漠? 大草原? アフガニスタンの丘陵地帯? カブールの街? デビルズタワー[ワイオミング州]? キューバに逃げて敵に囲まれて暮らそうとでもいうのか? 私たちはどこでも君を見つけることができるぞ。まさに逃げ場も隠れる場所もない。上院議会[写真はバードのもの]? ホワイトハウス? それとも自分の家の裏庭[父が玄関から手を振って『オズの魔法使い』のエムおばさんのように「帰っておいで」と口に手を当てている姿が描かれていた]? 月? 君のいる場所はすべてわかる。逃げることはできても、隠れることはできないんだ」

この言葉を聞いて、暗示にかかっていた私は、自分の一挙手一投足が監視されているのだと確信した。

訓練と条件付けの間、私は日常的にワシントンD.C.、ウェストバージニアのステート・フェア、アラバマ州ハンツビルのNASA、テネシー州ナッシュビルのオープリーランド・ホテルでバード上院議員に売春をさせられていた。そんなある夜、私はオープリーランド・ホテルでバードに売春させられ、そこにアキノ中佐が加わり、変態的な暴行を受ける予定になっていた。私はアキノが完全な軍服姿で、グランド・オール・オープリーの楽屋に予定より早く到着したことをとてつもなく恐ろしく感じていた。彼はバチカンに拠点を置くモナーク・プロジェクトの奴隷商人、クリス・クリストファーソン[4]と話していた。私は1979年からこの男を知っており、そのせいでオープリーランド・ホテルで予定されていたプログラムが「ショート」してしまった。このような状況下では、プログラミングされていない多重人格者は自動的に人格を切り替えるが、私は命令されることでしか切り替えることができない。フラフラしながら後ずさりすると、ソフトドリンクの販売機にぶつかった。クリストファーソンは、私がさらに後ろに下がり、壁と機械の間に入ったところを見た。

「そこで何をしているのですか、お嬢さん?」クリストファーソンが尋ねた。「中佐がお呼びですよ」

アキノは歩いてきて、皮肉たっぷりに「機械のワイヤーでいったい何をしているんだい?」と聞いてきた。

「君にとっては、とてもショックな体験かもしれないね」

アキノやクリストファーソンとの経験はどれも、高電圧電気ショック拷問と結びついており、明らかにどちらも人命を顧みないものだった[5]。アキノはこの機会を利用して、私が彼のスタンガンという「力」から「逃げる場所も、隠れる場所もない」という信念を強化したのである。

私が絡まったワイヤーから身を解いている間、クリストファーソンとアキノは、私を笑い者にして談笑を続けていた。クリストファーソンは鍵束をジャラジャラ鳴らして、私の注意をひきつけ、アキノには「こいつを使うには、『王国の鍵』が必要なんだ」と言った。

「王国の鍵」とは、もちろん、以前に教え込まれた「内次元（内《エンター》／間《インター》）」のカトリックのプログラムを受けた人格のことである。当時、私のマインドコントロールの主要なプログラマーはアキノだったので、クリストファーソンは、「沈黙の儀式」によって子供の頃に植え付けたプログラムをアキノに知らせたのである。鍵を鳴らすことで、彼は私をコントロールし、アキノより一瞬でも優位に立っていることを示したのだ。

クリストファーソンは鍵束を鳴らしながら、「見せてやる」と言った。

「お前ができるようにならない限り、こいつは俺のものだ。それにお前は使いこなせなければならないんだ。バードが俺を送ったんだからね」

アキノは笑顔で「そう来ると思ってたよ」と言った。その晩、以前にイエズス会が植え付けたプログラミングのキーを渡されたアキノは、その後バードと共に、それを自分たちの性的嗜好に合うように使い、改造していった。

バードは私のプログラミングの「進歩」をすべて監視し、たびたび鞭やポケットナイフを使って私を拷問した。彼は私の母がやり残したものを引き継ぎ、私が意図せず育んでしまったかもしれない自尊心を破壊した。彼は「お前に帰る場所はない。お前が話そうとしても、私がお前のような者と関わりを持っているとは誰も信じないだろう」と言った。彼はよく私のことを「使い捨て」にすぎないと言って脅した。何しろ「初代大統領モデルのマリリン・モンローは、世間の目の前で殺されたにもかかわらず、誰も何が起こったのか知らなかった」からだ。

私はすでに助けを求めようなどと考えることも出来なかったので、バードの脅しや残忍な行為はもはや必要なかった。しかし、彼は自分の話をするのが大好きで、破廉恥な長話を延々と繰り返しており、私はその言葉をすべて鮮明に記憶していた。彼は、心理戦の戦略を含む世界支配のための内部作戦の体制を詳しく説明し、憲法といわゆるアメリカの司法制度を操るために、自分の「専門的」知識をどのように利用している、あるいは利用しようとしているかを語った。このため私は、ケリーと自分がマインドコントロールから救い出された後、「ゲーム」の一歩先を行き、生き残るために何をすればいいか、彼のおしゃべりな口から聞くことができたとも言える。

バード上院議員は、犯罪行為を正当化する理由を私にも教えてくれた。私が何も言えない、答えられないことを知りながら、彼は私を相談相手として使った。バードは「私たちが失敗する唯一の方法があるとしたら、言い訳を考えることである」というモットーを繰り返していた。

バードは、彼が信奉するネオナチの原理に従って、人類を加速度的に進化させる手段として、マインドコントロールの残虐行為を「正当化」していた。彼は、聖書が予言する「世界平和」をもたらすために宗教を操作することを正当化した。このために「利用できる唯一の手段」が、新世界秩序における完全なマインドコントロールなのだ。彼は「結局のところ、ローマ法王とモルモン教の預言者でさえ、これが平和への唯一の道であることを知っていて、彼らはプロジェクトに全面的に協力しているんだ」と主張していた。

また、バードは「どうせお前は心を失ったし、少なくとも私のものになった今、お前には運命と目的がある」と言って、私の犠牲を「正当化」した。我が国が麻薬流通、ポルノ、白人奴隷制に関与することは、世界支配と完全なる支配によって世界平和をもたらす〝秘密工作の闇予算の資金調達のために〟必要で、これは、世界中のあらゆる違法な活動を支配する「手段」として「正当化」されていた。彼は「(世界の) 95%の人々は5％に導かれることを望んでいる」という信念に固執し、「95％は政府で実際に何が行われているかを知りたがらない」ことが、まさにこの証明だと主張した。

バードは、この世界が生き残るためには、人類が「優れた人種を作り出すことによって、進化の大きな1歩を踏み出さなければならない」と考えていた。この「優れた人種」を作るために、バードはナチスやKKKの主義である大量虐殺による「恵まれない人種や文化の消滅」を信じ、遺伝子を改変して「より才能のある人たち、すなわちこの世界におけるブロンドの人種」を繁殖させようとしたのである。

（文字通り）バードの捕虜として、私は、新世界秩序の黒幕と呼ばれる人々が、安全上の理由から決して明かさないであろう情報を学び取った。しかし、バードは私を「自分のもの」、つまりチェスゲームのように人生の中で戦略的に動かすことのできるゲームの駒とみなしていた。彼は私を完全に支配下に置き、私が救出され、生き延び、精神と記憶を回復させる可能性はないと考えていた。バードはおそらく郵便ポストと話をしているつもりだったのだろうし、私は彼にとって物言わぬ相談役としての役割を果たしていたのである。

CIA工作員で私のマインドコントロール・ハンドラーであるアレックス・ヒューストンは、ミズーリ州ランプにあるスイス・ヴィラ・アンフィシアターでたびたび公演を行っていた。スイス・ヴィラは、CIAのニアデス・トラウマ・センターを偽装したもので、全米に数か所ある。そこは人里離れた厳重警備のリゾート地で、軍の有刺鉄線フェンスで囲まれているが、警備されたゲートはカントリー・ミュージックのコンサートのために地元の一般市民に開放されていた。この小さな円形劇場の内部では、アメリカ政府CIAのコカインやヘロインの流通活動、マインドコントロール計画などの秘密活動が行われているのである。

スイス・ヴィラは、カリフォルニア州マウント・シャスタの施設と同様に、影の政府の準軍事プロジェクトの訓練・作戦キャンプとして使用されていた。これにはハワイ州選出のイノウエ上院議員が言及している。私は、政府の腐敗したメンバーによって承認されたこのあまり知られていない軍備増強が、特殊部隊で訓練されたロボット兵士、多数の黒い覆面ヘリコプター、高度な技術的進歩から生み出された最高機密の武器と「スター・ウォーズ」と呼ばれる電磁マインドコントロール装置で構成されていることを知った。これらの準軍事施設は、他国に司法権を持つ警察を通じて新世界秩序の世界的な取り締まりを行うことを目的としていた。

スイス・ヴィラでは「もっとも危険なゲーム」がよく行われ、CIAエージェントや政治家などが、人間を狩るというスポーツに参加するためにリゾートにやってきた。ケリーも私もスイス・ヴィラで狩りに参加させられた。捕まった後の拷問やレイプはひどいものだったが、これは、その後のプログラミングに大きなトラウマを与え、また、ヴィラのフェンスの向こうで目撃した高度なオペレーションの記憶を区分けするためにも必要だったのである。私はスイス・ヴィラで「もっとも危険なゲームとは、奴隷が脱走したら、何を学ぶことになるかがわかるゲームだ」と教わった。「もしハンターが奴隷を捕まえて止められないなら、周辺をパトロールしている黒いヘリコプターが捕まえるだろう。それでも失敗すれば、『天空の眼』が奴隷の居場所を突き止め、拷問死が待っているのだ」と。

加害者たちによれば、私のディプログラマーであり主な支援者であるマーク・フィリップスと私は、この本を出版し、影の政府にスポットライトを当て、そのメンバーの身元と人類に対する犯罪を明らかにするという取り組みを行ったことで、「もっとも危険なゲーム」に乗り出したそうだ。だが、マーク・フィリップスと私は、加害者たちが「知られたくない」と思っている「95%」の人々を真実で武装させることによって、彼ら自身の「ゲーム」の中で、彼らを打ち負かすつもりでいる。

1　ディック・ソーンバーグは、現在私（たち）が所有している、ヒューストンのＣＩＡ関係者のメモ帳にも名前が記載されている。

2　トラフィカントは、オハイオ州ヤングスタウンの保安官であったときに、汚職、麻薬流通、マフィアとのつながりで捜査され、その後起訴された人物であることも覚えておいてほしい。しかし、ＣＩＡの周到な陪審員操作により無罪となり、その後は下院議員に当選し、現在に至っている。

3　１度「見る目と聞く耳」を得てしまうと、この「逃げることはできても、隠れることはできない」というテーマは、グリーティングカード、高速道路の高架橋、ロックグループ、ポリスの歌に出てくる「I'll Be Watching You」という歌詞に至るまで、あらゆるところで見かけるようになった。

4　現在も犠牲となっている私の親友は、マインドコントロールのハンドラーと結婚した夜にクリストファーソンとも「結婚」していた。これは、私がヒューストンと結婚したときにバードとも「結婚」したのと同じやり方である。ラリー・フリントが撮った彼女の「結婚式の夜」というポルノ写真に使われている十字架は、水晶ではなく鏡だった。

5　クリストファーソンは１９８７年の夏の終わり、バードに関連した別の事件の最中、私を絞め殺すところだった。このとき、彼のペニスは性的に激しい興奮を見せた。

第8章
CIAの対麻薬戦争作戦 競争相手を排除せよ

私はもはや自分の意思を持っていなかった。自由意志のまったくない、完全なロボットでしかなかった。ケリーもそうだった。チャーム・スクールでは常に笑顔を浮かべ、言われたことを忠実にこなす。ただし、ケリーに関しては、年齢と不相応にプログラムされた語彙《ごい》と物言いがやたらと目についた。これは、彼女がカントリー・ミュージックの業界に身を置いているせいだと、部外者は考えていた。私のパブリックイメージは、常に笑顔の、見た目も話し方も、いわゆる「空気が読めない」ブロンドの女で、管理された環境でのみ社交を行い、部外者を遠ざけるようにプログラムされていた。このライフスタイルは、カントリー・ミュージック業界にいるヒューストンの年下の「妻」としては、ごく普通のことに見えた。

巡業以外のときは、毎日朝4時から最低2時間の有酸素運動をしていた。その後は、家畜の世話や雑用をこなし、ケリーも私も食べることが許されない大量の朝食をヒューストンのために作った。その後ヒューストンは、「俺が見張っているから、所有している100エーカーの農場で死ぬほど働け」と命令する。この雑用には、毎年大量の干し草を運び、積み上げ、家畜に与えること、何マイルも続く電気フェンスの管理、毎週平均2回の草刈機による草刈り、スレッジハンマーでのコンクリートの破壊、新しいセメントの混合と注入、2エーカーの缶詰用の菜園の管理を手作業で行うこと、ヒューストンや彼の隣人、友人のために薪を切り、運び、積み重ねること、ジャック・グリーンを含む11軒の田舎の住居に通じる砂利道の大きな穴を埋めるためにピックアップトラックに積む小川の砂利をシャベルで掘ることなどが含まれていた。ヒューストンの過酷な作業命令に比べれば、父の命令は慈愛に満ちているようにさえ思えた。私にとっては「最高の」日々でさえも過酷なものだった。

私は「鳥（バード）のように」食が細く、バードの命令に従って1日300カロリーしか摂取せず、砂糖もカフェインも摂らないようにした。というのも、代謝が低かったのである。私は機械のようにカロリーを計算するように訓練され、「鳥」というより「ウサギ」のような食生活を送っていた。ヒューストンのために作った料理の簡単な味見から精液まで、すべてのカロリーを計算しなければならなかった。ヒューストンは、ケリーと私に連続2時間以上の睡眠を与えないようにした。こうすることで、2時間おきに自動的に目覚める「心の目覚まし時計」を設定したのだ。ケリーは喘息で、私はパニック発作で、2時間おきに目を覚ました。

カントリー・ミュージックの巡業に同行することは、テネシー州にあるヒューストンの農場での仕事よりも楽とは言えなかったし、エンターテインメント業界にありがちな華やかさもなかった。この業界には、CIAが秘密裏に行う麻薬取引が浸透していた。これは国防総省とCIAの闇予算の資金源を作るために、アメリカ政府が持ち込んだコカインを芸能人が売買し、流通させるという仕組みだった。私から見たナッシュビルの地方行政は、こうした犯罪的な秘密工作によって、完全に腐敗していた。隠蔽、殺人、麻薬、そして白人の奴隷制度が蔓延していたのだ。芸能人が大成するのは、CIAの作戦に参加したり、自ら奴隷になったりしているときだけである。マインドコントロールから救い出し、洗脳を解く必要がある数多くの芸能人を私は知っている。彼らは、マインドコントロールによって、観客を魅了するための声色を出しているのだ。父の言葉を借りれば、「スパイも歌手や俳優と同じく、生まれつきの才能ではなく、作られるもの」なのだ。これらのエンターテイナーは、巡業の途中で政府の作戦を遂行するために、私と同じようなプログラミングに耐えてきたのだ。

ノルウェージャン・カリビアン・ライン（ＮＣＬ）のクルーズ船は、フロリダ州マイアミから定期的に出航し、カリブ海とメキシコを周遊している。しかもＮＣＬは、ＣＩＡの作戦の最中にアレックス・ヒューストンのような「エンターテインメント」を盛り込んだ遊覧船を一般客にも提供しているのだ。ＮＣＬの全クルーズ船のエンターテインメント調達を行う元ディレクターであるスー・カーパーは、政府の秘密活動の演出をうまいこと調整していた。彼女はヒューストンのようなエンターテイナーを船から船へとローテーションさせ、公正なアメリカ税関や移民局の検査官の監視を回避した。

私は日常的にヒューストンとともにクルーズをし、ハイチ、バハマ、メキシコ、ヴァージン諸島、プエルトリコからコカインやヘロインを密かに調達していた。命令通りに取引を行う一方で、中南米の麻薬王や政治家相手に売春をさせられ、ポルノを撮らされたりもした。ヒューストンは、私が適切な時間に適切な場所にいることを確認し、遂行させられるそれぞれの活動に応じて私を適切なモードに切り替えていた。

１９８０年代前半には、バード上院議員、ベビー・ドク・デュバリエ、キューバの担当者、プエルトリコの麻薬王ホセ・ブストなどとメッセージのやりとりをするためにも利用された。ＮＣＬのカリブ海での活動に合わせて、バードはプログラミングのテーマを調整し、ＮＡＳＡとイエズス会が私に使った反転、異次元、空気・水のマインドコントロールのテーマを取り入れた。クルーズ船で港から港へ移動する間、私はよく海で遊ぶイルカを見た。しかし、よく使われる「クジラとイルカ」のマインドコントロールのテーマを使うことは避けられ、私の体験により適したテーマ、つまり「海鳥《シー・バード》」ロバート・C・バードのテーマが使われた。彼は私にこう言った。

「アトランティス[1]は長い間、宇宙人の活動の中心地だった。そこに続く道はよく知られているが、時間と空間には穴が開いていて、飛行機や船、そして人間までもが、この世界とは異なる別の次元に変化して、時間を超越して消えていくように見えるんだ。同様に、私たち（宇宙人）は、宇宙という構造に開いた穴が鏡のように反射した深く青い海からやってきたんだ。私たちの中には、クジラやイルカとして地球上に入り込んだ者もいる。海から出たとき、ある者は飛んで出てきた。いや、入ってきたというべきか？　いずれにせよ、私たちはここにいる。海を見に行ったら、トビウオを見よう。見かけたなら、それが私と親族であることがわかるだろう。トビウオの別名は、C・バードだ。海鳥。ロバート・C・バード」

CIAの麻薬ビジネスは好況で、私が目撃した「麻薬戦争」はCIAが競合相手に対して仕掛けたものばかりだった。NCLのスーツケースに入った麻薬は、マイアミ港に持ち込まれるとすぐに、ヒューストンの特注ホリデー・ランブラーのモーターホームに移されるのが常であった。そのモーターホームには、違法薬物の隠し場所が壁に設けられている。ジョージア州メイコンのワーナー・ロビンス空軍基地に麻薬を預けるのではなく、麻薬を積んだモーターホームをナッシュビルに走らせるときには、その大部分がヘンダーソンヴィルにあるモルモン教の食料貯蔵庫に保管された。コカインの一部はテネシー州ナッシュビルの音楽配給会社に届けられ、そこで出演するエンターテイナーのカセットに慎重に梱包され、注意深く、予定された移動ルートで配達された。一方でヒューストンは、常に自分が使用し流通させるために大量のコカインを保管していた。たびたび、彼は巡業以外のときにも、グランド・オール・オープリーや地元のショッピングモールで特定のエンターテイナーにドラッグを配達するよう私に命じた。しかし、ほとんどの場合、大きな麻薬の積荷はモーターホームに隠したまま、カントリー・ミュージックの巡業をしながらＣＩＡの麻薬取引所に配給された。ＣＩＡの麻薬取引所は、オハイオ州ヤングスタウン近くの廃墟となった遊園地、ケンタッキー州パーク・シティのダイヤモンド洞窟[2]キャンプ場、ミズーリ州ランプのスイス・ヴィラ・アンフィシアターなどであった。私は、大量の麻薬が軍経由で捌かれていることを知っていたが、私が運んだ何百ポンドもの麻薬は、個人だけで流通させることを目的としていた。

カリブ海の麻薬取引の多くは、ＮＣＬの寄港地であるフロリダ州キーウェストを中心としたものであった。ヒューストンは、テニスをするという名目で、ケリーと一緒に私たちを近くのテニスコートに連れ出した。だが実際は、音楽活動よりＣＩＡの犯罪隠蔽活動の推進に時間を割いているＣＩＡ工作員ジミー・バフェットに会うためだった。バフェットはテニスをやっていた。ヒューストンは、まるで彼が私のテニスのインストラクターであるかのように、「あれがお前のインストラクターだ。ボールを集め終わったら、すぐにお前に会いに来るはずだ」と言った。

私たちに気づいたバフェットは、ヒューストンに歩み寄り、握手をした。

「やあ、ジミー」ヒューストンは、まるで昔の仲間のように言った。

「やあ、アレックス・アンド・エレマー」バフェットは皮肉を込めてヒューストンの芸名を呼んだ。

「どうも」ヒューストンは言った。彼はバフェットの発言を侮辱だとは思っていなかったようだ。「友人は君のことを何と呼んでいるんだい？」

「君には関係ないだろ？」バフェットが言った。「おじさんはジムと呼んでいる。君は連絡係じゃないだろう」

ヒューストンは私を指差した。

「彼女がそうだ」

バフェットは微笑んだ。

「そっちのほうがいいね。バードは、俺が『ダイヤの原石（Diamond in the Rough）』と会うことになると言っていたんだ」。[3]それから彼は「俺は、ダイヤの裸体（Diamond in the Buff）のほうが好きだがね」と言った。

「通りの向こう側にスタジオがある」

スタジオに向かう途中、彼らの会話の意味もわからず、私は「インストラクターなんですね。ラケットを持ってくれればよかったわ」と言った。

「俺はそういった類のインストラクターじゃない」とバフェットは説明した。「俺はおじさんの指南役なんだ。そして、君は俺と約束をしている。いくつか教えなきゃいけないことがあるんだ」

スタジオに入ると、彼は「パラダイスへようこそ」と言いながら、手招きをした。狭いリビングルームに入ると、電子機器やアコースティックギター、家具が部屋いっぱいに置かれていて、さらに狭く感じられた。黒い鏡張りのコーヒーテーブルは、私が知っているコカイン使用者の家では見たことがないもので、部屋の中でも特に鮮明に覚えていた家具である。テーブルの上には、金の剃刀《かみそり》、コカインの残りかす、マリファナの吸い殻が入った灰皿、あぶられたハートのクイーンのトランプが置かれていた。熱帯植物は部屋をますます雑然とした場所にしていた。オウムのぬいぐるみとバナナの木の間に立って、バフェットは「キーウェストがカギだ」と言った。

「カリブ海、キューバ、パナマは、最近のおじさんにとって意味のある場所なんだ。そのカギは私が握っている。私はカギの番人で、君のカギもいくつか持っている」。

オウムを見つめながら、彼は続けた。

「鳥《バード》が、2つのサイコロに反応し、オウムの目をじっと見つめろと言っている」

私は指示通りにした。バフェットは、サイコロになっている鳥のルビーレッドの目を、手に乗せた。

「俺が2つのサイコロをぐるぐる転がしている間、目線をぐるぐる動かして高いところを見るんだ」

そう命じると、彼はテーブルの上にサイコロを転がした。そしてカードのデッキのところで動きをとめて、ダイヤのジャックを手に取り、「俺は何でも屋だ」と、暗号のような言葉を続けた。

「それに、おじさんの命令なら何でも取引する。ある命令が下されたよ。命令に従って、その場所に行くんだ。栈橋にあるホワイトハウス・インに行くんだ。ランドリーバッグ（現金が詰め込まれているダッフルバッグ）を持って、黒服の男に会いに行け（キューバ人の担当者は、大抵いつも目立つ黒いトレンチコートを着ていた）。埠頭にコインランドリーがある。彼らは俺のためならどんな洗濯もしてくれるし、君を待っている。ダッフルバッグを持った海軍兵を探せ。軍人のグリーンのダッフルバッグを見つけたら、デスクに近づくんだ。そして、その男が『これを洗濯してほしいが、時間がなくて』と言ったら、『パラダイスへようこそ』と言うんだ。『必ずクリーニングして、時間通りにお届けします』と言え。そして、『洗濯物』の入ったダッフルバッグを彼に渡して、『これはあなたのためにちゃんと洗濯しておきましたよ』と言うんだ。その後はダッフルバッグを返してもらえ。羽根のように軽いはずだ。そしたら宿に戻って、ビュッフェを楽しむといい」

その後、私のモードを変えると、バフェットは短パンのチャックを開けながら、「ビュッフェは好きか？君のためのバフェットのビュッフェがあるんだ。ほら、パラダイスだ！」と言った。

私は命令されたとおりに麻薬取引を行った。その試練は数分で終わった。午後4時、ホワイトハウス・インの中庭に、バフェットの言ったとおりのビュッフェが広げられた。しかし、マインドコントロールされたトランス状態を維持するために食事と水を奪われていたため、ヒューストンはバフェットの指示の最後の部分を実行することを禁じた。

アレックス・ヒューストン・エンタープライズは、ヒューストンがCIAの犯罪を隠蔽するために行っていたもう1つのサイドビジネスであった。それは最初のCIAマインドコントロール奴隷である元妻と運営していた「省エネ」の会社、クイーン・エレクトリックとフェーズ・ライナーで販売していたG.E.コンデンサーの名称を変えて販売するというものだった。彼女は、カトリック教徒のプエルトリコ人で、ブロンドの美女だった。これらのG.E.コンデンサーバンクは、省エネ装置として国際的に販売されていたが、実際には、アメリカから世界中に麻薬を運ぶための手段の1つであった。

ニューヨーク州選出の下院議員ゲイリー・アッカーマン（民主党）が管理するロングアイランドの波止場で行われていた複雑な麻薬ネットワークの実態を知ることになったのは、ヒューストンのG.E.コンデンサー詐欺がきっかけだった[4]。私がアッカーマンに初めて会ったのは1981年、ヒューストンがCIAのマインドコントロールの犠牲者として知られるロレッタ・リンと共にウッドベリーの音楽祭に出演したときのことである[5]。ロレッタのロード・マネージャーであるネオナチの小児性愛者ケン・ライリーは、アレックス・ヒューストンの親友でもあり、ヒューストンが私を調教する際にたびたび手助けをした。ライリーは、私がチャーム・スクールでプログラムされたキー、コード、トリガーを今度はアッカーマン下院議員に渡し、アッカーマンは不思議の国のアリスの鏡のテーマのプログラミングに巧みにアクセスした。そして、コカインを数行吸引した後には、三面鏡の真ん中に歩いていき、私の口で性欲を満たそうとした。ケン・ライリーやロレッタのバンドの関係者は、アッカーマンが足首からズボンを上げながら部屋をよろめき、「あんなセックスには耐えられない」とこぼしているのを見て、皆笑っていた。その後、男の精力を奪うようなセックスを指して「アッカーマン症候群」という言葉が生まれ、何年も「知る人ぞ知る」言葉として出回った。

1　NCLのクルーズ船は日常的に「バミューダトライアングル」と呼ばれる地域を通過しており、バードはこの機会を逃さず、J・ベネット・ジョンストン上院議員が植え付けた古いプログラミングを利用した。

2　私とマークがこの麻薬取引の詳細な情報を警察に提出すると、私たちの命は脅かされることになった。結果的に、タイムリーな情報提供によって、外国人諜報員が介入することになり、私たちは命を救われた。

3　「ダイヤの原石」とは、拷問による条件付けのプログラミングに積極的に参加させられている多重人格障害／解離性同一性障害の奴隷を表す言葉である。

4　アッカーマン議員のカリブ海産コカインとアジア産ヘロインの取引は、郵便局委員会、公務員委員会、アジア・太平洋問題委員会における彼の地位に支障をきたしていない。なお、議会記録によると、アッカーマンは連邦職員全員に対する強制薬物検査に公然と反対している。

5　バード上院議員は、ロレッタをマインドコントロールされた奴隷だと誇らしげに言い、「まさに私がロレッタを今日のようにしたのだ。彼女は命令に従うメイドなのだ」と言っていた。ロレッタの息子で第二のマインドコントロールのハンドラーであるアーネスト・レイは私にこのように言った。「バードが母に何をしたのか知っている。僕は殺人の罪を免れることができるし、彼に電話さえすれば、鳥《バード》のように自由になれる」

第9章
ロナルド・レーガンのアメリカン・ドリーム
悪夢のパンドラの箱

1982年の秋、ホワイトハウスで開かれたパーティーで、バード上院議員から当時のレーガン大統領を紹介されて以来、私のマインドコントロールは、さらに複雑なものとなった[1]。「大統領に会うときは、彼がズボンを下ろしているところを想像するんだ。大統領はズボンを下ろした姿を想像されていることが、すごく気持ちいいんだ。形式にこだわらない人だからね」。フォード前大統領は、私に大統領の役職を恐れるように条件付けを行い、レーガンに会った私は機械的に動いてその場をやり過ごした。

レーガンは、アラバマ州ハンツビルで製作された『人格を分裂させる方法』と『性奴隷の作り方』のビデオを見ていたと認めている。彼は、私が喜んでそれらに参加していると思っていて、ご満悦の様子であった。そして、出会って数分もしないうちに、政治活動やポルノで使える演技のヒントをくれた。「役になりきることで、パフォーマンスが上がり、国のために自らの役割を果たすことができるようになるんだ。国が何をしてくれるかを考えるな、君が国のために何ができるかを問いかけろ、つまり君の役割を果たせ」それが彼の指示だった。レーガンは、どういうわけか、ケネディの言葉を引用して、フォードやヴァンダージャクトの条件付けを思い出させたが、それは「単に」私がお尻で旗を振って政治家たちを性的に楽しませるという以上に、愛国的な意味があったのだろう。「万華鏡の目」と自称するその目を深く見つめると、彼が話す比喩的なフレーズの1つ1つが、私にとって生命となり呼吸となっていった。

レーガンは、私が参加させられていたCIAの違法な秘密活動が、アフガニスタンやニカラグアの秘密活動の資金源となっていることを「正当化」していた。彼は、「アメリカのフリーダム・トレインは、世界中に広がっており、セックスは自由という究極の目的へ向かう途中の脇道にすぎない」と説明した。「武器の調達と輸送という仕事は、何よりも困難なことだ。だが、不可能はないし、やらなければならない。武器を持たない人間が、どうして戦うことができるだろうか？　アメリカ国民は暴力に関して過剰に騒ぐが、こうした作戦は必要なんだ。国民が意義を理解できない戦争への支援については、知らされないほうがいいのさ」

今にして思えば、レーガンは、自分が「物事の順序」と考えているものに対して「言い訳を並べる」という従来のバードの哲学にしがみつくのではなく、個人的な認識に合わせて現実を捻じ曲げていた。レーガンは、マインドコントロールを奴隷制度とは考えていなかったし、「そうでなければ何も得られない人たちにとってはありがたいこと」だと考えていた。「私のような近親相姦で虐待された多世代にわたる子供たちや、第三国やスラム街で貧困にあえいでいた野球選手が、才能を最大限に発揮して、社会、国家、世界に『コントラビューション』することで『ありのままの自分』になる機会を与えられている」というのが彼の主張であった。このような態度でもって、レーガンは「オズの魔法使い」として、私のようなモナーク・プロジェクトの奴隷を指揮するという忌まわしい役割に誇りを抱いていた。

その夜、バード上院議員はポン引きのような立場で、私をレーガンに売春させた。レーガンは、私を機械だと思っているのか、私ではなくバードに「この子は薬物をやっているのか？」と尋ねた。バードは「定期的にね」と答えた。私はレーガンの目がバードの発言を曲解して輝いたことに気づいた。つまり、バードの体内にあるどんな薬物も、排泄物を通じて私が「共有」していると考えたのだ。レーガンはのちに、大統領として、夜中に起きてトイレまで行かなくて済むような仕事をしてくれる性奴隷がよかったのだと私に語った。

「さて」レーガンはグラスを手に取り、こう言った。

「この子の体を火照らせられるのはアルコールだけだな。魔女《ウィズ》の覚せい剤《ウィズ》ほどハイにはなれないが」

バードは、レーガンの隠語を使ったジョークに笑い、スーツの内ポケットから金のコカインの小瓶を取り出した。2人はパーティーからそっと離れ、バードはレーガンに薬を鼻から「匙《さじ》で飲ませ」ていた。私がレーガンと去るときに、バードは「ロニーおじさんはママ（ナンシー）とは寝ないんだ」ということを教えてくれた。彼は、エルエルビーン（L.L. Bean）の水色のフランネルのシーツに、ナイトシャツ、馬鹿みたいなナイトキャップをかぶって寄り添うことを好むのだ。「そのほうが暖かくて、柔らかくて快適で、いびきをかかないから」だそうだ。

その後、寝室でレーガンは私の性的プログラミングにアクセスし、私は「ロニーおじさん」の娼婦として「自分の役割」を果たすことになった。レーガンはセックスの間、動かなかった。動くことは「私の義務」だったからだ。私の義務は彼を喜ばせることだった。どんなことでもしたし、とにかく時間がかかった。レーガンは決して私を傷つけず（その役割はほかの人に任せていた）、そうすることで、セックスのときにいつもアクセスする小さな子供（子猫ちゃん）の人格との「絆」を深めた。

レーガンは獣姦ポルノをあからさまに好んだ[2]。私のハンドラーによると、彼のポルノへの熱は、彼の政権下でその製造と流通をエスカレートさせたという。彼は、秘密活動の資金調達のためにポルノ産業を手放しで承認し、奨励したのだ。

「ロニーおじさんのベッドタイムストーリー」と呼ばれる、私やほかの人が出演した多くの商業用および教育用（私的）ポルノ映画は、彼の喜びのためだけに、彼の指示に従いながら、フリーダム・トレインの奴隷を使って製造された。レーガンと出会ってから、私は彼の変態的な欲を満たすために数々の映画に起用され、主にヤングスタウンのチャーム・スクールを現場として、彼の「チーフ・ポルノグラファー」であるマイケル・ダンテ[3]によって制作された映画に出演した。これらのビデオにはさまざまなテーマが暗号的にちりばめられていたが、そのほとんどは獣姦であった。レーガンは、私が彼に売春をしている間も、たびたびそのビデオを見て、可能な限り、そのポルノ映画を再現することを求めた。

レーガンのチーフ・ポルノグラファーであるマイケル・ダンテ、別名マイケル・ヴィティに初めて会ったのは、ナッシュビルの高級ホテルで、彼が「チャリティー」ゴルフトーナメントに出席していたときのことだった。ニューメキシコ州アルバカーキで行われたCIA工作員チャーリー・プライドのプロアマ・ゴルフトーナメントと同様、この「チャリティー」トーナメントは、このイベントで横行していたコカインや白人奴隷制度の隠れ蓑となっていたのである。ダンテと同様、ヒューストンも私もこのチャリティー・イベントによく参加していた。しかし、ダンテと私が出会うことになるのは、レーガンに会った後だった。

「ダンテ」は、最初の自己紹介の後、私をホテルの部屋まで連れて行った。彼はコカインを数列吸引し、私を商品であるかのように眺め回し、セックス・プログラムにアクセスした。そして横柄な態度で、俺を誰だか知っているかと聞いてきた。彼は、カリフォルニアのビバリーヒルズに住んでいて、映画を作っていると言った。私は興行的に失敗した『誇り高きインディアンの英雄・ウィンターホーク』のことを言っているのだと思ったが、彼は「ロニーおじさんが僕を連れてきてくれたんだ。君と一緒に『コントラビューション』して映画を作れってね。俺らが楽しくやって、おじさんも楽しくやって、みんながハッピーになる。きっと気に入るぞ、ベイビー。服を着ろ。下に戻って準備だ」と言った。

ダンテは頻繁に電話をかけてきて、援護者を通じて「私たちの愛」を公言し、ロニーおじさんの「ベッドタイムストーリー」や商業用ポルノを制作するために特定の場所（テネシー、フロリダ、カリブ海、カリフォルニアなど）で私に会う手配をした。彼は、将来私を所有するということをたびたび口にし、彼との生活がどのようなものになるかを思い描いていた。女性に対する彼の態度は、奴隷の所有者やハンドラーとしては異質で、自分の支配を正当化するために聖句を引用することも多かった。また、「議論するな」「話しかけられたときだけ話せ」「お前を従わせるから、時々殴られろ」「俺が気持ちよくなることと家事だけを気にかけろ」「俺が売春婦を必要とするときのために24時間待機していろ」とも言っていた。そして、彼のAVのトレードマークである奴隷のブレスレットを渡し、「女には鎖が必要だ。これは、完全なる従属と献身を公に知らしめるものだ。指揮系統を思い出させるんだ。女は男に縛られる。男は女に縛られてはいけない」と言っていた。

ダンテはもともと、コネチカットのイタリア系マフィアであったが、犯罪の諜報活動において、犯罪組織と政府が密接に連携することはよくある事実であった。私はダンテの仲間に何人も会ったが、マフィアとCIAを結ぶパイプ役として、すでに何人か共通の知り合いがいた。ガイ・ヴァンダージャクト下院議員、ジェラルド・フォード元大統領、ディック・ソーンバーグペンシルバニア州知事（当時）、ジム・トラフィカント下院議員、ゲイリー・アッカーマン下院議員、そしてロナルド・レーガンなどである。

ダンテはこのように言っていた。「レーガンがカリフォルニア州知事だった頃、一緒にドジャースの試合を見に行って、プレスボックスに座ったことがあるんだ。彼とはそこで知り合って、仲良くなった。彼とトミー（ラソーダ。ドジャースの監督で2人の共通の友人）と俺は、試合の後もパーティーをしていたのさ。俺は彼に女の子たち（奴隷）をあてがって、商売をしていた。まさに、トミー・ラソーダが引き合わせてくれた縁だね。きっと彼を好きになるし、会わせるよ。機会があれば、いつも一緒に試合を見に行くんだ。きっと気に入るさ。そうだろ？　報道関係者席が好きなんだってね、ベイビー？　ディックがそう言っていたよ」

私は、ディック・ソーンバーグが、かつて東部で行われた野球の試合中に私と変態的な性行為に及んだことを彼に話していたことにも驚かなかったし、ダンテがソーンバーグと政治や野球という共通のつながりを持った知り合いであることにも驚かなかった。

ディック・ソーンバーグは、私が大統領モデルのマインドコントロール奴隷であったときに、ペンシルバニア州知事をしていた。彼はその影響力を使って、コカインとポルノの流通のためにヒューストンをペンシルバニアの州や郡のフェアに毎年連れ出し、定期的に私と性行為をした。ソーンバーグはコカインのヘビーユーザーであり、ＣＩＡの秘密活動、特にモナーク・プロジェクトに深く関与していた。彼はマインドコントロールの信奉者で、セックスの訓練や政府の作戦だけでなく、スポーツにおいてもマインドコントロールを利用していた。野球好きのソーンバーグは、レーガン、ダンテ、ラソーダと多くの秘密を共有していた。

１９８７年、私はＮＣＬのノルウェークルーズ船で筆跡分析の講義を受けていた（秘密工作のための隠れ蓑だった）。そこにはソーンバーグと彼の友人でシカゴ・カブスの野球スカウト、ジェームズ・ゼリラが出席していた。その後、ゼリラは私に、委員会が「１００万ドルの赤ん坊」と呼ぶ、野球選手たちの筆跡を契約前に分析する仕事を依頼してきた。ソーンバーグは、この仕事は私のスケジュールと合わないかもしれないと説明した。それでも、私たちはクルーズの途中で何度か会った。それは、いつもセックスのためだったが、仕事の話をすることもあった。

私の頭の中には、レーガンのために作られ、ソーンバーグ、ラソーダ、ダンテ、ゼリラなど多くの人が使っていた「野球コンピューター」がプログラムされていた。このコンピューターには、彼らが関心を寄せる統計や、マインドコントロールされた野球選手のコード、キー、トリガー、ハンドシグナルが詰め込まれていた。ゼリラとソーンバーグは、ドミニカ共和国にあるCIAの野球用マインドコントロール農場に新しい奴隷をスカウトしに行くために船に乗っていた。彼らは、不正なゲームのギャンブルで大金を手にする見込みについて興奮気味に話していた。私は、多くのプロ選手、特にラソーダのドジャースがマインドコントロールされ、オーナーの賭けや好意に従って勝ったり負けたりするように仕向けられていることを、何年も前から知っていた。レーガンの「好きなアメリカの娯楽」の球団であるドジャースは、レーガン政権下でワールドシリーズに連続優勝している。マフィアもこの賭博に関与しており、私の「野球コンピューター」のプログラミングから得た情報は、ソーンバーグなどを通じて特定の人物に伝えられていた[4]。

誰に言われて無理やり受けた整形手術なのか、今でもよくわからないが、レーガンとダンテに会った後、私はすぐに豊胸手術を受けることになった。おそらく、ポルノのためだろう。もしかしたらレーガンの好みだったのかもしれない。私の胸はもう授乳期ではなかったし、その2つの理由が相まって命じられたのだと思う。レーガンがダンテに指示して、米領ヴァージン諸島のセント・トーマス島で制作した最初の商業ポルノ映画に出演した際、私の胸はシリコン注入手術の影響でまだ柔らかく、腫れていた。

レーガンに会った後、私が「作り直した」のは、外見だけではなかった。アキノと私は、安全保障上の理由から、バード上院議員のコントロールを無効にするために、私の基本コア・プログラムを修正することを目的としてワシントンD.C.に呼ばれた。レーガンが撃たれ、安全を確保するために特別な予防措置をとることになり、その一環としてアキノに私のプログラムについて指示したのだ。アキノは狼狽し、困惑していたが、レーガンは、この陸軍中佐がマインドコントロールのトラウマを植え付ける目的で演じたオカルト的役割を賞賛していた。レーガンは、私のようなマインドコントロール奴隷と同様に、大衆は宗教を通してもっとも簡単に操れると信じていた。

レーガンは、アキノをワシントンD．C．に滞在させている間、数人の南・中央アメリカの外交官を支配するための迷信を強化するために、ホワイトハウスのパーティーに黒い祭服を着て来るようアキノに要求した。そのため、アキノの姿は、仲間たちの目には愚かに映った。心理戦のために信じているふりを装っているというのが彼らの知るアキノであったが、ホワイトハウスに扮装して現れたことで、アキノ自身がその迷信を信じているように見えたのだ。アキノはレーガンに仕返しをした。その夜、私がレーガンに売春させられる数分前に、アキノは私に密室で性交するよう命じた。射精が終わると、彼は私の背中を叩きながら、「そいつをボスに持っていけ」と無礼なことを言った。

それより前に、レーガンはアキノに、ハウツービデオに描かれている「スピン」プログラミングに従って、私にプログラミングする方法を指示した。レーガンは、「プログラムしろ」と、まるで私を物のように扱いながら、「1番目にしてくれ」と言った。

「私は1番が好きだ。1番が好きなんだ。1番は最高だし、自信を持たせてくれる。勝利したような気分になれるのさ」

私は、アキノが、彼に意見できるだけの勇気を持つ人に向ける、知的な嫌悪感を抱いた表情を浮かべながら、その要求を少し考えて、表情を和らげたのを見た。ハウツービデオでは、6回回ったところで、セックスの「燃えたぎるような火をつける」ことになっていたので、まさかはじめからセックス・プログラミングが組み込まれていると思う人はいないだろう。最初のプログラムからは少し修正が必要だが、アキノはこのアイデアに賛成した。レーガンの指示に従って私をプログラムすることで、アキノはレーガンを守ることができたし、当時のプログラムは、レーガンに会うとすぐにレーガンのナンバーワンになるというものに取って代わった。この効果的な安全対策は、レーガンの前で私が瞬時に制御不能になるのを初めて見たバードを激怒させた。

さらにレーガンは、アキノがさまざまな軍や政府の施設で私を利用して、「大統領モデル」プログラムの多様性を示すことによって、「最先端の訓練」である「実践的なマインドコントロール・デモンストレーション」を提供する方法を議論した。レーガンは、実践的デモンストレーションによって「マインドコントロールで起きるすばらしい現象を軍の青年たちに教育することができる」と言った。「実践的」とは、私のセックス・プログラミングが「彼らの興味を刺激し、彼らを閉じ込める（結びつける）」ために使われることを意味していた。つまるところ、「軍を楽しませることは、アメリカの長年の伝統」なのである。

こうしてアキノがプログラムを作成し、レーガンはデモンストレーションの手配を始めた。そして、これがディック・チェイニーとの話につながっていく。チェイニーは、実践的マインドコントロール・デモンストレーションやその他の秘密工作の「司令官《コマンダー》」であり、以降、共に行動をすることになる人物である。

1 マインドコントロールされていた私には時間の概念がなかったため、80年代は長い1日のように感じられ、正確な日付を見分けることは非常に困難であった。さらに、この頃の私は、特定の人物との出会いはすべて「初めて」であると信じるようにプログラムされていた。だが、1978年、フロリダ州タイタスビルにあるNASAのケープ・カナベラルで、レーガンのための条件付けとプログラムを行っていたことは確かだ。

2 レーガンは獣姦などの非合法ポルノビデオを好み、雑誌はラリー・フリントの『ハスラー』を愛読していた。

3　ハリウッドに暮らすダンテは、ホワイトハウスの公式ポルノグラファーであったラリー・フリントに対抗して『ハスラー』のスチール写真をビデオ化する「チーフ・ポルノグラファー」の称号を得た。ダンテは脅迫目的で政治家たちの変態的嗜好を秘密裏に撮影していたが、レーガン、ブッシュ、フォードの各大統領、CIA長官のビル・ケイシー、国連大使のマデリーン・オルブライトといった新世界秩序の仲間を通じてフリントが確立してきたような国際的な評判を得るには至らなかった。一方でフリントは、レーガン、ブッシュ、フォード、CIA長官のビル・ケイシー、国連大使のマデリーン・オルブライト、上院議員のバード、スペクター、下院議員のトラフィック、ヴァンダージャクト、知事のソーンバーグ、ブランチャード、アレクサンダー、カナダ首相のマルロニー、メキシコ大統領のデ・ラ・マドリ、サウジアラビア王のファハドなど、さまざまな世界の指導者たちを通じて、新世界秩序の仲間たちから、国際的な評判を得ていた。

4　救出されてからも、ジョージ・ブッシュ・ジュニアのテキサス・レンジャーズの勝利から、NAFTAの影響で政治的熱狂の中にあったカナダでのトロント・ブルージェイズの勝利まで、政治的な意図によって生み出される勝者を「予測」するという私の能力は、衰えることがなかった。

第10章
「司令官《コマンダー》」ディック・チェイニーとレーガンの「実践的マインドコントロール・デモンストレーション」

注：私の経験を正確かつ詳細に記録することに忠実でありたかったため、この章では現実に起こった出来事と言葉をそのまま記録している。攻撃的で汚い言葉を用いたことをご容赦いただきたいが、これらはチェイニーの言動そのものである。

ホワイトハウスのカクテルパーティーに出席したとき、いつものように、打ち合わせのために脇に連れて行かれ、大きなオフィスに案内された。そこでは、レーガンとチェイニーが「カクテルパーティー前」のコニャックを飲んでおり、レーガンはすでに頬を紅潮させていた。彼は急いでいて、会議の目的を手短に説明した。「君は男が行列をつくるような女だ」（これは、私がセックスを強要された軍人たちのことを暗に意味していた）。「だから君を選んで、中佐（アキノ）と一緒に、空軍の基地をいくつか回って、大統領モデルの訓練を受けた兵士たちに、一種の『実践的』デモンストレーションをしてもらうことにしたんだ。だが、その役のためのオーディションを受けなければならない」。レーガンはグラスを空け、ドアに向かって歩きながらチェイニーにジェスチャーをして「彼の言うとおりにするんだ。彼は君の司令官だ」と言った。

ワイオミングでチェイニーに追われ、残忍な目に遭ったのは8年前のことだった。彼はレーガンの「マインドコントロール・デモンストレーション」を実施する前に、私のプログラムがどの程度進歩したかを確認したかったようだ。彼は私の髪を乱暴につかむと、黒革の椅子に座らせ、スタッズのついた高い肘掛けの上に、頭を後ろ向きにして倒した。「ここでオーディションを受けろ」と彼は低い声で言った。最後に彼に会った後、私はオズの魔法使いのブリキ男のプログラミングをされていたのだが、彼はその大きくて太いペニスを収めるため、私にアクセスした。彼は私の顎に手を当てながら、「もうすぐ、油を塗った機械のように、お前を鳴らしてやるぞ。お前のすべての可動域が、簡単に滑るように動く。俺の手に溶けるようになじむんだ。お前の顎が滑り落ちないように握っているから、時間の窓をすり抜けるんだ」と言った。そして彼は私の顎を関節から外し、乱暴に私の喉で自分を満たした[1]。

彼がタバコに火をつけると、私は徐々に集中力を取り戻し、自分が苦しんでいることに気がついた。後頭部が椅子の鋲に突き刺さって痛み、ゆっくりと頭を上げた。すると、ちょうど私の所有者であるバード上院議員が入ってきたので、チェイニーがすでに「オーディション」を終えたのだと理解した。バードは、スタンガンの高電圧で私の記憶を区分けすることに言及し、「こいつを焼いたか?」と尋ねた。

チェイニーは、いつものように自信満々な様子で、「この女がワシントンの男全員とヤレるはずがない」と答えた（いくら一生懸命話したところで、どうせ誰も私のことなど信じないだろうということだ）。チェイニーはタバコの火を消すと、「この女なら大丈夫だ」と言いながらドアから出て行こうとした。「ロニーに彼女ならうまくいくと伝えてくれ」

私の唇から血が出ているのを見たバードは、この傷のせいで予定されていた別の任務を果たせなくなるかもしれず、苦々しい顔でチェイニーを「クソ野郎」と呼んだ。バードは私の腫れた唇に指を触れ、血（とチェイニー）を何度も味わった。そして、私の顔を強く叩き、顎を元に戻したが、顎からはますます血が流れ出た。彼が机からティッシュの箱を取り出して投げつけると、ティッシュの箱の角が額に当たった。

「自分で拭けよ。これからが本番だぞ。今回のことは見逃してやる」

幸いなことに、バードにはカクテルパーティーに戻らなくてはいけない理由があり、私をさらに痛めつける時間はなかった。私の顔はひどく殴打され、口は裂け、喉まで裂けてしまったような感じだった。しばらくは何も飲み込むことができず、話すこともできなかった。カクテルパーティーに戻れるような状態ではなかったので、エージェントやガードマンに付き添われて外に出た。

ワシントンを離れる前、バードから脅迫を受けた。彼はホワイトハウスの奥まったところにある青い寝室で、私がチェイニーと会うように仕向け、「誰にもお前の叫び声やうめき声は聞こえないだろう」と言った。チェイニーはオズのテーマである「沈黙」の条件付けを使って私を残酷に性的に暴行し続けた。

「バードから鞭打ちが必要だと聞いたよ。どの道具がいいかわからないから全部持ってきたんだ」

チェイニーは通常の鞭、乗馬鞭、九尾の猫鞭[五]をベッドの上に並べていた。バードは痛がる私に満足を覚えていたが、彼の場合は、自分の緊張をほぐすかのように素早く激しく私を叩いた。チェイニーが枕を私の首の下に入れ、髪をつかんで、頭を後ろに曲げたとき、私は意識を取り戻した。彼が頭上にまたがってきたとき、私の生存本能が働いた。私は、彼が再び残忍な行為に及ぶ前に、彼を満足させたいと思った。しかし、彼はす

五　こぶのついた9本の縄をつけた鞭。罪人を打つためや、海軍の刑罰に使われた。

ぐに液体コカインの噴霧器を取り出し、私の喉に噴霧し、乱暴に行為を進めた。しばらく経つと、彼は私の頭を引っ張り、「今のは、歯か？」と聞いてニヤッとした。アキノのプログラムでは、歯を当ててしまったら死ぬことになっている。だから、私は彼に歯を当てないようにしなければいけなかった。チェイニーは、これが私のプログラミングであることを知っていて、たびたびそれを使って私を操った。私は「命がけで彼を満足させること」を再開した。もちろん、そうでなければ死んでしまうからだ。「命がけで満足させる」というのも、チェイニーが意図して使ったアキノのプログラミングの言葉である。やがて彼は満足すると、倒れ込むように寝てしまった。チェイニーは寝ているときに私が近くにいることを極端に嫌い、すぐに出て行くよう指示していた（仲間内でも彼は異常なまでに神経質だと言われていた）。そのため、私は服を着ると、外に連れ出された。

レーガンの実践的マインドコントロール・デモンストレーションの「拠点づくり」のために、私はアキノとチェイニーの両氏から大量のプログラミングを施された。チェイニーは基本的なルールを作り、アキノは細かいプログラミングを行い、さまざまな軍やＮＡＳＡの施設で私と一緒にデモンストレーションを行った。

レーガンは、このデモンストレーションに、ハウツービデオで描かれているすべてのプログラミング、ビデオが作られた後に植え付けられた追加のプログラミング、場合によってはドラッグの使用、そして講義に出席していた人は誰であれ、どんなやり方であれ、アキノの指示に従ってセックスを行うことを取り入れるよう望んだ。チェイニーの個人的な「好み」で追加されたのは、高電圧の円筒形の牛追い棒で膣内を突いてプログラミングを行うというもので、まさに完全なマインドコントロールの一例となった。

私はいつも２人のエージェントに腕を組まれた「オズスタイル」で、ペンタゴンの階下のチェイニーのオフィスまで案内された。バードが私を連れて行くこともあった。ときには、チェイニーに建物内を案内されることもあった。特に「宿泊小屋」と呼ばれる彼の個人的な部屋に行く場合はそうであった。

チェイニーのオフィスには、黒革の家具、乱雑な茶色の大きな机、巨大な本棚、そしてオズのプログラミングに従っていつも使っていた砂時計があり、自分の命が彼の指揮下にあることを思い知らされるのだった。多重人格障害としてプログラムされた私には、時間の概念がなかった。砂時計は、「私の時間がなくなっていく」ことを目に見える形で示し、その概念を実際に把握させるものであった。

私が初めてこの場所を訪れたとき、チェイニーは乱雑な机の上をかき分け、紙を手に取り、読み上げた。

「1つ、俺はお前の友人ではない。俺が来ることを命じない限り、お前に会うつもりはない。2つ、中佐（アキノ）の命令には従え。彼がお前に命じたことは、俺からの命令だ。命懸けで従え。もちろん、命懸けでだ」

そしてチェイニーは机の手前に回り込むと、冷たい目で私をじっと見つめた。

「何か質問は？」

チェイニーが「友人ではない」ことはわかっていたが、彼は別の場所で、すでに私を性的な目で「見て」いたではないか。私は戸惑い、躊躇した。黙っていると、チェイニーは私のためらいを察知して激怒した。

彼は私の顔を見て、胸骨を指でつつき、「俺の言うことに疑問を持つな！」と怒鳴った。

「俺が何をするか、何を考えるか、何を言うかについて、疑問の余地はない。お前への命令ははっきりしている。今すぐここから出て行け！　俺には仕事があるんだ！」

それから3年間、アキノ陸軍中佐はレーガンの計画とチェイニーの命令に従って、全米各地の陸海空軍やNASAの施設で実践的なデモンストレーションを行い、私を利用した。このデモンストレーションについて知る上層部は、1つの施設につき3人から20人程度であった。最後に、アキノはいつも彼らを「説得」して並ばせ、私は命令に従って一人ひとりと性行為をさせられた。大人数のときには肉体的な苦痛を伴ったし、少人数のときにはレーガンの獣姦の趣味を暴露するなど、ルーティンから外れることもたびたびあった。アキノは、私の人格を「スイッチ」させるためにさまざまな方法を取り、私は膨大な量の高電圧や拷問に耐え、レーガンの実践的マインドコントロール・デモンストレーションの後には何日も疲れ果て、身体的にずたぼろの状態だった。

1 私の顎にはチェイニーの行為による後遺症が残っている。慢性的な顎関節症である。

第11章 フィリップ・ハビブ「おとうさん」

私のハンドラーであるアレックス・ヒューストン（CIA工作員）は、1985年の春に、ニュージャージー州アトランティック・シティのプレイボーイ・クラブでカントリー・ミュージックのエンターテイナー、ロレッタ・リンと共演する予定だった。だが実を言うと、彼はその公演に私が参加することを望んでいなかった。彼は、ショーの後、「バニーたちの昼食としてニンジンのように振る舞う」つもりでいたので、私が邪魔だったのだ。しかし、私は別の種類の「ウサギ」と一緒に、ホワイトハウスでの仕事に参加しなければならなかった。レーガンは、いつも不思議の国のアリスの白ウサギのような不可解な役回りを演じながらマインドコントロール奴隷たちに応対する個人秘書、（今は亡き）フィリップ・ハビブに、私と会うための手配をさせていた。こうして指令が下ると、ヒューストンは私を連れて行かなければならなかった。

CIA工作員のケン・ライリーは、ロレッタ・リンの巡業公演マネージャー兼モナーク・プロジェクトのマインドコントロール・ハンドラーとしての役割を担うネオナチ小児性愛者で、アレックス・ヒューストンの誰より親しい友人であった。ライリーは、ロレッタとヒューストンの共通のタレント・エージェントであるレジー・マクローリンを通して、私たち全員が一緒に移動できるように手配をしていた。特に今回のプレイボーイ・クラブのように政府の秘密工作に関わる場合がそうだった。ロレッタの歌手としての活動と政治的なCIAの秘密作戦は、常に同義語だった。レーガン政権時代、ライリーは何度も彼女をエスコートしてホワイトハウスに出入りしていた。そのため、ライリーは私のバックアップ・ハンドラーという2次的な役割も担っていた。彼はたびたび私に関する命令を持ってD.C.から戻ってきた。

ヒューストンとライリーは多くのことを共有していた。CIAの秘密工作、カントリー・ミュージックへの関心、ネオナチとアメリカ政府のマインドコントロール、モナーク・プロジェクトの方法論、奴隷売買[1]、ポルノ、コカイン、小児性愛者の活動などである。ケリーとライリーの幼い娘は、たびたび一緒にポルノを撮影され、何度もヒューストンとライリー[2]による性的暴行に耐えなければいけなかった。

今回のアトランティック・シティへの旅では、ロレッタの夫、ムーニー、ライリー、ヒューストンが仕事で顔を合わせることになり、ロレッタと話をする機会があった。ロレッタと私は、1981年にミネソタ州ミネアポリスで出会い、自分たちの被害について語り合ったのだが、以来、一緒に過ごす時間が制限されていたほど共通点が多かった[3]。

プレイボーイ・クラブのロレッタの楽屋で2人きりになったとき、私たちは母親としての在り方からホワイトハウスのことまで幅広い話題について語り合った。レーガンについては「オズの魔法使い」の用語を使って話したが、大抵は、自分たちが言うように訓練された一般的な賞賛を復唱した。また、私たちはレーガンがライリー経由で教えてくれた、エア・サプライの「お気に入り」の音楽についても話をした。エア・サプライの隠語が用いられたNASA／モナーク・プロジェクトがテーマの曲は、レーガンの意図に従って、私たち2人にとっての「生命と呼吸」となり、私たちがプログラムされた彼への献身を確固たるものにした。さらに私たちは、ロレッタが最近出席したホワイトハウスの就任式パーティーのことを話した（私はライリーがパナマの独裁者でCIA工作員のマヌエル・ノリエガと会うためにパナマまで行き、就任式のパーティーでレーガンに情報を届けるということをヒューストンから聞いていたので、彼女がそこで音楽活動をしたことを知っていたのだ）。

ロレッタと私は、お馴染みの隠語を使っているうちに、気がつけば自然と人格が入れ替わっていた。私たちはノリエガやバードといった禁断の話題で盛り上がったが、ライリーとヒューストンに見つかり、まるでいたずらっ子たちのように引き離されてしまった。アトランティック・シティで、私はロレッタについて想定していた以上のことを知ることができたが、彼女とこのように自由に話す機会は2度と許されなかった。

このアトランティック・シティへの旅は、私が参加せざるを得なかった政府の作戦としてはさして珍しくもない多目的なものだった。空港でノリエガが関与する大きなコカイン取引に立ち会うこと、コントラに関するメッセージをフィリップ・ハビブに届けること、ハビブのプログラムを通じて、レーガンに応じること、カントリー・ミュージックの「エンターテインメント」、レーガンの指示に従ってハビブに体を売ること、などである[4]。

アトランティック・シティに日が沈む頃、ヒューストンは高度な秘密作戦に使われる「モナーク・プロジェクト・オズ」のプログラムを起動し、私にそれらしい服装をさせた。私は、「大統領モデル」の役割を示すために本物と偽物のダイヤモンドを、オズのプログラムを受けた売春婦の人格を示すためにルビーを、そしてオズのプログラムによって麻薬ビジネスを行うことを示すためにエメラルドを身につけた。これは、私がそのとき、どのような活動をしているのかを、相手側に物理的に示すためのものだった。この3つを同時に身につけることはめったにないのだが、ハビブといるときには確実に適用された。

ヒューストンは、オズのかかしのように歩き、『フォロー・ザ・イエロー・ブリックロード（黄色いレンガ道をたどって）』を歌いながら、ハビブと会う予定のホテルのカジノに向かって、ウォーターフロントの遊歩道に私を連れ出した。

それからヒューストンは私をホテルの豪華なエスカレーターに乗せて、ハビブが大金を賭けてトランプに興じている賭博場まで連れて行った。ドアの警備員はヒューストンを通さず、私だけがハビブのテーブルに通された。彼に近づくと、ハビブは椅子にもたれながら、私が静かにオズの隠語で「あなたに会うためにこんなに長い長い道のりをやってきたのよ。ロニーおじさんがあなたに贈り物があるって」と言うのを聞いていた。

「それは何だ？」と彼は大声で尋ね、私をじっと見て笑った。

私のプログラムは強固なものであったため、答えることはできなかった。彼は部屋の鍵を渡し、私を引き寄せ、催眠術のようにささやいた。

「鍵を使え。鍵を穴に差し込め。回すんだ。ドアを開けて、時間の窓を通り抜けろ」

ハビブのテーブルにいたほかのギャンブラーが苛立ちを見せ始めたので、私はすぐにギャンブルルームを出て行った。

ハビブの部屋に着くと、彼のボディガード2人が私のプログラムにアクセスした。

「まず第一に話すべきは……」と私はレーガンのメッセージを読み上げ始めた。これは翌朝に、この2人の護衛が、軍の小型飛行機で到着する大きなコカインの積荷を受け取るようにというものだった。ヒューストンと私はその飛行機に乗り、ワシントンD.C.に向かう。そこでこの作戦の私の役割は完了するのである。

ハビブが到着すると、彼は私をスイートルームの寝室に案内し、自分のボクサーパンツとガーターソックスを脱ぎ始めた。彼は私が最近出演したダンテのポルノ映画を引き合いに出し、「君のフリルのついたテニスパンティーがよかったよ」と言い、ピンクの下着とテニスウェアに似たフリルのついたウェアを投げつけると、「着てみろ」と命令した。私はそれに従った。さらに、彼は猫のぬいぐるみを枕に投げつけて言った。「その子猫は、この子猫（私を指す）が叫ばないようにするためのものなんだ。これからトゥイードル・ディーとトゥイードル・ダムのゲームをしよう」（これはSMゲームのことだった）。

ボクサーパンツを穿いたハビブは、不思議の国のアリスに出てくる暴力的な登場キャラクターと姿形がそっくりだった。私の喉から出るヒステリックにコントロールされた笑い声を聞くと、彼はさらに激しい虐待行為を行ってきたが、（幸いにも）彼がベッドの4つの柱に重いロープを結び始めたので、恐怖で声が出なくなった。命令された私は、ベッドの上に這い、腹ばいになると、彼は私を強く縛って、引き伸ばした。彼は猫のぬいぐるみを私の口の下に押し込むと、後ろから乱暴に私の中に入り、「おとうさんのところにおいで」と言った。

肛門を残虐にいたぶられる激しい痛みは耐え難いものだった。高電圧のスタンガンで何度も揺さぶられ、私は彼を悦ばせるようなけいれんを起こしながら、直腸筋を収縮させていた。だが、スタンガンの高電圧に耐えきれず、すぐに気を失った。吐き気と混乱と激痛に襲われながら、猫のぬいぐるみを手にドアからよろよろと出てきたのは、午前3時近くになってからだった。ヒューストンに連れられてプレイボーイ・クラブへ戻ると、涼しい海風が正気に戻してくれた。

ヒューストンは、私がレーガンへのメッセージを翌朝ワシントンD.C.で伝えるようプログラムされていることを知っていた。彼はタイミング良く、電気信号とプログラムされたコード（情報が洩れないようにするためのもの）を突破し、情報にアクセスすることができた。ヒューストンは、このときアクセスできたメッセージの記録（写真や台帳も含む）を、個人的な利益と万が一、自分を守る必要が出てきた際の脅迫目的で、文書に残していた。今回の場合、ヒューストンのパナマでの活動、彼とライリーの間で交わされた会話、そして彼がアクセスしたメッセージに関する私の記憶から推測するに、彼がこの情報を引き出した目的は、ノリエガとの裏取引で個人的に利益を得るためだったようである。ノリエガとＣＩＡの関係が崩壊したのは、こうした取引だったのだと私は理解している。

眠れないうちに朝を迎え、ハビブのボディガードがヒューストンと私を迎えに来て空港まで送ってくれるのを歩道で待ちながら、私は疲れきって頭がボーッとしていた。空港に着くと、フェンスで囲まれた制限区域に小型の軍用機が駐機していた。２人のボディガードは自分たちの業務を行い、予定通りトランクにコカインの束を素早く積み込んだ。ヒューストンと私は飛行機に乗り込み、ワシントンＤ．Ｃ．に飛んで、レーガンにハビブのメッセージを届けた。銀行の取引番号は、のちにケイマン諸島の口座番号であることが確認された。

フィリップ・ハビブは、レーガン／ブッシュ政権の間、私が参加させられたさまざまなＤＩＡ／ＣＩＡの作戦に直接関与していた。ディック・チェイニーはこれらの作戦の司令官としての役割を保持していたが、ハビブは国際的な「外交関係」に関わる私の行動を指揮した。チェイニーが机上で指揮を執るのに対し、ハビブはレーガンの「付き人」として現場で活躍していたのだ。

これから述べる作戦は、あくまでも私の経験則からのものであり、私が知り得ないほかの側面も含まれている可能性が高い。典型的なＤＩＡ／ＣＩＡのやり方で、わずかな「知るべき」情報でさえも、「左手は右手のやっていることを知らない（こっそりと悪事が行われている）」という結果になっている。とはいえ、ここに記した「伝書バト作戦」と「シェルゲーム作戦」の犯罪目的は変わらない。

1 ライリーは、長い間、何人もの奴隷を所有していた。

2 ライリーは、私の父やウェイン・コックスなどと同様、1984年のレーガンによる国家安全保障法改正で「国家安全保障上」の問題から、子供や人類に対する犯罪の訴追を免れたままであるようだ。

3 禁断の会話のきっかけとなったロレッタの手書きのメモを今も持っている。いつかロレッタが回復し、心の平安を取り戻すことを願う。

4 ヒューストンは政府の方針に反抗し、個人的な利益を求めて以前この情報にアクセスしていたため、ディプログラミングの過程で、私はこのことを素早く思い出すことができた。

第12章
伝書バト作戦

「ハト」という言葉は、1980年代前半にバード上院議員とプエルトリコの麻薬王でCIAの工作員であるホセ・ブストとの間で初めてメッセージをやりとりしたときから、私にとっては馴染みのある言葉である。ヒューストンは当時、旧サンファン大聖堂をねぐらにしているハトの群れに餌をやりながら、「ハトはメッセンジャーとして使われるんだ」と簡単に説明してくれた。国防情報局のマイケル・アキノ陸軍中佐は、「実践的なマインドコントロール・デモンストレーション」で、たびたび私のピジョン・プログラミングを作動させた。

80年代半ばに私が「伝書バト作戦」を知ったとき、ディック・チェイニーから「ハト」という言葉の意味をさらに詳しく教えられた。「お前は、『伝書バト作戦』のために（プログラムされた奴隷の）群れから選ばれたんだ。命令に従ってA地点からB地点にメッセージを運ぶためにね。一旦小屋を飛び出したハトに飛行の自由はなく、A地点からB地点まで最短ルートでメッセージを届けるという任務を遂行するんだ……つまり直行ルートだ。俺がお前のルートを指示するから、お前は命令通りにメッセージを届けるんだ」

しかし、「伝書バト作戦」において、レーガン大統領ほど雄弁に私のハトとしての役割を定義した人物はいなかった。作戦に参加した全員が使っていた暗号のような「ハト語」には、「オズの魔法使い」「不思議の国のアリス」「瓶の中の精霊」といったプログラミングのテーマの隠語が混じっていた。ハトとはメッセンジャーのことだが、「運搬バト」というときには、武器や麻薬を実際に輸送したアメリカ空軍の航空機のことを指す。また、「ハトの落とし物」は、武器や麻薬が目的地に到着した後に、それらが多国籍に分散されることを指す。「ハトの巣箱」とは、犯罪行為を隠蔽することである。だが、これらの定義は、当時も今も、私が理解している以上に深く、多様な意味を含んでいるのかもしれない。

ハビブの好きなプログラミングのテーマは「不思議の国のアリス」「鏡の国のアリス」であった。その理由は、これらが世界的に知られたテーマで、プログラムされた参加者を瞬時に解離させる非常に効率的なNASAの鏡・時間・無限宇宙プログラムと関連していたからである。彼は不思議の国のアリスの隠語を常用し、トゥイードル・ディーとトゥイードル・ダムの残虐な倒錯ゲームのように、こうした言葉をセックスにおいても使っていた。ハビブが「伝書バト作戦」を指揮していたせいで、このCIAの秘密作戦は、最初から最後まで、不思議の国の鏡のテーマがちりばめられていたのである。

私のCIAハンドラーであるアレックス・ヒューストンは、「フロリダへの」短い1人旅から帰ってきたばかりで、きれいに包装された箱を持っていた。「君の友人からだ」と彼は箱を手渡しながら言った。「寝室に行って、中を開けて、『姿見』を通して見てみよう」

この言葉によって起動した私は、命令通りに機械的に寝室へと歩を進めた。

箱からシルバーメタリックのリボンと包みを外すと、珍しいキラキラしたシルバーの生地で作られた高価でエレガントなドレスが出てきた。そのドレスの上には、フィリップ・ハビブが差出人だと一目でわかる、ブルーの濃淡のある文字で書かれた真っ白な便箋が置かれていた。そこにはこのように書かれていた。

最後に会ったとき、君の熱で溶けてしまったよ
私の鏡が。
その鏡を君のために作り替えた。
君の体型を強調するようにカットし、
君がそこに溶けるとき、
液体となった鏡のプールで
君は自分を見失うんだ。
鏡の中に入って
鏡のプールに身を沈めて
次元をまたぐのだ。
そこで会おう……
私の友人たちと共に。

そこには「情熱的なフィリップ・ハビブ」というサインが入っていた。まるで鏡に映したように、彼の名前は逆さまに書かれていた。

ヒューストンはメモがあることを知り、「メモを見せるんだ」と命じて、私の手からメモを奪い取った。そして、ドレスのほうに向かってジェスチャーをした。

「このメモを読む間に、着ておいてくれ。さて、何て書いてあるのかな？『おとうさんのところにおいで』かな？」

私は箱からワンピースを取り出した。今まで感じたことのない得体の知れない感触だった。サテンのように冷たく、シルクのように薄かったのである。これを着たらハビブが現れるような気がして怖くなり、私はめそめそと泣き出した。

「それを着て、チャックを閉めるんだ」

私が着替えをしている間、ヒューストンは財布から別のメモを取り出し、それを読み上げた。

「ドレスと一緒に履く、魔法の靴がある。光り輝く靴だ。ルビーのスリッパ（オズの魔法使い）よりも速く移動《トランスポート》できる。この靴もまた君のために作ったもので、これを履けば王になれる。これについては、しかるべき時期に送ろう」

ヒューストンはメモを財布にしまった。

「ほら、もうどこにも行かせないよ。履く靴ができたら、ホワイトハウスで彼に会うんだ。それを履くんだ」

私は言われた通りにした。それからヒューストンは、ハビブの不思議の国の残忍なセックス・プログラムにアクセスし、自分を満たした。その後、私はそのドレスをケリーのクローゼットに、ほかのトリガーとなる洋服と一緒に吊るした。

その後、靴が届いた……。ハビブが「靴を送ってくれた」のは、それからすぐだった。光沢のある黒で、ヒールの下とサイドに銀色の稲妻のようなものがついている。その夜、ヒューストンは夕食の代わりに「ワンダーランド・ウエハース」（MDMA／XTC／CIAのデザイナードラッグ「エクスタシー」）を私に与えた。そのウエハースには、ハビブから提供されたものと同様の「私を食べて」というトレードマークが記されていた。私は指示されたとおり、夜の外出の準備を始めた。ヒューストンはドラッグで浮かれながら私にドレスを着せ、鏡の前に向かわせた。靴を履くと、ヒューストンはポケットからハビブからのメモを取り出して読み上げた。

ルビーのスリッパより速くトランスポートするための、光るもの。
かかとを打ち鳴らせば（私はそれに従った）、すぐにそこに行くことができる。
電撃的に、雷鳴のように。
電光石火で。
だから、大事なデートに遅れないように。

ヒューストンにスタンガンを当てられ、私は気を失った。その後、ナッシュビル空港まで送られ、小型飛行機でワシントンD.C.に向かった。

ホワイトハウスではバードと一緒に、20〜30人ほどの小さなカクテルパーティーに出席した。レーガン大統領と話をした後、バードはフィリップ・ハビブを指さして、私を彼のところへ行かせた。催眠術のようにささやくハビブに、私の目は釘付けになった。

鏡に溶け込みながら、
しびれるような乗り心地を体験しろ。
黒い俺の溶けるような鏡の目を
じっと見るんだ。
俺を映す君は、君を映す、
俺を映す君、君、俺、君、俺、
一緒に溶けて、あの世に深く沈むまで、見つめるんだ。

ハビブは私を隣の部屋の静かな場所に連れて行き、新たにワンダーランド・ウエハースを取り出し、不思議の国のアリスの隠語で「ワンダーランドへようこそ、子猫ちゃん」と言った。「とても大切な日だ。説明している暇はないんだ」。そしてウエハースを渡し、こう続けた。「食べたら、ドアを開けてあげるよ」

ハビブは私の手を引いて、別の部屋の入り口に案内した。そこはダイニングルームのようなところで、カジュアルな集まりだった。ハビブが現れると、サウジアラビアのファハド国王がテーブルからさっと席を立ち、近づいてきた。色鮮やかなローブをまとい、黒茶色の縄模様の入った頭飾りをつけている。その「邪悪」で淫《いん》靡《び》な視線に、私はすぐさま嫌悪感を覚え、別室のほうに向かって恐る恐る後ずさりをしていた。すると、ハビブが彼を紹介した。「手紙に書いた『私の友人』の1人だよ」

私はロボットのように「お会いできて光栄です」と答え、チャーム・スクールで教えられたように手を差し伸べた。ファハドは私の手にキスをしようと身をかがめた。そして邪悪な黒い瞳で私を見つめながら、「君の美しさは、私の炎を温めてくれる。私の目の闇の奥に光る炎を見るんだ」と言った。それから、NASAの催眠術の効果にいたずらっぽく笑った。

ハビブは、まるでお互いをよく知り尽くしているかのように、彼の肩を叩いて、「俺は正しいかい？　その女は王にぴったりだろ？」と言った。

私たち3人はハビブが使っている客用寝室と思われる別の部屋へ入った。彼はドアを閉め、私に言った。

「外交関係はとても大切なものだ。『ローマに行ったらローマ人と同じようにしろ』ということわざがあるだろ。彼は王なんだ。ひざまずけ。彼が望むことはお前への命令だと思え。彼の心の奥底の望みを叶えるのだ。今度はお前が魔法の絨毯《じゅうたん》に乗る番だ、だからお前の精霊を解き放つんだ」

ファハドはコーヒーテーブルのそばの椅子に腰掛けていた。彼の前のカーペットにひざまずくと、その鋭い黒い目が剣のように脳を突き刺してくるようだった。目をそらすことはできなかった。彼は人差し指で私の首を撫で、オーラルセックスのプログラムを作動させた。

「君のことは聞いている、君を手に入れたいと意図（in-tent）している」

そして、彼はローブの切れ目を見つけ出すと、それをかき分けてこう続けた。

「私のテント（tent）に入りなさい。ごちそうが用意されているよ」

彼は足を広げ、ペニスを露出させた。それはこれまで見た中でもとりわけ不快なペニスで、スパイスの強い匂いと味がする黒い夜這い虫のようなものであった。ハビブは私が命令を実行し、ファハドを心ゆくまで喜ばせるのを見ていた。

それからハビブは引き出しから電気棒と緊縛器具を取り出し、「ではもう1人の『友人』を紹介しよう」と説明した。「精霊と一緒にメッセージを瓶詰めにして海に送りたいんだ。どうすればいいか、わかっているな。今すぐ服を脱ぐんだ」

私は言われたとおりにベッドに腹ばいになり、ハビブが私を犯す間、ベッドに横たわっていた。彼は電気棒の器具を使い、今度のNCLクルーズでマヌエル・ノリエガ将軍に届けるメッセージを私にプログラムした。

私は、ノリエガとの待ち合わせ場所であるバハマのスターラップケイ島に向かうNCLのクルーズ船に乗っていた。ファハド国王からノリエガへの暗号めいたメッセージは、最近プログラムされた「瓶の中の精霊」を通じて、私の心の中に「瓶詰め」された。

その日はカリブ海が夜のように黒く見える、月のない夜だった。NASAの催眠術にかかると空と海の区別がつかなくなった。私はクルーズ船の後部から見える景色にすっかり魅了され、見とれてしまっていた。ヒューストンはこの機会を利用して、ハビブのプログラミングを催眠術で強化する一方、海に投げ出される恐怖を使ってトラウマを植え付けた。「船の灯りがどんどん消えていき、漆黒の闇の中で立ち泳ぎをしているうちに、あたりが真っ暗になり、海の底に沈んでいく」ことを想像すると、明日の朝、ノリエガに悪い知らせを伝えることは、さほど恐ろしいことではないような気がしてきた。

NCLでスターラップケイに到着したヒューストンと私は、CIAの作戦に使われるラジオ局と機材がある島の最先端まで、いつものように歩き始めた。島の裏側の入り江には、そこに停泊していたノリエガのヨットが隠れるくらいの小さな島があった。その入り江の浜辺をヒューストンと2人で歩いていると、半分砂に埋もれた古い木造船と、その横に座っている男に出くわした。私は別の人格になっていたので、その男が麻薬取引と秘密活動を取り仕切るスターラップケイの司令塔で、私の担当者であることに気づかなかった。私は彼に、どうやって来たのかと尋ねた。すると彼は茶番劇を始めた。私はトランス状態のため、彼の言葉をそのまま信じたが、ヒューストンにはまったく違う話として聞こえていたようだ。

「難破したんだ」

ジョン（私は彼をこう呼んだ）は砂に半分埋まったボートを指差した。

「私のボートはあれしか残っていない」

「なぜ、救助されていないの？」と私は尋ねた。

「ボトルにメッセージを入れて送ったから、まもなく返事が来るだろう」と、彼は隠語を使って答えた。

「このココナッツ（彼はその1つに切り込みを入れているところだった）と、船体に『砂糖』があってよかったよ」

ヒューストンは笑った。彼は「砂糖」がコカインを意味することにすぐ気づき、驚きながら、沈没船の中を見ようと屈んで「船体の中に？」と尋ねた。そして私も見た。白いコカインとペースト状の（黒い）コカインが、トートバッグを2つ持っていても、とても1回では運びきれないほどあった。しかし、私はこの茶番劇の中で現実を理解することができなかったので、「白砂糖も黒砂糖も無事だったのは幸運だったわね」と言った。

ヒューストンは言った。

「それで、君は投げ出されたのかい？」

担当者は笑い「ああ、その『砂糖』と一緒に放り出されたんだから、笑えないよ」と言って鼻を鳴らした。

ヒューストンが、スピードボートが近づいてきたと知らせると、彼は顔を上げた。小島の向こうの入り江に目をやると、ノリエガのヨットが見えた。ノリエガのヨットの上部のスモークガラスの窓と同じ「ブラックミラー」仕上げのスピードボートが近づいてくる。ジョンは「おそらく、私が送ったメッセージと関係している。手を振って助けを呼んでくれ」と言った。私は従った。彼は私にココナッツを渡し、自分と一緒にノリエガのヨットに乗ってほしいと言ってきた。ヒューストンは、ノリエガのヨットからすでに運び出されたコカインを守るためにその場に残った。

ヨットの後部で、ノリエガの武装した護衛に助けられながら、私たちはボートに乗り込んだ。ノリエガは、いつもと違ってぶっきらぼうで、ビジネスライクだった。今回は酒に酔っていないようだ。ジョンからの指令で、私はファハドのメッセージを伝えた。

「ファハド国王からの伝言を伝えるよう命じられました。カリブ海が不安定になりつつある。ジャマイカでトラブルが発生。キューバでトラブルが発生。パナマにも問題がある。ドミニカ共和国はキューバを経由するミサイルと大砲の発射点であるに違いない。武器取引完了後、すべての取引が完了するまで、伝書バトを勾留すること。パナマ銀行がコントラへの援助を受け取るのは、私につながるすべてのステップが（時の）砂に埋もれ、すべてのハトの落とし物がハトの巣箱になった後である。我々の取引は終了した。友好的に別れよう」

マインドコントロール下にある環境以外で「ニュース」に接することができなかったので、現実に起こった歴史についての私個人の認識は、いくらか歪んだままである。私は、自分の記憶を混合しないように、洗脳が解けた後に、本やニュースを通して情報を仕入れた。その後、ニュースとして報道されたものの多くは、歪曲されたプロパガンダであり、多くの出来事がまったく報道されていないことを知った。だから、ファハド王が言っていた「ジャマイカやキューバでのトラブル」の真相も不明なままだ。

しかし、当時の私は、外部からの監視が理由で、ヒューストンが最近キングストンでジャマイカの当局者と会い、長年にわたる犯罪的な秘密工作を中止させたことは知っていた。キューバに関しては、キューバの担当者と、私がこの先会うことはないことだけはわかっていた。パナマでは、ノリエガ自身が論争の的になっていることを知っていた。「武器取引」は「伝書バト作戦」の最終段階であり、すべての銀行取引が完了し、積荷の払い出しが可能になるまで、飛行機はサウジアラビアで待機することになっていた。サウジアラビアのファハド国王は、レーガンのために、すべての証拠が適切に隠蔽された後、アフガニスタンで行ったのと同じようにノリエガを経由してコントラに資金を供給する。ノリエガはもはや信用できないので、この輸送の後、ファハドが関与するノリエガ経由の取引はないだろう。それに、ファハドは秘密工作のためにメキシコとの外交関係を強めていたし、イラン・コントラ事件六も激しい非難を浴び始めていたところだった。

ノリエガは、サウジアラビアのビジネスを失うという知らせにも動揺することなく、沈痛な面持ちでしばらく返事に時間をかけていた。私がメッセージを伝えている間、彼の通訳者は複雑なコンピューター機器を操作していた。私はジョンと、ペンタゴンにいるディック・チェイニーへの簡単な伝言を残して、ノリエガのヨットを後にした。

スターラップケイに戻ると、ヒューストンがコカインを島のパーティー会場に運び出すのを待ちわびていた。そこでは、NCLが船を停める口実に使ったビーチパーティーの炊き出しの後片付けをNCLの従業員が行っていた。第一弾のコカインが入った重いトートバッグを運んだ後、ヒューストンはこの麻薬作戦に詳しい作業員に声をかけ、いつもより重い荷物を積んだので、もう1往復する必要があることを伝えた。その作業員は、

六　アメリカ、レーガン政権時代に、イランへの武器売却代金の一部をニカラグアの反政府ゲリラ（コントラ）支援に流用しようとした秘密工作。

船で調理用具を運ぶのに使う巨大な空の食品用コンテナのところに私たちを案内し、鍵を渡してくれた。最初の荷物をコンテナに入れると、私たちは空のトートバッグとかごを持って、2度目の運搬に向かった。2回目は、ヒューストン自身がコカインを運んだ。予定時刻までにシャトル船に戻るには、島の森の中をかなりの距離、走らなければならない。私たちが到着したときには、ビーチにはほとんど人がおらず、乗客は船に戻っていた。残っていたのは、フードコンテナと、私たちを待っていて、急いでシャトル船に乗せてくれたNCLの従業員だけだった。

クルーズ船がマイアミ港に停泊したとき、プエルトリコの麻薬王でCIAの工作員でもあるホセ・ブストは、これまでと同じく、NCLのためにアメリカの移民局の職員（CIAを通じて麻薬取締局から依頼された）として行動していた。ブストは、コカインを大量に積んだ船が発見されずに通航するのを手伝ってくれた。スーツケースに詰められた麻薬は、ヒューストンの特製モーターカーに積み込まれ、NCLが厳重に警備する駐車場に駐車した。コカインのほとんどは、いつものようにジョージア州メイコンのワーナー・ロビンス空軍基地で降ろされ、私の知らない目的地に配給された。コカインを売って得た資金は、サウジアラビアへの大規模な武器輸送に充てられたとされる。また、これらの武器は、近隣のいくつかの国に分配されたとも言われている。そして、その利益はレーガンのコントラ・コーズに流された。

ヒューストンの元に残った大量のコカインは、カントリー・ミュージック業界のコネクションを通じて個人的な利益のために使用され、運ばれた。一部のコカインは、私がサウジアラビア大使のバンダル・ビン・スルターン王子（ファハド大統領の「伝書バト」）に届けた。

また、私はワーナー・ロビンス空軍基地からのメッセージと、ファハドの条件に同意するノリエガからのメッセージを、ペンタゴンのディック・チェイニーに届けに行った。そして、チェイニーは作戦の最終段階への準備を進めた。それは、バンダル王子（チェイニーやヒューストンらはスルターンと呼んでいた）とテネシー州ナッシュビルで会うことであった。バンダル王子は悪い仲間たちと会うためによくそこを訪れていた。そこで私は、ノリエガとアメリカの間でファハドの条件に同意するメッセージを伝えると共に、空軍の航空機（運搬バト）と銀行取引のすべてを確認することになっていた。その後、ファハドの「伝書バト」がファハドにメッセージを伝えれば、一見長く続くように見えた武器取引のための麻薬取引は無事に終了となる。

ディック・チェイニーは私に、「スルターンはナッシュビルのストックヤードで友人たちと夕食をとっているはずだ」と警告していた（ストックヤードはＣＩＡの犯罪諜報活動に関与していることで知られる人気のカントリー・ミュージックのディナークラブである）。チェイニーは机の上のリストをちらりと見て、こう続けた。

「彼の友人といえば［市長］のフルトン[1]と［保安官］のトーマス[2]だろう。奴らはこの作戦を脅かす存在だと考えられている。奴らは一致団結しているんだ。特にトーマスは信用できないね。厄介だし、曲者すぎる。だからメッセージを届ける前に、スルターンが席を立つ必要がある。何か質問はあるか？　よろしい」

今回は何も質問はなかった。ヒューストンが私を売春させたナッシュビル市長のリチャード・フルトンと保安官のフェイト・トーマスについての警告も必要なかった。この２人のことは何年も前から知っていたし、以前にも警告を受けたことがあり、彼らのことはまったく尊敬していなかった。トーマスとフルトンは、ナッシュビルの街を牛耳る28億ドルのカントリー・ミュージック産業に浸透した完全なる腐敗を無分別に存続させていた。彼らは、酒を飲み、公然とコカインを使用しながら、ストックヤードというバーから街のビジネスを仕切っていたのだ。もし、私に疑問を感じる能力があったなら、この国際的な犯罪の秘密作戦のカギとなる「伝書バト」が、こんな低レベルのいかがわしい連中と、どうして行動を共にしなければいけないのか疑問に思ったことだろう。

バンダル・ビン・スルターン王子のセックスとドラッグのうわさは、ナッシュビルでは広く知られていた。しかし、彼の活動に関する情報の多くは、モナーク・プロジェクトの親しい友人の1人から得たものである。彼女は芸能人の娘で、スルターンが街にいるときは定期的に売春をそれも頻繁にさせられていた。

チェイニーから話を聞いた後、バードは私をホワイトハウスに案内してレーガンに会わせ、レーガンも私に王子についての注意を促した。レーガンは、ハビブが私を作動させてファハド国王と性的関係を持たせたことを知っており、バンダル王子との逢瀬は通常のセックスにならないことを理解させた。

バードを前にレーガンは冗談を言った。

「鳥（バード）は子猫ちゃん（レーガンの私に対する愛称）に食べられてしまうかもしれないが、伝書バトは食っちゃいけないよ。ハトは不味いからね」

バードは笑った。レーガンは続けて言った。

「ハトの目的は1つしかない。メッセージの伝達だ。歴史的に見ても、世界のリーダーたちはハトを通じてメッセージをやりとりしてきた。しかも、そのメッセージは、歴史の流れを変える出来事へと発展していったんだ。ハトは忠実で、海を越えても、喉の渇きを癒す間もないほど献身的で、自分の欲求を顧みない。ハトは放たれると、目的地へ一直線に向かう。歴史の礎となったメッセージを届けるためにね。ノアもハトを頼って海を渡り、希望のメッセージを持ち帰った。君はハトに平和のメッセージを添える義務がある。我々の母国から彼へのメッセージだ。アメリカ大統領からサウジアラビアのファハド国王へ……（国際的な問題であるためここでは省略する）」

バードは、この演説に目に見えて感化されていた。バードを触発するレーガンの退屈で長ったらしい演説から、文字通り私を救ってくれたのは、電話のベルだった。チェイニーからオフィスに戻ってこいと電話があったのだ。少し前に会ったときには、まだ朝だというのに、チェイニーはとても忙しそうで、焦りと苛立ちを感じているように見えた。私は、チェイニーがいつものように肉体的、性的な暴力を振るうのではないかと不安で、心が重くなった。しかし、これまでの経験から、バードとレーガンが今から拷問を伴う「絵描き競争」をすることがわかっていたため、そこから逃れられると思うと、ほっとした。

護衛がチェイニーの事務所に送ってくれたときには、チェイニーはすっかり不機嫌ではなくなっていて、気が楽になった。

「報告をしろということですね」

チェイニーはオフィスを去る前に書類を整理していたが、私の言葉に顔を上げ「座れ」と言った。

「今、『瓶の中の精霊』作戦が完了したとの知らせを受けた。その成功を祝して、私自身もコルクを1、2個開けるつもりだ。時間があるので、一緒に来てほしい。小屋は準備中だ……」

それからチェイニーは何かを思いついたように、ドアのところに行き、私を案内した男に言った。

「寝床にワンダーランド・ウエハースがあるかどうか確かめてくれ」

彼は机に向かい、受話器を取ると、受話器に向かって「もう帰る」と言い、電話を叩き切った。私はチェイニーに続いてオフィスを出ると、左ではなく右に曲がり、寝床と呼ばれる彼の個人的な部屋に歩いた。そこはチェイニーが好むウエスタンスタイルの部屋で、ブラウンと褐色で装飾され、革張りの家具が置かれていた。食料はなく（ナッツ類はどこかに隠してあったかもしれない）、酒がたくさんあった。

翌朝早く、ようやく護衛が迎えに来たとき、私の体は腫れ上がっていた。膣から出血し、シャツの裾は血に染まり、腹の奥が痛んだ。チェイニーが寝ている間、そばにいることは、彼の服を脱がせたり、尋問したりするのと同じくらい致命的な間違いであり、そうすることは禁じられていた。だが、このときの彼は自分のルールを破り、朝になっても私を罰することはなかった。彼は、何時間も酒を飲み、巨大なペニスを武器のように攻撃的に使ってきたので、護衛が到着する少し前に気を失ってしまった。廊下に出た私は痛みで体をくねらせた。護衛はチェイニーに向かい「なんてことを、チェイニー」と言った。

チェイニーは顔を上げて、誇らしげに「なぜ俺がディックと呼ばれているのかわかっただろう」と不明瞭な口調で言った。

テネシーに戻ると、ＣＩＡから報酬を得ている婦人科医（私がマインドコントロールされていることを知っている）が、いつものように虐待者をかばい、腫れと痛みのための処方箋を書いた。そして、ディック・チェイニーによる高電圧の拷問と残忍なセックスによる痛みと不調が続くなか、今度はヒューストンの車で、バンダル・ビン・スルターン王子との逢瀬のためにナッシュビルのストックヤード・ナイトクラブまで送られた。

サウジアラビア大使の席まではウェイトレスが案内してくれた。彼はフルトン市長、トーマス保安官、ジョー・ケイシー警察署長と一緒に飲んでいた[3]。私は彼に近づき、こう言った。

「もしよろしければ、サー（オズ）、私はペンタゴンからあなた方にメッセージを伝えるよう命令されています。馬の遊び（セックスゲーム）は禁止です。本題に入らなければなりません」

すると、そのテーブルの全員から笑いが起こった。私は続けた。

「私のメッセージは簡潔なものなので、テーブルから少し離れていただくだけでいいのです」

王子の顔は真剣なものになり、私たちはテーブルを後にした。王子がウェイトレスの腕に触れると、彼女は廊下の向こう側にある誰もいない部屋に続くドアを指差した。私たちはその部屋の中に入り、すぐにハトの暗号文を伝えた。

「運搬バト（空軍機）は飛び立ちます……そして約束（合意した積荷）を守り、すべての取引は（銀行も流通も）指定の外交ルート（ハビブ）で調達します。あなたへのボーナスとして、1つのクリスタル、3つの取り分があなたを待っています。アメリカ大統領がファハド国王に約束します……」

彼は運転手がストックヤードの前で待っていると言い、コカインを荷台に積むように指示した。私はコカインを届けるために建物を出て、車でヒューストンと合流した。ストックヤードの前には白いストレッチリムジンが停まっていて、ケイシー署長が任命した警察官が周辺を警備し、コカインは王子のリムジンの後部座席に移された。私とヒューストンはすぐにその場を離れた。これにて「伝書バト作戦」における私の役割は完了した。

1　リチャード・フルトンと彼の銀行口座は1991年現在、連邦政府の捜査を受けている。

2　フェイト・トーマスは現在、収賄と強要の罪で連邦刑務所に服役している。

3　最近になって汚職で連邦政府の捜査を受けている。

第13章 シェル・ゲーム作戦

CIA長官のウィリアム・ケイシーが亡くなる少し前、私はワシントンD.C.でシェル・ゲーム作戦に関する説明を受けていた。この時期、イラン・コントラ事件は政治的に一触即発な状況で、アレン・シンプソン上院議員（ワイオミング州選出）は、パナマのマヌエル・ノリエガ将軍に、コカインに関する調査の落とし前をつけさせる計画を立てていた。ノリエガは、レーガン・ブッシュ政権にとって、またしても厄介な存在となった。アメリカの秘密の犯罪活動への関与を明らかにしないよう、彼を説得する必要があったのだ。ノリエガはレーガンのためにニカラグアのコントラ部隊の武装化に密接に関わっているだけでなく、モナーク・プロジェクトのような超極秘プロジェクトの闇予算の資金源となる、コカイン事業の国際的な中枢も担っていた。私のハンドラーであり、CIA工作員であるアレックス・ヒューストンがパナマと裏で行っていた麻薬の闇取引は、「泥棒たちの誇り」といった類いのルールに違反する行為の典型例であるが、ノリエガはこのルールを日常的に公然と犯していた。私の役割、つまり私の「コントラビューション」は、全体像のほんの一部にすぎなかった。しかし、シェル・ゲーム作戦は、私が参加せざるを得なかった秘密作戦の中でも、とりわけ重要で得ることが多いものであった。

ある冷たい雨の日、ヒューストンは私をワシントン・モニュメントで降ろした。そこで私は2人のエージェントに出迎えられた。彼らは、私が数年前に、実践的なマインドコントロール・デモンストレーションの「オーディション」のために初めてチェイニーに会ったホワイトハウスの大きなオフィスへと案内した。いつものように、チェイニーとレーガンは酒を飲んでいた。レーガンは頬を紅潮させ、声を詰まらせながら「やあ、子猫ちゃん」と挨拶してきた。

「ディックと私は、オーリー・ノース七の件が発覚してから、ちょうどコントラの窮状について話し合っていたところだったんだ」

チェイニーがアルコールの影響で不機嫌になっていることはすぐにわかった。彼は、レーガンが私の前で気安く話したことに、いつものように激昂していた。どうやら私は、イラン・コントラ事件に関する真剣な話し合いの最中に来てしまったようだ。レーガンは、私が見たこともないほど落ち込んだ様子だった。彼は酒を飲みながら、窓の外を眺めていた。「アメリカ人は、野球とホットドッグとオーリー・ノースを信じているんだ」。チェイニーは、彼らだけがわかる「ホットドッグとオーリー・ノース」というジョークに鼻で笑った。

レーガンは続けて、「私はコントラの大義と、私たちが成し遂げたことを信じている。そして、それを誇りに思っている。『法と秩序』ではないんだ。秩序があって、その後に法律がある。秩序がなければ、法は機能しないのさ。その秩序を確立するために、ときには法を超えて立ち上がることも必要なんだ」（そう言って彼

七　元アメリカ合衆国海兵隊中佐で政治家のオリバー・ノースのこと。イラン・コントラ事件の中心的な人物だった。

はチェイニーを真剣な眼差しで見つめた)。

「あるいは新しい(世界の)秩序を確立することも必要だ。大統領として、それが私の責任なんだ。世界中に民主主義を普及させることによって、民主主義による秩序を確立する。秩序があれば、平和がある。今、ニカラグアの人々は民主主義、平和を求めて叫んでいるが、その声に耳を貸さないわけにはいかない。オーリー・ノースの問題を考慮してもだ。真のアメリカ人は彼が英雄であることを知っている。だからこそ、法の上に立ち、自由のために戦う勇敢な男たちの願い、希望、夢をかなえ、民主主義を広める役割を果たすことによって、秩序を確立しなければならないのだ」

レーガンは空に向かって身振り手振りをしながら、ポエムをわめくことに夢中になっているようだった。

チェイニーはしびれを切らして、椅子から飛び降りて、私を馬鹿にするように胸を指で突きながら「秩序がすべてだ、お前は私の秩序に従え」と言い放った。

レーガンは、私たちのほうを振り向いた。「よくぞ言ってくれた、ディック。子猫ちゃん、君にはこの秩序を確立する役目がある。アフガニスタンの自由の闘士を思い、心に燃ゆる愛国心のような情熱で、コントラへの命令を実行するのだ。ディックが君の役割を決め、君が必要とするもの、君が知るべきことを、地下にある古い魔法使いのカバン(チェイニーにペンタゴンオフィスでプログラミングされたオズのテーマの用語)から教えてくれるだろう。だから、今すぐ実行に移し、彼の命令に従いなさい」

私たちが到着したとき、アレン・シンプソン上院議員はチェイニーの事務所にいた。チェイニーは、オズのプログラムを使って、私の命が危険にさらされていることを知らせるために、砂時計をひっくり返した。チェイニーはシンプソンに身振りを交えながら「シェル・ゲーム作戦はシンプソンが考案したものだから、彼がゲームのマスターで、お前にルールを教えてくれる」と口にした。「このゲームの目的は『誰がブツを持っているか確認すること』だ」。そして、シンプソンを指差して、こう命じた。

「よく聞け」

シンプソンは立ち上がり、隠語を使って話し始めた。

「君は『プリンセス・クルーズ』（ノリエガのヨット）に乗るんだ。赤ん坊の耳の貝殻は君の合鍵だ。君のものは適切な時がきたら提供しよう」

彼は財布から「貝殻」を取り出した。長さは約4センチ、半透明のピンク色で、形も細部も赤ん坊の耳にそっくりだった。シンプソンは、それが本物の赤ちゃんの耳ではないとわかって私の顔がほころんだのに気づいた。彼は微笑んだ。

「これは、かつて命を宿していたが、今は抜け殻にすぎない。君がそうであるように、空っぽで命がない。殻だ。片方の耳から、もう片方の耳へ。私は君の耳を持っている。彼らが合鍵を持っているなら、君は話を聞く。君が合鍵を握ったら、君が話す。片方の耳からもう片方の耳へ。2度と記憶は取り戻せない」

彼は貝殻を財布に戻し、こう続けた。「よく聞け。命令に従うんだ。中佐（アキノ）がそこにいるから、彼の命令に従って、将軍（ノリエガ）のために実践的スタイルを実演するんだ。多少違っていたとしても基本は同じだから、中佐の命令にはしっかり従うんだ」

チェイニーは私の髪を乱暴につかんで頭を引っ張り、目の前で言った。「さもなければ、可愛いお前の小さな娘を捕まえるぞ。娘の命がかかっていると思って命令に従うんだ。さもなければ、次の赤ん坊の耳はケリーから奪うことになる。だから聞け。赤ん坊の耳を見たら、お前の耳を傾けるんだ」。彼は私の髪を放すと、砂時計の方向に私の頭を回転させた。彼は不敵な笑みを浮かべたが、シンプソンはチェイニーがやりすぎたと思っているように見えた。だが私は、その日「チェイニーの猛獣をなだめる」という仕事をしなくてすむことに安堵していた。

チェイニーは、私を最初にいたホワイトハウスのオフィスに連れ戻した。そして再びレーガンと2人で飲み直した。レーガンは、チェイニーに引っ張られた私の髪を整えてくれた。そして、私が彼を「司令官」ではなく、「ロニーおじさん」と呼ぶように、人格をすり替えた。彼は、ジェリー・ビーンズの入った瓶に手を入れ、私に1つ与えた。特定の色や味は、特定のプログラムされた反応を引き起こす。ロニーおじさんは、軍用のグリーンのスイカ味に条件付けられたほかの「子猫」のことを知っていたに違いない。なぜなら、彼はたくさんの瓶の中に過剰なほどの量のスイカ味のビーンズを保管していたからだ。チェイニーは言った。

「コニャックを飲みながら、こんなまずいジェリー・ビーンズを食うなんて、俺には理解できないよ」

レーガンは答えた。

「まあ、ディック、嫌なら食う必要はないさ。ちょうど子猫ちゃんにあげていたところだ」

「その通りだよ。俺はジェリー・ビーンズを食う必要なんてない。そんなものを食い続けたら、お前もジェリー・ビーンズみたいになるぞ」。そう言ってチェイニーは酒を飲み干した。

レーガンは苦笑いしながら言った。

「おいおい、君は私が体型に気をつけていることを知っているだろう……」

「どう解決する?」とチェイニーが口を挟んだ。

それからチェイニーは飲み物を叩きつけ、「コントラをどうするつもりなんだ?」と言うとドアに向かった。

「まさに取り組んでいるところだよ」。レーガンはそう言うと今度は私のほうを向いて声をかけた。

「おいで、子猫ちゃん。ちょっと散歩に行こうか。夕方の散歩が必要なんだ」

レーガンはセックスをする気分ではなさそうだったし、チェイニーから離れることができてほっとした。彼は私を外に連れ出し、「世界の問題を考え、解決する」ために向かうという「秘密の花園」を歩いた。それから私たちは、彼が「黄色いレンガ道」と呼ぶセメントの道を歩いた。その後、しばらくセメントのベンチに座って静かにしていると、レーガンは言った。

「黄色いレンガ道をたどれば、魔法使いの隠れ家、つまり大統領執務室に行き着くんだ。ロニーおじさんが世界の問題を実際に解決している場所を見てみたいだろう？」

私は、父親と一緒に、仕事場を見に行く幼い女の子のような気分でいたため、その体験の意味をまったく理解していなかった。大統領執務室のドアの前にいた警備員は、レーガンが私を執務室に「こっそり」入れた後、再び私の護衛に戻った。その後、私はワシントン・モニュメントに戻され、そこではヒューストンが車の中で待っていた。まるで私がいなくなったことなどなかったかのようだった。

「シェル・ゲーム」作戦に関しては、ある霧深い秋の早朝、ジェラルド・フォード元大統領と再び連絡を取ることになった。フォードは私に危害を加える者たちと関係を持ち続けていたことから、私は長年にわたって彼と連絡を取り続けていた。特に、彼と私の父は、何年も前に私をモナーク・プロジェクトに引き入れたミシガン州の組織的な犯罪である麻薬取引とポルノ事業でいまだに共同して活動していたのだ。

フォードは、富裕層が集まるミシガン州のグランドヘブンにある父の高級住宅の隣にある「シーズンオノのため閉鎖」されたゴルフコースで、父とゴルフを始めようとしていた。弟のマイクも一緒に、フォードやシークレットサービスの人たちとクラブハウスで待ち合わせをした。フォードは父に「3番ホールで追いつく」と言い、「私たちのことは放っておいてくれ」と言った。

私は、フォードとシークレットサービスの人たちだけになるまで「沈黙」を守り、シェル・ゲームの前に植え付けられたレーガンからのメッセージを復唱した。

「もしよろしければ、サー」私はオズの隠語で話し始めた。「ロニーおじさんからメッセージを言付けられています。国歌を『アメリカ・ザ・ビューティフル』に変えることに同意していただけるかどうかという『鼻歌電報』（オーラルセックスゲーム）です」（レーガンは実際に国歌を変えることを真剣に考えていた）。

フォードは、「それは後で考えよう。まず、太陽が高く昇る前に、コースに出ねばならない」と答えた。

彼がゴルフボールをセットしているときに、「大統領を辞めた今でも、よくゴルフをなさるのですか？」と尋ねると、彼は「大統領時代にはよくやったよ。だが、今は、ゴルフ場での出来事を追いかけているだけだ。アメリカのフリーダム・トレインがどのように進んでいるのか、観察できるという特権があるからね」と言った。そして私に向き直り、「君はまだゴルフをしないのか？」と聞いてきた。

「いいですね、サー。許可されるのであれば」（ヒューストンはいつも自分が確実に勝てるようにしていた）。フォードは私の返事を明らかに面白がっていて、クラブを渡してくれた。「ベストを尽くせ」。だが、私が最初のストロークで彼を打ち負かしたため、彼は面白がるのをやめた。私は命令に従ってクラブを返した。

2ホール目が終わったとき、フォードが「ちょっと話がある」と言った。彼は私をフェアウェイ脇の木々の間に連れて行くと、膨らんだ胸の上で腕を組み、背伸びをして、鮫のような目で私の目をじっと見つめてきた。「耳を貸してくれ」と言われ、私は命令通り、持っていた「赤ん坊の耳の貝殻」を後ろポケットから取り出してフォードに手渡した。彼は、まるで私がメッセージを書き取る機械であるかのように話し始めた。

「このメッセージをペンタゴンのディック・チェイニーに伝えてくれ。マフィアは230万ドル（ポルノの利益）を国際商業信用銀行に送金することに同意した。今すぐ金をプールして、その中で泳ぐことにしよう。この作戦は成功しつつある。このまま続けよう。パナマとの協定をやめる。メキシコのすべてのルート［コカインとヘロイン」で実行する。大統領万歳」

彼は1歩離れて「それから君（チェイニーのように私の胸を突いた）は私の友人、ディックを頼むよ」と付け加えた。そして、「ほら……」と赤ん坊の耳を手渡した。意地悪な彼は「オーバー・アンド・アウト（通信終了）」と付け加え、目の前で（悪魔の）角のサインをした。私はバードによってこのことを強く意識させられていたので、トランス状態がさらに極限まで深まっていった。

彼はゴルフボールを打った後、「友人のアレン・シンプソンは最近どうだ？」と尋ねた。

「とてもお元気でいらっしゃいます」

再びミスショットをした彼は苛立ち、機嫌が悪くなった。そして、さらに言いたいことがあると言って私に怒りをぶつけてきた。

「その貝殻をよこせ」。彼は小刻みに指を動かしながら言った。それは合言葉ではなかったので、私のトリガーは作動しなかった。彼はさらに声を荒らげて、「赤ん坊の耳はどこだ？」と言った。それでも答えることができなかった。彼は「耳を貸してみろ！」と怒鳴る。それであれば、ほぼ合っている。

「かしこまりました」と私はおとなしく答え、彼の手にそれを落とした。

「シンプソンに私の友人、ディック・ソーンバーグを始末するよう伝えてくれ。また連絡してくれ」

そう言って彼は耳を返した。次のホールで父が待っているのが見えたので、フォードは「あいつの頭をめがけて打ってやる」と言った。彼はスイングしたが、父には届かなかった。

3番ホールで父と合流したとき、フォードはもちろん自分のボールを先にセットし、私のほうにクラブを振って言った。「俺がティーオフする前にここから出て行け」。父は親指を立てて道を指し示すと、甲高い口笛を吹いた。弟のマイクは、茂みの中を通って、私を父の家へと戻した。

妹のケリー・ジョーは、涙ながらに私の帰りを待っていた。彼女は解離性同一性障害で、フォードを恐れていたのだ。ケリーも妹のキミーも私も、フォードの精液が「名を伏せられて」撮影された『3匹の子猫』という特注ポルノ映画の撮影の直前に、フォードを満足させるために性的な行為を強要されていた。私は、フォードがシダー・スプリングスで私にしたように、妹たち2人にも性行為をしたことを知っていたし、彼女たちもまた、彼の残忍で卑劣な性行為を恐れていた。私は娘のケリーの無事を確認するため、妹の横を急いで通り過ぎた。チェイニーの脅迫が耳元で大きく鳴り響いていた。

ケリーと一緒にフロリダのブライデントン・ビーチに到着するまで、私が再び「赤ん坊の耳」の貝殻を見ることはなかった。ヒューストン、ケリーと共にモーターホームを運転してフロリダに入り、タンパの空港でヒューストンを降ろした。彼は「ネブラスカ州オマハのボーイズ・タウンに用事があった」のだ。そこでは、モナーク・プロジェクトに関与するカトリックの指示に従って、道を踏み外した少年たちがトラウマを植え付けられ、性的虐待を受けていた。悪名高いフランクリン児童買春隠蔽事件の生存者ポール・ボナッチは、アレックス・ヒューストンをボーイズ・タウンで虐待した者の1人として挙げている。ヒューストンは、私が政府の秘密の仕事をしている間、たびたびボーイズ・タウンや同様の「バケーション・リゾート」に行っていた。ケリーと私はブライデントンへ向かい、マクディル空軍基地の向かいの湾にあるキャンプ場にチェックインした。その場所もまた「シーズンオフ」だった。

キャンプ場のレクリエーション・ルームでは、周波数プログラミングが行われており、オフィスにはCIAの高度なオペレーションに対応した精巧なコンピューターが置かれていた。ケリーと私がシンプソン上院議員に会った日、私はキャンプ場の従業員に指示されて、近くのサンタマリア島へドライブし、珍しい貝を集めることになっていた。ケリーと私は、島の未開のエリアに「島」の模様をしたタコノマクラ八があるということで、タコノマクラを探した。浅瀬を歩いていると、ケリーがエイを驚かせ、私たちは大声ではしゃぎながら岸に向かった。シンプソンはビーチで笑っていた。彼はキャグニーハットにグレーのスーツを着て、裾をめくり、ピカピカの靴を片手に場違いな格好をしている。彼はこの海岸のことを熟知しているようだった。

海岸に着くと、彼は貝殻の話を切り出した。彼が赤ん坊の耳の貝殻について話し、それを取り出そうと財布を開くと、トリガーが起動し、私は彼が誰であるかを理解した。彼は財布を取り出しながら、IDを見せ、「一緒に行こう」と合図をした。それから、砂の中に目のように見える貝殻を入れて、それをケリーに見つけさせた。ブッシュの「天空の監視の目」になぞらえて、彼女をコントロールする催眠誘導に利用したのだ。

シンプソンは手にした貝を私に見せると、「君は1人でシャトルボートに乗って、プリンセス・クルーズに行くんだ」と言い始めた。

「午後7時半に、裏庭（オズ）からドックを出るのだ。ふさわしい服装をしてから行け（ヒューストンはぴったりの服を荷造りさせた）。会議室からトップ・デッキに案内される。船（ノリエガのヨット）に近づくと、トップ・デッキが黒い鏡で囲まれているとわかるだろう。鏡の奥を見るがいい、そこが君のいる場所だ。そして、次に会うときは私がいる場所だ」

私たちは浜辺を少し歩いてモーターホームが停まっているところまで行った。シンプソンは「赤ん坊の耳」について、「とても珍しいものだ」と言った。

「これは右耳だ。この耳と同じものを見つけるには、島の反対側、ロングボートキーに行かねばならない。中

八　砂地で見られるウニの仲間。背面に花のような独特の模様が入っている。

佐（アキノ）は赤ん坊の左耳を持っていて、君は午後4時に桟橋で待ち合わせる。角の小さなマーケットに立ち寄って電話をするんだ。そこから、通りを少し歩けばいい」

私はロボットのように指示に従った。ケリーと私は桟橋から、4人の大きな武装した（マシンガンを持った）感情のない（プログラムされているのだろうか？）警備員を見た。彼らは車から現れたアキノの周りを監視していた。ケリーは「ママ、行こうよ」と言った。私はチェイニーの脅迫を思い出し、何から守るのかはわからずとも、彼女を守ることを心に誓った。

アキノが2頭のドーベルマンを連れて近づいてきたので、シンプソンに赤ん坊の左耳を探しに行かされたことを告げた。彼は手を開いて、「残っていたのは赤ん坊の耳だけだ。赤ん坊の残りの部分は犬に食い尽くされていたんだ」と言った。その耳は血まみれで、ズタズタで、ピンクというより黒ずんでいた。これが本物の赤ん坊の耳であろうとなかろうと、衝撃的だったのには変わりない。私はケリーを自分の後ろに立たせ、犬たちから引き離した。トラウマを植え付けられた私は茫然と立ち尽くし、命令を待った。アキノは、この夜の行動と、私が戻るまでケリーをキャンプ場の人に預けることを細かく指示した。

その夜、私は小型モーターボートで湾内にあるノリエガのヨットに連れて行かれた。見慣れた「黒い鏡」のようなヨットに計画通りに近づくと、トリガーが起動し、トランス状態になった。私はパナマの「宮殿」警備員にヨットの後ろに乗せられ、警備員に銃を突きつけられながら「赤ん坊の耳」の合言葉が受理されるまで、そこに留まった。その後、空軍基地関係者、その妻、麻薬関係者、そして彼らのために並べられた大量のコカインの横を護衛されながら歩いていった。オリバー・ノースやプエルトリコの麻薬王ホセ・ブストなど、何人かの客には見覚えがあった。私は階段を上って、アキノ、ノリエガ、シンプソンが待つ会議室に案内された。そこにはシンプソンがいた！　私は「自分が黒い鏡の向こう側にいる」のだろうと思い、暗闇の中を見つめた。

シンプソンは優しく語りかけた。「君は今、ブラックミラーの向こう側（NASAのプログラム）にいて、漆黒の海の向こう側を覗いているんだ。黒い海。黒い海の上に乗って、風を切って漂う。漆黒の闇の奥深くへ。時の砂を漂っている。黒い砂は貝殻を産む。この『赤ん坊の耳』のような貝殻を産むんだ」

彼は貝殻を私の手に押しつけ、私が話す番であることを告げた。私はノリエガに話しかけた。

「よろしければ、アメリカ大統領からのメッセージがございます。私たちが共に努力し、享受してきた成功は、今や歴史に残るものであり、善意の人たちが間もなくベールを脱ごうとも、その軌道を変えることはできない。このベールが剝がされるとき、あなたにも光が当たるかもしれないのだ。だからオーリー・ノースと同じように身辺整理をし、検知可能な活動は一切停止すること。この命令に従い、検知可能な活動を直ちに中止するならば、私はあなたを守り、人目につかないように最善を尽くそう」

ノリエガは予想通り、明らかにこのメッセージに侮辱されたような反応を見せた。アキノは催眠術のようにノリエガの前で手を振り、部屋いっぱいに広がる悪魔のような黒マント（ノリエガに迷信を信じさせるために着用）を大げさに広げてみせた。ノリエガは、アキノに完全に支配され、頭を下げた。

アキノの態度は、軍事基地で行われる実践的なデモンストレーションのときのような落ち着いたものではなく、ちょっとしたショーのようなものだった。

「将軍、新たな取り組みである『コントラビューション』への敬意と感謝を込めて、大統領は進歩したマインドコントロールの最新技術をお見せしようと、自らの大統領モデルを送ってきたのです。スイッチを入れると、このハトは子猫になります（そして私は服を脱ぎ始めた）。まったく別の動物になるのです」

ノリエガは迷信を信じやすい性格なので、人格を入れ替えるという発想に恐怖を覚えたようだ。ノリエガはマインドコントロールを完全に信じていたが、多重人格の概念（今思うと、彼は悪魔憑《つ》きと認識していた）を理解していなかった。だからこそ、1人の奴隷を仕事と遊びの両方に使えるように調教するという考えには至らなかったのだ。アキノは、ノリエガをレーガンのために働く「悪魔」だと認識しており、彼の信念を見事に操っていた。このデモンストレーションと作戦は、一流の心理戦であることが証明された。

アキノは私にベッドに横たわるよう命じ、ノリエガに「魔法使い」、つまり「大統領」（レーガン）が作り出すものをよく見るようにと誘った。ノリエガは、アキノが指さす私の乳房の間を見ようと近づいた。そこには大きなバフォメットが彫られていた。アキノは催眠術で私をバフォメットが彫られた時に退行させ、ノリエガの目の前に「突然」姿を現したように見せたのだ。ノリエガは、この科学的な現象に無知であったため、恐怖を感じ、後ろに飛び退いた。ノリエガが残りのデモン（悪魔）・ストレーションの間も部屋に残ったのは、恐怖で動けなかったからだと思う。アキノに九尾の猫鞭で殴られ、私は痛みのあまり悲鳴をあげた。ノリエガは飛び上がった。アキノはまたしても九尾の猫鞭で私を殴り、今度は痛みが快感であるかのように、性的に反応するよう仕向けた……これはノリエガもより容易に理解できるマインドコントロールの概念だ。するとアキノは、バフォメットが消えていることを指摘した。ノリエガが見ている前で、アキノはバードの催眠術を使って、私の胸の間をナイフで切り裂いて言った。

「鋭くきれいなナイフのように、俺は自分が欲しいものを刻みこむんだ」

私のトランス状態は、循環器の働きが鈍るくらい深まっていた。だから、アキノが催眠術でトランス状態を変えるまで、血を流すことはなかった。そしてアキノはノリエガに、そこに彫られたバフォメットが「私の身体と魂の奥底に退き、私に憑依し、地獄の熱で火照らせている」と告げた。それから彼は私に、今度は膣内に彫ったバフォメットの「顔」を見せるように命じた。そしてアキノはノリエガに私とのセックスを見せた。予想通り、ノリエガの目は恐怖と強い嫌悪で飛び出しそうになっていた。

アキノは「俺に拒絶されると、殺されるぞ」と言った。私は呼吸を止め、条件付けられた通りに動いた。ノリエガは呆気にとられていたが、アキノは悪戯っぽく笑い、「たとえ死んでも彼女や君は魔法使いの力から逃れられないからな」と脅した。私は「魔法使いの所有するもの」で「魔法にかかっている」から「生き返らせる」ことができると説明したのだ。彼は私の手に膣に入れる棒を持たせ、それで自慰行為をするように命じ、命令に応じてボタンを押させ、私の体を電気ショックで揺さぶった。ノリエガの目は大きく見開かれた。アキノが「レーガンの権力からは逃げられないし、隠れる場所もない」と言うと、ノリエガは病的なまでに青ざめ、口を開けてドアから飛び出していった。

ノリエガは予想通り、このデモンストレーションを地獄の底からの脅しと解釈した。レーガンの命令を聞き入れ、麻薬取引の関係を直ちに断ち切らせるには十分な脅しだったと言える（しかし、ノリエガがフロリダに投獄され続けていることからわかるように、そうはならなかった）。アキノとシンプソンは笑い転げながら、よくやったと自分たちを褒め称えた。シンプソンは、ようやく私に服を着るように命じた。私はノリエガを脅す材料であるため、殺されることはなく、シンプソンは、警備員にシャトルボートに乗せてもらうようにと、私をヨットの後方まで案内した。

キャンプ場のドックに近づくと、ボートの運転手が、ケリーは「レクリエーション」ルームで眠っていると教えてくれた。私はチェイニーの脅しにビクビクしながら、近くに駆け寄り、彼女の耳がまだ無事であるかを確認した。そして両耳があったことに心から安堵し、彼女は無事だったのだと思った（私が不在の間に、何をされたかということまでは頭が回らなかった）。そして、馬鹿げた理論で「ケリーが生きられるように、自分の役割をきちんと果たせた」と「いい母親」になったような気分でいた。こんな危機感を抱いたのは初めてで、その分、安堵感も大きかった。その夜、私は愛情を込めて彼女を抱きしめた。

第14章 クリントン・コーク・ラインズ

1982年、アーカンソー州ベリービルのカウンティフェアで、ビル・クリントンと再会した。ミズーリ州ランプのスイス・ヴィラにあるCIAニアデス・トラウマ・センター（別名、奴隷の条件付けとプログラミングのための収容所）と麻薬流通拠点が近くにあったことから、アレックス・ヒューストンは、そこで「エンターテインメント活動」をしていた。当時の私はちょうど肉体的、精神的なトラウマとプログラミングを受けていたところであった。クリントンは知事選のキャンペーン中で、演説が終わるまでの間、ヒラリーとチェルシーは楽屋裏にいた。クリントンは腕を組んで午後の太陽の下に立ち、彼と「彼の仲間」（CIA工作員たち）が、エンターテインメントと、特定の秘密薬物作戦の遂行という2つの目的のために、特定の地域での予定が入っていることをヒューストンに話していた。

私の目から見ると、大衆の心理的条件付けを通じて新世界秩序を実現する土台作りを積極的に行っていた人々は、民主党と共和党の区別をしていなかった。彼らの願望は国際的なものであり、アメリカのためのものではなかったのだ[1]。このメンバーは、エリート集団である外交問題評議会（CFR）から集められることが多い。ジョージ・ブッシュと同じように、ビル・クリントンもCFRのメンバーであり、イェール大学の秘密結社「スカル・アンド・ボーンズ」出身である。私が耳にした数々の会話によると、クリントンは、アメリカ国民が共和党の指導者に失望した場合に備えて、民主党を装って大統領の役割を果たすために育成され、準備されてきた。このことは、クリントンの新世界秩序に関する知識と忠誠心の高さからも明らかである。

クリントンは、私がランプで「地獄」を見てきたことを理解していたが、動揺することなく演説に専念していた。彼は、アーカンソー州や隣のミズーリ州で盛んに行われているマインドコントロールによる拷問や犯罪的な秘密活動をよく知っていただけでなく、それを容認していた！　世界支配の取り組みに党派的な好みがないように、個々の州に対する強い思い入れも境界線もない。私は自らの経験から、クリントンのアーカンソーでの秘密の犯罪活動は、ミズーリ州ランプのセンターと関係していると考えている。そこは、彼が日常的にビジネスを行っている場所で、彼は「休暇」と称して、敷地内のリゾート・ヴィラに滞在していた。

１９８３年、円形劇場で「エンターテインメント活動」が予定されていたヒューストンは、いつものようにトラウマの植え付けとプログラミングのために私をランプに連れて行った。ヒューストンのほかにも、ビル・クリントンやジョージ・ブッシュの友人であるリー・グリーンウッド、ＣＩＡ工作員で奴隷商人、そしてカントリー・ミュージック歌手のトミー・オーバーストリートが出演する予定であった。グリーンウッドとオーバーストリートは、ミズーリ州ランプとカリフォルニア州レイク／マウント・シャスタの両ＣＩＡ施設で活動していた。クリントンは、このショーのためにアーカンソー州ベリービルからヘリコプターでやって来て、ビジネスミーティングを行った。

クリントンが到着する前に、グリーンウッドとヒューストンは舞台裏の楽屋でコカインを次々と吸引していた。ヒューストンは、いつだって小銭を稼ぐことに熱心で、私をグリーンウッドに買わせようとしていた。「この女は本物のパフォーマーだ」とヒューストンは言った。「命令されれば、どんな種類の性行為も行う。わずかな金額で、この女はあなたのものだ」

グリーンウッドは笑い、私がアラバマ州ハンツビルで受けたNASAのプログラムに言及し、このように言った。

「私は彼女より多くの時間をハンツビルで過ごしてきたし、彼女が誰で、何であるかよく知っている……セックスのためにプログラムされた『宇宙士官候補生』だ。マリリン・モンローの改造版さ」

トミー・オーバーストリートは、グリーンウッドの言葉を聞いて口を挟んだ。

「シャスタは何のために？」

グリーンウッドは横柄な態度でオーバーストリートを見ると、物知り顔で微笑みながら言った。

「シャスタで『休暇を過ごす』のではない。このコンセプトを覚えておくといい。次に君が尋ねる質問に答えるなら、私はそこで時間を無駄にしたことはない。よく行くよ。君の提案を簡単に覆して、私が欲しいものを、欲しいときに、欲しいように手にできるくらいにはね」

グリーンウッドは私のセックス・プログラミングに巧みにアクセスし始め、部屋にいるほかの人たちに「皆さん、出入りは自由ですが、せっかく提案を受けたので、私は利用させてもらうよ」と言った。彼は私に服を脱ぐように命じ、机の上にかがむと、「またしてもパパになるよ」と言いながら、乱暴にアナルセックスをした。

グリーンウッドの時間が終わると、円形劇場のコンサート会場に出るよう命じられた。休憩時間には、スイス・ヴィラの支配人ハル・メドウズ、トミー・オーバーストリート、クリントン知事とホールで落ち合った。

クリントンは「Diesel Trainer」と書かれた帽子をかぶっていたが、私はそれを「These—will—train—her（これらは彼女を訓練する）」の意味だと思った。私は戸惑いながら、彼の帽子を見つめ、「あなたが指揮者《コンダクター》ですか？」と聞いてみた。

　クリントンは笑顔で「電気の導体《コンダクター》さ」と言った。オーバーストリートは笑いながらこう続けた。

「実際は、車掌車《カブース》[九]を点検する車掌《コンダクター》だ。君のものはどうなんだい？」

　私はもじもじした。どうやら、グリーンウッドが私との性行為を自慢していたようだ。クリントンは「今も稼働中なんだね、きっと」と言いながら、2人はさらに大笑いした。

　ヒューストンは楽屋から出てきて、クリントンを出迎えた。

「やあ、相棒」と言って、ヒューストンは手を差し伸べた。

「知事になったそうだな」

「大笑いさせてくれるネタを持ってきてくれたと聞いたよ」とクリントンは答えた。これはヒューストンのコメディーのことではなく、コカインを暗に指していた。

「常に新しい高みを目指しているからね。まあ、入ってくれよ」そう言って、ヒューストンはクリントンを楽屋に入れた。私も一緒に中に入った。

「俺たち全員が軌道に乗れるもの（コカイン）を持っているんだよ。君は（州の）境界線を越えたし、もはや際限がないだろうね」

「何の線だって？」クリントンは驚いたような、知らないような素振りを見せた。そしてハル・メドウズと顔

九　Caboose（カブース）には車掌車という意味のほかに「尻」という意味もある。

を見合わせながら、「自分の州から出て行ったことを言ってるのかい？　私の気持ちにおいては、とにかく境界線なんてないんだ」と言った。それから彼はテーブルの上に歩み寄り、コカインを1列吸った。

「ここに来るのはすべてから逃れるためだ。こういう商売は大歓迎だよ」

「それで、あの若い奥さんはどこにいるんだい？」ヒューストンはヒラリーのことを指して尋ねた。

「彼女は友人と一緒だ」クリントンはコカインをさらに鼻で嗅いだ。

「彼女は自分の仕事に専念している。僕はここでくつろいで、ショーを見て、ちょっくらハンティング（『もっとも危険なゲーム』のこと）をしに来ただけだよ。終わったら、鳥（ヘリコプター）を用意してあるんだ。そうだ、鳥《バード》といえば（私のほうを指差して）、その子が大きな家（ホワイトハウス）に引っ越したと聞いたよ」

友人であり、恩師でもあるバード上院議員のことに触れて、彼はこう尋ねた。

「それで、彼の立ち位置はどうなんだ？」

「同じだ」ヒューストンは答えた。「こんな感じだな……」とヒューストンは、皆が笑う中、淫らなアナルセックスのポーズを真似た。「彼は今でもショーを仕切っている」

　クリントンはヒューストンの「尻《カブース》」を見続けたまま、「その子（私のこと）に出口を案内して、もう1度それを見せてくれないか？」と言った。もし私が、その瞬間に思考能力があったなら、ビル・クリントンがバイセクシャルである／あったことに気づいただろう。振り返ってみても、スイス・ヴィラでの乱交パーティーでクリントンが同性愛の行為に及んでいるのを目撃した以外に彼と個人的に性的関係を持ったことはなかった。

　スイス・ヴィラでの出来事の直後、ヒューストンはいつものようにアーカンソー州ベリービルのカウンティフェアに出演する予定だった。そこでヒューストンと私は、クリントンの長年の友人であり支援者でもあるH.

B.ギブソンを訪ね、その後、クリントンのバイセクシャルの友人であり支援者でもあるビル・ホールの邸宅でのプライベートな会合に出席するために別れた。

ホールはプレハブ式のログハウスで財をなしたと言われ、クリントン夫妻はスイス・ヴィラを模したゲスト・ヴィラに滞在していた。ヒラリーは幼いチェルシーを連れて別荘に行き、クリントンは側近やボディガードと共に会合に出席していた。トミー・オーバーストリートも、先日のランプの会合と重なっていたことから、その場にいた。

私たちは全員、ホールの邸宅の日当たりの良いリビングルームで、黒い鏡のコーヒーテーブルを挟んで向かい合わせに2つのソファに座った。ホールはテーブルの上にコカインを何本も並べ、ビル・クリントンを含む、その場にいた全員が50ドル札をストローに巻きつけてそれを吸引していた。CIA、麻薬、政治の話から、スイス・ヴィラ・アンフィシアターやカントリー・ミュージックまで、話は多岐にわたった。当時は、テネシー州ナッシュビルが中心であったカントリー・ミュージック業界をCIAのコカイン取引の現場に近いランプ地区（現在はブランソン近くに移転）に移転させようという大きな動きもあった。

トミー・オーバーストリートは、麻薬（コカイン）ビジネスに手慣れたホールに対して、秘密活動の資金源となっているCIAのハイレベルなコカイン作戦に加わるよう説得を試みていた。彼らは、ホールがアーカンソー州ベリービルからテネシー州ナッシュビルにコカインを輸送する可能性について話し合った。これは、まもなく最大かつ、もっとも盛んなCIAコカイン事業の1つになるであろうというものだった。今、参加すれば、ホールが獲得する人脈と顧客は「政治的、経済的に生涯、彼の支えとなる」のである。さらに、オーバーストリートは、ホールの会社のトラックを使って、ジョージア州アトランタ、ケンタッキー州ルイビル、フロリダ州ジャクソンビル、テネシー州ナッシュビル、ミズーリ州ランプに麻薬を輸送する可能性について話した。

会合に出席した内部関係者の話によると、こうしたＣＩＡの重要なコカイン・ルートは、ホールが確立したトラックの輸送ルートと一致していたそうだ。ホールの役割は、秘密の作戦の闇取引に資金を提供するため、自分のビジネスを通じて資金洗浄をすることだが、これは「千載一遇のチャンス」でもあった。ホールは神経質で疑り深い様子だったので、クリントンとオーバーストリートは、ホールのトラック運送会社の名前を「クリントン・コーク・ラインズ」に変えればいいと冗談を言って、雰囲気を和ませようとした。

しかし、ホールは納得せず、この事業が長く続くのか、どうやって自分の身を守るのか、疑問を投げかけ始めた。ホールはコカインビジネスに非常に長けていたが、アメリカ政府の保護下にある仲間よりも、ＣＩＡの作戦に参加していない者のほうが信用しやすいと懸念の声を上げた。クリントンは「レーガンの作戦だ」と安心させたが、ホールは政府のどこかの派閥が何の前触れもなく「おとり捜査のように、いきなり中止して、文字通り袋叩きにするのではないか」と心配していた。ヒューストンは笑いながら、「誰もそれ（麻薬ビジネス）を切り捨てようとはしなかったよ」と説明した。そして、新世界秩序を実現する犯罪者たちが支配する麻薬市場は「常に存在する」と断言した。

クリントンは、ヒューストンの言ったことに加えて、地元の訛りの言葉で話した。

「要するに、俺らは（麻薬）業界を支配してる。つまりはあいつら（供給者と購買者）を支配してるってことさ。それに、アメリカ政府が守ってくれる。何を失うというんだい？　リスクはねえよ。誰もあんたを干上がらせたりはしない。それに、トラックが通過するときにこぼれたものは（彼は笑いながらコカインをもう１列吸った）、どっちにせよ、あんたが掃除することになるんだぜ」

ホールは友人に微笑みかけたが、それは同意と解釈されたようだ。クリントンは側近に台帳を持ってくるように指示した。オーバーストリートは書類を広げ、ホールはテーブルに残ったコカインの列をきれいに片付けた。

クリントンは私に身振りで合図し、ヒューストンに「彼女をここから出してくれ」と言った。ヒューストンは動かず、笑っていた。「彼女は大統領モデルなんだ。君よりもずっと口が堅い」

「知ったことか。彼女をここから出すんだ」とクリントンは答えた。

ホールの妻は私を連れ出し、裏の寝室に閉じ込めた。しばらくして、彼女がヒラリーに電話する声が聞こえた。その後、ヒラリーに会うため、彼女は暗闇のなか車を走らせ、私を山へ連れていった。ヒラリーとは以前会ったことがあったが、当時はランプのCIAニアデス・トラウマ・センターで受けた拷問のせいで、意識が朦朧としていたので、お互いにほとんど話すことはなかった。ヒラリーは私がマインドコントロール奴隷であることを知っていたが、ビル・クリントンと同じように、政治の世界では「普通のこと」だと冷静に受け止めていた。

ホールの妻と私が到着したとき、ヒラリーは服を着てベッドの上で伸びをして寝ていた。

「ヒラリー、あなたが喜びそうなものを持ってきたわ。思いがけないサプライズかもね。ビルがこの子を会合の場から出すように命じたから、寝室に連れて行ったんだけど、面白いことを発見したの。この子は文字通り、2つの顔（私の膣に彫られた顔のこと）を持つ尻軽女なのよ」

「ふ〜ん」ヒラリーは目を開け、眠たそうに体を起こした。

「見せて」

ホールの妻はヒラリーが見ている前で、私に服を脱ぐように命じた。

「この子は清潔なの？」

ヒラリーは、病気がないかという意味で尋ねた。

「もちろん、バードのものだからね」

ホールの妻はそう答え、私がそこにいないかのように会話を続けた。

「それに、ヒューストンがこの子を大統領モデルだと言っているのを聞いたわ。どういう意味かはわからないけれど」

ヒラリーは立ち上がりながら「それじゃあ、清潔ね」とあっけらかんと言った。

当時はそんなことは考えられなかったが、今にして思えば、私の知っている大統領モデルの奴隷は皆、性病に対する免疫を持っているようだった。政府下のマインドコントロールされた性奴隷は「清潔」で、私を虐待した者の誰もがコンドームをつけるなどの予防措置をとらなくても済むことは、私が性的に行き来させられていた界隈ではよく知られた事実であった。

ホールの妻はベッドを叩き、私に切除した部分を見せるよう指示した。ヒラリーは「まあ！」と叫んで、すぐに私にオーラルセックスを始めた。ヒラリーは、私の下半身に刻まれた彫刻に興奮したのか、立ち上がり、上品なナイロン製のパンティーとパンティーストッキングをすぐさま脱いだ[2]。炎天下での長い1日にもかかわらず、彼女は奔放に「私を食べて、ああ、神様、今すぐ私を食べて」と喘いだ。私は命令に従うしかなかったが、ビル・ホールの妻がこの不快な任務に加わろうとすることはなかった。

ヒラリーが私の醜い切断部を念入りに調べ、オーラルセックスを再開したとき、ビル・クリントンが入ってきた。ヒラリーは頭を上げて「どうだった?」と聞いた。

クリントンは、この光景をまったく気にしていない様子で、ジャケットを椅子に放り投げると「公式のものになった。疲れた。もう寝るよ」と言った。

指示通りに服を着て、ホールの妻の車でヒューストンが待つ邸宅まで送ってもらった。どうやら、この会談は成功したようだ。私はその後何年も、ヒューストン、彼のエージェントであるレジー・マクローリン、そしてロレッタ・リンのハンドラー、ケン・ライリーの間で、アーカンソー発のCIAコカイン作戦にホールを参加させることができたという話を聞かされた。しかし、こうした会話の中でも、アレックス・ヒューストンとCIA工作員であり、カントリー・ミュージック・エンターテイナーのボックスカー・ウィリーの間で交わされていた話ほど、心が痛むものはなかった。

ボックスカー・ウィリーは、ハイテクを駆使した催眠術のような説得力あるテレビコマーシャルで、戦略的に一夜にしてセンセーショナルに「スター」になった後、カントリー・ミュージック界に登場した。カントリー・ミュージック業界のフリーダム・トレインは、この業界とファンをミズーリ州ブランソンに導く車掌《コンダクター》を必要としており、ボックスカー・ウィリーはその運転席に座らされたのである。そして、ハーメルンの「笛吹き男」のように、ボックスカー・ウィリーはランプのCIAのコカイン作戦の近くで、業界をトランス状態にするという役割を成功させた。

ボックスカー・ウィリーは、クリントンがビル・ホールを説得し、カントリー・ミュージック業界を移転させてコカインの利益を得るようになった後に、表向きの主な連絡係の1人となった。ヒューストンとボックスカー・ウィリーは、スイス・ヴィラ・アンフィシアターでの公演を含む同じショーの出演者として一緒に全米を回りながら、長年にわたり、私の目の前で、富をもたらすホールとの取引について話し合っていた。

政府主導のコカイン取引とボックスカー・ウィリーの取引が重なることもあり、私は個人的にウィリーと接触することが多かった。しかし、ボックスカー・ウィリーのことは娘のケリーのほうが知っていた。ケリーは

3つの精神病院で、ボックスカー・ウィリーを性的虐待の加害者の主な1人として挙げており、正義が行われないことに不満を漏らしていた。「なぜ私が閉じ込められて、加害者たちは自由の身なの?」というのが彼女の訴えだった。私は、娘のためにもボックスカー・ウィリーの告発をするつもりだ。ビル・クリントンが、CIAのコカイン取引の場であるミズーリ州ランプの近くにカントリー・ミュージック業界を移転させることを計画した際、ボックスカー・ウィリーが果たした役割を暴露するつもりでいる。そのためにも、できる限りのことをすると誓う。

1 新世界秩序の下では、国家に対する忠誠心は存在しない。クリントン大統領は、元国連大使でCIA長官のジョージ・H・W・ブッシュの新世界秩序の指令に従っており、彼のリーダーシップや、我が国への忠誠心はロナルド・レーガンと大差ない。

2 ヒラリー・クリントンは、私の切断された膣を見て性的興奮を覚えた唯一の女性である。

第15章
ブッシュの周りの危険な人々

1983年、ある晴れた秋の日のこと。ワシントンD.C.の上院議員会館の階段で、CIAのマインドコントロール・ハンドラーであるアレックス・ヒューストンや当時3歳半の娘のケリーと一緒にいたところ、ガイ・ヴァンダージャクト下院議員に遭遇した。ケリーはヴァンダージャクトと親しい間柄のようだったが、ケリーが幼い頃の私のように彼から性的虐待を受けていたとは、当時は思いも寄らなかった。彼はケリーの前で片膝をついて、「今日は特別な日だ」と言って立ち上がり、その手を取ると『不思議の国のアリス』の「一緒に冒険に出よう」という言葉で誘い出した。ケリーは静かに、そしてロボットのようにどこかへ消え去ってしまった。

その日の午後、ホワイトハウスでケリーと再会し、レーガンのオフィスで私たちは文字どおり「爪先立ち」して気を引き締めた。レーガン大統領、ブッシュ副大統領、ディック・チェイニー（その後、国防長官となる）の前で、ケリーは瞬きもせずに作り笑いをして黙って立っていたが、こんなふうにロボットのように振る舞わせ、「うまく」機能させるために、3歳半の子供に施されたコントロールは何だったのだろうと、今になって考えてしまう。長いブロンドの髪をしたケリーは青いピナフォアを着ていて、まるで本物の不思議の国のアリスのような姿をしていたが、そんなケリーをレーガンはじっと見つめていた。彼は「ケリーは愛らしい、模範的な子供だ」と言っていたが、ケリーに対して直接的に性的虐待を加えているわけではないようだった。

　レーガンは、ブッシュのほうを見て身振りをしながら、「彼は副大統領のジョージ・ブッシュだ。国民は大抵、副大統領の役割が何であるか知らない。副大統領は常に舞台裏にいて、大統領が望むすべてのことが想定どおり行われるように計らっているのだ」と言った。さらに私を見て、「副大統領が命令を遂行しているとき、私は国民の注意を引いているのだ」と当たり前のことのように話していた。

　ブッシュの親友、ディック・チェイニーは、「そして国民を支配するのだ」と言い、レーガンは「そうだ。彼からの命令は、私からの命令と同じだ」と続けた。

　キャンバスのボートシューズを履き、カーディガンを着たブッシュは、同じ目線で会話をするため、ケリーの前で片膝をついた。こんなとき、ブッシュがケリーのような若い犠牲者に対して、自身と接触を持ったことや性的虐待に関する記憶をかき乱すために、利用していたのが子供向けテレビ番組『ミスター・ロジャース・ネイバーフッド』だった。彼の外見は司会者のフレッド・ロジャースと似ているが、服装や声を真似することで、いつにも増してロジャースのように見えた。彼はロジャースのような喋り方で、「お嬢ちゃん、こっちにおいで。聞きたいことがあるんだ。『ミスター・ロジャース・ネイバーフッド』を観ているかい?」と言った。

　ケリーは「はい」と答えた。

　ブッシュは続けた。「そうだな、私は人形を操って喋っているロジャースみたいなものだ。人形をたくさん持っているからね……ただ私の場合は人形じゃなくて人間を使うよ。ミスター・ロジャースのように王（ファハド）を持っているんだ[1]。糸を引っ張って話をしていると（そう言って、彼は操り人形を動かす手振りをした）、私の代わりに喋ってくれるから、楽しいことがたくさん起こる。今は新しいネイバーフッド（新世界秩序）を創っているよ。舞台はもう整っていて、みんなの糸を引っ張っている。協力してくれ、一緒に君のお母さんの糸を引こう。お母さんは私のネイバーフッドだ。つまり、君も私のネイバーフッドなんだ」

ブッシュが、混乱や大衆のマインドコントロール（あるいはメディア操作）を通じて、新世界秩序の実現を目指す人々を「ザ・ネイバーフッド」と呼んでいたことは、今となっては明らかだ。もちろん、当時ブッシュの発言に反論するなんて考えられなかったし、ケリーも自分の好きなテレビ番組の名前をブッシュがもじったという程度にしか思っていなかっただろう。ケリーは大きな青い目をさらに大きくして「私が？」と答えた。

ブッシュは立ち上がり、彼女の手を取った。そして「さあ、ネイバーフッドを案内するよ」と言って、彼女を連れ出した。

ケリーは、ジョージ・ブッシュの「ネイバーフッド」になり、彼と性行為をするたびに体調を崩した。40度ほどの熱を繰り返し、嘔吐し、（高電圧のトラウマと同じように）3日間は動けなくなるほどの頭痛に耐えていた。こうした症状は、彼女の皮膚に残った火傷の跡を除けば、性的虐待を受けていた唯一の明らかな証拠である。だが、ヒューストンは医者を呼ぶことを禁じ、私はケリーを慰めることもできず、ケリーは「頭が痛くて動けない」と痛ましく訴えながら、何時間も動くことができなかった。ケリーはたびたび激しい腎臓の痛みを訴え、ブッシュから性的虐待を受けた後は大抵、１、２日は直腸の出血に苦しんでいた。私もまたマインドコントロールの犠牲者だったため、彼女を助けることも守ることもできなかった。このようなひどい状況を目の当たりにし、私自身も余計におかしくなってしまっていたことから、１９８８年にマーク・フィリップスに助けられるまで、彼女に救いの手を伸ばすことは一切できなかったのだ。

ケリーの直腸の出血は、ジョージ・ブッシュの小児性愛という性的嗜好を示す1つの物理的な手がかりにすぎない。彼は、彼女への性的虐待について何度もあからさまに話していた。私の糸を引き、支配するために、彼女への性的虐待と命を脅かす行為についてあえて口にしていたのだ。小児性愛者の副大統領にレイプされるというのは、それだけで十分に恐ろしく衝撃的なことであるが、報告によるとブッシュはNASAの高性能な電子・麻薬によるマインドコントロール装置を使い、ケリーのトラウマをさらに増幅させたのだという。ブッシュはまた、ケリーに対して「誰に電話するつもりだ」や「お前のことを監視している」と言って束縛し、彼女の無力感をさらに増幅させていた。私が子供の頃に受けた組織的な拷問やトラウマは、ジョージ・ブッシュが娘に与えていた残酷な肉体的かつ精神的な虐待に比べると、些細なことのように思えてくる。

ブッシュとケリーの後ろのドアが閉まると、ディック・チェイニーはレーガンの机に手を伸ばして砂時計をひっくり返した。そしてオズの声で、「彼女（ケリー）の時間は残り少ない。命がかかっているんだ、注意を払い、命令に従ったほうがいい。これまでも（ヘッヘッヘッ）これからもだ！　もし1つでも間違えたら……そのときは、俺が彼女を捕まえるからな」と言った。

レーガンは「ジョージはまさに監督だ。私が思い描く新世界秩序を実現するために、その舞台を整えてくれる。彼は全員が台本を持ち、皆が自分の役割を理解していることを確認して、いつどのように話すのかを指示している。服装も、髪形も。すべてを、全員を配置して、そして『アクション！』と叫ぶのだ」と言った。レーガンはメガホンのように手を口に添えて叫び、「世界はすべて舞台。私は魔法使いだ。ショーの監督であるジョージには注意を払い、自分の役が何なのかをよく学んだほうがいい」と続けた。

チェイニーは「ジョージと俺は、複数のプロジェクトで一緒に緊密に仕事をすることになる。君が彼に会うときは俺もそこにいるよ。つまり彼からの命令は、私からの命令だと考えろ」と口を挟んだ。

レーガンは「彼女は指揮系統を知っているよ、ディック」と言い、責任者が誰なのか、そしてその順番について語った。大統領、副大統領、ハビブ、チェイニー、バード……というのが、レーガンの頭の中の指揮系統であったが、私の理解では、チェイニーの順番が違っていた。指揮系統は明らかにブッシュ、チェイニー、ハビブ、レーガン、アキノ、最後に私の支配者であるヒューストンとバードであり、状況によって変化するものだった。チェイニーはレーガンの発言を聞いて呆れたような表情を浮かべ、「今まさに舞台が用意されている。新世界秩序におけるメキシコの役割について、副大統領は君たちにどんな役割を果たしてほしいか指示するだろう」と休むことなく話を続けた。

レーガンは再び口を挟み、「世界が秩序あるものになれば、世界平和が実現する。民主主義を広めるために献身するアメリカの愛国者を、世界中に戦略的に配置し、各国の指導者の考え方に影響を与え、彼らが決して忘れないような自由とアメリカの価値観を示すのだ。その考えは多くの人々に広まり、やがて地球全体が1つの心、1つの目的、1つの大義を持つようになる。そして自由が生まれるのだ。君は私の代理人として、そうした友人や指導者たちと話をすることになるだろう」と言った。

そのときブッシュがケリーを置いて戻ってきた。チェイニーは「私と新しい監督、つまり副大統領から命令を受けるのだ。マイアミ・バイスを知っているか？　スパイの麻薬エージェントが麻薬業界を支配している。副大統領《バイス・プレジデント》†はまさに、大統領のために麻薬業界を支配するスパイだ」と言った。

ブッシュは「メキシコが問題なのだ。メキシコにはたくさんの麻薬があるが、それを国外に売る頭脳も手段

---

† バイス（vice）には「悪徳」「不道徳」という意味がある。

もない。それなのに、どうやって彼らは（成長中の）麻薬産業を支配できるというのだ？　アメリカ国民としての義務はそのルートを開拓し、彼らを国全体の貧困から自由にしてやることだ。メキシコの麻薬産業を活性化させるためにカネを与え、我々の玄関先まで持ってこさせるのだ」と言った。

「不法入国者へのドルばら撒き作戦」とチェイニーは言って、笑った。ブッシュも一緒に笑った。

ブッシュは再び冷静になり、「君の任務はＮＣＬとマイアミから始まる。成功の知らせを持って、メキシコから帰ってくるんだ」と言った。

チェイニーは手振りをして、私の視線を、ブッシュからすでに砂が落ちきった砂時計に向けさせた。私はさらなるプログラミングを受け半永久的な深いトランス状態に陥っていて、周囲との接点をすっかり失っていた。そしてアメリカ副大統領からメキシコのカルロス・サリナス・デ・ゴルタリ副大統領に向けたメッセージと、重病の子供１人と共に、ホワイトハウスを後にしたのである。

1　ミスター・ロジャースは番組で操り人形を使うが、『The Land of Make—Believe（ランド・オブ・メイク―ビリーブ）』という架空の王国にいる重要なキャラクターの１人が『King Friday the 13th（金曜日王13世）』である。

第16章
不法入国者へのドルばら撒き作戦

ＣＩＡのマインドコントロール・ハンドラー、アレックス・ヒューストンと共に、メキシコのコスメル島行きのＮＬＣの船に乗り込んだ。黒い大きなスーツケースを持ち込んだが、そこには多くの現金と「繁栄」についてのアメリカからの提案書が入っていた。ブッシュ副大統領によると、この提案書は北米自由貿易協定（ＮＡＦＴＡ）の最初の外交基盤であった。

私の認識では、北米自由貿易協定というのは大衆の心を操作して新世界秩序を実現するための重要なステップだった。バードいわく、ＮＡＦＴＡの真の目的は一般に知られているものとは異なり、アメリカとメキシコ政府が長い間共有してきた「自由貿易」の思想が含まれているのだという。それはマインドコントロールされた子供と大人の奴隷、コカイン、ヘロイン、そしてビジネスの「自由貿易」であることを意味し、何年も前から密かに進行していた。

父は、アメリカ国務省とメキシコの補助金を利用して「国境への逃走」に加わり、アメリカ国防総省から与えられたビジネス拠点をメキシコに新たに開設した。私の知る限り、そのことは少なくとも１９８４年から円滑に運営されてきた「自由貿易」協定の一部であった。メキシコとアメリカの間に負の経済的不均衡が生じないという幻想を見せるために、米ドルによってメキシコに新しい観光地が生まれ、経営が強化され、アメリカ化されたのである。そのための資金は、麻薬と奴隷売買というＣＩＡの秘密の闇予算作戦、そしてロバート・Ｃ・バード上院議員が議長を務める上院歳出委員会を通じて直接的に提供されたものであった。

私は国際ビジネスに精通しようとは思わないし、偏ったプロパガンダや定期刊行物を読んで自分自身を「教育」しようとも思っていない。しかし世界市場でお金がどのように動いているのか、しっかりと記録されているのを知っている。例えば、誰が誰に対してどのような金融活動によって支援しているかは、国際商業信用銀行（ＢＣＣＩ）の弁護士や捜査官でさえ整理できないほど膨大な資料が残っている。その一方、メキシコ、アメリカ、サウジアラビアのメキシコ経済発展についての見解は、私の個人的な経験によるものだ。だが、これらは私の知識と行動を支配していた人々の犯罪的なデマによって恣意的に捻じ曲げられている。バード上院議員は時々、私をロボットのような相談相手として扱っていた。彼は私によく話を聞かせたが、それは彼自身の巨大で歪んだエゴを満たすためのものであり、世界金融について学ばせるためではなかった。

バード上院議員は「マネーゲームはただの支配のゲームだ」と主張し、自分の決めた黄金律を守っている。『カネを持つ者がルールを作る』という考えに沿って生きているのだ。「自由貿易協定を進めるプロジェクトには多くの資金を投じ、刑事司法制度などアメリカの社会システムには資金を投じない。私はこの国と世界市場における地位を支配しているのだ。世界はすべて舞台であり、私のものだ！　……そう思ってくれていい」と、彼は実に多くの言葉で語っていた。

ブッシュ大統領とクリントン大統領によってＮＡＦＴＡが成立し、アメリカが買われ（盗まれ）、売られたとき、私はバード上院議員が話していたねじれた現実を思い出した。「私は決して大統領選には出馬しない。

出馬すれば勝てるのだが」とバードは自慢げに言った。「ではなぜ下の役職に就かなければならないのか？私は大統領をよく見せることもできるし、戦略的に資金を配分して悪く見せることもできる」

バードや周りの人々は、ビル・クリントンが大統領に選ばれたのは自分も一役買っている（腐敗した影の実力者である）からだと自慢していた。ＮＡＦＴＡの決定票を持つ議員たちとの土壇場での入札や取引による「戦略的配分」は、クリントンのＮＡＦＴＡ支持による「勝利」を「より良く見せて」いた。

その晩、コスメル島のラ・セイバ・ホテルでの夕食会でも、ヒューストンはマインドコントロールのために私の食事と水を制限した。時間はすでに遅く、レストランは「公式には」閉まっていたが、楽団、ウェイター１人、武装警備員４人、メキシコの高官とその助手２人、そしてハンドラーであるヒューストンと私がそこにいた。そのなかで、翌日の午後にメキシコのサリナス副大統領（当時）と近くの軍事施設で会談することが決まった。また近くの領事館で、メキシコ観光地での経済的平等という幻想を見せるためのプロパガンダを作るべく、いつものようにバード上院議員からアメリカの資金援助に関するメッセージを伝えることになった。これらの資金は、念入りに仕組まれた『巧妙なトリック』によって新世界秩序が円滑にすべてを支配するという、現在進行中の共通の目標を達成するためのものであった。

翌日の午後、ヒューストンはサリナスとの会談のため、フェンスで囲まれ厳重に警備された施設まで私を連れ出した。ブッシュによると、サリナスは当時メキシコの大統領だったミゲル・デ・ラ・マドリよりも権力が上であると、レーガン・ブッシュ政権から見なされていた。次のメキシコ「選挙」はレーガンの２期目の選挙と同じで、ブッシュが大統領になるのと同時にサリナスを大統領の座に就かせるものだった。この「戦略的に配置されたアメリカの愛国者」を確実にその地位に就かせるために、アメリカは「選挙」を密かに「監督」することで「完全性を守る」ことやそのほかの戦略を講じたのだと、レーガンは私に告げた。サリナスが大統領になるのは確実なことだった。

ブッシュにとって、デ・ラ・マドリ大統領はサリナス／ブッシュの（すでに確立された）外交関係を最終的に支配するための踏み台だった。決してミスを犯さない者として敬意をもって評価されていたのだ。デ・ラ・マドリ大統領による全面的な協力、つまり麻薬市場の自由な流通と、レーガンに支持されたニカラグアのゲリラ部隊であるコントラに対する積極的な資金供給は、ブッシュとサリナスの目的を果たすものだった。デ・ラ・マドリはサリナスと緊密に連携し、スムーズに権力を移行することで、アメリカとメキシコの信頼関係やすでに遂行されている取り組みを維持できるよう努めていた。

「サリナスへのメッセージは、大統領へのメッセージだ」とチェイニーは説明した。サリナスもジョージ・ブッシュと共に、NAFTAを推進するうえでもっとも重要な時期、つまりアメリカ国民を納得させ、法制化する時期に政権を担うことになるからだ。レーガン大統領、メキシコのデ・ラ・マドリ大統領、ブッシュ副大統領、そしてメキシコのサリナス副大統領は皆、「1つの心、1つの努力」という意識のもと協力し合っていた。私がこれまでに経験してきた麻薬、子供、ポルノなどの「自由貿易」に基づく、南の「新世界秩序の隣人」の経済拡大と成長へと向かっていたのだ。ブッシュ副大統領は、メキシコの国民は自らの力で世界市場に進出できないため、この（犯罪）活動はメキシコの『急速な経済発展と貧困からの解放の唯一の手段』だと言っていた。

スーツケースを手に軍事施設に到着した私は、白い制服を着た警備員が立つゲートを通って、サリナスのオフィスへと案内された。サリナスは、装飾品や私物がほとんどない部屋の、磨き上げられた木の床に置かれた、小さく機能的な（つまり軍用の）デスクに座った。私はサリナスの前にスーツケースを置き、プログラムされた通りメッセージを伝えた。

「アメリカ合衆国の副大統領から、隣国メキシコへのメッセージです。……アメリカはメキシコと貿易協定を結び、富を分かち合いたいと考えている。我々は資金を提供し、メキシコのコカインとヘロインの生産、つまりメキシコの麻薬産業を支配するのだ。我々は国境を開放し、コカインとヘロインを自由に持ち込めるようにする。米ドルで買い支え、メキシコという国を建設するのだ。メキシコの経済成長が実現すれば、両国の国境を完全に無くすことができる。今日から着手し始めれば、この夢は今世紀中に実現できるだろう。同じ大陸を共有し、同じ富を共有するのだ。それはなぜか？　メキシコ政府ができること、できないことは、すでに麻薬産業によって決められている。アメリカに麻薬産業を支配させれば、メキシコは自国の政府を支配できるようになるのだ。米ドルに支えられ、権力は再び確立し、メキシコはアメリカと同等の経済力を持てる。まずは麻薬が運ばれる通路やルートを案内するエージェントを配置し、（麻薬）カルテルを通してアメリカが国境を密かに開放し、自由な麻薬取引を行う用意があることを伝えるといい。メキシコ産のヘロインや（南アメリカ産の）コカイン、そして現金を、国境を越えて持ち込めるのは、アメリカのエージェントのみだ。麻薬帝国を支配する少数の人々に、クルーズライン（ＮＣＬ）協定が大々的に広がり、メキシコが取引できるのと同じくらい多くの麻薬を持ち込めるよう、両国の国境を取り壊すことを説明するのだ。いつ始めるべきか？　今すぐだ。現金は手元にある（サリナスがスーツケースを開けると、中は現金で埋め尽くされていた。私はそれを指差した）。協定を承認する証拠に、持てるだけ多くの茶色いヘロインを持ってきなさい。隣国からメキシコにもたらされた変革と幸運の記念だ。釣りはいらない」

ブッシュのメッセージを言い終えると、サリナスはすぐに机の上のメモを取り素早く何かを書き込み、ドア前の警備員に渡した。そして立ち上がり、笑顔で机に身を乗り出すと、温かい握手の手を差し伸べた。私は外に連れ出され、正面の階段の前でヒューストンに会い、一緒に有刺鉄線のフェンスを抜けてカンクンの街に出た。

それから近くの小さな空き地で、大きなイグアナと遊びながらしばらく待った。すると、タクシーの運転手がクラクションを3回鳴らし、拳大のメキシコ産の茶色いヘロインを受け取るように合図した。ヘロインは茶色の紙に包まれ、紐で縛られ、野球ボールほどの大きさだった。タクシーの運転手が去るとすぐに、少し離れたところで、制服を着た2人の男とそこに立っているヒューストンが戻ってくるよう合図を送ってきた。それから空港まで送り届けられ、ワシントンD.C.行きのアメリカ空軍機に乗り込んだ。

ワシントンD.C.郊外のアンドルーズ空軍基地に到着すると、バード上院議員の元へ連れ出され、その後ブッシュ副大統領と面会するためディック・チェイニーのペンタゴンオフィスに案内された。そのとき私は記憶を喪失させるためにメキシコで加えられた高電圧の影響で、体調を崩し吐き気が続いており、バードの磁気カードを使ってトイレへと続く迷路のような通路のドアを開けることを許された。それからブッシュに会い、メキシコが彼の提案に同意したことを伝えたとき、私はその場に相応しくない格好をしていること、そしてヘロインをトートバッグに入れたままであることに気がついた。ブッシュはヘロインを手に取り、その品質に満足していた。チェイニーは笑いながら、ブッシュに「コントラバンド（密輸品）を没収する」と言った。

ブッシュはチェイニーの冗談に笑いながら、「そんなことは絶対にさせない」と答えた。「少しでも分けてくれないなら、どうなることか。ここに投げてくれ」とチェイニーは言った。

ブッシュは投球ポーズをとり、両腕を上げ投球するふりをして、「この球は高くぶっ飛ぶぞ。盗塁しないといけないぞ」と野球に絡めて冗談を言った。彼はヘロインを空中に放り投げ、それをキャッチして、ドアに向かって歩き出した。チェイニーは椅子から立ち上がり、ドアを指差して「出て行け」と私に命令した。

それから私とヒューストンは、ジャマイカのモンテゴベイへ飛び立ち、次のNCLクルーズ船に乗るためにオーチョ・リオスまで移動した。

第17章　いくつもの顔

ケリーが恐ろしい性的虐待によってジョージ・ブッシュの「ネイバーフッド」になった直後、ブッシュは私にも支配を強いてきた。私たちのハンドラーであるアレックス・ヒューストンは、ケリーと私をワシントンD.C.に連れて行き、それぞれにブッシュと会う約束をさせていた。その朝、ケリーはすでにエージェントに付き添われてブッシュと待ち合わせをしていたが、その間に私は、近くの連邦捜査局にあるロバート・C・バード上院議員の事務所に行くよう命じられた。そこでバードは、自分には司法省の支配権があることを主張し、私に「逃げ場も隠れる場所もない」ことを改めて「証明」することで、私に対する支配力を強めた。さらに、バードは懐中時計を見て、不思議の国のアリスの隠語を使いながら、ブッシュとの会談のことを指してこう告げた。「君はとても重要な日に遅れている」。そう言われ私の恐怖はさらに増した。

私は、フーバー・ビルから飛び出し、すぐ外で待っていたヒューストンに会った。ヒューストンは、私をスミソニアン博物館に急がせ、私は「フェイス・チェンジング」の展示のところで指示通りに護衛を待った。この展示は、コンピューターによって、人の顔をほんの少し変えるだけで、まったく違う顔になるというものだった。

多重人格者は、人格が入れ替わると、鏡に映った自分がわからなくなることが日常茶飯事なので、プログラムされた多重人格障害である私は、この展示に魅了された。多重人格者の顔は、人格が切り替わるたびに微妙に変化することが多く、これが、オカルトでいう「悪魔憑き」という宗教的な認識を成立させていた。だが、誰もが感情、肌の色やトーン、血のめぐりや、特定の微小な筋肉を締めたり緩めたりすることによって表情を変えることができるため、この論理はすぐに破綻する。多重人格者の表情の変化は、こうして自然に発生する条件と高度なプログラミングが組み合わされることで、より誇張されるのである。「チャーム・スクール」では、こうした自然な現象を無意識のうちにコントロールすることで、私のような政府専属の奴隷の変化や、性奴隷の「美」を最大限に引き出すことを教えている。私は何も考えず、論理的に理解することもできず、ただただ夢中になって、命令されるままに護衛を待っていた。

護衛が近づいてくると、ケリーも一緒にいるのが見えたので、ほっとした。ケリーはトランス状態で、トラウマを植え付けられていたが、この子が生きているという事実だけが、私の心の支えだった。

ケリーは「フェイス・チェンジング」の展示を見て、「ジョージおじさんが、このことを書いた本を読んでくれたの！」と興奮気味に叫んだ。それ以上、聞く間もなく、ケリーはハンドラーのヒューストンに預けられ、私は連れて行かれた。

案内されたのは、ブッシュのレジデンス・オフィスだった。ホワイトハウスのオフィスと同じようにスレートブルーの豪華な絨毯と立派な調度品があったが、格子細工や小部屋があり、雰囲気は異なっている。命令された通り、背もたれの硬い木製の椅子に座ると、ブッシュは目の前の小さな木製の踏み台に慎重に座った。膝に抱えた大きな本がよく見えた。図版はすべて私のほうを向いており、最後のページを除くすべての文章は、持ち主の方向に印刷されていた。この本は、ブッシュのお気に入りのプログラミング手法である「君は読んだとおりのものになる」を実行するために特別にデザインされた、最先端で独自の芸術品だった。このハードカバーの本の正面に描かれている幼い顔は、まるで子供向けの絵本のようだった。『顔について』というのが、そのタイトルだ。

ブッシュは、「顔を変える」ことや「私が読んだとおりのものになる」仕組みを説明した。ディズニーの物語や『オズの魔法使い』、『不思議の国のアリス』などを通して、ずっとこの考え方を教えられてきた私だが、ブッシュ版の「君は読んだとおりのものになる」のプログラミングの説明をされるとは思っていなかった。イラストも凝っていたし、鏡や催眠術のような描写で構成されている本だった。ブッシュは、催眠術のような隠喩的な言葉が書かれた詩的なページを次々と読み上げながら、強力なイリュージョンを作り出し、私の心の中で、本に命を吹き込んだように見えた。さらに登場人物の物まねをすることで、幻想が現実になるという効果をさらに高めていった。現実をスクランブル（かく乱）するこの並々ならぬ労力は、それからわずか数日後に、別の被害者と私がこの本について話し合っていなければ、完璧に成功していただろう。ブッシュの本の目的は、最初の数ページで明確に説明されており、そこには次のような一節があった。

私は状況に応じて副大統領となる。
私はあなたの司令官であり、あなたは私の命令に従う。
最初の司令が重要だ。よく聞きなさい。
私があなたに本を送ったら、あなたはそれを読むのです。

大統領モデルのマインドコントロール奴隷だった間、私はブッシュのプログラムに従って特定の本を渡された。これらの本は、ケン・ライリー、アレックス・ヒューストン、そしてロナルド・レーガンのようなあらかじめ確立されたルートを通して届けられ、それらをどのように解釈し、使用するかという具体的な命令と共に提供された。作戦を指示するもの、空想で記憶を混ぜこぜにするもの、銀行口座の番号など適切なデータを読み込ませるということもあった。

『アフガニスタン』という文庫本を渡されたときには、歴史や現在の政治情勢、アフガニスタンで自由を求めて戦う戦士の強さなどを吸収した。私が読んだ本は、自分に提供された文章のままでは世の中に公開されていないことを後から知った。教えてもらったところでは、私が暗記し終わると同時に、その本はブッシュに返送されたそうだ。今にして思えば、この本の中に、私の想定を超える事実が含まれていたのかもしれない。

ロバート・ラドラムの『ボーン・アイデンティティー』やウィリアム・ディールの『カメレオン』など、スパイ小説も読んだ。私の記憶をスクランブルするだけでなく、さらなる訓練のために官能小説も提供された。

ケリーはおとぎ話、スティーブン・スピルバーグの『E.T.』、NASA・NSA工作員のジョージ・ルーカスの『スター・ウォーズ』、悪夢のような『ネバーエンディング・ストーリー』を使った条件付けを受けた。スタインベックの『二十日鼠と人間』の影響で、ケリーは依存的な性格のレニーの言葉を引用して、「ジョージ、どうすればいいのか教えて」と言い続けた。ケリーは今でも、私が精神病院で面会を許されるたびに、この言葉を口にする。面会を監督するセラピストは、このプログラミングを作動させる合言葉をまだ突き止めておらず、私は少年裁判所の命令で、ケリーの過去や治療について話すことを禁じられている。

ブッシュが『顔について』の中で、もっとも効果的に「読んだとおりのものになる」力を発揮したのは、「遠い深宇宙」から来たトカゲのような「エイリアン」を描いたページを読んだときだった。ブッシュは、自分が宇宙人であると言いながら、トカゲのような「宇宙人」のホログラムを起動し、目の前でカメレオンのように変身しているような錯覚を私に起こしたのだ。今にして思えば、ブッシュはホログラムの効果を最大にするために、座席の配置に細心の注意を払っていたのだと思う。

アキノ陸軍中佐のオカルト主義は、私の核となる信仰心に影響を与えることができないにもかかわらず、私がモナーク・プロジェクトのマインドコントロールを維持するのに十分なほどのトラウマを与えた。そのため、私は、他の多くの奴隷（ケリーを含む）とは違い、「トラウマのカード」として好んで使用される「エイリアンのテーマ」に日常的にさらされることはなかった。だが、ブッシュのイリュージョン・ホログラムの効果は、犠牲者にとって拘束力があり、強いものである。アキノでさえ、ルーカスの『スター・ウォーズ』の続編を自分で書いて出版するほど、ブッシュのエイリアンのテーマの視覚的トラウマが心を打ち砕く効果を羨んでいたのである。

オカルトは理性と事実をもって容易に否定することができるが、一方でブッシュのエイリアンのテーマは、NASAがマインドコントロールという残虐行為に関与し続けることで強化され続けている。

さらに、カリフォルニアで24年間現職の上院議員アラン・クランストン（情報特別委員会）は、他の関係者と同様に、このトラウマの要因を何十年も永続させた。

私は日常的に与えられる「エイリアン」をテーマにしたトラウマからは逃れてきたにもかかわらず、ブッシュの「読んだとおりのものになる」ホログラムの効果は、その瞬間から1988年に救出されるまで続いた。つまり、私のロボット化した心を完全にコントロールできることを証明したのである。

ブッシュが『顔について』の本の最後のページにたどり着いたとき、私は完全にトラウマを植え付けられた。命令通りに、最後の一節を声に出して読み上げた途端、即座に「読んだとおりになった」のである。

私はアメリカン・ドリームを生きる真の愛国者です。
あなたが私の糸を引くとき、私は私の役割になるのです。
私は役目を果たし、そのために、何にでもなることができます。
副大統領と同じように、私は読んだとおりになるのだから。

第18章
その間に起きたこと

レーガンとブッシュに支配された後、私の人生は加速度的に変化したように思えた。私のハンドラーであるアレックス・ヒューストンは、彼とエレマー（彼の分身である人形）の人気のおかげで、広範囲にわたってカントリー・ミュージックの巡業を続けることができたと、尊大な態度で主張していた。NCLの船でカリブ海やメキシコに行ったり、コカインを積んだモーターホームを運転して全米で戦略的にブッキングされたショーに出演したりしていないとき、ヒューストンは日常的にワシントンD.C.に出入りしていた。その間ずっと、娘と私は売春をさせられたり商業ポルノに出演させられていた。ロニー・レーガンおじさんの命令で、マイケル・ダンテの「監督する」獣姦ポルノの撮影に参加させられることも多かった。

時折、私たちはミシガン州に旅行をしたが、そんなときヒューストンは、私の家族の元に滞在するようにしていた。父の家へ行くのは大変なことでもあったが、有益だったのだ。母は、さらなる深い心の傷を負い、解離性同一性障害の症状の他に深刻な不眠症にもなっていた。

父はこの頃、ロンドン、ドイツ、メキシコへの旅行や、フロリダのディズニー・ワールド、ワシントン

D.C.への家族旅行を日常的に行っていた。兄のビルは相変わらず父の下で働き、ワイオミング州グレイブルのチェイニーのロッジへ毎年父と共に「狩り」に出かけ、父の指示に従って妻と3人の子供をトラウマに基づいたマインドコントロール下に置いていた。弟のマイクはビデオ店を経営し、父とボブ・タニスおじさんが製作したカネを生み出すポルノビデオの一部を前面に押し出していた。妹のケリー・ジョーは、売春のプログラムに従い、「ガンビーのように柔軟」になり、「運動能力」に秀でたベリーダンスの曲芸師となった。彼女は、児童デイケアセンターで働き、父のために虐待された子供たちを「選ばれし者」の候補として選抜していた。1990年に卒業し、父のためにミシガン州グランドヘブンで認可保育所「リトル・ラーナーズ」を開設したのだ。弟のトム（ビーバー）は、「コンピュ・キッズ（CIAのプロジェクト）」プログラムによってコンピューターの天才となった。弟のティムは、人間の能力を超えた父のスポーツ・プログラミングに従ったために、足を骨折した（数年前に母が骨折させたのと同じ箇所だった）。末の妹のキミーは、「ミスター・ロジャース」にヒステリックなまでに夢中になっていた。彼女は夜になるとホワイトハウスのようにライトアップする巨大な「電気人形館」にとてつもない恐怖心を抱くようになり、7歳になる頃には拒食症で医者の世話になっていた。私は、彼ら全員を助け出し、父に正義の鉄槌が下る日を心から望んでいる。

私は、通常では使わない脳の部分を使っていたため、「逆さ読み」が「正しい読み」と同じように自然とできるようになっていた。ヒューストンは、この典型的なオカルト現象を利用し、道路標識を「スクランブル」して、走行中の場所を記憶喪失にさせるという方法をとった。さらに、文字の音読と、この「スクランブル」メソッドを組み合わせるという工夫も凝らした。「ズー（zoo）」は「ウーズ（ooz）」になり、「ウーズ（ooz）」は「オズ（oz）」に変換された。アーカンソー州は「Our Kansas（私たちのカンザス）」と読まされ、ミズーリ州は「Misery《ミザリー》（惨め）」と読まされた（実際に惨めだった！）。東は西になり、ハイウェイ66は99になった。私は旅をするとき、自分がやって来たのか、向かっているのか、「文字通り」意識していなかった。もし、部外者にどこを旅したのかと聞かれれば、「どの町も1つになって流れていくから、しばらくすると同じように見えます」と機械的に答えた。

言葉に別の意味を持たせるというコマンドは、私にとっては自然なことだった。レーガンの演技の定義に従って、その役割を演じる（Role with it）ほうが、流れに任せる（Roll with it）よりも簡単だったのだ。ワイオミング州の上院議員アレン・シンプソンは、「ｅｙｅ」（催眠術の瞬き）／「Ｉ」（私という個）／「ｉ」（文字）や、complaint（不満）とcompliant（賛辞）といったように言葉を切り替えて使っていた。私が機能することを余儀なくされた脳の部分は、「正常な」思考を導くものではなかった。

外部の人が私の表面的にプログラムされた人格を注意して見れば、私は明らかに「普通」ではなかった。旅行のない日にケリーを連れて行った地元の図書館で、外部の人と接する機会はあった。6歳になる頃には、ケリーは7年生の読書レベルに達していた。私は、ケリーの学校教育にも力を入れた。成績は常に「Ａ」だったが、出席日数が少なく、州の規定を満たしていない可能性があった。図書館の司書が本の返却期限を延長する際にケリーの旅行先を尋ねたり、教師がケリーの欠席について尋ねたりすると、私は「どの町も1つになって流れていくから、しばらくすると同じように見えます」と、いつものように答えた。具体的なことを聞かれれば、「主をほめたたえる」などと宗教的な言葉を並べて、答えがないことをごまかした。「宗教の狂信者」という特異な性格を人々は気に留めず、そういうものだと受け入れていた。それがカントリー・ミュージック界を渡り歩く私の「役割」と相まって、外部の人たちは私から長いこと距離を置いていた。

私の「宗教の狂信者」としての人格は、テネシー州ブレントウッドの教会（ペンテコステ派）で、ＣＩＡ工作員の伝道師「ビリー・ロイ・ムーア牧師」（地元で起きた殺人事件のためにアーカンソー州に逃亡した）を通じて培われた。

ムーアは、少なくともレーガン政権時代に、いわゆる「布教」を装って、ＣＩＡのためにカリブ海からコカインを輸送していた[1]。とはいえ、カリブ海で宣教活動を行うキリスト教徒に、そのような意図はなかったと思われる。カリブ海の伝道活動に献身するキリスト教徒は、ＣＩＡやムーアによって利用され、うかつにも我が国に麻薬を密輸させていた可能性が高い。ＣＩＡの諜報員でさえ、「知る必要がある」部分的な情報のもとに活動していて、実際に参加していることの全容は知らされない。一見、喜んで参加しているように見える多くの参加者は、操られ、「正当化」され、意図的に誤解させられていた。国を内側から破壊するのではなく、彼らは国のために奉仕していると信じこまされていたのである。

ムーア師は、ケリーと私のプログラミングのキー、コード、トリガーに関する知識と、私たちの活動様式を維持し指示するための比喩的な言葉の使い方を組み合わせた。ムーアの「支持者」は、主にマンドレル夫妻、ジャック・グリーンとその奴隷、オーク・リッジ・ボーイズなど、政府にマインドコントロールされた奴隷と手下で構成されていた。彼は私たちに、投票の仕方や、どの政治課題を支持するか、そして、彼とマヌエル・ノリエガの友人である伝道師ジミー・スワガートのような「宗教的」政治指導者に従うよう指示をした。ムーアによる「宗教的なカウンセリング」は、「神の命令」によるマインドコントロール・プログラミングを維持することと同じだった。そして「神の命令」は、たびたび電話によってもたらされた。

ヒューストンは常にこの「ループ」の中で、お金を払ってくれる人にケリーを売り、売春させていないときは、ポルノ撮影に利用していた。１９８４年、マイケル・ダンテはケリーのポルノを日常的に撮影していた。児童ポルノは獣姦と同じくらい儲かるからだ。彼はケリーと私をネバダ州ラスベガスやカリブ海のさまざまな場所、カリフォルニア、フロリダ、テネシー、そして私の故郷のミシガンに連れて行き撮影をした。

だが、このことは、ヒューストンと以前から付き合いのあった児童ポルノグラファーたちと仕事上の対立を生んだ。ジョージア州ウェイクロスに住むヒューストンの親友で小児性愛者のジミー・ウォーカーは、オケフェノキースワンプ公園を管理し、コカインとポルノで長年にわたり闇予算の資金運用に参画していた。彼の相棒であるディック・フラッドは、ダンテが登場した後には、ポルノ事業への参加を拒否している。アラバマ州ハンツビルのＮＡＳＡ／ＤＩＡ／ＣＩＡが任命した「法執行」役員でさえ、バード上院議員が直接命じない限り、ケリーが出演しているビデオテープの入札に成功することはめったになかった。ダンテは、自分も将来はケリーの所有者になると考え、アメリカ政府と国際マフィアの方法論／コネクションを通じて、我々のポルノ「ビジネス」ベンチャーを支配していた。

ラリー・フリントのために、ポルノ写真『初夜』を撮った写真家ジミー・ウォーカーは、私の写真を『ハスラー』に掲載したばかりだった。それを知ったダンテは激怒した。ラリー・フリントとダンテは共にＣＩＡのために働き、バチカンやマフィアともつながりがあり、モナーク・プロジェクトのマインドコントロール奴隷を使ってレーガンの性的嗜好に意図的に訴えかけていたのである。フリントが「合法的に」出版できないものをダンテは地下組織を通じて出版した。フリントとダンテは両岸に住んでいて、似た者同士とはいえ、その違いを埋めるにはまだ距離があった。ダンテはイタリア語で手を振りながら、フリントが「自分の所有物」である写真を掲載したことに対して、かなり卑猥な言葉を連発していた。ダンテは、フリントが政府から好意や保護を得るために極端なことをしていると非難し、「こいつは、自分が宣伝している女の子たちよりもいやらしい売春婦だ！」と怒鳴った。

マイケル・ダンテのポルノ撮影は、いくつかの目的に役立っていた。レーガン自身の（よく知られた）性的嗜好と指示に従ってポルノを製作する以外にも、ダンテは国際政府の重要な「会合」に何度も出席していたのだ。私やほかの人々がさまざまな政府（新世界秩序）の指導者に売春させられていたとき、ダンテはたびたび、隠しカメラで変態的な性行為を撮影していた。これは将来的に脅迫に活用するためと思われた。これらのビデオはスキャンダラスなものが多く、大抵はレーガンが注文したものだった。ダンテはレーガンにビデオを渡し、自分自身を守るために密かにコピーをとっていた。ダンテはビバリーヒルズの邸宅の小部屋をセキュリティのための金庫に改造し、そこに国際的な脅迫用のポルノのコピーを個人的に保管していた。

こうした国をまたぐスキャンダラスなテープの中には、カリフォルニア州北部にある安全なはずの政治家御用達のセックスの遊び場、ボヘミアン・グローブで密かに制作されたビデオも数多く含まれている。ヒューストンによると、ダンテの光ファイバーと魚眼レンズを使ったハイテク隠しカメラは、このエリート・クラブにおける数々の性的嗜好のテーマルームのそれぞれに設置されていたという。これらのカメラのことを知っていることは、さまざまな変態的なテーマを持つ部屋で、私が売春させられた政治犯たちを、戦略的に不利な立場に追いやるはずだ。

私はボヘミアン・グローブのすべての部屋で機能するようにプログラムされ、設定されていた。個人的な倒錯に従って、特定の政治家のターゲットを満足させるためである。「何でも、いつでも、どこでも、誰とでも」が、グローブでの私の行動様式であった。私は、この政治的な掃き溜めの遊び場の役割を完全に理解しているとは思っていない。この場所がどのようなものであったかは、私自身の体験の範囲に限られている。私の認識では、ボヘミアン・グローブは、マインドコントロールを通じて新世界秩序を先導する人々に仕えており、主にマフィアとアメリカ政府の最高幹部で構成されている。「最高幹部」という言葉を私は漠然と使っているわけではない。そこでは大量の麻薬が購入されており、モナーク・プロジェクトのマインドコントロール奴隷は、クラブの主な目的である「異常な性的嗜好」を満たすために、日常的に虐待されていたのである。

ボヘミアン・グローブは、政治的に裕福な人々が制限なく「パーティー」を行えるような安全な環境を提供し、娯楽として利用されることを意図していると言われている。そこで行われる唯一のビジネスは、マインドコントロールの残虐行為を広めながら新世界秩序を実現することに関係しており、「メイソンの秘密」のような雰囲気を醸し出している。商談が許されるのは、「アンダーグラウンド」と呼ばれる狭くて暗いラウンジだけである[2]。

警備上の理由から性奴隷はアンダーグラウンドに入ることができず、ラウンジの小さなステージが唯一の「娯楽」の場となった。この娯楽には、将来有望とされていたリー・アトウォーター、ビル・クリントン、ジョージ・ブッシュといった人物から、ボックスカー・ウィリーやリー・グリーンウッドといったCIA工作員のエンターテイナーまで、さまざまな人が参加していた。

あるとき、私はジェラルド・フォード前大統領とアンダーグラウンドで会うように指示された。そこでは、リー・アトウォーターが出演者として選ばれ、歌っていた。煙の充満した部屋を通ってフォードのテーブルに向かうと、アトウォーターは自分の歌を中断し、『オーバー・ザ・レインボー』とバードの歌『カントリー・ロード』を「Almost heaven, West Virginia（まるで天国のような、ウェストバージニア）」という歌詞を強調しながらコーラスで歌って、私という歓迎されない存在を隠密に知らしめた。

グローブでの私の役割は性的なものであり、したがって私の認識は性奴隷の視点に限られている。私のような奴隷は、彼らの変態的な嗜好を知られないようにするための効果的なコントロール手段として、儀式的なトラウマを負わされた。私は一息つくたびに死の恐怖を感じていた。年齢を重ねた奴隷や、プログラミングに失敗した奴隷は、ボヘミアン・グローブの森の中で「無差別」に生贄として殺された。私は「自分がそうなるのも時間の問題だ」と感じていた。

あるときは、皮肉なことに、ロシアの《ロシアン》（激しい《ラッシイン》）川のほとりにある巨大なコンクリート製のフクロウのモニュメントで儀式が行われた。このようなオカルト的な性行為の儀式が行われるのは、マインドコントロール奴隷の記憶の分離を確実にするために激しいトラウマが必要であるという科学的信念からきており、スピリチュアルな動機からくるものではない。

私が死の恐怖を感じたのは、若い黒髪の犠牲者の生贄による死を目撃したときで、そのとき私は「まるで自分の命がかかっているかのように」性行為をするように指示された。「……次の犠牲者は君かもしれない。予期せぬときにフクロウが君を襲う。覚悟を決めて、準備しろ」と言われたのだ。「準備」するとは、完全に暗示にかかること、つまり、彼らの命令をつま先立ちをしながら気を抜かずに待っていることと同じだった。

テネシーに戻ったヒューストンは、ボヘミアン・グローブでの経験を歪曲しようとした。彼は私を冷水の入った浴槽に入れ、膣に氷を入れ、それから自分のベッドに移した。そこで彼は私の足の指に検視官が使うようなタグを結び、催眠術で心臓と呼吸が止まりそうなほどトランス状態を深くした。そして、私の冷たく静止した体で死姦をするかのように自分自身を満足させた。ヒューストンは、レーガンの実践的マインドコントロール・デモンストレーションで使用するために、「死の状態」のプログラミングのキーをマイケル・アキノ中佐に渡したほど、この倒錯を極めていた。また、「死の状態」は、ボヘミアン・グローブでアクセスされる「何でも、いつでも、どこでも、誰とでも」という私の役割をさらに強化するものでもあった。

ボヘミアン・クラブでは、会員に「死姦」というテーマの部屋も提供していた。「死姦」ルームが使われるときには薬漬けにされ、プログラムされていたので、「死の扉をすり抜け」、「いつの間にか」生贄にされてしまうという脅しには影響されなかった。いずれにせよ私の存在は、日常的に死の淵で不安定にバランスをとっていた。ロボット化した私には、自己防衛のための「贅沢」が許されず、言われたとおりのことしかできなかった。結局、私の死姦部屋での体験は、ダンテによってターゲットにされた会員の脅迫用のフィルムを提供するためだけのものだったのだ。

ボヘミアン・クラブのテーマルームには、フォードが「ダークルーム」と呼んでいるものがあった。あまり賢くなさそうな口ぶりで「ダークルームに行って、どんな展開になるか見てみよう」と言われると、私は今までの経験から、彼が変態的なポルノ映像に耽りたいのだということを理解した。ダークルームにいるメンバーは、自分が大画面テレビで見ていたポルノと同じ、マインドコントロール奴隷とセックスしていた。

メイン通路を中心とした3角形のガラス製ディスプレイに私は閉じ込められた。そこでは蛇を含むさまざまな調教された動物たちも一緒に閉じ込められていた。ここを通るメンバーは、獣姦、女と女、母親と娘、子供と子供など、映像で見ていた不法な異常性行為を見ることができた。

レザー・ルームでは、ディック・チェイニーから残忍な暴行を受けたことがある。レザー・ルームは、黒革を張った暗い列車の寝台のようなデザインだった。狭い入り口には革が垂れ下がり、そこを這うように通り抜けると、柔らかな黒に包まれながら、チェイニーが「berth/birth（寝台／出産）」と言葉を弄ぶのが聞こえた。狭い入り口が塞がれると、強烈な闇が触覚を刺激し、誰がいるのかわからなくなる。チェイニーは、私が彼の聞き慣れた声と異常に大きなペニスに気づくと「正体がばれた」と冗談めかして言った。

ほかにも、手かせと拷問、ブラックライトとストロボ、アヘン窟、儀式的な性の祭壇、礼拝堂、天蓋付きべッド、ウォーターベッド、「子猫」の家などの部屋があった。私は「おもちゃ屋」では「ぼろ人形」として、「金のアーチ」の部屋では、便器として扱われた。

フクロウのねぐらから死姦部屋まで、「アンダーグラウンド」で耳にした新世界秩序の実現にまつわる会話ほど、性的虐待における恐ろしい記憶はない。私は、加害者たちが、プロパガンダを使ったマインド操作で大衆を支配できたとしても、環境問題や人口過剰が原因で、彼らが支配できる世界になるとは限らないと考えていることを知った。その解決策として議論されたのが、環境問題や人口抑制ではなく、「選ばれざる者」の大量虐殺だったのである。

1 ムーアはしばしばワールド・ビジョンという団体を隠れ蓑にして活動していた。

2 木製の看板には、こう彫られていた。U.N.DERGROUND（国連ダーグラウンド）

第19章 E.T.ローマに電話

ボヘミアン・グローブに定期的に参加する人は、関係者から「グローバー」と呼ばれた。そのグローバーの1人が、ロナルド・レーガン政権の当時の教育大臣、ビル・ベネット（ウィリアム・ジョン・ベネット）である。ベネットは、のちにブッシュ政権で「麻薬問題担当長官」となり、いわゆる「道徳教本」を著し、大統領の座を狙っていた。ベネットは、弟でグローバー仲間のボブ・ベネットとも非常に仲が良いらしい。ボブ・ベネットは、クリントン大統領の法律顧問の地位にあるが、この兄弟に党派の垣根はないようだ。

新世界秩序を推進する者たちには、憲法への忠誠心も、党派へのこだわりもないことは明らかだった。私が見たベネット兄弟の親密な関係は、1992年にクリントンとブッシュの選挙対策本部長だったジェームズ・カーヴィルとメアリー・マトリンが結婚したときと同じようなもので、彼らのアジェンダに疑問を投げかけるようなものだった。

1986年にベネット兄弟が一緒にボヘミアン・グローブで娘のケリーと私に性的暴行を行ったとき、私はすでにビル・ベネットをマインドコントロール・プログラマーとして知っていた。ベネットは、イエズス会とバチカンに基づくプログラミングを、「沈黙の儀式」を通じて私が最初に植え付けられたカトリックの条件付けに定着させた。さらに私の「内次元」の知覚を操作することによって、ベネットは、個人的な秘密である、弟のボブと私の6歳の娘とのセックスを永久に区分けできたと思い込んでいた。また、ベネットは、ウェストバージニアにあるバードのイエズス会系の大学のプログラムセンターを通じて、バチカンの「命令」に従って私の心を操作していた。彼は、イエズス会のプログラマーとしての役割を、教育長官として「エデュケーション2000」を実施するために利用したのである[1]。

テネシー州という「ボランティアの州」の学校制度に「エデュケーション2000」を導入する役割を担う私の心をプログラムするために、ベネットは高度なマインド操作を使って舞台を整えた。これは国や国際的な規模で実行されるマインド操作プロパガンダと同じ種類のものである。ベネットのマインド操作のやり方は、カトリック／イエズス会のマインドコントロールの技術に根ざしていたようだ。

1984年にホワイトハウスのカクテルパーティーでベネットに会ったとき、私はバラ色の十字架のネックレスをつけていた。これはガイ・ヴァンダージャクトとドン神父が私の初聖体のときに贈ってくれたものだった。バードが、この日のためにそれを身につけるよう命じたのだ。

ホワイトハウスの執事に案内され、バードに会ったとき、バードはすでにベネットと話をしていた[2]。バードは「君のことを、私の友人、ウィリアム・ベネット教育長官[3]と話していたところだ」と言っていた。ベネットはウィリアムではなく、「ビル」と呼んでくれと訂正し、まるで私が商品であるかのように、淫らな視線を注いで言った。

「はじめまして。君は何をしているのかい？」

「仰せの通りにします。ありがとうございます」

私はそう言って、訓練のときと同じように手を差し伸べた。

ベネットは不器用な手つきでバラ色の十字架のネックレスに指をかけ、私の顔にアルコールの息を吹きかけながら言った。「君のネックレスは、君自身と同じくらい美しいし、間違いなく、その目的も重要だ。このネックレスはどこから来て、君にとってどんな意味があるのだろう？」

「初聖体からです」と私は答えた。

「ガイ（バードが「ヴァンダージャクト」と口を挟んだ）が、私の聖体拝領を終了させるためにくれたものです」

バードは「聖体拝領を祝福するために」と訂正した。

「通訳は必要ないよ、ボビー」とベネットは笑った。

「彼女が言ったことは、はっきりと聞こえているからね」

バードはベネットに私を託し、ベネットは私のカトリックの教えをさらに歪曲させるために意図的に聖書の解釈を長々と語り始めた。

「キリストはこの大地では異星人だった」と彼はイエズス会で学んだ心理操作のテクニックに従って言った。「地球に降り立った彼が異次元を移動できる指導者であることは一目瞭然だった。彼が最初に地球の次元に入り、我々（イエズス会／エイリアン）も彼の導きに従った。キリストはイルカ（porpoise）[4]から目的（purpose）を持った人間に変容する中で、地球の求めに応える意欲を失った。いわば、イルカを失ったんだよ」

私はすっかりトランス状態になって、ベネットが延々と話すのを聞いていた。

「キリストが深海から地球の大気を吸い込むように現れたとき、時間は刻々と流れ始めた。だが、キリストが亡くなるまで、そのことは認識されていなかった。私たちは、キリストの死によって時を刻み始めたのだ。紀元前（ＢＣ）から紀元後（ＡＤ）まで、あるいは直流（ＡＣ）から交流（ＤＣ）までだろうか？」

記憶を区分けするための高電圧のことに言及しながら、彼は続けた。

「いや、直流の中の交流は時間を止める。ともかく、私たちは彼の指示に従うんだ。彼は君のことを羊と呼んだ。彼は私たちを導いた。彼は君を導いた。私たちを君の元へ導いた。私たちは君を導くためにここにいるのだ。変容は今や完璧だ。最新のエイリアンの技術でアップデートされ、もはやキリストの道を墓場までたどる必要はない。我々は地球の重力の制約から自由に次元を超越することができるのだ。今がそのときだ。私たちは君を導くためにここにいる。私たちは君の心を知っている。そうやって君を私のものにする。君の心を私のものにする。君を私のものにする。今すぐ私と旅に出よう……」

ベネットは私の知覚を操り、最後にこう告げた。

「君と私は、グローバルな教育プロジェクトで密接に協力していくことになる」

そして、混雑した部屋を指して続けた。

「この雰囲気は、やるべき仕事にふさわしくない。早急に対応しなければいけないことが起きたんだ。今夜の仕事は楽しくやり遂げよう。この次元から叩き出し、仮死状態を解除するから、プログラムに取りかかろう」

ホワイトハウスの寝室で、ベネットは目的を達成するために、私をベッドに誘い込んだ。「叩き出すと言ったが、まさにそうするつもりだよ。バードから聞いたが、君は鞭が好きらしいね。私は上院議員ではないから、多数派の代表として、君がもっとも必要とするものを与えてあげよう」

ベネットは私を鞭打つことに、どうやら性的な快感を覚えたようだ。手首に痣ができ、体がチクチク痛むなか、ベネットはタバコに火をつけ、「エイリアンとは初めての結合だったか？」と謎めいた質問をした。

それから彼は服を投げつけ、こう命じた。

「身だしなみを整えろ。手首を隠しておけ。私は君を待っているわけではない。君とは朝に会う予定なんだ」

そう言ってベネットは去っていった。しばらくして、私はバードのところに戻され、残酷で短い夜を共に過ごした。部屋に向かう途中、バードは私に言った。

「明日の朝、ベネットと一緒に仕事をするんだ。彼のための仕事は、私のための仕事と同じだ。我々は未来に向けてグローバル２０００の教育を実現するために、各州の知事と連携している。今日成し遂げたことによって、未来に貢献したのだと思うと、ワクワクするよ。私はこの国の財布の紐を握っているのだから、教育プログラムの実施に必要なだけの資金を委譲するのは私の役目なんだ。私は、個々の州が財政的な窮地を脱するために、連邦政府の資金に頼らなければならなくなるよう、資金の提供を差し控えてきた。彼らが私のガイドラインに従いさえすれば、私には資金を提供する用意があるのだ。ベネット氏は、この計画の詳細を詰めていて、その多くをお前に伝える予定だ。今度の知事会議で州政府の全面的な協力を得るために、お前は最善を尽くす必要がある。私はこれまでお前に型にはまったセックスを要求したことはなかったが、今回は違う。知事たちがいちばん弱っているときに説得をして、お前がひざまずいている間に、知事たちもひざまずかせ、もし未来があるとしたら、グローバル教育がその未来への入り口であることを納得させるのだ」


翌朝早く、ワシントンD.C.に近いNASAのゴダード宇宙飛行センターのマインドコントロール研究所の地下深くで、ビル・ベネットは私のプログラムの準備を始めた。NASAはさまざまな「CIAのデザイナードラッグ」を使って、脳を化学的に変化させ、その時々に必要なマインドセットを正確に作り出していた。アラバマ州ハンツビルのNASAが使用する薬物の１つ「トレイン・クィリティ（Train-quility）」は、絶対的で穏やかな従順さと空中を歩くような感覚を生み出すものだった。今回投与されたものは、以前にも投与されたトランクィリティ（Tranquility）と類似しており、完全なる従順な状態を作り出すことができた。前夜に鞭で打たれたせいで私は体が動かず、薬が効いてくると、冷たい金属製の実験台に這い上がるのがやっとだった。

暗闇の中で、ビル・ベネットが「私の弟のボブだ」と話しているのが聞こえた。

「彼と私は一心同体だ。私たちはこの次元の異質な存在で、別の次元から来た2つの存在なのだ」

周囲に渦巻く最先端の光のディスプレイは、私が彼らと共に次元を移動していることを確信させた。目の前の黒い壁に光のレーザーが当たり、それが爆発してホワイトハウスのカクテルパーティーがパノラマビューで映し出されたような気がした。まるで、次元を超えてそこに入り込んでしまったかのようだ。

「彼らは人間ではないし、これは宇宙船でもない」とベネットは言った。彼が話すと、ホログラムの光景が少しずつ変化し、人々がトカゲのような異星人に見えるようになった。

「地下2階へようこそ。この階層は、最初の次元の単なる（mere）／鏡の（mirror）反射で、エイリアンの次元だ。私たちは、すべての次元にまたがり、それらを包含する超次元面から来たのだ」

「無限の次元だ。無限の次元が同時に広がっている」とボブが口を挟んだ。

ビルは「制限はない」と言った。

ボブは優しく歌った。

「自由の鐘を鳴らせ」

「まさに、どこにも逃げられないし、私たちから隠れることもできない。私たちは『天空の眼』から君を見ているのだ」とビルは言った。

「私たちは君を見ている」とボブが言った。そして彼は人気のあるロック・ソング「I'll Be Watching You」の一節を歌った。

ビル・ベネットは「私は、地球の大地の許可を超え、君の心を強く支配する手段として、君を私の次元に連れてきた」と言った。

「エイリアンである私は、自分の考えを君の心に投影することで、私の考えを君の考えにしているのだ。私の思考が君の思考になるのだ」[5]

ベネットが私にプログラムしたエデュケーション2000に関する短いメッセージは、次の党大会で州知事たちに届ける情報だった。

「子供たちのことだ。私たちは、子供たちのことを考えなければならない。明日より先のことを少し考えてみてほしい。子供たちは未来なのだ。彼らの未来は教育の中にある。教育を規制することで、今日から、未来をコントロールすることができる。私たちの未来に対する考えや計画……それを言葉にするのだ。人々が理解できる文章にするのだ。そして子供向けの教科書にするのだ。政府の最高レベルの頭脳、この地球上でもっとも優秀な人々は、子供たちを通じた未来へのインプットを望んでいる。知事であるあなた方は、そのつながりを提供する立場にあるのだ。グローバル・エデュケーション2000は、すぐにでも実行に移せる。それを見てほしい。それを見て、未来を見よう」

1　エデュケーション2000は、子供たちの学習能力を高める一方で、批判的思考を損なわせるように設計された。エデュケーション2000（アメリカ2000あるいはグローバル2000とも呼ばれる）についての詳細は、B. K. イークマンによる『Educating for the New World（新世界秩序のための教育）』をご覧いただきたい。

2 「see Byrd（バードに会う）」と言われて連れて行かれるたびに、私は意図的に彼の名前（ロバート）C・バードと、彼が「エイリアンとして鏡に映った姿」、Sea—Byrdを思い出して三重の意味に閉じ込められていた。

3 1984年当時、まだ全米人文科学基金の理事長を務めていたビル・ベネットは、ジョージ・ブッシュと新世界秩序への忠誠心を買われて、教育長官に指名された（候補として名が挙がった）。1985年、レーガン（ブッシュ）は、ベネットを正式に教育長官に任命した。どうやらバードは、教育長官としてのベネットを、グローバル教育プロジェクトにおける私の役割に関連した「知るべき」対象と考えたようだ。

4 イエズス会／NASAに基づくクジラとイルカのプログラミングでは、水はほかの次元を映す鏡であり、宇宙人が私たち人類と混ざり合う手段であることが示唆されている。

5 もしそうなら、なぜ彼は私に口頭で伝える必要があったのだろうか？

第20章
バラの騎士《ローズ・オブ・オーダー》の新世界秩序《ニューワールドオーダー》

ゴダード宇宙飛行センター近くでビル・ベネットから植え付けられたプログラミング・セッションのせいで、まだ薬を飲んでいるように感じていた私は、指示に従ってその夜遅くにホワイトハウスのカクテルパーティーに出席した。

「オーダーされた通り」に、私は片方の腰の部分がたぐり寄せられ、ルビーで装飾されたセクシーな黒いドレスを着て、髪には赤いバラのバレッタを付けた。シークレットサービスの護衛が執事に「大統領が彼女を呼んでいます」と告げると、私はドアの前に置き去りにされた。照明が落とされ、フォーマルな雰囲気が漂う、異様なほどの人だかりの中、執事は私を連れて行った。それから私の腕を離し、レーガン大統領（当時）のほうを指さした。

人ごみをかき分けてレーガンのほうへ歩いていくと、「薔薇の騎士団[1]」に関係する見慣れた顔が目に飛び込んできた。会場の向こうでは、ビル・ベネットとボブ・ベネットがディック・チェイニーと談笑していた。ペンシルバニア州知事だったディック・ソーンバーグは、上院議員のアーレン・スペクターと会話をしていた。

そして、視界のいちばん奥には、ジョージ・ブッシュが国連大使で腹心のマデリーン・オルブライト[2]と話をしているのが見えた。まるで私が千里眼の持ち主であるかのように、ブッシュは「会話に加われ」とさりげなく合図してきた。

「マデリーン・オルブライトのことは知っているね」とブッシュは話し始めた。

「彼女は、すべてのシスター（奴隷）の敬虔な母だ。彼女は神に近い人だから、彼女からの命令は神からの命令なんだ」

イエズス会の信念に基づいた用語を巧みに使い、彼はそう続けた。オルブライトは、ブッシュの「巧みな」プログラム用語の扱いに感心したようで、ニヤニヤと笑った。「彼女は私を通じて国連で出世し、新世界の平和プロセスを実現したのだ」

オルブライトは私に言った。

「あなたは世界《ワールド》（〝旋回した＝whieled〟とも聞こえた）最高の女性だそうですね」

「誰がそんなことを言ったんだ？」とブッシュが聞くと、「ラリー・フリントよ、ジャマイカに行ったから[3]」とオルブライトは答えた。

ブッシュは、自分たちより年齢が2回りも上の相手とセックスをすることに嫌悪感を抱いているようだった。お手上げだとばかりの身振りで「勘弁してくれ」と彼は言った。

「それが私の仕事ですから」とオルブライトは平然と言い、誇らしげな笑みを浮かべると、見下したような態度で「明日、ＯＡＳ（米州機構）の事務所で会いましょう。さて、あちらで遊んでらっしゃい」と私を追い払った。具体的な指示がなく、どちらに行っていいかわからずにいると、彼女は私をそのまま後方のレーガンのいるほうに向かせた。

レーガンは、濃い紺のスーツに赤いシルクのネクタイをしていた。赤いバラ[4]のつぼみのブートニアを見ると、瞬時にイエズス会の「薔薇の騎士団」の性奴隷モードに変化した。

「こんにちは、子猫ちゃん」レーガンはそう言って、私の顔にコニャックの息を吹きかけながら、手にキスをしようと身を屈めた。

「ロニーおじさん……」私は、条件反射的にそう言った。レーガンは後ろにいた男性のほうを振り向いて言った。

「ブライアン、これも君に話していた新世界秩序の恩恵の１つだよ。子猫ちゃん、こちらはカナダの首相、ブライアン・マルロニーだ」

子供の頃に時間を過ごしたカナダの前首相、ピエール・トルドーのことを思い返してみると、マルロニーもイエズス会だと思われた。つまり、私が作動中のモードに対応する相手である。彼もまた、赤いバラのブートニエールをつけており、薔薇の騎士団への関与と献身を表していた。

私は手を差し出しながら「お会いできて光栄です」と言った。

「こちらこそ」マルロニーは私の手にキスをしながら言った。「どうか、ブライアンと呼んでください」

「かしこまりました、ブライアン」と答えたが、私はまだＮＡＳＡのデザイナーズ・ドラッグでめまいがしていた。

レーガンは「彼はプライム・ミニスター（首相）だ。つまり、普通のミニスター（大臣）よりも重要で、どんな高官よりも重要であることは間違いない。ブライアンは私の友人なんだ」と言った。

「ああ、ブライアン……おお……ブライアン、オブライイエン……」と言いながら、私はようやく事態を理解した。

「オブライエンというのは彼女の父親の名前だ」とレーガンはマルロニーに言った。「彼女はアイルランド系でミシガン州出身なんだ」

ブライアンは私のほうを向いて「最近、君の故郷のマキナック島に行ったことがあるよ、私のお気に入りの休暇地だ」と言った。

「マキナック島は、彼女がこのプロジェクトに参加したローンチ・ポイントなんだ」とレーガンはマインドコントロールに詳しい人たちが使う言葉で説明した。マルロニーは私がマインドコントロールされていることに気づいていたようで、まるで商品であるかのように私を眺めまわした。それに気づいたレーガンは、売春斡旋者のような役割を果たした。

「彼女は君にとって格好の駒だ。彼女はどんなポジションでも使える優れたゲームの駒だ。それに、セキュリティもある。彼女の頭は向こうの世界にあって、明日になれば月から来た男が君だとはわからないだろう。鍵は後で渡すよ」

薔薇の騎士団のサインとトリガーを巧みに使って、マルロニーは言った。

「心の鍵をもらえば、彼女は私のものだ」

レーガンは「世の中の流れに詳しいね」と言った。

「私は物事の先頭に立たなければならない。新世界の秩序だからね」

マルロニーは淡々と言った。護衛に連れて行かれながら、私はレーガンがマルロニーに「君はもうすぐ世界のトップに立つんだ」と言っているのを聞いた。

カナダの制服を着たボディガードのチェックを受けると、ホワイトハウスの寝室の1つを指された。ドアを開けると、3人のブロンドの性奴隷が服を脱いでベッドの準備をしていた……そのうちの1人は私の親友で、アーレン・スペクター上院議員の奴隷だった。

私は興奮して友人の名前を呼び「ここで何をしているの？」と抱き合いながら尋ねた。

「世界は狭いね」と彼女は言った。売春やポルノ撮影などさまざまな場所で一緒になるたび、彼女はいつもそう言っていた。この世界共通の言葉は、ディズニーのマインドコントロール・プログラム「スモール・ワールド」を知っている人たちの間でよく使われていた。

私は再び友人を抱きしめた。

「ほんと、世界は狭いわね。あなたがここにいてくれてよかった」

私は、私たちが置かれている状況をまったく理解しておらず、その先を見通すことができなかった。

「女たちよ！　世界は狭いのだ！」

マルロニーが部屋に入ってきて、コートを椅子に投げ出し、ネクタイを緩めながら、部屋を横切っていった。

「どんどん小さくなっていくのを見よう、どんどん遠くへ飛んでいくんだ」

彼は催眠術のような比喩を続けながら、靴、サスペンダー、ズボンを脱いだ。

「黒い宇宙の海を飛翔する。世界がどんどん小さくなり、そして宇宙の黒い海に沈んでいくように」

そして、ボクサーパンツを脱ぐと、彼はこう告げた。

「君たちをここに連れてきたのは、ある目的のためだ……」

そして、彼は私たちのセックス・プログラムにアクセスし始めた。

今にして思えば、私と友人が、ブライアン・マルロニーのマインドコントロール奴隷として、彼の性的嗜好を満たすために集められたのは偶然ではなかったとわかる。同じようにミラープログラムされた私たちは、一心同体で行動した。

友人の左手首にある繊細な赤いバラの刺青は、彼女がマルロニーの属する（新世界の）薔薇の騎士団の奴隷にされたことを意味している。

この友人と彼女の幼い娘は、ナイアガラの滝にあるアメリカとカナダの国境を越えて、たびたびマルロニーの元に売春するために送り込まれていたそうだ。ケリーの虐待が私にトラウマを植え付けたように、彼女の大切な娘に対する性的虐待は、彼女の心を支配し続けるためのトラウマとして使われた。マルロニーは以前にも、ナイアガラの滝で、友人と私、そして娘たちのセックス・プログラムにアクセスし、あたかも「いつものこと」のように、自ら公認の変態的な行為で欲望を満足させていた。もし私がこうした出来事をつなぎ合わせて考える能力を持っていたなら、娘たちが今回、彼から性的暴行を受けなかったことに大きな安堵を感じていただろう。

ミッションは完了し、私はワンピースを着て帰ろうとした。マルロニーは私を指差して、「また会おう。もしかしたらマキナックで会うかもしれないし、いつかどこかで会うだろう」と言った。この短い言葉で、マルロニーは、今この瞬間を、子供時代に使われていた合言葉や現在のメキシコのNAFTAの動きと巧みに結びつけ、マキナック島での再会に備えさせたのであった。

1 「薔薇の騎士団」は、新世界秩序を先導する者たちの象徴であった。「薔薇の騎士団」は、ジョージ・ブッシュからの命令で結成された。

2 レーガンは、カリブ海におけるイエズス会の活動で、マデリーン・オルブライト国連大使を「メンター」として初めて私に紹介した。「マデリーン・オルブライトは聖人だ」とレーガンは私に言い、彼女に対する私の認識を形成した。それが「カリブ海のマザー・テレサ」というものだった。

3 私がオルブライト（ブッシュ経由）の指示で、ジャマイカに滞在している間に、ラリー・フリントに関係する写真家たちが、私の滞在を利用して、絵のように美しいダンズ・リバーの滝を背景にポルノ写真を撮り、『ハスラー』に掲載した。

4 レーガンの赤いバラは通常、高官を丸め込み／脅迫し、バラの勲章に忠誠を誓わせるために使われる性的モードを引き起こす。

第21章 グローバル・エデュケーション2000

新世界秩序を到来させようとする人々の計画に従って、「エデュケーション2000」を実施するためにプログラムされた私は、テネシー州の元知事ラマー・アレクサンダー、そして最終的にはカナダのブライアン・マルロニー首相と再び接触することになった。

ラマー・アレグサンダーとは、1978年にテネシー州ナッシュビルの高級住宅街で私が受けた悪魔の儀式を通じて知り合った。ラマー・アレクサンダーは、私がモナーク・プロジェクトのマインドコントロールの被害者であること、そして彼の行動が私の心に与えている影響を十分に理解した上で、セックス中心のオカルト儀式を取り仕切っていた。ラマー・アレクサンダーが好む性行為は、口淫で息をできなくして犠牲者を死に至らしめるものであることを、私は当時から、そして何年にもわたって断続的に体験してきた。

指示されたとおりにテネシー州の教育改革の必要性を公に広める過程で、私は理事、教育長、市長、そしてラマー・アレクサンダーと接触した。ラマー・アレクサンダーは、ベネットに続いてブッシュ政権下で教育長官となり、ビル・ベネットと密接に連携しながら、教育改革の唯一の手段として「エデュケーション200

0」を受け入れるように大衆の心を操作した。ネッド・マクウォーターが連邦政府のプロジェクトにゴム印を押すために知事のオフィスに移ったときにも、ラマー・アレクサンダーは州政治への影響力を維持した。同時に彼は、1986年に全米知事協会の会長として、国政への影響力も維持していた。

1984年の知事会議が近づいたある日、私はラマー・アレクサンダーと会った。彼は長年の仲間であり犯罪のパートナーであるナッシュビルのリチャード・フルトン市長とストックヤードというナイトクラブで飲んでいた。この古いストックヤードを改築した地下のバーには、旧式の「靴磨き」ブースがあり、「靴磨き」という言葉が新たな意味を持って使われていた[十一]。このプライベートな靴磨きブースの鍵は、ストックヤードのオーナーであるバディ・キレンを通じて、そのことを知る者だけに渡される。鏡張りのクローゼットサイズのブースには、小さなベンチがあり、用件が済むと、ラマー・アレクサンダーはそこに座った。私は、足元にひざまずき、オーラルセックスを命じられた。私のようなプログラムされた性奴隷は、息を吸わない時間が長くなるように訓練されており、アレクサンダーのような利用者は、この時間を最大限にまで活用していた[1]。

だが、このときは、私の限界を超えてしまったようだった。自分にプログラムされたタスクを完了できたかも覚えていない。気がつくと、マインドコントロールのハンドラーであるアレックス・ヒューストンが、ぐったりとした私の体をブースから引きずり出して目覚めさせ、建物の外に出るようにと命じた。かつて家畜小屋だった裏口をバディ・キレンが開けると、ヒューストンは人知れず私を裏口から半強制的に連れ出した。

党大会の夜には、ヒューストンの末娘、ボニー[2]も一緒に参加することになった。ボニーと私は同い年で、

十一　「Shining someone's shoes」という表現には、お世話をして相手を喜ばせるという意味が含まれることがある。

その場にふさわしい服装をしていた。娼婦だったボニーは、ラマー・アレクサンダーと、その異常な性的嗜好をよく知っていたが、党大会に出演するルイーズ・マンドレル[3]を通じて「旧友たち」に会えるという期待に胸を膨らませていた。ヒューストンとルイーズの娘アービー・マンドレルは、1960年代に行われていたボブ・ホープの米国慰問協会のツアーで、バードのためのマインドコントロール奴隷の管理に関わっていたことから、何十年にもわたって親交を続けている。ボニーはマンドレル夫妻との親交があり、バンドメンバーの「友人たち」に会うことを楽しみにしていた。

私もルイーズ・マンドレルと話すのを楽しみにしていたが、理由はまったく違っていた。バーバラは交通事故で瀕死の重傷を負ったばかりで、私は彼女の身を案じていたのだ。1980年代、アレックス・ヒューストンは、カントリー・ミュージックという名目で、バーバラやルイーズ・マンドレルと定期的に巡業を行っていた。バーバラと私は、ヘンダーソンヴィルの教会でときどき顔を合わせることがあった。この教会は、ビリー・ロイ・ムーアの教会の分派で、彼にマインドコントロールされた奴隷、マイク・ネルソンが牧師をしていた。マイク・ネルソンはバーバラと親しい友人となり[4]、のちに彼がプログラムを破壊し、バーバラ・マンドレルと逃走しようとしたとき、アレックス・ヒューストンと私はその場にいた。マイク・ネルソンはスタンガンで制止され、すぐにその職を解かれた。しかし、バーバラはその後も必死になって2人が疑問に思っていたことの答えを探そうとした。

ロレッタ・リンが息子の殺害を「予知」したのと同じように、ルイーズがバーバラの死が近いことを「予知」した1984年、アレックス・ヒューストンはルイーズ・マンドレルとのツアーの最中だった。ロレッタの息子や、カントリー・ミュージック界のエンターテイナー、キース・ホイットリーの殺害と同様、この件にはアレックス・ヒューストンが直接関与していたために、私はバーバラの事故が起こる前からその計画を知っていた。これらのトラウマは、「逃げ場もなければ隠れる場所もない」という私のマインドコントロールの信念を固定する手段としても使われた。何より最悪なのは、マインドコントロールされているために、自分が知っていることをほかの人に話そうと思えなかったことだ。バーバラは肉体的には生き延びたが、その声は計画通りに封じ込められた。

ボニーと私はオープリーランド・ホテルに到着すると、ルイーズ・マンドレルが公演する大広間に急いだ。バーバラを心配するあまり、ラマー・アレクサンダーとの約束の時間を過ぎていたが、その後、私の役割を知っていたルイーズのダンサーの1人から「元の軌道に」戻されることになった。

「ここで何をしているんだ?」と彼は言った。「今はレット・バトラーのレストランにいるはずだろう」

私は、ラマー・アレクサンダーがバード上院議員や何人かの知事と食事をしているレストランに急いだ。理由はわからないが、おそらくオープリーでバイオリンを弾いたことがあるということで、バードはそこに参加していたのだろう。バードは私の存在に気づき、食事の手を止めて言った。

「どこに行っていたんだ?」

ラマー・アレクサンダーが席を外して向こうに行ったので、私は「ショーでバーバラの様子を見ていたの」と答えた。

彼は私に腕を回し、テーブルから遠ざけると、こうささやいた。

「プログラムに沿って行動しなければ、君も彼女のようになる可能性がある。君は施しをするというプログラムを持っている。だが今は、私の夕食の邪魔だ。何か飲んできたのか?」

私は「いいえ」と答えながら、トラウマになるほどの恐怖を感じていた。

ラマー・アレクサンダーからは、すぐに出て行って、ホテルの室内ガーデンのバーでグラスホッパー十二を注文し、次の指示を待つようにと命じられていた。

オープリーランド・ホテルの室内ガーデンで「グラスホッパー」を注文することは、私にとっては日常茶飯事だった。このフローズン「ドリンク」は、特別に作られたもので、いつも催眠作用のある薬物が入っていた。ときどき起こることだったが、今回はウェイトレスが手順に不慣れだったため、室内ガーデンのハープ奏者でCIA工作員のロイド・リンドロースが間に入った。薬物には、ベネットがワシントンD.C.のNASAプログラミングセンターで投与したものと同じ効果があり、私はロボットのように従順になった。

薬が効いてくると、ロイド・リンドロースは、ラマー・アレクサンダーが待ち合わせをしているホテルの大宴会場へ行くように指示した。宴会場の外のロビーには、ゴシック様式の天井の上まで続く壁サイズの壁画が飾られていた。奥の壁には実物大の蒸気機関車が描かれ、大階段に向かって疾走しているように見える。それまで何度も見てきた壁画だが、あの夜、NASAのドラッグを飲んで見た壁画ほどリアルに感じられるものはなかった。宴会場へ続く重い二重扉を、自分が小さな人間になったように感じながら、力いっぱい引っ張り開けた。中は黒いスーツとネクタイの人たちで埋め尽くされていて、ラマー・アレクサンダーに案内されてロビーに出たときには安堵を覚えた。

アレクサンダーは私を列車の壁画の近くに立たせ、私が「訓練された」マインドコントロールの奴隷であることを、わかる者だけに示した。さらに私は、知事たちに配る「エデュケーション2000」の情報が詰まった茶封筒の入っている箱を渡された。アレクサンダーは、ベネットがワシントンD.C.でプログラムしたメッセージと合わせて、私が言うべきことを正確に指示した。そして、おそらくは売春斡旋のようなことをするた

十二　カクテルの名称。「マリファナ喫煙者」という意味も持つ。

め、宴会場へと戻った。

やがて「列車で待っているのか？」と太った知事に声をかけられた。

「いや、違います」と私は答えた。「しかし、あなたの名前が載った資料の小包を持っています」

「そうかい、それで私のことは？」と彼は尋ねた。

「知事《ガバナー》です」と私は答えた。実をいうと、箱に入っている封筒に名前はなかったのだ。「抜け目がないね」と彼は答えた。「それで、私に何を持ってきたんだ？」と聞かれ、私は「この封筒です」とそれを手渡した。

「それから、ラマー・アレクサンダーと教育長官のビル・ベネットから、欲しいものがあれば何でもどうぞと言われています」

聞いたところによると、アレクサンダーは私の立ち位置についてのヒントを伝えていたそうだ。そのため、ペンシルバニア州知事のディック・ソーンバーグやオハイオ州知事のディック・セレステなどは、すでに私のことを知っていた。

「あなたの名前が載った資料があるのですが……」と言いながら、私は屈み、箱から1つを取り出した。

「そんなはずはない」とミシガン州のブランチャード知事が口を挟んできた。

「ビル（・ベネット）は、そんなふうに私を侮辱するような真似はしないね。私もここで同じようなことをしているが、まったく別のアプローチだよ。私が提示する数字は、ミシガン州の学校制度におけるエデュケーション２０００の成功を反映しているんだ」

私はブランチャード知事を知っていたし、ミシガン州が教育分野で全米1位であることもよく知っていた。

「そういえば、君のお母さんは学校で働いているから、最近、君よりよく会うよ。君の妹（キミー）は、適切な指導を通じて生み出された典型例だ。妹さんは、自分の能力をさらに高めるためにマキナック島に来ているよ。君の家族は皆、『エデュケーション２０００』がどれほど優れたものであるかを示す典型例だね」

　夜が更ける頃、ラマー・アレクサンダーの部屋でようやくボニーと再会した。

「ボニー、あの蛇はどうだ?」とラマー・アレクサンダーは聞いた。

　ボニーは、ＣＩＡの商業写真家であるジミー・ウォーカーから、ディック・フラッドが飼っている大蛇を使ったポルノを撮影されていた。

「最高よ!」とボニーは笑った。「あなたのほうはどう?」

「抑えつけているよ」と彼は答えた。

　するとボニーは、過去に何度も同じことをしていたかのように、彼のズボンのチャックを開け、遊び心たっぷりに「自由になってちょうだい!」と言った。

　ラマー・アレクサンダーはズボンを脱ぎ始めた。そしてモナーク・プロジェクトの用語で私のことを指してこう言った。

「初めて君を見たとき、君は蝶になる気配もない虫だった」

「パパ（アレックス・ヒューストン）は、彼女をダイヤモンドの原石だと言っていたわ」とボニーが進み出た。

「今の彼女は輝いている」

　私のほうを向いて彼は言った。

「君は靴磨きをするんだろう、僕のもピカピカにしたいんだ」

　ボニーはストックヤードのブースと、ラマー・アレクサンダーの言葉の意味をよく知っていた。だから、

「一緒にやるのはどうだ?」という言葉に笑った。

　仕事を終えると、私は指示通りに近くのバードの部屋に行った。彼はバスルームで寝支度をしていた。

「バーバラが事故を起こしてしまう運命になって、ルイーズの気が立っていたから、少しなだめる必要があったんだ」と彼は言った。そして生成《きな》り色の手をタオルで乾かしながら、私に向かって「今夜は少し羽を伸ばしたようだな」と言った。

「階段を上り下りして疲れたわ」と私は言った。

ほっとしたことに、彼は「これ以上、君をいじくり回すつもりはない。私はただ、君に私のことを思い出すための何かを与えたかっただけなんだ、じゃあな」と言った。それから彼はスタンガンで私の記憶を封じ込めた。その後、ケリーと私はミシガン州のマキナック島に運ばれ、当時の知事ジェームズ・ブランチャードの邸宅でカナダのブライアン・マルロニー首相と面会した。

フェリーから、タイムスリップしたかのような時代遅れの島に降り立つと、ヒューストンはケリーと私を馬車に案内してくれた。グランドホテルに、またしてもカナダの国旗が掲げられていることに気づいたが、問いただす気にはなれなかった。ケリーは私の横に静かに座っていて、どうやら薬物を投与されたようだった。馬車は森を抜けて知事の邸宅に向かった。

そこにいた客は、先日のテネシー州知事大会を彷彿とさせるような顔ぶれだった。ミシガン州のブランチャード知事、オハイオ州のディック・セレステ知事、ペンシルバニア州のディック・ソーンバーグ知事。また、ガイ・ヴァンダージャクトやジェリー・フォードも来ていた。そこにマルロニーは主賓として登場した。

彼は両手を広げて「いつかどこかで会うことになると言っただろう！」と挨拶した。「今夜は、時間、空間、距離を飛び越えてここに来た。君とは、少し話すことがある」

「かしこまりました。レーガン政権のグローバル教育長官ビル・ベネットが、この教育の小包を直接あなたに届けるようにと私に命じました」

私は知事会議で配られたのと同じような、茶色い大きな封筒に入った書類を届けることになっていた。

ブランチャードは、「この話はもう聞いたよ」と言いながら、ほかの来賓に目を向け、私とマルロニーを残して席を立った。私はプログラムされたように唱えた。

「グローバル教育は、これからの時代の波です。世界がハイテク化し、ますます小さくなっていく中で、子供たちは世界で通用する教育を受けなければなりません。今のような教育では、自分の家の近くで生活するための能力くらいしか身につけることができません。子供たちの将来と私たちの遺産のために、私たちは子供たちの教育に携わる必要があります。グローバル教育がその方法です。唯一の道です。ご検討ください……」

そして私は彼に封筒を手渡した。「……未来を見てください」

マルロニーは腕を組んでいた手を離し、封筒を受け取ると、興味がなさそうに椅子の上に放り投げて言った。「私は子供たちに興味がある。子供たちに残せる遺産、子供たちのテストに私たちの歴史を記録することで、彼らの未来を形成していくことに興味があるんだ」

それから薔薇の騎士団の合言葉を使って、私に、未来に関する自分の言葉を鮮明に記録するよう指示を出した。「ベネット氏に伝えろ」そう言って彼は、ビルとボブ・ベネットがレプティリアン（爬虫類人）のテーマを使って一緒に動いていることを知っていると隠語で明かし、「実装はかなり進んでいる。私はすでにグローバル2000に賛成しているが、さらに検討してもらいたいことがある。手始めに各コンピューターステーションにヘッドセットを設置してもらいたい。デュアルラーニングでインパクトを倍増させるのだ。私たちはワープするスピードで前進しているが、未来の世代がこのスピードに追いつくためには、さらなるブースターが必要だ。君の教育を基本に据えた国際的な団結は、未来を明確な現実にする運命にあるのだ」と告げた。

用件が済むと、マルロニーは私のセックス・プログラムを起動させ、ケリーがロボットのように待っている寝室へ私を連れて行き、「薔薇の騎士団」としての喜びに耽った。

1　3～5分間呼吸をしないことはよくあることだが、私はこの習慣によって少女たちが窒息死するのを目撃している。

2　ボニーはモナーク・プロジェクトの教育を受けたわけではないが、ヒューストンの小児性愛と段階的な催眠術により、自らの行動をコントロールすることができなくなっていた。ボニーには、売春をさせられていた記録があり、治療やケアが必要な多重人格者である。

3　アービー・マンドレルは、近親相姦で虐待され、モナーク・プロジェクトで政府のマインドコントロールを受けた娘たちへのバード上院議員の直接的関与について、ヒューストンと公然と話し合っていた。「赤ん坊を産むことは、自分の巣を肥やすのに有利な方法なんだ、それをバードは教えてくれたんだ。ルイーズは少しばかり内向的だったから、繭から出てきて羽を広げる必要があったんだ。バードにその話をしたら、『彼女に才能がないのなら、作ってしまえ』と言われたよ。『バイオリンのないバンドなんてありえない』ってね。そうして、ヴィオラとして誕生したのが彼女だ。アメリカNASAシティ（アラバマ州ハンツビル）発の期待の新星だ」

4　マインドコントロールされた奴隷同士の友情は通常禁じられており、クロス・プログラミングのトリガーが作動しないよう、会話も最低限にとどめられる。長年にわたり、私とマンドレル夫妻との関係は表面的なものにとどまったが、アービー・マンドレルはツアー中にヒューストンの催眠術の能力を使い、自分の娘たちをマインドコントロール下に置き続けた。

第22章　私のコントラビューション

アメリカとメキシコの関係は、NAFTAの下地作りの成功によって花開き、ニカラグアをめぐる政治的な相違は小さな争点にとどまっていた。カトリックの総本山バチカンの情報機関であるイエズス会は、新世界秩序を実現するためにアメリカの情報機関と密接に連携しており、メキシコとニカラグアに確立した影響力を使って、「外交関係」の共通の土台を提供した。子供の頃からCIAとイエズス会にマインドコントロールされ、メキシコで「外交関係」を結んでいた私は、ニカラグアのダニエル・オルテガへのメッセンジャーと娼婦の役割として突き出された。レーガン大統領の言う「ニカラグア自由の戦士」は、本当に自由のための戦士だったのか？　そんなことを考えることもできないほど、私は心を操作されていた。1985年の夏の終わり、レーガンのためにニカラグアで「平和維持活動」に参加したときに、拷問によって愛国心を植え付けられたように、私はコントラに対する「胸の奥に燃える情熱」をプログラムされていたのだ。

私はいつものようにNCLの船に乗り込み、約束の目的地に向かった。ニカラグアはNCLの寄港地ではないので、私はメキシコのユカタン半島からマナグアの人里離れた軍の滑走路まで飛んだ。そして、この山の上の小さな空き地で、バチカンを通じて手配していたコントラ反乱軍司令官ダニエル・オルテガと面会した。

私は、長いブロンドの髪を後ろで束ね、ショートパンツという季節感のある服装をしていた。オルテガの服装も、この日のために用意したようなカジュアルなものだった。日焼けした軍服は薄汚れ、徽章もない。濃いローズ色のサングラスをかけたままだったが、自らが主張する「崇高な目的」を宿した厳しい視線は変わっていないようだ。口数の少ない彼は、「一緒に来い」と命令するように言った。私は黙って彼と一緒にジープで滑走路を横切り、2階建ての白い小ぎれいな木造家屋まで行った。

家の前で停車すると、オルテガは悲しげなゆっくりとした声で言った。「私だってほかの男たちと同じように欲はある。だが、大統領の誘いに乗った自分が娼婦のように思えてきたよ」

彼の寝室は清潔で機能的だった。現代的で便利な設備や、日用品は見当たらなかったが、オルテガはこの空間になじんでいるようだった。

オルテガの態度は、政治家という立場ゆえ、誰よりも長くセックスを控えてきた男のものであった。彼がシャツのボタンをゆっくり外すと、イエズス会のスパイの間でよく使われる、イエスの昇天／降臨のシンボルが描かれたカトリックの大メダルが目に入った。彼が籐椅子に座ると、私は無言のリードに従って、口を使って彼を満足させた。

彼がタバコを吸っている間、私は床に座り、レーガンのメッセージをプログラム通りに伝えた。

「レーガン大統領は、平和の使者として私を送ってきました」

彼は何気なくそれを制止し、ゆっくりと私を上から下へと眺めた。「少し待ってくれ」

だが、私は言葉を続けた。

「あなた方は、これまで多くの苦難に耐えてきました。彼（レーガン）は助けたいと言っているだけです。アメリカ国民は、あなた方の土地に平和と自由が訪れることを望んでいます。メキシコとアメリカの関係は日に日に強くなっており、私たちがメキシコ政府との関係を解決するためには、あなた方の紛争を解決することが不可欠なのです。私たちはメキシコと合意しました。ニカラグアの紛争は解決されなければなりません。あなた方の国民と我が国民のために、メキシコとアメリカの両政府が共有している共通の土台、バチカンを代表する平和維持活動家として私は来ました。私たちが目指す平和をあなたに啓発するためです。メキシコとアメリカのカトリック宣教団が一体となり、あなた方の文化を高めつつ、あなた方の地域の平和を促進するために活動しています。世界は急速に平和に向かっていますが、ニカラグアは技術や教育、政府の掲げる理想や宗教的信念に至るまで、時代に大きく後れをとっているのです。教皇ヨハネ・パウロは、あなた方の地域の平和のために熱心に祈り、レーガン大統領、メキシコ、そしてソビエト連邦とも力を合わせて、その平和を確保しようとしているのです。彼（ローマ教皇）は、あなたの目標も、あなたの動機も（私は身を乗り出し、植え付けられた信念によって、ささやくように言った）、あなたの魂も知っているのです。私たちは皆、その平和を実現するために協力し合うことができるのです。ニカラグアは、ほかの国々と比べると小さいかもしれませんが、世界の大国を統一するための重要な足がかりとなる国です。もはや、争いや意見の相違の原因にはなりえません。あなた方には聖なるカトリック教会を通じて神を崇拝する自由があります。それは、レーガン大統領、ローマ教皇、デ・ラ・マドリ大統領と同様に、何よりも優先されるアジェンダです。新世界秩序は、あなたがいようがいまいが、生まれつつあり、それは止めることのできない必然的なプロセスなのです。まったく新しい平和な世界が私たち全員を待っているのです。あなたが平和を愛する人であることはわかります。それはあなたの存在から発せられています。あなたの国には血が流れ、人々はその中で溺れています。私たちはその傷を癒すことができます。血の流れをキャッシュフローに置き換えるのです。アメリカに近づくことで、技術を急速に向上させることができます。今世紀末には、世界の市場で競争できるようになるでしょう。将来の世界的な地位は、地理的条件だけですでに決定されています。その流れに乗るのです。国民を貧困から救い出しましょう。世界市場において運命づけられた立ち位置に資する方法で、彼らを教育してください。長い間、人々を捕虜にしてきた闘争から解放してあげてください。平和、繁栄、自由という良き知らせで、教会の鐘が鳴るようにするのです。私たちの力を借りれば、あなたの国の発展のために必要なすべての目標を達成することができます」

オルテガは考え込むようにタバコを吸い終えると、もう1本に火をつけながら自信たっぷりにこう答えた。

「大統領に伝えてくれ。別の例を通じてだが、私は彼の言う自由を見て、彼の言葉に耳を傾けてきた。彼は自分の枠組みの中で、美しい絵を描いている。絵は、それを眺めている間は、見る者に静謐《せいひつ》な印象を与えることができる。だが、厳《おごそ》かな絵を崇拝することはできない。彼の描く絵はまさにそれだ。私たちは、カトリックの初代宣教師から深い知恵を得た先人たちによって刻み込まれた人間の価値を維持するために、この土地で汗と血を流しながら、あまりにも激しく、あまりにも長く戦ってきたのだ。こうした価値観も、レーガン大統領が描く肖像画のようなものだが、我々の価値観は本物である。我々は本物だが、レーガン大統領のものは表面的な価値しかない。もし私が譲歩すれば、彼の描いた絵の中に入って、トロフィーのように壁に飾られるだけだろう。彼が富と地位を提供しようとも、私は民衆を欺くことはしない。私は自分の信念に忠実であり、レーガンもまた自分の信念に忠実であるとき、我々は共通の基盤で出会い、何かしら実質的な議論をすることができるはずだ。今のところ、言葉を交わしても時間の無駄でしかない」

オルテガはタバコを消すと、ベッドのカバーを引いた。

「どこか楽しいところに連れていってあげよう」

そう言って彼は、タンスから使い古されたパイプを取り出し、ノズルを渡してきた。私は、どんな薬物でも受け入れるように訓練されているが、唯一、マリファナだけは厳しく禁じられていた。私がためらっていると、オルテガが「アヘンだ」と言った。薬が効いてくると、彼は「これが世界平和への道かもしれない」と言った。オルテガとのセックスは、少なくとも痛みや異常な性行為とは無縁だった。アヘンとコカインの違いもあったのだろうが、私がレーガン政権のために「外交関係」を強要された大部分の相手とは異なり、彼は終わった後、眠ってしまった。

外のジープのクラクションで彼は目を覚ました。私が帰ろうとすると、彼は「待て」と言った。それから6ミリほどの小さな黒いアヘンを取り出し、タバコの包み紙のセロハンで包むとこう言った。

「これを大統領に渡してくれ。君と私はこの物質で、彼が地上で分け与えようと思い描いている以上の平和を見つけたと伝えるのだ」

彼は私の後ろで静かにドアを閉めながら、「ほかにもっとできることがあるなら、また来てくれ」と言った。

私はすぐに飛行機で、私の「ミッション」の発祥地であるワシントンD.C.に戻された。今度は、ブッシュのオフィスに直接連れて行かれ、オルテガのメッセージをそのまま伝えた。オルテガのメッセージを伝えると、ブッシュは「レーガンにメッセージの一部を伝えるように」と言った。私は「知る必要のあることだけ」というマインドコントロールによって思考回路が限定されていたことから、メッセージの内容や関係する人々を読み取ることができず、このオルテガのメッセージがネガティブな影響を与えるとは、まったく考えもしなかった。オルテガがレーガンと同じような偽善者であり、私を娼婦、そして悪い知らせを伝えるメッセンジャーとして利用したとは思いもよらなかったのである。オルテガは私が、伝えられたメッセージをそっくりそのまま伝えることしかできないことをわかっていた。

ブッシュが修正したオルテガのメッセージをレーガンに伝えると、私が燃えていることとさえ知らなかった「火」に、燃料が投下された。

ブッシュはレーガンと一緒に、ホワイトハウスのレーガンの第二オフィス（大統領執務室）にいた。私は指示通りにメッセージを伝えた。

「ダニエル・オルテガは平和を愛する男で、私たちと同じ解決策を求めています。しかし、彼はあなたにこう伝えるように言いました……（私は財布からアヘンを取り出した）。彼と私はこの物質で、あなたが地上で分け与えようと思い描いている以上の平和を見つけたと……（私はアヘンをレーガンに渡した）」

レーガンの顔が一瞬にして怒りで真っ赤になると、ブッシュは笑みを浮かべた。それからブッシュは椅子から立ち上がり、アヘンを自分のものにすると、レーガンに言った。「落ち着け。まだあるぞ。彼女が広げた平和は、股の間だけだったようだ」。そして、ドアのほうに向かいながらさらに続けた。「もし私が君の立場だったら、自分の立場を考え直すだろう。彼女の中に詰まっているものを考えるといい」。それからブッシュは視線を私の脚の後ろ側から靴へと落とし、さらに続けた。「ほら、その子の両脚から垂れ出してきているよ」

どう見ても、その日レーガンとセックスをすることはなさそうだった。私はすぐにそこを出て、飛行機でメキシコに戻り、ＮＣＬのクルーズ船に合流した。このときの記憶は高電圧で区分けされていたため、私はそのとき、自分がどこかに行っていたとは思いもしなかった。

第23章 旋回した《ワールド》ビジョン

１９８５年の秋、私はオルテガと会ったときと同じ役割で、レーガンから任命されたＣＩＡ長官ウィリアム・ビル・ケイシーと、彼のロングアイランドの屋敷にあるバラ園を歩いていた。ケイシーはまず、私のイエズス会／バチカンのプログラムに基づく人格を、カトリックとＣＩＡの今の結びつきを示す専門知識を使って操作した。レーガンが「ビジョンの男」と呼んだケイシーは、私のイエズス会のマインドコントロール・プログラムによる「理解」を形成していた。

「私にはワールド・ビジョン[1]がある。１つは平和だ。世界中の社会から暴力的な派閥を排除し、１つの世界政府と１つの世界教会、その忠実な指導者に置き換えることによって、世界統一が実現する。美しいビジョンだよ、私の夢の中に出てきたんだ。神は私を動かして、人々を動かしている。私は彼らをあちこちに移動させた……今度は彼らを排除する番だ。私のワールド・ビジョンは地球を取り巻き、あらゆる緊張、争い、人口過密、飢餓を終わらせる。私のビジョンはワールド・ビジョンであり、教会が私の考え方に賛同していることは、この活動への支援という形で証明されているのだ」[2]。

マインドコントロールされた私がNCLを使ってハイチでの活動に関与していることに触れ、ケイシーはさらに「大義」を定義した。

「君がハイチで行う心を込めたミッションは、私のワールド・ビジョンに役立っている。ハイチの人々が快楽主義のブードゥー教を捨て、神と神の道に目を向けるようにするのだ。彼らは自らの意思で、疫病が自分たちの土地に降りかかるような悪の雰囲気を作り出しているのだ。主は、私たちの目標を共有する人たちを所定の位置に移動させ、平和の道を阻む人たちを出て行かせるよう、私に強く働きかけておられる。このような理由から、ハイチでの任務に終止符を打つ必要があるのだ。悪魔に取り憑《つ》かれた人々を救うために献身し続けているベビー・ドクにとって、地獄に行く運命にある人々に放たれた惨めな死に様を見るのは耐え難いことだ。我々には、神の言葉を聞き入れ、神を消滅から救うことしか選択肢は残されていない。だから、我々は宣教師（イエズス会の傭兵）を送り込み、その美しい目的によって、心ある者だけを救うワクチンを国民に接種することにした。経済的な利益のループの中でハイチを維持しようとするすべての試みは停止されるだろう。罪のない人が疫病の地を訪れるわけにもいかないから、観光も止めなければならない。我々の相違にもかかわらず、ベビー・ドクは悪魔がはびこる土地でバチカンの命令に従って尽力している。彼は辞任しなければならない。我々は彼を安全に別の場所に移動させる義務があるのだ。神が語られたこと、疫病が差し迫っていることを理解させるのは、アメリカ人として、また神に従う者としての義務である。ベビー・ドクは移動のための準備をしていて、指示の言葉を待っている。君はその言葉を彼に伝えるのだ」

認知を歪められ、カトリックのイエズス会のプログラムによる「理解」を植え付けられた私は、言われたことは何でも「宗教の教えとして受け入れる」覚悟でいた。だからハイチでの革命は聖戦だと信じていたのだ。それがこの第4世界の国における心の試練であるとは理解していなかった。

ハイチの人々の献身は、カトリックとサンテリア[3]を交互に信仰するブードゥー教の信者に対する宗教的な理解を超えるものだった。実を言うと、ハイチという人間が作り出したこの地獄で、拷問されマインドコントロールされたほかの奴隷たちを、私は無意識のうちに認識していた。今となっては、スタンガンや電気棒の跡が残っていることや、生気のない目に浮かぶプラスチックのような笑みもその理由だろう。子供たちは、目を見開いた母親にしがみついて、ロボットのように仕事をこなしていた。ハイチの人々に対する同情は、魂の領域にまで浸透していた。マインドコントロールや宗教観の操作では決して触れることのできない私の一部分にまで及んでいたのである。

ケイシーと私は、大統領よりも多くの武装した男たちに守られて、庭を歩いていた。私自身が脅威だったわけではない。私は自分の身を守ることさえ考えられなかった。ケイシーと彼のワールド・ビジョンが人類にとっての脅威であったからこそ、これほど多くの警備員が必要だったのだ。彼らは、服装、武器、イヤホンからして、アメリカのシークレットサービスと思われた。１人の警備員が、ヘッドセットに手をやり、まるで遠隔操作されているかのように話を聞いているのがわかった。ケイシーが合図を送ると、護衛の男が即座にそばにやってきて、指示を待った。「彼女を私の部屋に連れて行け」とケイシーは言った。「彼女の心をクリアにするのだ。私には植え付けなければならないことがあるのだ」

私はロボットのように護衛についていき、ケイシーのオフィスの書斎に入った。その部屋は殺風景で、暗く、暑かった。「君は読んだとおりのものになる」のプログラムに従って読むようにと渡された本に書かれていた通りだった。まるで、小説『カメレオン』（内部の人間であるウィリアム・ディールの著作）の中に入り込んだような感覚だった。このようにして、本の内容と現実を瞬時にスクランブルしたのだ。

護衛官が私の白いアイレット刺繍のブラウスのボタンを外しながら、「ここは暖かいね」と言った。

「ビル（ケイシー）は寒気がすると血の気が引くから、念のためにこうしておくんだ。カメレオン[4]は本来、冷血動物だからね。暖房を入れるので、くつろいで。ケイシーは君の声を聞きたくないとのことで、今のうちに警告しておくが、静かにしていろ」。そう言うと彼は意図的に私の一部に組み込まれた沈黙の誓いを信じるイエズス会のプログラムを起動し、作動させた[5]。

「壁には耳があり、植物には目がある。君の沈黙は成功に等しい。私は君に沈黙の中で内省をさせる。静寂に包まれるんだ。ビルはすぐにやってくる」

もし、私に「内省」する能力があれば、ハイチ政策における「宗教的な意味」を主張するケイシーのドラマチックな振る舞いの正当性を疑ったことだろう。レーガンと同じように、ケイシーの誠意は、その成果を考えると今ひとつピンとこなかった。しかし、それ以上考えることはできず、私は仮死状態のまま指示を待つことになった。未来について考える力を支配者に委ねさせられ、これから起こることを予想することも、恐れることもできなかった。もし、ウィリアム・ディールの本によって現実をスクランブルされていることに気づいていたら、ビル・ケイシーが入ってきたときに何が起こったかを「超能力」で予測できていたかもしれない。

ケイシーは、磨きぬかれたダークウッドのデスクに向かい、いちばん上の引き出しを開けた。ケイシーの机は、広くて風通しの良い部屋に置かれた数少ない調度品の1つであった。暗く磨き上げられた赤みがかった木の表面は、ミッドナイトブルーのカーペットが壁に沿ってわずかにカーブしていることで、さらに暗く感じられた。ゴシック調のベルベットの重いカーテンが、机の後ろの窓からの日差しを遮っている。

「君が沈黙の誓いを立てていることはよくわかった。それを守って聞くのだ」

ケイシーはあらかじめ設定されたトリガーを使って、大きな声でそう告げた。彼は引き出しに手を入れ、上部にダイヤモンドが装飾された、長さ約30センチのマルーン色の箱を取り出した。

「時々あることなんだが、匿名で箱を受け取ったんだ」

ケイシーは、本の内容をスクランブルする要領で言った。

「この箱には君の名前が書かれている。それを開けると、いつものように穴を開けられたカメレオンがいるのだと思っていたけれど、今回はそうじゃなくて、目的の武器を見つけたよ」

彼は私の目の前で箱を開けた。そこには、綿の上に精巧に作られた短剣が置かれていた。柄はバードが「結婚式の夜」に私に贈った十字架と同じローズ・クリスタルでできていた。ケイシーとの最初の対面で、私はバードがこの悲惨な試練に加わっていることを理解し、これから拷問のようなことが始まるのだとわかった。ケイシーの話を、私は深いトランス状態で聞いていた。

「ナイフなのか十字架なのか、わからない。どちらも殉教を象徴しているのだろう。クリスタルに刻まれたバラの模様を見るんだ。さて、誰がこれを送ってきたのだろうか?」

マインドコントロールされていても、私は当然のように、バードが彼にナイフを提供したことを知っていた。ケイシーがバードの催眠術を使い始めたとき、もっとも恐れていたことは確信に変わった。「ナイフのように、鋭く、きれいに、欲しいものを削り取ろう」、そう言ってケイシーは私のブラジャーの前を切り裂き、バードがポケットナイフでいつも切りつけてきた胸の間の部分を露出させた。彼が胸骨を深く刺してきたので、私は分裂しそうになり、実際に分裂して、この出来事を区分けする人格の断片ができた。その後、イエズス会でお馴染みの無限プログラムを使って、ケイシーは指示を出し、まるで命がかかっているかのようにメッセージを伝えるようプログラムをした。

「シタデルに行き、ドミニカ共和国の兄弟たちに、ハイチの隣人に差し迫った破滅を警告するのだ。ドミニカ側（ハイチ島）からポート・オー・プリンスに飛び、そこからベビー・ドク（デュバリエ）の宮殿で会うことになるだろう。彼はすでに君の言葉を受け入れており、私の言葉が君の言葉で、君の言葉が沈黙であることを知っている。セドラス将軍に、彼の命令は薔薇の騎士団からのものだと伝えるのだ」。ケイシーは襟元の白いバラに触れ、彼の言葉をそのまま記録するよう私に合図した。

メッセージのプログラミングが終わると、ケイシーは私に言った。

「この任務を完了したら、すぐにハイチを発ち、2度と戻ってくるな」

ケイシーは過度なまでの高電圧を使って私の記憶を区分けした。その後、スタンガンによる吐き気と体調不良を覚えながら、セドラスとベビー・ドクへのメッセージをプログラムされてフェリーに乗り、ロングアイランドの敷地／家を出たことは覚えている。

ハイチは最近NCLの寄港地から外されたが、ドミニカ共和国側の観光はまだ可能だった。プエルト・プラタでNCLの船を降りた後、私たちは埠頭で荷揚げされているワールド・ビジョンの貨物船の前を通り過ぎた。待機している自動車に乗り込もうとすると、柔らかな海風が私の薄く白いワンピースの裾をそっと持ち上げた。

ドミニカ共和国では宗教と政治が混在しているようで、カトリックの伝道所、古い砦、コロンブスの像、カトリックの教会などが、切っても切れない関係で存在していることがわかる。山頂にある質素なシタデルとカトリック教会へ観光客を運ぶトラムを通り過ぎたとき、ヒューストンは『カメレオン』の本をスクランブルして私の中に留めた。そして、セドラスと、ディールの本に書かれているトラムからシタデルまでの短いロバでの旅に二重の意味を持たせ、ヒューストンは「頂上でジャッカスがお前を見るぞ」と脅し、私をおんぼろトラムに乗せようとした。

観光客の目に触れない、秘密活動用のエリアにあるシタデルのオフィスで、私はセドラス将軍に面会した。

イエズス会の黒頭巾のローブを着たセドラスは、ケイシーの『カメレオン』の本でスクランブルされたシナリオを完成させながら、古い建造物の中を歩いてオフィスへと向かった。セドラスは、僧侶のような格好をしているが、その出で立ちは「宗教的」というよりは「過激派」のように見えた。フードを背中に垂らすと、いかめしい顔立ちと、鋭いスチールブルーの瞳が、私の視線を釘付けにした。ハイチがＣＩＡの「監視塔作戦」でキューバからコカインやコントラ兵器を輸送していた頃に、私はサント・ドミンゴの修道院で彼を見たことがある[6]。

セドラスと2人きりになり、合言葉と共に私はケイシーのメッセージを正確に暗唱し始めた。

「私はバチカンから、名誉ある忠実なウィリアム・ケイシーを経由して警告の知らせを受けました。彼はハイチの暗黒街に住むあなた方の隣人に降りかかる、差し迫った破滅の知らせを送ってきたのです。ブードゥー教は神秘的な方法でその姿を現しますが、キリスト教における神の道は明確なものです。悪は何としても阻止しなければなりません。代償として、この地には疫病のような人的被害が降りかかるでしょう。悪魔と姦淫する者は、疫病に侵されるでしょう。世界平和の道を阻む者たちに呪いをかけよ。神の思し召しにより、新世界秩序はハイチ人の有無に関わらず実現されるでしょう。ハイチにおけるアメリカのすべての活動は、現在、あなた方の港に向けられています。あなたの国の人々（ＣＩＡと国連が操るドミニカ人）は、平和と繁栄の中で栄え、暗黒側（ハイチ人）は、自分たちが招いたこの聖戦の血で溺死するのです。ハイチ人があなたの土地に邪悪な疫病をはびこらせないように、国境を速やかに閉鎖し、門に守衛を配置してください。大衆への予防接種は体に覆い隠され、血は破滅を運ぶでしょう。ハイチ人が最期の瞬間に神に立ち返るとき、彼らの多くが口にする聖餐《せいさん》はサタン自身のものになるのです。彼らの神を身代わりにすることで、御子《Son》（太陽《Sun》）の中にあるあなたの島は、下劣で邪悪なものから解放されるでしょう。私はビジョンを見てきました。ワールド・ビジョンです。古代人との交わりによって、地獄の門を開ける「王国への鍵」[7]が与えられました。ここに送られた聖水はバチカンの祝福を受けており、雨のようにハイチの人々に振りかけられなければならないものです。我らが神は君臨し、ハイチの大衆に血の河を降らせ、あなたの使命に君臨するのです。あなたの使命は明確です。あなたは聖餐式に奉仕し、神に人々を選別させるのです。キリストの体に仕える者はバチカンに覆われ守られる。ブードゥー教の悪に仕える者は、自らの血で覆われるのです。我々の神が支配しているのは明らかです。ゲームを始めましょう」

セドラスのCIAとイエズス会の作戦の隠語を組み合わせ、ケイシーはメッセージに数々の秘密の司令を織り交ぜていた。うっかりアクセスしてしまったとしても、その言語に通じていない人間には、ほとんど意味のない指示になってしまうだろう。セドラスは、ケイシーの指示の重大さを十分に理解し、熱心に耳を傾けていた。私はメッセージを締めくくった。

「バチカンの祝福を受けた聖水が、ワールド・ビジョンを経由して本日午後1時に到着します。血は疫病を宿すでしょう」[8]

私は、いつものような異常な性行為を受けることなく、セドラスの前を去ることができてほっとした。今回に関しては、誰かの仕業だったのだと思う。というのも、私が「御子の島」の「暗黒側」でケイシーのメッセージをベビー・ドク・デュバリエに伝えるまで、私のプログラムされたトランス状態は維持されていたからである。

その後、ヒューストンは私を山の麓にあるCIAが運営する小さな飛行場まで連れて行き、そこからハイチのポート・オー・プリンス行きの小さな白い飛行機に乗り込んだ。着陸すると、パイロットは私をベビー・ドクの衛兵のところまで連れて行き、宮殿に連れて行くように命じた。彼はハイチ訛りのフランス語で早口で話し、私のシンボルであるバラ色の十字架のネックレスを持ち上げて、衛兵に強調した。私はカトリックの紋章が自分を守ってくれるという信念を植え付けられており、衛兵たちは、どうやらイエズス会の特定のスパイにだけ許される敬意をもって私を扱った。私は白いメルセデスでハイチ大統領官邸まで送られた。ベビー・ドクの宮殿は、メルセデスが列となって走っていたときよりも、周囲の貧しさとのコントラストがさらに際立っていて、退廃的な雰囲気だった。私は、周囲の絶望と飢えを前にしながら、その豪華な環境に疑問を抱くこともできず、恭《うやうや》しく玄関に立ち、約束のミーティングが始まるのを待った。

私は80年代初頭、モナーク・プロジェクトの娼婦という立場で、ベビー・ドクと会ったことがある。ハイチでのアメリカの秘密工作は、すべて「オル・チャーリー」と呼ばれる寝たきりの老人が仕切っていた。彼は80年代半ばに亡くなるまで、エル・プレジデンテ・ホテルに住んでいた。ハイチでマインドコントロールされたメッセンジャー兼売春婦として活動していたときには、トラウマを植え付ける目的でブードゥー教の儀式に参加するよう強制されたこともある。その際には、ハイチ人の群衆の中をゆっくりと進む、黒い窓のメルセデスの中で、ベビー・ドクにオーラルセックスをするよう命じられた。私のハイチでの任務は、仕事ではオル・チャーリー、売春ではベビー・ドクと決まっていたので、仕事でベビー・ドクと会うのは前代未聞のことだった。

「何の用だ?」

ベビー・ドクは英語で私にそう言った。私は3人の武装した警備員に連れられ彼の書斎に案内された。

「カトリックの売春婦は必要ない」

ベビー・ドクの英語力は限られていた。だから補佐官が通訳を補った。

私はケイシーのメッセージを伝えた。

「私は平和の名の下に来ました。バチカン公認のウィリアム・ケイシーからのメッセージです。教皇はアメリカのハイチ政策に賛成しています。彼は神のお告げであるビジョンを見ています。そのビジョンが、ワールド・ビジョンです。そこに関わる人々が、豊かな慈愛をもって、あなたに手を差し伸べています。ワールド・ビジョンのしもべたちを通して提供される商品やサービスは、病人に軟膏を塗り、飢えた人々に食事を与え、貧しい人々に服を着せるために必要です。彼らの使命は、良い種と悪い種を分けることで、あなたの地域に平和を取り戻してくれるでしょう。あなたの土地に、あなたの民の間に平和が訪れる日は近いですが、川を悪人の血で赤く染まらせてはいけません。幻影は災いであり、あなたの民は慈悲を懇願して路上で倒れていますが、あなたはその声を聞くためにここにいるのではないでしょう。あなたは去るときが来たのです。バチカンの祝福を受けながら疫病を逃れ、2度と祖国に戻らないことが神の意志なのです。今日、脱出の準備をしなさい。明日は破滅が約束されています。あなたの未来を見通す知恵を使って、差し迫った破滅を大衆に警告し、ワールド・ビジョンを武装させるのです。ビジョンは平和の1つです[9]。救いを求めてテントや教会に群がる人々のためのものです。あなたの運命は明らかです。バチカンは、あなたの出発の道を開きました」

ケイシーのメッセージを伝えると、ベビー・ドクの衛兵たちが、少し前に後にした飛行機へと帰してくれた。私は無言のまま飛び立ち、今起きたことの重大さを理解するだけの思考力もなかった。マインドコントロール奴隷にとって、出来事はすべて最初で最後と認識される。だから、「ハイチを出て、2度と戻ってこないように」というケイシーの指示は、私にとっていつもどおりのことのように思えた。

ハイチとドミニカ共和国を隔てる山の上を飛ぶと、眼下には滝で水浴びをする人、岩場でせっせと鮮やかな色の服を洗う人、頭に乗せたバスケットで原始的に荷物を運ぶ人など、暴力を望まぬ人たちがいた。時折ヤギが不毛の地を走り、飢えで腹が膨れ上がった子供たちが棒や蔓で遊んでいる。私の心は支配され、誤った認識で回転していた。オルテガのバラ色のメガネのように、私の渦巻く視界は、新世界秩序の現実を見ることを妨げていたのだ。

1　ワールド・ビジョンは、イエズス会の支配する組織であり、世界平和を広めるという名目で教会にお金を渡すよう誘導を行っていた／いる。だが、彼らは、そのお金が実際にはマインドコントロールの下に築かれる「世界平和計画」の資金になっているということを公表していない。

2　善良な人々が重んじる「道徳観」が歪んでいることが、ワールド・ビジョンのような組織の中で犯罪行為が蔓延する理由の1つである。このような組織の影響を受けた派閥、カトリック教会、そしてアメリカ政府の中にも、CIAが「知る必要がある」人と呼ぶ、歪んだ認識のもとに活動する人々がいる。だが、彼らは、自分の心、宗教、そして／または認識が意図的に操作されていることを「知る必要がある」のだ。

3　カトリックは国連と手を組み、集団マインドコントロールによって世界を征服しようとしていたため、ハイチにおけるイエズス会の影響力はまさに好都合だった。儀式の多くを維持し、「体を食べ、血を飲む」ことに文字通りの解釈を置き、善悪の反転をもたらすことによって、カトリックとブードゥー教は、カトリックと国連のように一体となったのである。

4　「カメレオン」という言葉は、いつでもどんな環境にも気づかれずに溶け込めるよう熟練した訓練を受けたスパイを表す言葉である。まさに解離性同一性障害の人が一緒にいる人を鏡のように映し出すようなものだ。

5　イエズス会の沈黙の誓いは、子供時代に「沈黙の儀式」を通して植え付けられた。今、私は、諜報機関にいるほかの多くの人たちのように、「沈黙は死に等しい」ことを知っている。知識はマインドコントロールに対する唯一の防御手段である。

6　バードは私に、セドラスは新世界秩序を実現するために、CIA、イエズス会、国連が戦略的に動かしたチェスの駒であると言った。

7 「王国への鍵」は、イエズス会のプログラミングに従って、ビル・ベネットが次のように定義した。「キリスト教の始まりに際して、使徒たちはキリストから得たすべての情報をまとめ、聖カトリック使徒教会を建設した。キリストはそのとき、それを唯一の世界教会、すなわち真理、光、道とすることを意図していた。この秘密は契約の箱の中に保管され、世代を超えて受け継がれた。そして何世代にもわたって、キリストは真理を説き明かす労苦の成果をさらに書き記すようにしたのである。今、契約の箱は保管庫となり、豊富な情報が蓄積されている。この情報にアクセスできるのは、王国の鍵を持つごくわずかな者たちである」

8 最後のメッセージの解釈は、まだ真理を見分けることのできる大衆の心に委ねられている。私の結論は、耳にした会話とホワイトハウスの性奴隷としての体験からも「明確」である。バードやレーガンは、エイズ感染国の役人に私を買わせたが、彼らは私とセックスするとき、「疫病」に対する防御策をとっていなかった。

9 心の平和なくして世界平和はありえないし、マインドコントロールのもとでは心の平和はありえない。ハイチは、かつては新世界秩序の支配の典型例であったが、今やＣＩＡとイエズス会によって使い古され、放棄されている。国連の「平和維持軍」は、ハイチの人々から平和を遠ざけ、「平和」という煙と鏡のような幻想を作り出しているのである。

第24章 狩りに行こう

1986年12月4日、私は29歳になった。通常、マインドコントロールされた奴隷は30歳になると「フリーダム・トレインから放り出される」のだが、ヒューストンから、政府の虐待が残り1年となり、お前を「使い果たす」つもりだと言われた私は反論した。時間の経過をまったく意識していなかったので、自分がまだ24歳だと信じていたのだ。しかし、そんな思いとは裏腹に、加害者たちは1か月も経たないうちに、私を肉体的にも精神的にも使い果たそうとしていた。

レーガン大統領に売春をさせられるという、お決まりの旅行でワシントンD.C.にいたときのことだ。「ロニーおじさん」は、興奮とコニャックで頬を紅潮させながら、「いつもクリスマスには2週間の休暇を取って、カリフォルニアに帰るんだ」と言っていた。そして、古いハリウッドスタイルの歌とダンスを中断し、「カリフォルニアに来たぞ」と言った。ホワイトハウスはいつも窮屈だと言いながら、今度の旅を心から楽しみにしている様子だった。

「旧友に会えるから、毎年この旅行が楽しみなんだ。ああ、でもここに来てさえも仕事をしている……大統領の仕事に終わりはないのだ。でもせっかくここにいるのだから、そろそろ私が故郷と呼んでいる場所を君にも見てほしい」

そして、彼は『オズの魔法使い』の一節を引用してこう言った。「我が家に勝る場所はない。君はその理由がもうすぐわかる。私と一緒に言うのだ、『我が家に勝る場所はない』と」。それから、彼はオズの隠語で「かかとを鳴らして。我が家に勝る場所はない」と指示を出した。

脳内で青白い光が爆発し、死を思わせる低電圧の交流電流に打たれたような気がした。レーガンは、マインド・スクランブルを用いたタイムスリップの舞台を整え、カリフォルニア州ベル・エアで共に参加する次の会議で私を再び作動させるつもりでいた。

ヒューストン、ケリー、私の3人は、カリフォルニアへ向かう長いドライブに出発した。モーターホームは壁一面がコカインで埋め尽くされていた。

ネバダ州ラスベガスで、ヒューストンはケリーと私を、カントリー・ミュージック協会の年次大会に出席している「知る人ぞ知る」人たちにせっせと売春させていた。部屋から部屋へと移動させられて疲れ果て、文字通り一息つこうとロビーに戻ったとき、マイケル・ダンテを見かけた。高級なライトグレーのシルクのスーツに黒眼鏡をかけ、マフィアというより連邦捜査官のような出で立ちで、柱にもたれて私を待っていたのだ。電話ではマインドコントロールを目的として「私たちの愛」を公言していたが、今はそのような素振りは見えない。「遅刻だぞ」と、彼は腕時計を見ながら怒鳴った。そして私を女性用トイレに入るように命じ、壁に並んだ無限の鏡の中で「自分を見失う」ようにさせて、プログラミングを作動させた。そうして彼の望むように私のマインドが整うと、商業用ポルノに出演させた。その後、彼はケリーにも同じことをした。

グランドキャニオンで、ヒューストンはケリーと私にトラウマを植え付け、来るべきカリフォルニアでの出来事に備えていた。ハイキングをしながら、ヒューストンは、私たちに課している死と狂気のプログラムの背後にある、この旅で起こるすべての出来事を、催眠を使って根付かせようとした。昼食時、ケリーはショックで倒れ、食事ができなくなった。ヒューストンは「これで食事を独り占めできる」と喜んでいた。私はといえば、いつものように空腹と喉の渇きに襲われていた。喉がカラカラで、とても食べようとは思えなかった。

ケリーの容態に恐怖を感じた私は、ヒューストンがケリーを追い詰めてしまわないよう、できる限りのことをした。峡谷から出るまでは、休む間もなく私が何時間も彼女を運んだ。心の中では、娘を守ることができたと信じたかった。だが、実際は、次の目的地であるカリフォルニアのシャスタ湖で私がケリーを守れないようにするため、ヒューストンは私を肉体的に消耗させていたのだ。

ジョージ・ブッシュはミズーリ州ランプとカリフォルニア州シャスタにある隠れ家で非常に活動的に動いていた。シャスタの隠れ家は、ランプと同様、カントリー・ミュージックの陰に隠れていた。知り合いたちに聞くと、シンガーソングライターのマール・ハガードがシャスタ湖でショーを開き、マウント・シャスタの屋敷からあらゆる注意をそらしていたようだ。

シャスタは、私が知る限り最大規模のマインドコントロール奴隷収容所だった。森林に覆われた丘の上にひっそりとあり、軍のフェンスで囲まれ、真っ黒な覆面ヘリコプターの巨大な一団が旋回し、私がハイチで見たよりも多くのマインドコントロールされた軍事ロボットがいる。この秘密軍事作戦は、アメリカのためではなく、自分たちの目的のために行われていた。私はこの場所が、新世界秩序の秩序と法を執行するための未来の警察（幾多の権限を持つ）基地だということを小耳に挟んだ。

厳重な警備の敷かれた施設の中央には、軍用フェンスで守られた別のエリアがあり、そこは国を動かす者たちにとって「キャンプ・デービッド」のような場所だと見なされていた。ジョージ・ブッシュとディック・チェイニーはそこでオフィスを共有し、外周の森を自分たちの狩猟場と主張して、「もっとも危険なゲーム」に興じていた。私が耳にした2人の会話から推測するに、ディック・チェイニーがブッシュ政権で国防長官[1]として閣僚に任命されたのは、この世界警察の軍のバックグラウンドがあったからだと思われる。

ヒューストンはハガードのシャスタ湖畔のリゾートに滞在し、ケリーと私はブッシュとチェイニーに会うためにシャスタ山へヘリコプターで向かった。ヘリコプターのパイロットは、敷地内の外周を囲む軍用フェンスに私たちの注意を向けさせた。パイロットが私たちに話しかけてくることはめったにないが、このパイロットは「もっとも危険なゲーム」のために外周を知る必要があると言って、意地の悪い笑みを浮かべていた。

ブッシュとチェイニーの聖域に着くとすぐに、ジョージ・ブッシュ・ジュニアが一緒にいることに気がついた。これまでの経験では、ブッシュが薬物で動けなくなったり、犯罪者の援護が必要になったりすると、ジュニアは父親のそばで陰ながら父親の代わりを務めていた。父親とチェイニーが休暇を楽しんでいる間、ジュニアはその両方の目的でそこにいたようだ。

薬物から解放されたチェイニーとブッシュは、「もっとも危険なゲーム」で人間の獲物を狩ることに熱中していた。彼らは私にゲームのルールを説明し、風が冷たい12月にもかかわらず裸になるように命じ、オズの隠語で「ライオン、トラ、クマに気をつけろ」と言った。いつものようにケリーの命が危険にさらされていたことで、私の生まれつきの、そして大げさにプログラムされた母性本能が蘇った。

ブッシュは言った。

「お前を捕まえたら、ケリーは俺のものだ。だから、早く逃げろ。お前と娘を捕まえてやる、俺はできる、できるんだ。俺はそうする」

チェイニーは、あえて私にこう尋ねた。

「何か質問は?」

私は「フェンスがあるから逃げ場はないわ。出られないようになっているのを見たの」と言った。チェイニーは暴力を振るうのではなく、「逃げも隠れもできない」という私の感覚を笑いながら「クマがどこかの柵に穴を開けたから、それを見つければいい」と説明した。そして、ライフルを私の頭に突き付け「さあ、ゲームの始まりだ。行け」と言った。

テニスシューズだけを履いて、できるだけ速く、できるだけ遠くまで、木々の間を走った。ブッシュは鳥猟犬を使って私を追跡していた。この犬は、私の飼い主であるロバート・C・バードとかけた「バード・ドッグ」として、獣姦撮影で使われている犬と同じであった。私を捕まえると、暖かそうな羊皮のコートを着たチェイニーは私の上にまたがりながら、再び頭に銃を突きつけてきた。ブッシュは、彼らが見ている前で、私に犬の性器をつかむように命じ、彼とチェイニーは私を彼らの小屋に連れ戻した。

私は服を着て、小屋の事務室に座り、指示を待った。今振り返っても、ケリーがどこにいたのか、まったくわからなかった。ブッシュとチェイニーは狩猟服のままでプログラミング・セッションが始まった。

ブッシュは言った。

「お前と俺は、これからもっとも危険な外交関係のゲームに乗り出そうとしている。これは俺のゲームだ。お前は俺のルールに従え。俺は、天空の眼(衛星)を使って、明らかに優位な立場でお前を狩ることができる。俺は、お前のすべての動きを監視している。ルールに従い、ミスを犯さない限り、お前は生き残れる。1度でもミスをしたら、お前も、お前の可愛い娘ちゃんも、俺が捕まえてやる。お前が死んだら、ケリーは俺と遊ぶことになる。俺はそのほうがいい。それこそ、あの子にとってはもっとも危険なゲームになる。カードは俺に有利に作られているんだ。なぜならこれは俺のゲームだからだ！　それでもお前はやるか？」

選択の余地はなかった。私は条件付けされた通りに「はい、ゲームをやります」と返事をした。これは、今さっき森で経験した「もっとも危険なゲーム」と並行し、隠語を使った催眠をスクランブルすることで記憶の回復を「不可能」にするためのものだった。

「よろしい。では、ゲームを始めよう。指示をよく聞け。ミスは許されないぞ」

チェイニーは「ゲームのタイマー」である砂時計をひっくり返した。

ブッシュは続けてこう言った。

「このゲームはキング・アンド・アイと呼ばれるもので、取引内容はこうだ。お前はメキシコ、アメリカ、中東の間で、命令に従ってより強い外交関係を確立することになる。お前は、それぞれの新しい場所ごとに顔を変える必要がある。俺が進路を決め、役目を決め、手綱を引く。俺が糸を引くとき、お前は俺の言葉を話すことになる。間違いは許されない」

ブッシュが話している間、チェイニーは軍需品風の簡素な机の上に半分横になっていて、明らかに薬物中毒のような状態だった。狩猟用のコートと帽子をかぶったまま、チェイニーは机の上からライフルを私に向け、「さもなければ、狩りに行く」と脅した。ブッシュはチェイニーの脅しの最後に、「キツネを捕まえて、箱に入れて、穴の中に落とす」と歌った。

ブッシュはチェイニーと顔を見合わせ、大笑いした。狩猟服に身を包み、巨大な口径のダブルバレルショットガンを肩に担いだ彼の姿に、ブッシュは「エルマー・ファッドみたいだ」と感激していた。チェイニーはアニメのキャラクターの口調を真似て「あのずる賢いウサギはどこだ？」と言った。

キング・アンド・アイ作戦には、レーガンの第1特使フィリップ・ハビブ（彼は私のような奴隷を相手に不思議の国のアリスの白ウサギの役をこっそりと演じていた）とサウジアラビアのファハド国王が参加することになる。ブッシュがこの2人を「エルマー・ファハドとずる賢いウサギ」と呼ぶと、彼とチェイニーは涙を流しながら笑った。2人ともすでに麻薬でハイになっているので、私のプログラムを完成させるために平静を保つのは大変だった。

1 ディック・チェイニーには、ジョージ・ブッシュ大統領の下で国防長官を務めることを正当化できるだけの正式な軍歴がない。

第25章
ブッシュ・ベイビー

メキシコのファアレス国境を即座に開放し、自由貿易（麻薬と奴隷）を行うことに関して、ブッシュとチェイニーが多くのメッセージを私にプログラムし終えたのは、夕方になってからだった。その後、ベイスギとレッドウッドでできた建造物の階下の居住区に連れて行かれ、ケリーもすぐに合流した。ジョージ・ブッシュ・ジュニアは、明らかにトラウマを負って内にこもっている私の娘を玄関先まで連れて来た。ケリーは「もっとも危険なゲーム」について話をして、静かな、打ちのめされた、悲しい声で、「私も捕まっちゃった」と言った。今にして思えば、彼女が本当に狩られたのかどうかはわからない（そうでないことを祈るばかりだ）。しかし、それ以来、ケリーの身に起こったことはすべて、「自分が捕まったせいだ」（実際はそうではない）という思いに私はとらわれるようになった。

居住部の内装は、チェイニーの昔ながらの素朴で、西部劇的な好みを反映していた。ペンタゴンの「宿泊小屋」のように、革もふんだんに使われていた。メインルームは小さいが、合わせ鏡の効果で大きく見えた。部屋の片側が、もう片方にも映し出されるように、鏡が設置されていたのだ。対面する黒い革張りのソファの間には、コーヒーテーブルがあり、そこにはドラッグや必要な道具が散らばっている。

ブッシュとチェイニーは、大きな石造りの暖炉のほうに向いた対になった黒革のリクライニングチェアに座った。暖炉の火は激しく燃えて部屋を照らし暖めていた。

そこにはブッシュの好物であるヘロインが大量にあり、チェイニーも一緒になってそれを使っていた。さらにアヘン、コカイン、ワンダーランド・ウエハース（MDMHA―XTC、別名エクスタシー）などが並んでおり、休暇を思いのままに過ごそうという魂胆が見え見えだった。チェイニーが酔っぱらってよろける姿は見たことがあったが、ヘロインを使い、私にも分けてくれたのはこのときだけだった。ケリーも、薬物を投与された。

ブッシュは、ケリーとセックスしたことを生々しく語り、チェイニーに小児性愛のすばらしさを説いていた。2人ともすでに、ドラッグと、これから起こることの想像で性的に興奮していた。チェイニーはブッシュに、自分がなぜ子供とセックスしないのかを語ると、ケリーに自分のものをさらけ出して、「ここに来い」と言った。チェイニーの異常に大きなペニスを見たケリーは、恐怖のあまり後ずさりをして、「いやだ！」と叫び、2人を笑わせた。ブッシュはケリーを寝室に連れて行くために立ち上がりながら、チェイニーに液体コカインの噴霧器が欲しいと言った。チェイニーが、セックスの前にコカインでケリーの感覚を麻痺させるなんて優しいなと言うと、ブッシュは「何を言ってるんだか。俺のためだ」と言った。そして、よくある下品な言葉で自らの興奮状態を語り、ペニスにコカインを吹き付けることで長持ちさせたいのだと説明した。

チェイニーは「子供のためかと思ったよ」と言った。

ブッシュは「楽しみの半分は、女性たちをもだえさせることだ」と説明した。彼はケリーの手を取り、寝室へ案内した。

チェイニーは、私が「もっとも危険なゲーム」で捕まったせいで、ブッシュが娘に暴行を加えることになったのだから、私は（地獄で）「焼かれる」ことになると言った。彼は暖炉の火かき棒で私の内腿を焼きながら、ケリーを火の中に放り込むと脅した。そして催眠術でケリーが焼かれる場面の効果を高め、私に深いトラウマを植え付けた。寝室からケリーの泣き声が聞こえてきた。その泣き声が大きくなると、チェイニーは助けを求めるケリーの叫び声をかき消すためにクラシック音楽をかけた。

午前4時、命令通りブッシュ・ジュニア（と彼のヘリコプターのパイロット）がケリーと私を引き取りに来た。ヘリでシャスタ湖に戻ると、そこにはヒューストンとモーターホームが待っていた。ブッシュがケリーに暴行したことは、私にとってはショッキングな体験であり、ケリーにとっては肉体を破壊される行為であった。

ケリーは身体的な傷を負っていた。彼女は治療が必要な状態で、動くことさえままならない。ヒューストンはヨセミテ国立公園でモーターホームを止め、落ち着かないと私を崖から突き落とすぞと、脅した。だが、彼の脅しや命令では、ヒステリーを抑えることはできなかった。コントロール・プログラムの多くが、思いがけず壊れてしまったからだ。このままでは、金づるを2人も失うことになると思ったヒューストンは、私がケリーの担当医に電話をかけ、薬を投与することを許可した。私に関しては、カリフォルニアに向かった最大の目的であるメキシコのミゲル・デ・ラ・マドリ大統領との会談と、フアレスの国境の開放計画を完了しなければならなかったため、ヒューストンは事態を収拾するための手配をした。

第26章 新世界秩序

私を機能するレベルにまで回復させるには、時間がなかった。私にやるべきことがあるのはわかっていた。30歳の誕生日までに私を「使い果たす」つもりでいたとはいえ、ブッシュとチェイニーがこれほど早くそのプロセスを終わらせるつもりでいたとは思えない。どうやら彼らの無能さは行きすぎてしまったようだ。私の目の前で薬物に溺れ、ケリーを虐待したことで、私の母性に基づくプログラミングの一部が破壊されてしまったのだ。彼らの「言い訳」はともかく、ヒューストンは私たちを車に乗せてカリフォルニア州サンフランシスコまで行き、そこでセト（サタン）寺院の創設者であるアキノ陸軍中佐が緊急「修理」をすることになった。

私が連れて行かれたのは病院でも精神病院でもなく、プレシディオのアメリカ軍保留地にある脳／心の研究開発研究所だった。このような施設は、CIA、軍、NASAなど全米各地にあり、政府の超最先端の知識が試され、開発、改良されている。私が会った人たちは、脳の科学的な仕組みと、心のすべてを専門的に学び、秘密の知識を使って他人を操ったりコントロールしたりしていた。マーク・フィリップス、バード、アキノの3人に共通しているのは「秘密にされている知識は力に等しい」という信念である[1]。

バードは私に、新世界秩序の力は、メンタルヘルス・コミュニティに、マインドコントロールによって引き起こされた重度の解離性障害の治療法に関する一部の情報、あるいは意図的な誤った情報のみを与えることで強化されていると説明した。これは、彼らのロビー組織であるアメリカ精神医学会（APA）を通じて行われる。加害者たちは、知識を隠し、意図的に誤った情報を広めることで、自分たちの秘密、ひいては人類を支配できると考えたのである。この本で紹介されている情報に誰も反応しないのであれば、彼らの言うことは正しいのかもしれない。

意図的かどうかは別として、私が深い催眠状態で冷たい金属製のテーブルに横たわっているとき、アキノと実験助手の間で、死と心に関係する会話が聞こえてきた。アキノは、私が何度も死にかけたことで「死に至る過程でほかの（心の）次元に入る能力が高まった」と話していた。以前にも、アキノがそのような概念について長々と話すのを聞いたことがあった。まるで、異次元時間旅行理論を自分自身に納得させようとしているかのようであった。「原理にせよ、理論にせよ、結果は同じだ。時間という概念自体が抽象的なのだ」と彼は主張していた。過去・現在・未来という催眠術のような話は、不思議の国のアリスやＮＡＳＡの鏡の世界の概念と結びついて、時間を超えた次元の幻想を私に抱かせた。だが、今となっては、私が体験した「次元」は、現実の犯罪者による現実の出来事を精巧に記憶区分したものであり、宇宙人、サタン、悪魔によるものではないのだとわかる。

アキノは、私をテーブルから凝った装飾が施された箱に移した後、私の心を脳の別の場所にシフトさせ、「死の扉」を通って別の次元に私を連れて行ったのだと主張した。これは、私が催眠術と周波数による再プログラミングを組み合わせた感覚遮断を受ける間に行われた。一見棺桶のようにも見える箱の構造は、心の中で火葬場へと変化し、そこで私は、催眠暗示によって「ゆっくりと燃えていきながら」、熱さが増していく感覚に耐えなければいけなかった。アキノはその後、私を「死の扉から」、「時間のない」異次元に引きずり込んだ。私のプログラムの一部は、レーガン大統領、デ・ラ・マドリメキシコ大統領、ファハド・サウジアラビア国王といった世界の指導者の「気晴らし《レクリエーション》」のために「再創造《リクリエイト》」された。

次の記憶では、ヒューストン、ケリーとハリウッドにいた。ヒューストンはモーターホームが「故障した」と言ったが、これは記憶をスクランブルするために何度も使われていた手法だった。ヒューストンは、ビバリーヒルズの近くに住むマイケル・ダンテに電話するよう命じた。ダンテはケリーと私をビバリーヒルズの大邸宅に数日間滞在させるつもりだったのだ。ケリーと私は、ダンテがミッドナイトブルーのフェラーリで迎えに来るまで、指示通りに電話ボックスで待っていた。私が席に着くと、ダンテは「君に渡したいものがあるんだ。腕を出せ」と言った。ヘロインは彼とブッシュに共通する「悪癖」で、ダンテはケリーの目の前で私に注射を打った。

その日の夜、ダンテは自分の家で、「傷物を扱うのは嫌だ」から、かつて計画していたように私の次のハンドラーになるつもりはないと告げた。しかも、私は彼と一緒に暮らすのにふさわしくないだけでなく、「生きることがふさわしくない」そうだ。この脅しが何を意味するのか定かではないが、今にして思えば、これも彼が決めたことではないのだろう。それに、いずれにせよ私は、彼と彼の公言する「愛」と共に生きることを「未来」として認識していなかった。その代わりに、彼は「ケリーを手に入れる」ために当初の計画を実行に移すと言い出した。

翌日、デ・ラ・マドリに会う数時間前、ＬＡドジャース球団監督のトミー・ラソーダ、ジョージ・ブッシュ・ジュニア、ジュニアの率いるテキサス・レンジャーズのスター投手、ノーラン・ライアン（彼は銀行家でもある）がダンテの家で、ファレス国境におけるコカイン、ヘロイン、白人奴隷ルートを開通するため、資金洗浄と銀行取引の詳細を検討していた。彼らには、プロ球団の対立を越えて、犯罪行為という共通の絆があった。３人とも、数日後に到着するレーガンのさまざまな集まりやパーティーに出席するためにこの町に来ていたのだ。そして、３人とも、私がレーガンのマインドコントロール性奴隷「大統領モデル」であることを理解していた。

ダンテは、デ・ラ・マドリとの夜の密会に必要な服や小道具を集めていた。ラソーダ、ノーラン・ライアン、ブッシュ・ジュニアはダンテの家の玄関に立ち、ブッシュとチェイニーがシャスタで思いがけず破壊した私の「ベースボール・マインドコンピューター」プログラムの人格の断片を起動しようと試みていた。ダンテは「彼女はお前とトミー（ラソーダ）を合わせたよりも野球に詳しいんだ。さあ、何か聞いてみてくれ。何でもいいから」と言った。

ラソーダを楽しませたノーラン・ライアンは、「フェルナンド・バレンズエラ（ドジャース投手）は、スクリューボールを投げるときに、何回帽子に触れるか？」と質問した。私は、かつて活字にできないほどの膨大な統計データを知っていたにもかかわらず、答えることができなかった。

ジュニアが大声で言った。

「おい、ダンテ。この野球コンピューターは何なんだ？　魔法の言葉を言えってことなのか？」

ダンテは答えた。

「ドラッグのせいかもしれない。でも、セックスはうまくいっている。試してみたらどうだ？」

ジュニアは「結構だ」と断った。「このベースボール・コンピューターはもうだめだ。それじゃあ、また」

ジュニアは私に性的な関心を示したことがなかった。彼の父親と同じように、今日はこの場にいなかったケリーにしか性的な興味を示さなかった。彼は帰り際に、私の顎の下を撫でて、「Have a Ball tonight 十三」と謎めいたことを言った。ウルトラスリムファストがスポンサーのダイエットをまだしていなかったラソーダは、「ボールといえば、私のボールに注目してみてほしいな」と言って、ズボンのファスナーを下ろした。

ダンテは私に「服を着なきゃいけない。3分だ」と言った。3分というのは、私が特定のオーラルセックスを行うためのトリガーだった。私は床にひざまずき、ラソーダの巨大な腹を押し上げて、その肉を頭の上に置き、命令通りに彼のペニスを手繰り寄せた。ジュニアとノーラン・ライアンが帰ると、ダンテが飼っている2匹のグレートデンが入ってきた。私はそれより前に、性的に訓練されたこの犬たちとの獣姦映画に参加させられていた。私は「舞踏会」の準備をする前にラソーダを性的に満足させるため、この犬たちを振り払わなければならなかった。

1 マーク・フィリップスは、彼らの「秘密」を明らかにすることによって、彼らの力が弱まると説明した。「善はポジティブな行動をとることで常に勝利するが、悪人は嘘を守ろうと悪い行動を嘘で隠蔽するため、犯罪の試みが妨げられ、遅れが出る。だからこそ、必然的に真実は明るみになるのだ」とマークは言っていた。

十三 have a ball は「大いに楽しむ」という意味の口語表現。Ball には、「ボール」の他に、「舞踏会」という意味がある。

第27章 ホテル・カリフォルニア

ダンテは「シンデレラの舞踏会」で履くようにと、ラインストーンのついた赤いセクシーなショートドレスと「ガラスのスリッパ」を投げつけた。この靴は、オズのルビーの靴やフィリップ・ハビブの「魔法の稲妻」のように、このイベントのためにあらかじめプログラムされた人格の断片に私をトランスフォームさせるためのものであった。

ダンテは私を、メキシコのデ・ラ・マドリ大統領と会う予定のパーティー／「舞踏会」までエスコートしてくれた。ダンテは、初めて会ったときから「マリブのセカンドハウス」のことを自慢していたが、そこはまさに贅沢の極みだった。マリブにある彼のセカンドハウスを実際に誰が所有していたのかは定かではないが、内装にはレーガンの影響が色濃く出ていた。白い漆喰の家は、正面から見ると2階建てのように見えたが、崖に向かって3階部分が建てられていて、太平洋に面した湾を見下ろすことができた。背面に広がるスモークガラスの壁面パネルを通して、赤、白、青のカーペットが敷き詰められた3階建ての建物からは愛国的な景色を眺めることができる。どの階も、ベージュホワイトの内装にゴールドとクリスタルで装飾が施されていた。湾を見下ろす居間の大聖堂のような天井からは巨大なシャンデリアが吊るされ、３つの階すべてを１度に照らしている。

翌日にはロニー（レーガン）おじさんがやってくると聞いていた。デ・ラ・マドリの歓迎会に出席し、レーガンとの商談がスムーズに進むよう、「彼の抵抗を削ぐ」のが私の「愛国者としての義務」であった。このような政治的売春に関する言い訳を聞いたのはこれが初めてではないし、これが最後でもないだろう。実際、私は最初の汚れ仕事として、メッセージを届け、デ・ラ・マドリがドラッグを使い、パーティーで羽目を外すように仕向けることになった。アメリカとメキシコの外交関係はすでに強固なものだったが、この作戦には、デ・ラ・マドリの全面的な協力が必要だった。

ダンテと私は、デ・ラ・マドリが２人の護衛を従えて家の赤い階まで上がってくるのを階段の上で待っていた。私は、「ようこそアメリカへ。そして、ようこそホテル・カリフォルニアへ」と挨拶した。彼の喉の奥から出るような笑いは、私の不可解な言葉の意味を察してのものだった。『ホテル・カリフォルニア』は、イーグルスの人気曲で、「いつでもチェックアウトできるが、決して出て行くことはできない」という意味である。デ・ラ・マドリにとって、この言葉は、彼が共謀している犯罪的な秘密作戦への永久的な関与を確認するものだった。脅迫は、参加した犯罪者に「１人がしくじれば、全員がしくじることになる」ということを理解させるために、公然と行われた。このマフィア的手法で、互いの「汚点」を維持することは、新世界秩序を実行する犯罪者たちが互いを「誠実」に保つ唯一の方法であると思われていた。

デ・ラ・マドリと私は近くの寝室に入り、ダンテとボディガードがそれに続いた。そしてダンテは、ブッシュからデ・ラ・マドリ宛の、シャスタ・リゾートでプログラムされたメッセージを起動させた。

私はこう復唱した。

「よろしければ、アメリカ副大統領からのメッセージをお伝えさせてください。私たちのネイバーフッドへようこそ。ご存知のようにサリナスと私は明日ファアレス国境を開放する計画を実行するために詳細を詰めてきました。この偉業の準備と祝賀のために、今夜のささやかなパーティーで、この取り組みに欠かせない信頼できる数人の人物に直接会っていただき、（政府関係のマフィアの）ファミリー間の友情と敬意を直接見ていただく機会を設けたいと思います。ご挨拶に伺えず残念ですが、ロン（レーガン）は、組織の内側と外側を私よりも上手くお伝えできます。取引番号は記録されており、相互参照の目的と、ファアレス国境の関係者の誠実さを維持するために提供されます。今日のあなたのコミットメントによって、あなたの国の民の生活水準の向上、アメリカとの関係強化、アメリカの産業の流入、新世界秩序での高い評価が保証されます。あなたの『承認の印』があれば、ファアレス国境を解消し、メキシコの繁栄の未来への道を開くことができるのです。今は、リラックスして滞在を楽しんでください」

デ・ラ・マドリの護衛の1人がブリーフケースから書類をかき集め、ダンテに「銀行の取引番号が欲しい」と告げた。ダンテは私を「君は読んだとおりのものになる」の通帳プログラミングに切り替え、国境警備隊向けの番号を命令通りにデ・ラ・マドリに届けた。その数字を計算し、確認するために、コンピューターのようなものが使われた。ダンテのハイテクな隠しカメラに撮影されていることを知ったデ・ラ・マドリは、紙で包んだメキシコ産ヘロインの玉を手に取った。そして、カメラに向かって、「ブッシュさん、感謝のしるしです。あなたの個人的なストックとしてどうぞ。最高級のヘロインです。楽しんでください」と言った。

ダンテが部屋を横切り「これは俺が持って行って渡す」と言った。「そうだろうな」とデ・ラ・マドリは笑った。それから、彼は1枚の紙を除くすべての紙をブリーフケースに戻した。私は、デ・ラ・マドリの約束の証として、精巧にエンボス加工されたメキシコ大統領の承認印を、あらかじめ指名されていたファレスの国境警備隊に見せ、それを直接ブッシュに渡し、将来のNAFTAに使うよう指示された。

ダンテは「実践的マインドコントロール・デモンストレーション」を行う準備をしながらデ・ラ・マドリにこう言った。

「伝書バト（メッセンジャー）から話を聞いたことがあるだろう。彼女がプログラムを受け入れるモードになっているのがわかるはずだ。では今から、性的なモードをいくつか実演しよう」

「その必要はない」とデ・ラ・マドリは彼に言った。

「すでに自分が使いたい鍵はたくさん持っているし、その中には、すべての記憶を破壊する鍵も含まれている。今は監視されているかもしれないが（彼はカメラに向かって身振りをした）、私は以前にやり方を教わったことがあるんだ」

どうやらダンテは、私がメキシコの大統領に性的に売春させられたのが初めてではないことを知らなかったようだ。

「彼女は馬乗りがうまい」とダンテは言った。これは、ヘロインを使うというめったにない行為で私の記憶を封じることと、レーガンに触発された性行為の両方を指している。ダンテは私の腕に針を刺して言った。

「お勧めの乗り物をご紹介しましょうか？」

「もう今、お勧めの乗り物に乗るところさ」。デ・ラ・マドリは、コカインの使用と自分の鼻水に言及しながら答えた。

ダンテは黒い鏡の上に白いドラッグを何本も並べた。彼は私の顎の下を撫でて、レーガンがセックスで利用する子猫の性格を誘発し、ブッシュのヘロインを取り出し、2人の護衛をドアの外に出した。

デ・ラ・マドリは、私がポルノに出演させられていることを十分承知で、「カメラが好きなんだろう？　見せつけてやろうよ」と言った。彼はさらに2列のコカインを吸引し、服を脱いで、レーガンが以前に渡した言葉や身体的なキーやトリガーで私のセックス・プログラムを作動させた。しばらくすると熱に浮かされたように彼は言った。

「私が我が道を行けば、自由貿易協定で最高級品の陳列（コカインをさらに1列吸った）と、君のように（膣内に）彫刻をされ、訓練された『モデル』が手に入れられるようになるのだ」

デ・ラ・マドリはいつも、私の膣の彫り物に執拗《しつよう》なまでに魅了されていた。彼は、ファアレス国境での麻薬取引によってマインドコントロール奴隷の「自由貿易」も保証される見通しがあることに性的な興奮を覚えていた。翌日、レーガンとの会談でも、彼はその望みを繰り返した。

第28章
ファレスの国境での麻薬と奴隷の「自由貿易」

翌日、ダンテの車で丘の上にあるベル・エアの邸宅に行くと、そこでもパーティーが開かれていた。手入れの行き届いた芝生に集まった人たちと合流すると、マリブの保養地、別名「ホテル・カリフォルニア」にいたマフィアの面々が大勢目についた。この日は、レーガン大統領の歓迎会だった。レーガン大統領は、友人のジャック・ヴァレンティ（アメリカ映画協会会長）と一緒に、庭を横切って私のほうに歩いてきた。ベージュの毛皮の襟付きコートを肩にかけ、ダークグレーのピンストライプのスーツを着たレーガンは、マフィアの仲間に混じって、いかにもそれらしい風貌をしていた。その姿は、私が会わずに済むことになったマフィアのジョン・ゴッティを彷彿とさせた。レーガンと目が合った途端、先日ワシントンD.C.で体験したときと同じような青白い衝撃（高電圧）に襲われた。そして私は地面に叩きつけられた。

振り返って目の焦点を合わせると、ダンテが私を抱き上げていた。

レーガンは、「おや、こんにちは、子猫ちゃん」と言った。

「ロニーおじさん、どうやってここに来たの？」と私は子供のように無邪気に尋ねた。

「虹だよ、子猫ちゃん、虹」と彼はオズの隠語で答えた。

「家に帰ると言っただろ？　我が家に勝る場所はないって、君も一緒に言ってくれたじゃないか。だから、ここにいるんだ。虹のかけらをポケットに忍ばせておけば、いつでも虹を越えて（D.C.に）戻ってこれるんだ。願い事をして、かかとを鳴らして、私は旅立つのさ」

　こうして当面の間、レーガンはオズの不可解な比喩で私の心を混乱させ、彼がまさしく強力な魔法使いであることを私の子供心に再確認させることに成功した。中に入って簡単な打ち合わせをすると、私の人格は意図的に前夜にデ・ラ・マドリに対応した人格に切り替わった。

　グレーホワイトのスタッコ壁の家は、豪華なプレジデンシャルブルーのカーペットと深いチェリーウッドの色調で装飾されていた。そのオフィスは狭く、私たちが会議に出席したことでさらに混雑していた。デ・ラ・マドリもジャック・ヴァレンティもくつろいだ様子で座っていた。私は、ヴァレンティがフアレス国境を開放するために果たした正確な役割については知らなかった。ただ、彼がこの会議の詳細についてよく知っていることだけはわかっていた。ダンテと私は立ったままだった。書類に目を通しながら部屋を歩き回るレーガンの話を聞いた後は、すぐに立ち去ることにしていたのだ。

「さて、子猫ちゃん」とレーガンは私に言った。

「これは君の死刑宣告だ。君は栄光あるうちに逝くのだ」

　私はレーガンから自分の死が迫っていることを念押しされても、驚かなかった。メキシコを経由して、我が国の子供たちを麻薬と交換するという「自由貿易」の確立に関わったと思われる人たち全員から、私は火をつけられて死ぬと聞いていたからだ。レーガンは、愛国的な比喩や洒落を使いながら、淡々と私の死を命じたが、そこには、彼がたびたび見せる人命に対する敬意の欠如が表れていた。なかでもレーガンの性格を表しているのは、私に死刑を宣告することで自分が関与した犯罪を隠蔽しようとしたことである。

私は、NAFTAの犯罪的基盤を目撃していた。この秘密が明るみになることは、新世界秩序の成功における脅威でもあった。麻薬や白人奴隷を含む当初の「自由貿易」は、アメリカとメキシコの国境を越えて広がっていた。アメリカでトラウマを植え付けられ、ロボット化され、マインドコントロールされた子供たちはサウジアラビアに送り込まれ、一方でニカラグアとイラクでは兵器の備蓄を増やしていた。私は脅威ではないと見なされていたが、ディプログラミングによってこれらの出来事に関する記憶を取り戻すといけないと（誤って）考えられており、私の死は関係者にとってさらに保険をかけることでもあった。いずれにせよ、私はほとんど「使い果たされた」状態であり、私の死を記録する「スナッフ・フィルム」が合意されたのは、デ・ラ・マドリやほかの危険な指導者たちに、私が死によって本当に沈黙させられたことを証明するためでもあった。

レーガンの「死の宣告」に対して、私は何も答えることができなかった。ダンテは「次にお前の（性の）炎に火をつけると、ベイビー、お前の体と魂は燃え盛るだろう」と生々しく説明しながら、私が要点を理解しているかどうかを確かめようとした。

「そうしてお前の体は燃えるんだ、ベイビー、燃えるんだ。お前が燃え尽きたら風に撒いてやる。お前をめちゃくちゃにしてやる。それをフィルムに撮ってやる」

ヴァレンティは、自分にも理解できる隠語を聞いて、そのこじつけに笑った。ダンテは昔のポルノの編集用語である「ブルームービー」にちなんで、「ブルーブレイズ（青い炎）だ」と付け加えた。ダンテは『青い炎の中にいるのは誰？』というタイトルを付けようと笑った。「それとも『クリームエイト[十四]』はどうだろう？」

十四　精液（Cream）とクリエイト（Create）をかけている。

デ・ラ・マドリはレーガンが笑っていないことに気づき、「そんなのは、スタント撮影のためにメルセデスをぶつけるようなものだ」と言った。彼は、椅子を前に傾け、レーガンに近づくと声を低くして言った。

「契約完了までに、彼女のようなものを7つ、組み立てラインから出荷してもらうのが私の望みだ」

レーガンはそれに同意し、「サウジアラビアの中継役の（ブロンドで青い目の）上質な子供たちは最高級品だが、彼女が持っているものは持ち合わせていない」と答えた。デ・ラ・マドリは、切断された私の膣と大統領のプログラムコードのことを指して、「2つの顔を持つ者はなかなかいないからね」と言った。彼は私に目をやり、自分の体を触りながら言葉を続けた。

「……まあ、見方によっては、『頼れる人が1人いればいい／1を数えられればいい十五（One I can count on)』ともいえるがね」

レーガンはくすくす笑い、ダンテは足をバタバタさせて、腕を広げ、咳き込むほど笑った。ヴァレンティは決まり文句に飽きていたか、そこに隠された二重の意味を見落としていたかのどちらかだったが、会議の調子から判断すると、いずれも当てはまるように思えた。レーガンは、「ボビー（バード）にこのことを話して、あなたの命令を彼に委任しよう」とメキシコ人の相方に言った。「フアレス国境が予定通り自由貿易のために開放されれば、数回に1度の割合で人を送り込むのは比較的容易なことだ」

レーガンは、私のほうを見ながらも、何か別のことを考えているような口ぶりだった。

「よろしければ」と私は話し始めた。

「私は大統領の承認印を持っており、その役割を果たす準備ができています」

十五　1回転すると性的なスイッチが入るよう再設定されたキャシーのプログラムのことを指している

ダンテは時計を見て、私が真夜中までにファアレスの国境に到着する予定であることを知った。レーガンは、前夜にデ・ラ・マドリから受け取った紙を見ながら歩いてきた。

「よし、じゃあな、子猫ちゃん」

レーガンはそう言って、私の頰にキスをした。そして、「かかとを鳴らして、（虹の彼方の）D.C.で会おう」とオズの言葉で付け加えた。

私の世界は真っ暗になった。誰かに強力なスタンガンで殴られ、倒れた後には、ダンテに半分引きずられるようにしながら、すでに巡回用にアイドリングしている彼の車まで連れていかれた。それからまもなく、数日前にケリーと私を乗せたハリウッド大通りのガソリンスタンドにあるモーターホームのところで車は止まった。ケリーはすでに車の中で嘔吐を繰り返し、ひどい精神的ショックを受けていた。私が殺されたと思い込んでいたのだ。ヒューストンは、催眠で「タイムスリップ」を引き起こし、数分しか経っていないかのように振る舞った。

私たちは、約束の時間までにファアレスに到着するため、給油のときだけ停車し、すばやく車を走らせた。そこで私は、プログラム通りに大統領の承認印を指定された役人に提示し、その結果、人道犯罪である「自由貿易」のために国境が正式に開放されることになった。

ヒューストンと私は、急いでファアレスの国境を越え、メキシコの役人に出迎えを受けた。40代後半と思われるその警備員は、典型的なメキシコ人の顔立ちをしていた。身長は約170センチ、黒髪、ボサボサの口ひげ、黒い目をしており、腹部が短い脚の上に突き出ている。彼はスペイン語で興奮気味に話し、厳しい、冷たい口調で、「しるしを見せろ」と必要最低限の言葉で吐き捨てるように言った。彼は指を鳴らして、苛立ち、私をせかした。そして大統領印を手に取ると、狭く無機質な金属製の机の上に私をうつ伏せに倒し、その間に書類を細かくチェックした。この警備員が、トランシーバーで話しながら、汗だくで狭い塔内を歩き回る間、ヒューストンは異様なほど静かだった。最終的に警備員はジョージ・ブッシュ・ジュニアを通じて提供されたという銀行取引コードにアクセスし、確認を行った。それから、私の記憶を消すためなのか、ベルトのところからスタンガンを取り出し、ショックを与え、この出会いを終えた。

高電圧と過酷な試練に吐き気と脱力感を覚えながら、ヒューストンと国境を越えて帰った。空腹で腹が鳴ると、ヒューストンが「水を飲むなと言っただろう」と言いがかりをつけてきた。実際は、ホテル・カリフォルニアでシャンパンを飲んで以来、何も飲んでいないし、何日も食べていなかった。エルパソのモーターホームに着いたとき、私は疲れきっていたが、コカインと、フアレスの国境でのメキシコとアメリカの合同犯罪行為でハイになっていたヒューストンは、性的にも興奮していた。

第29章 王家のトカゲ

ファアレス国境開放後、私は30歳の誕生日の死刑宣告を前に「私を使い果たす」計画に従って、盛んに忙しくさせられた。オハイオ州ウォーレンにある特定のメイソンロッジでは、東海岸の政治家たちが得た「自由貿易による利益を祝う」ために、残忍な（死に近い輪姦）「祝宴」にかけられた。

ヤングスタウンの近くにある「チャーム・スクール」のような施設では「トランスポート・オペレーション」の一部となる奴隷が大量生産され、麻薬を運び出したり、性奴隷をマインドコントロールしたりしていた。だが、自由貿易という犯罪によって経済的利益を享受しているのは、メキシコだけではない。

ケリーはカリフォルニアで、ダンテとヒューストンから、犯罪的に搾取されていた。その結果、ケリーは学校へ行けなくなってしまった。学校に行っても、同級生とうまくいかない。そのため、翌年には地元のカトリックの学校に通わせることになった。そこでは、彼女の異常な行動は見て見ぬふりをされ、隠蔽されることになった。

その後すぐに、バード上院議員がナッシュビルにやってきた。グランド・オール・オープリーでバイオリンを弾くため、そして、私のハンドラーであるヒューストンの言葉を借りるなら、オープリーランド・ホテルで「私と一緒にバイオリンを弾く／私をいじくりまわす（fiddle around with me）」ことが目的だった。バードは、イラン・コントラやNAFTAで果たした私の役割が原因で、私との関係が不安定になり、距離を置くことになったと説明した。彼は「私たちが過ごす最後の夜」のほとんどを、自分が執筆中の合衆国憲法に関する分厚い本（現在、納税者の負担で出版されている）のための回想に費やした。その内容は長ったらしい上院（議事妨害）演説を中心にしたものであった。

バードは、「死が2人を分かつまで」私を黙らせるために、私にプログラムされている「忠誠の絆」を強めようとした。彼は「もし事態が私次第なのだとしたら、君を生かすだろう」と言った。彼は、私たちが一緒に過ごした時間が、デ・ラ・マドリとレーガンの2人によっていかに侵害されたかを長々と話した。「オズの魔法使い」「オズのトカゲ」と自称する彼らを嘲る様子からは、私を強く支配する彼らへの恨み節が感じられた。デ・ラ・マドリは、アメリカのマインドコントロール奴隷に魅了され、ブッシュのトカゲのようなエイリアンのテーマと、自らの有名なマヤのルーツ／トカゲ男の理論を、レーガンのオズのテーマと組み合わせ、イグアナトカゲを演じることを主張するようになったそうだ。バードの長々とした話から推察するに、バードが彼らの役割を嘲笑するのは、彼らが「バードの」奴隷が「どのように」死ぬかを決めたからであり、私が殺されることを気にしているわけではないように思われた。

バードは一晩中「絆」のプログラミングの茶番劇を続けた。彼はいつもの拷問的な鞭打ちや残虐行為の代わりにバイオリンを弾き、「私へ」と歌った。それから最初で最後の痛みのないセックスをした。

しかし、バードは、政府の活動に関しては、私とそれほど距離を置いていなかった。87年の夏、私が「虹の彼方」のワシントンD.C.にいたときも、いつも通りの付き合いだった。私がゴダード宇宙飛行センターまで連れて行かれると、バードは、真鍮《しんちゅう》で縁取られた鏡張りのエレベーター近くの殺菌消毒された廊下で私を待っていた。彼はNASAのIDバッジを手に取ると、私の乳首にそれを留め、ギザギザの金属歯で私に噛みついた。私が（密かに）悲鳴をあげると、彼は「ああ、わかった、私が身につけるよ」と言ってバッジをはずし、白衣にバッジをつけた。それから、自分と同じNASAの白衣と白いヘルメットを手渡してきた。

彼のヘルメットには、思わせぶりでユーモラスな赤い太字で「HARD」と書いてあった。私の帽子にはNASAと通常の赤い太字を反転させた文字が書かれていた。それを鏡に映して読むと、まるで私が鏡の反対側にいて、そこに入っていかなければならないかのように思えた（『不思議の国のアリス』／NASAのプログラミングではそうだった）。また、私がマインドコントロールされていることは、知る人ぞ知る事実であることも明確に示唆されていた。バードは懐中時計を見て、私に恐怖の波を引き起こし、不思議の国の暗号で「遅れるぞ」と言った。「エレベーターがウサギの穴に降りたら、時間を逆行させて少しだけ早く着くようにしよう」

バードは私を鏡になったエレベーターの扉に向かわせ、「鏡をよく見て、見るものすべてにどこまでも没頭して、ありのままの姿になるのだ」と言った。バードは催眠誘導のタイミングを計り、「鏡をくぐれ」と命令した。すると扉が開いたので、私たちは足を踏み入れた。

エレベーターが「地獄の底の99階（馬鹿馬鹿しくも、アキノが6を逆にしたものから名付けた）」まで行くと、バードは私に「地球の中心部では、ますます速く回転して、竜巻のように渦を巻いて下降していくぞ」と告げた。私は催眠によるトランス状態に深く落ちていった。エレベーターのドアが開くと、そこは先ほどの階とまったく同じように見えた。しかし、この階の廊下はコンピュータールームと殺菌消毒されていると思われる研究室エリアに続いていた。そこで働いている科学者の何人かは、私たちの帽子を面白がり、バードは喜劇的に振る舞った。ここにいるNASAの職員たちは、ほかの多くの職員と同様、バードの予算計上に依存しており、そのため、バードの芸能人としてのエゴをわざと刺激した可能性もあるが、バードはそうした事実にまったく気づいていなかった。

バードは私に、作業員に向かってロボットみたいにアナウンスをさせた。

「彼が私をあなたのリーダーのところに連れてきてくれました」

地下研究所の所長らしき男が「私がここの司令官だ」と言った。彼は身構えるように胸の前で腕組みをして、眼鏡をかけた知的な眼差しで部屋を見回しながら、状況を観察していた。短い黒髪に数本の白髪が混じっていたが、体格は年齢の割に驚くほど若々しく、引き締まっていた。彼とバードは、どうやらお互いのことをよく知っているようだ。バードは、私を引きずるようにして彼のところへ歩いていった。

「トム」、とバードは50歳そこそこの友人に声をかけた。

「これが、届けると約束したあのときの見本だ。メキシコとの国交がかかっているのだから、君が何を届けるつもりなのか、大いに興味がある。君にプレッシャーをかけるつもりはないが、王家のトカゲくん（デ・ラ・マドリ）がプロジェクトについて口を割ってはいけないので、彼女のようなものをあと7つ、口に詰め込む必要がある」

「それは賢いね、友よ」と司令官は腕組みをしたまま、顎を撫でながら言った。

「そうすれば、自分の関与を疑われずに他人にこの件を話すことはできないからね」

「大統領もそう思っている」とバードは同意した。

「デ・ラ・マドリはすでに深みにはまり込んでいるが、この命令（奴隷たち）は、彼個人に仕えることになるから、より自分事として感じられるはずさ」

私たちは、迷路のような小部屋がある病院のような殺菌消毒されたエリアへと歩いて行き、そこで私は服を脱がされ、実験室に入るための準備をさせられた。看護婦らしき人がNASAの「トランクィリティ」という薬を私に注射し、白衣を着直すように指示した。「この道を歩きなさい／このように歩きなさい（Walk this way）」と大げさに腰を振りながら彼女は命令し、私を廊下に連れ出した。私はすぐにそれに従った。トランクィリティという薬には娯楽的な効果はないが、与えられたすべての命令におとなしく従わせることはできた。劇場のような作りの研究室に近づくと、参加するはずの少人数の男たちがバードや司令官と呼ばれている男と話をしていた。彼らは私たちを見て、私が看護婦に言われたとおりに歩いているのを見て笑った。

司令官に導かれて「舞台裏」の入り口に行くと、そこは、後方に向かって高く並ぶ座席に囲まれたガラス張りの実験室だった。NASAの白衣を着た科学者たちは、私が横たわる実験台を見下ろし、司令官は私をコンピューターにつないだ。部屋の片隅の高い位置にはカメラが設置され、そこで行われていることのすべてが撮影されていた。

私はバードと司令官の会話で、デ・ラ・マドリが7人の奴隷を作るために最新のマインドコントロール技術を使ったビデオを要求していることを知った。だが実際は、科学的方法論に「コミック」的な誤った情報を加えて、彼の要求にユーモラスに「ノー」を突きつける映像を撮影していたのだ。

私は「使い果たされた」と見なされ、死が迫っていたため、司令官は科学者たちに「自由に実験体を犯してくれ」と言った。

「しかし、大統領の品物を試して心身の好奇心を満たす前に、エル・プレジデンテ（デ・ラ・マドリ）の変態的な知性をちょっとした宇宙のユーモアで満足させなければならないんだ」

そう言うと彼は技術者の1人に向かって、「君はこのテープをデ・ラ・マドリが満足するよう編集しなければならない。私たちが『色のない』カメレオンのジョークを準備している間、この部分を撮影しておいてくれ」と言った。

その後、ガラスの試験管のようなものに包まれた生きたトカゲが膣に挿入された。カメラはその部分に焦点を当て、私は両足を広げて出産するような姿勢になった。まるで私がデ・ラ・マドリとセックスして、妊娠したかのようだった。

司令官は言った。

「さあ、完成品だ。平たく言えば、トカゲ出産マシンから繁殖した子供と言える」

彼は大げさな素振りでゴム手袋をはめ、まるで婦人科検診をするかのように私を検査した。実は、彼はトカゲの入ったチューブの扉を開けて、トカゲを外に出していた。非常にゆっくりと、のろのろとトカゲは膣から頭を出し、金属製のテーブルの上に這い出てきた。

「これで大統領モデルのクローン実験デモンストレーションはすべて終了だ」と司令官は言った。

私はどうやら、デ・ラ・マドリが要求した7人のプログラム奴隷の見本として選ばれたようだった。デ・ラ・マドリは、私のように膣を切断されたNASAのプログラム奴隷に興味を持っていた。その醜悪な彫り物に性的に夢中になっていたのだ。この映像を通じて、デ・ラ・マドリに実際にどのような技術的進歩がもたらされたのか、私には知る由もない。ただ、意図的に誤った情報が入り混じった方法論と、そのような方法によるプログラミングや実験を、私がそれ以前に経験したことがなかったことだけは確かである。

「王家のトカゲくん」として作成されたこのビデオは、NASAがメキシコでの活動で使用した数ある暗号化されたトカゲのテーマの1つであった。

メキシコで私がプログラムされた役はすべて、地元で多産するイグアナトカゲに関係している。デ・ラ・マドリは私に「イグアナの伝説」を伝え、トカゲに似たエイリアンがマヤ族に降臨したと説明した。マヤのピラミッドや高度な天文学的技術、処女の生贄などは、このトカゲ型の宇宙人に着想を得たものらしい。エイリアンがマヤ人と交配して、彼らが住めるような生命体を作り出したとき、彼らはカメレオンのような能力で、人間とイグアナの外見を行き来したと、彼は言った。

「世界の指導者に変身するための完璧な乗り物だ」と言ってデ・ラ・マドリは、自分の血筋にマヤ／エイリアンの祖先がいることを主張し、それによって「自在にイグアナに戻る」という変身をした。デ・ラ・マドリは、ブッシュが「君は読んだとおりのものになる」の儀式で行ったのと同じようなホログラムを作り出した。トカゲのような舌と目を映し出すホログラムでは、まるでイグアナに変身しているかのような錯覚に陥るのだ。

私がメキシコで「王家のトカゲくん」と会う予定があるときにはいつも、「トランスポート」される前に、たくさんのイグアナが日光浴をしている岩のそばで待つように命じられていた。

第30章
限られた時間と空間

1985年から86年にかけて米国上院情報委員会の副委員長を務めたパトリック・リーヒ上院議員（民主党、バーモント州）は、バード上院議員の「友人」であった。リーヒはバードの上院歳出委員会の一員であり、かつての情報部での地位と相まって、圧倒的な権力と影響力を有していた。リーヒ議員とは何度も接触する機会があったが、ケリーのほうが私よりも彼のことをよく知っているようだった。このことは、1985年の夏の終わりにバーモント州で彼と会ったときに証明された。

バーモント州のラトランドで開催されるステート・フェアに、アレックス・ヒューストンがエンターテイナーとして出演することになったときのことだ。この旅行中、私は正体不明の工作員からリーヒ上院議員に手渡すよう命じられ、書類の束を渡された。ケリーは私同様、忙しくしていた。ボックスカー・ウィリーなどCIA工作員の小児性愛者が、リーヒの故郷のステート・フェアに大勢来ていたからだ。

レーガン大統領からは、バーモント州にいる間に実行するようにと特別な命令を受けた。そこにはリーヒにメッセージを届けることも含まれていた。「バーモント州に行ったら、必ずエルエルビーンを訪れろ／買ってこい（go by／go buy）」とも言われた。

私は彼の提案を言葉通りに受け取った。

「店ごとってこと？」

「いや」、レーガンは笑った。

「そこに立ち寄るという意味だ。店ごと買うという意味じゃない。すでに所有しているからね。ちょっとしたものを買ってきてほしいんだ。エルエルビーンのアーミーナイフを買うとかね」[1]。

レーガンがエルエルビーンを「すでに所有している」と言ったのは、そこでたくさん買い物をしていることを指しているのだと思った。彼はエルエルビーンのシャツ、セーター、スリッパを身につけ、エルエルビーンのパジャマを着てエルエルビーンのフランネルシーツで眠り、「大統領」が持つ黒いエルエルビーンのスイスアーミーナイフを携帯し、それで指の爪をきれいにしていた。私がレーガンの発言の真意を知ったのは、ヒューストンが出演する長いバーモント・ステート・フェアの最終日に、バーモント州のエルエルビーン販売店に「立ち寄った」ときのことだった。

そのエルエルビーンの直販店は、おそらく山の頂上近くに位置しており、原生林の中で、まるでＣＩＡの秘密活動のために存在している店のようだった。ケリーと私の担当についた「店員」に黒いスイスアーミーナイフを頼んだところ、彼は政府の秘密工作に精通していることをちらつかせるような反応を見せた。彼は昔からなじみの言葉（トリガー）で、ケリーと私に「こっちを歩け／このように歩け（Walk this way）」と言いながら、倉庫を通り抜け、裏口から外に出るように指示した。そこでは、真っ黒なヘリコプターがパッド上で私たちを待っていた。

パイロットは私たちを山の頂上まで一瞬にして連れ出し、ほかの手段ではたどり着けないような家の横の空き地に着陸させた。まるで要塞のようなところで、ケリーと私がヘリコプターから降りると、スーツを着た2人の警備員に出迎えられた。警備員は私たちを家の中に案内し、私がリーヒ上院議員と会っている間はケリーのことを監視していた。

荒野を一望できるオフィスのような部屋に入ると、磨きぬかれた木製の机にリーヒが寄りかかっていた。オレンジ色のフランネルシャツからは、パリッとした質感が失われていた。これまでの経験だと、リーヒの身の回りは、彼の外見同様に、できる限り清潔にされていた。

私は命令されたとおりに書類とメッセージを届けた。するとリーヒは、私がNAFTAの秘密工作に参加したことで、私の死が迫っていることを知ったので、ケリーを西海岸のポルノ事業に移籍させると説明した。彼は私の30歳の誕生日を前に、「私を使い果たす」ことに加担するだけでなく、ケリーに関する「痕跡」も隠蔽しようとしていた。

リーヒとのトラウマのほとんどはエイリアンをテーマにしたものだったが、彼はたびたびカトリックの教えを利用して、自分の主張を私の心に叩き込んだ。私から見ると、リーヒは疑いなく、この影の政府全体の中でもとりわけ知的な犯罪者の1人であった。慎重に作り上げられたカメレオンのような特性によって、彼は国内および国際的なレベルで巧みに操っている人物と主義や信条を共有しているかのように見せる振る舞いをしていた。彼は、バチカンとの外交関係を共有していることや、アイルランド系カトリックであることからも、レーガンの尊敬を勝ち得ていた。上院の歳出問題ではバードと対立しているようにも見えたが、実際は世界支配のために舞台裏で一緒に働いていたのである。私の目から見ても、リーヒは一匹狼で、自分自身のアジェンダを持っており、私の知る誰にも従わなかった。リーヒの知性は、自分の言動に三重の深い意味を持たせるという形で、私の前によく現れた。このバーモントへの旅もそうだった。

ケリーと私は、NASAのCIAが開発した「トランクィリティ」という薬物の高度な改良版のようなものを飲まされ、リーヒ上院議員が好むロボットのようにマインドコントロールされた奴隷になっていた。薬物で朦朧としながら、私はリーヒの言うことに注意深く耳を傾けた。

「神は容認しているんだ」

NAFTAにおける私の役割と、娘に対する小児性愛者の虐待の両方を指して、リーヒは言った。

「もちろん、神はお前が気にかける必要のあるお方ではない。受動的な神なのだ。聖書の中だけに生きている受動的な神なのだ。お前が関心を持つべき神は、すべてを見、すべてを知っている神だ。あの天空の大きな眼だ。それはすべてを見、すべてを記録し、必要なところに情報を伝達する。正しいアドバイスをしよう……口を閉じていれば、このことはどこにも知られることはないのだ。副大統領（ブッシュ）だけが知っていることだが、彼は生涯にわたって秘密を守り続けている。私はジョージ・ブッシュが神だと言っているのではない。いやいや、彼はそれ以上だ。彼は半神であり、天界と地上にまたがり、常に空を見張る目で、自分が見たことに基づいて行動を起こすのだ」

私の心を比喩的に操ったことに満足したのか、彼はこう言い残した。

「さあ、前戯はもう十分だ。子供を呼んでこい」

ケリーは2人の警備員と一緒に、静かに、ロボットのようにドアのすぐ外に立っていた。2人は私たちを廊下へ案内し、私たちは装飾的な彫刻が施されたドアを通って、リーヒの寝室へ入った。パステルカラーと白いレース、大きな枕で装飾された部屋は、男性にしては随分と柔和だった。

上院議員が入ってくると、ケリーは「いやあああ、もう嫌よ」と不満をこぼした。リーヒはケリーに手で合図を送り、完全な沈黙と服従に切り替えた。そして、ブッシュとバードがケリーに対して行った性的虐待がきっかけで起きた、私の頭の中で再構成された特定の人格の断片にアクセスしながら、服を脱ぎ始めた。白いレースのシーツのせいで彼の肌はさらに青白く見え、私が見ざるを得なかった娘に対する小児性愛的な行為の異常性をより際立たせているように思えた。拷問が終わると、リーヒはケリーと私に、1階にある「拷問室」に行くように命じた。

私は以前、アメリカとメキシコの両方で地下にある「スパイの条件付け」の拷問室を見たり経験したりしたことがあるが、リーヒの「拷問ラボ」は、まるでNASAの研究所のようであった。

彼は最新の電子的・薬物的マインドコントロール技術にアクセスすることができ、それを使うことができた。私はすぐに2人の看守によって、クロムメッキとステンレスでできた冷たいテーブルに縛りつけられた。

リーヒは、「胸に十字を切って、死を願うのだ。自分の目に針を刺せ」と復唱し始めた。ケリーが見守る中、針金のような「針」がゆっくりと私の右目に押し込まれた。この試練は、主にケリーにトラウマを植え付けるために行われたもので、リーヒは、いずれにせよ私はまもなく死ぬと考えていた。

「もしお前が叫んだり、泣いたりしたら、ケリーが最初に死ぬことになる。神に祈れ、さすればブッシュは聞くだろう、彼の目には今、耳があるのだから」

そう言うと、リーヒはポエムを中断して、私が今、ブッシュの「天空の眼」と「コンピューターの目」に接続されていて、針状の「アンテナ」がケリーの話す言葉をすべて送信していると説明した。彼はこう続けた。

「お前が話す言葉、お前が吐く息、お前の目は『天空の眼』にトランスミットされているのだ」

ケリーはそれを信じ、沈黙の中に閉じこもった。リーヒの秘密はひとまずは守られたようだ。

私が激しい痛みでまさに正気を失っていた間、リーヒはその機会を利用して、バードに伝えるべき財務情報を私にプログラムした。これは「人格」を必要としないもので、彼が意図的に切り替えた、ケリーがレイプされたときに粉々になった私の一部は、彼のメッセージを伝える理想的な「コンピューターの目」だったのだ。私の体は「天空の眼」に接続するための導管であり、そこから情報が送信され、バードがアクセスするまでの間、保管されるのだと彼は言った。そして「コンピューターの目玉であるストレージバンクにアクセスできるのは、小さなprick（針／ペニス）だけだ」とバードのペニスの大きさを冗談にして笑った。

リーヒが、私を通してバードにアメリカ政府の機密情報を渡したのは、これが初めてではない。数か月前にニューメキシコ州のホワイトサンズ・ミサイル基地で私は頭の中の「コンピューターバンク」に数字を正確に記録させられた。基地内の極秘マインドコントロール区域で、リーヒは私に激しい拷問とハイテク・プログラミングを施したのだ。いつものように複数の目的を組み合わせて、リーヒは「このようなプロジェクトが注目を集めるかぎり、資金は承認され続けるだろう」と言っていた。私は実験動物のように扱われ、彼は私が生きようが死のうがまったく関心がないようだった。私は、キツツキ格子と呼ばれる、電気を通した金属製の壁と床の独房に入れられ、逃れられない肉体的な拷問を受けた。

だが、その拷問、知性、ハイテク手法、高度なマインドコントロールにもかかわらず、リーヒ上院議員はケリーへの性的虐待を含む自らの「秘密」を隠すことに失敗した。しかし彼は、テネシー州に戻ったケリーと私を、拷問による虐待で入院させることには成功した。私は耐え難い痛みと右目の回復不能な損傷に苦しみ、ケリーは極度のトラウマから呼吸不全に陥った。このようにリーヒ議員が与えた精神的苦痛が私たちの肉体的症状として顕著に現れていても、その原因について外部の人間が疑問を抱くことはなかった。

ケリーと私が長年にわたって接してきたその他の多くの有名な加害者にも、同様に言及する価値がある。こうした人々は、「左手は右手が何をしているかを知らない」というCIAの「知る必要がある人だけが知る」M.O.（マインドオペレーション）にもかかわらず、ケリーと私の被害を知る立場にあったのである。彼らは皆、麻薬の流通、お金の取引やメッセージの伝達、マインドコントロールの実演を行っていたが、特に頻繁に行われていたのが、自分たちの異常な性的満足のために、私たちのプログラミングにアクセスすることであった。

こうしたあまりにも多くの関係人物と出来事は、私の人生における重要な章を占めているのだが、時間と空間の都合上、これらについては近日中に出版される本で完全に明らかにする予定である。だが、「復讐」のためにこうした個人を指弾するのではなく（彼らの悪行に匹敵するような復讐などない）、私たち全員のために、そして何よりも私たちの子供たちのために、彼らのことを公にしなければならない。そこで、私は後世のために、売国奴のリストを作成し、この暴露の結果、行われることになった議会での演説[2]において、こうした人物が干渉をしてこないよう、このリストを戦略的に配布することにした。

1　黒いエルエルビーン・スイスアーミーナイフは、ホワイトハウスが関わるような活動を示すコード化されたサインである。赤いエルエルビーン・スイスアーミーナイフと通常のスイスアーミーナイフは、CIAのおなじみのサインで、私もよく知っている。

2　国会議員に手紙を書くことで、私たちの活動を支援してほしい。

第31章 キング・アンド・アイ

サウジアラビアは、私が関与したほとんどの作戦に出入りしていた。その主な理由は、武器、麻薬、ブロンドの青い眼のプログラムされた子供たちを購入し、輸送していたからである。ジョージ・ブッシュの主張によれば、サウジアラビアの実態はアメリカが支配する金融部門であるとのことだった。サウジアラビアのファハド国王と駐米大使のバンダル王子は、イラクとニカラグアのコントラへの武器提供、国際商業信用銀行（BCCI）スキャンダルへのアメリカの関与、性奴隷やラクダ乗りとして使われる我が国の子供の購入のための闇予算の資金提供など、アメリカの違憲かつ犯罪的な秘密活動の隠れ蓑として機能していたのである。アメリカがいわゆる麻薬戦争を通じて麻薬産業の支配権を「獲得」して以来、サウジアラビアはその流通に不可欠な役割を担ってきた。サウジアラビアのファハド国王を傀儡《かいらい》にするというブッシュの主張が現実のものとなったのは、私の経験からも明らかである。このような状況下で、メキシコが犯罪的な国交を通じてサウジアラビアと接点を持つのは当然であった。というのも、ファハド国王とメキシコのミゲル・デ・ラ・マドリ大統領は、新世界秩序におけるジョージ・ブッシュのエリート集団「ネイバーフッド」の活動メンバーだったのだ。

ワシントンD.C.を離れる前に、「不法入国者へのドルばら撒き作戦」のキング・アンド・アイ部門に参加することは、私にとって「(プログラムされた)アメリカ愛国者としての義務」であった。

午前3時にランファンテ・ホテルで開かれる秘密会議の計画が決定するなか、私は土壇場でのメッセージや情報を集めるためにワシントンD.C.中を駆けずり回っていた。仕方なく、ケリーをブッシュ公邸に残し、ヒユーストンと一緒に最初の報告をした。ブッシュの事務所には、ディック・チェイニーと共にガイ・ヴァンダージャクト下院議員も来ていた。ケリーを2階の居住エリアに連れて行く前に、ヴァンダージャクトはブッシュが幼い頃に私の処女を奪った話をした。そして、ほかの誰かに先を越される前に、ケリーにも同じことをしたらどうかとブッシュに勧めた。ブッシュは笑って、「私がしていないとでも?」と答えた[1]。

ヴァンダージャクトはケリーの手を引いて2階に上がり、ブッシュとチェイニーは私に指示を出し始めた。ブッシュは、キング・アンド・アイ作戦では「ホワイトハウスでの夜勤」があるため、「墓場」で「影」になって働いていると冗談を言った。チェイニーはケリーの命を脅かすいつもの脅し文句で私への指示を始めたが、ホワイトハウスに行けという電話の指令が来たため中断された。その間、私はケリーをブッシュに預けなければならないことに、パニックと恐ろしさを感じていた。もともと理性的に考えることはできなかったが、シャスタでの経験から、ケリーの命が心配になり、さらにチェイニーの脅しが加わって、訳のわからない無意識の恐怖に陥っていたのだ。その日の夜、指示を完了させてブッシュの家に戻るときに、私は不安な気持ちでいた。パーティーが進行中で人がたくさんいるのに、娘がいないことにうろたえていたのだ。

人ごみをかき分けて進むと、チェイニーが私を見て、部屋の向こうからこちらに向かってきた。近くにいた飲み過ぎのヴァンダージャクトに、「ケリーはどこ?」と聞くと、「2階で寝ている。ジョージが待っている」と言った。私は必死でケリーのところに行こうとしたが、いつものように酔っ払ったチェイニーがすでに私のところに来ていた。

「こっちを歩け／このように歩け（Walk this way）」とチェイニーは口ごもった。彼はオズのかかしの歩き方を真似て、人ごみをかき分けてブッシュのオフィスまで私を連れて行った。ブッシュは机の後ろで忙しくしており、緊張が見て取れた。ブッシュは「フィル・ハビブは殿下（ファハド）をだまそうとしているが、君は彼の『ペニス《ディック》』をだましてほしい」と言った。

この言葉にディック・チェイニーは、「頼んだよ」と低い声で言った。

「つまり、王室のセックスをやれということだ。彼を疲れさせるんだ。今夜は魔法の絨毯に乗るんだ、小さな精霊だ、ウサギの穴を通って、鏡を通って、反対側で会おう」

「そう、午前3時のミーティングが始まるとき、彼は笑顔でいなくては」ブッシュはドアから出るとき、私に言った。「君が自分の役割をきちんと果たせば、そうなるよ」

私はランファンテ・ホテルに案内され、そこでファハド国王に売春をさせられることになった。以前にも彼と性的な接触を持ったことがあったが、彼が連れている5人の若い娘たちとそのようなことをするのは初めての経験だった。身体的な特徴から、このサウジアラビアの女性たちが彼の実子であることがはっきり見てとれた。年齢は10歳から20歳くらいまでである。

私は、ファハドがよく知っている「瓶の中の精霊」のプログラムのことを告げ「あなたの願いは私の命令です」と頭を下げた。ファハドの最初の願いは「情報提供」で、私は「後から会議で伝える」と言った。女性たちが私の服を脱がせる間にファハドは自らの服を脱いだ。それから女性たちは命令通りに私を舌で「洗い流す」と、最年少の少女が彼に簡単にオーラルセックスをした。その後、女性たちは脇に追いやられ、私はファハドの指示と、チェイニーとブッシュから受け取った指示に従って、ファハドを満足させるために性行為を続けた。

「外交関係」という名目で「自分の役割」を果たし終えると、ドアのところにいたハビブが私を外に連れ出した。私たちは午前3時にハビブのスイートルームで再会することになっていた。

ドアを出ると、ハビブはコカインでハイになったかのように、せわしなく飛び跳ねていた。彼は白ウサギの役になり、不思議の国の隠語で「遅刻だ！　遅刻だ！　大切なデートなのに！」と言っていた。階段を下りホテルの玄関に案内されたとき、ちょうどトレンチコートを着たブッシュとチェイニーが、歩いてくるのが目に入った。

ブッシュはすぐさまハビブに「電話しろ」と命じ、ロビーの向こう側にある電話機を指差した。ハビブは振り返り、急いで電話機に向かった。チェイニーは階段を駆け上がり、私はブッシュと2人きりになった。ブッシュはハビブを指して、「ウサギが跳ねるのを見るのが好きだろう？」と言った。しばらくしてチェイニーが戻ってくると、シークレットサービスの護衛からホテルのブティック・エリアに案内され、ハビブのスイートルームでの会議が始まるまで待機させられた。私はしばらく水を与えられていなかった。噴水の近くで一緒に座っていた護衛はそのことに気づき、「娼婦を水に導くことはできても、飲ませることはできない」と命じられていることを告げた。彼はさらに私をからかって、今の私なら「ラクダ１０００頭のこぶを吸い尽くすことができる」と言った。その後、ようやく護衛に連れられてハビブの部屋での会議に行った。そこでは、ブッシュ、チェイニー、ファハド、ハビブが話し合いの真っ最中であった。

ブッシュは、シャスタでプログラムされたメッセージと銀行取引の詳細にアクセスし、デ・ラ・マドリとの会談とその後のファアレス国境の開放について報告するよう命じた。この会談は複雑で、私は一部分しか知ることができなかったため、本書で前後の脈絡なく記録すべきではないと考えている。だが、ブッシュがメキシコとサウジアラビアの役割を隠れ蓑にして、アメリカの秘密の犯罪行為をさらに拡大するために、新世界秩序を実行するための舞台を整えていたことは確かだ。これには、イラクに武器と化学兵器の力を持たせることも含まれていた。レーガンがその日のうちに私にプログラムしたメッセージは、このことをさらに証明するものだった。

私は命令に従ってレーガンのメッセージをファハド国王に届けた。

「レーガン大統領からファハド国王にご挨拶申し上げます。あなたがこれから始めようとしている交渉は、世界平和のプロセスにとって重要であるだけでなく、あなたの想像を超えて米・サウジ関係を強固なものにするかもしれません。イラクで軍備増強が行われているように見えますが、渦中の蜃気楼にすぎないことを保証します。この作戦が完了し、塵がようやく収まったとき、時間と共に砂が移動し、敵から逃れ、すべての力とコントロールが我々の一致団結した取り組みに移行したことがわかるでしょう。世界平和と世界秩序の名のもとに、我々は団結してすべてを征服しようと立ち向かっているのです。サダムが崩壊すればするほど、秩序を実現する際に私たちがすべきことは少なくなります。その間に私たち全員が得るものは多く、失うことは一瞬たりともないのです」

ケリーと私をテネシーに帰すため、ヒューストンが待つブッシュ邸に案内される頃には、雨が降っていた。

1 アラスカ州が任命した児童性的虐待の医師の診察と写真から、今回ばかりはブッシュが真実を語ったかもしれないことが裏付けられた。

第32章
逃げる場所が見つかった。もう隠れる必要はない

アレックス・ヒューストンは、コンデンサーの販売会社として、社名や取引先を変えながら、ずっと偽装を続けていた。1987年の夏の終わり、ヒューストンは中華人民共和国から正規の販売依頼を受けることになった。合法的なビジネスができなくなったヒューストンは、確証はないがアメリカ諜報機関と関係がありそうな人物をパートナーとして迎えた。そのパートナーこそが、マーク・フィリップスだった。ヒューストンは、彼の身元調査が終わり、その忠誠心がわかるまで、私がマークと会うことを禁じていた。ヒューストンはマークの過去に興味を抱くと同時に、国際的なビジネスを展開する彼という人物に魅了されていた。マークの協力と引き換えに、ヒューストンと彼は合法的な会社を設立した。そしてマーク・フィリップスは、ユニフェイズの社長兼CEOに就任した。その後、度重なる成功でヒューストンの信頼を勝ち得たマークは、ヒューストンの許可を得て、私に会いに来た。

私はすぐに、マークがほかの男性とはまったく違うことを感じた。彼は、私を1人の人間として扱い、その目には私への性的な興味がまったく感じられなかった。世界征服、奴隷制度、ポルノ、ドラッグ、大量虐殺な

ど、ほかの男性のような話をせず、何年も前に死の淵から救い出し、飼いならしたというアライグマを紹介してくれた。私は、彼が飼いならした「野生の」ペットが、どれほど彼を好きで、信頼しているかを知り、深く感動した。だが、当時はマークを信頼したり、助けを求めたり、何が違うのか疑問に思ったりすることさえできなかった。

1987年の秋、ケリーはテネシー州ナッシュビルのセント・ピウス・カトリック・スクールに入学した。ケリーの異常な行動は、学校のカウンセリングでも話題に上ったが、その原因や由来について語られることは決してなかった。ケリーは「怒りの原因を紙に書き、その上に飛び乗ることで怒りを発散しなさい」と言われたことを、今でも不条理だと笑っている。ケリーの「怒り」の原因は、極度の肉体的、精神的苦痛と性的虐待であり、そう単純に解消できるものではない。ヒューストンは、ケリーが感情を表に出すことを禁じ、そのように条件付けをしていた。あるときは、笑っただけで殴られ、私は何時間もケリーを抱いて部屋の隅にうずくまっていた。そんな状況であるから、紙切れに飛び乗るくらいでは、ケリーの増大し続ける不満には何の影響もなかった。

ケリーは涙を流しながら、寝室のカーテンを開けて、「天空のブッシュの眼」とやらに向かって叫んだ。「どうして私を憎むの？　どうしてそんなに私を憎むの？　世界よ、私はあなたを愛しているのに。今すぐ死にたい。これ以上耐えられないわ」

喘息の発作で死にそうになったことからもわかるように、ヒューストンの拷問は7歳の子供には耐えがたいものであることは明らかだった。今にして思えば、「なぜ、こんなひどい目に遭わされたのか？」という疑問が、ケリーの心の中に残っていたのだろう。このように、1人のマインドコントロール奴隷としてケリーは人生を生きていた。

１９８７年12月、30歳の誕生日を境に、私の死へのカウントダウンが始まった。ヒューストンはマイケル・ダンテと定期的に連絡を取り合っており（電話代の領収書がそのことを証明している）、ケリーと私がカリフォルニアに移送される手はずも整っていた。そこで私はスナッフポルノの撮影のために生きながら焼かれ、ケリーはダンテの所有物になるはずだった。しかし、その前に、私はデ・ラ・マドリに会い、「不法入国者へのドルばら撒き作戦」において自分の役割を果たすよう命令された。ヒューストンは、新年のＮＣＬクルーズで家族３人がメキシコに行く予約をしていた。

ケリーと私はトゥルムのピラミッド遺跡を歩いていた。するとヒューストンは駐車場近くの岩の上で日向ぼっこをしているイグアナを指差した。ケリーと私が近づくと、濃紺のメルセデスから、メキシコ人のシークレットサービスの男が２人現れた。彼らは、渡されたプログラムのキー、コード、トリガーを使って、イグアナがデ・ラ・マドリに変身《トランスフォーム》しているような錯覚を催眠術で作り出した。このコントロール技術は、記憶を呼び起こさないように記憶喪失のブロックを作り出すためのものだった。

実際、私たちは自動車で近くのデ・ラ・マドリの悪趣味な博物館風の家に運ばれた。そこでケリーと私は、制服を着た婦人警官に連れられて見慣れた彼の寝室へと入った。ベッドはキングサイズのウォーターベッドで、ダークウッドの天蓋付きフレームに収まっている。ベッドカバーは赤黒い血のような色をした豪華なものだった。ベッドを整えると、デ・ラ・マドリは、そこに寝るようにとケリーに指差した。

デ・ラ・マドリのベッドは、それ自体がＮＡＳＡのテクノロジーを駆使した危険なものであるというのが、私の実体験である。天蓋の内側には映画用のスクリーンがあり、デ・ラ・マドリが、ポルノビデオやＮＡＳＡ

提供の映画を観ることができるようになっていた。ベッドからは、マインドコントロールの条件付けに日常的に使われているNASAのゴールドスター・マルチスクリーンモニターのレプリカが見える。実際のNASAのマルチスクリーンモニターを、デ・ラ・マドリのベッドの天蓋に組み込まれた（単一の）スクリーンに映し出すことで、ゴールドスター・マルチスクリーンモニターを見ているような錯覚を起こさせていたのだ。

例えば、あるときは、デ・ラ・マドリが、天蓋のムービースクリーンに水色の空と動いている雲を映し出したことがある。これはNASAが私のプログラム「いつかどこかで」を根付かせるために使用したモニター画面と同じ色だった。彼はさらに、これと同じような水色の空と雲がプリントされたカバーを広げたウォーターベッドの上で、催眠術をかけて私を「浮遊／漂流」させ、その効果を高めた。このシンプルで、しかし複雑な視覚的トリガーによって、私は簡単に「いつかどこかで」のプログラムにアクセスすることができた。ポルノは、以前に撮影したものと、内蔵カメラで撮影している自分たちの性行為がスクリーンに交互に映し出された。

今回、デ・ラ・マドリは「始まりの場所で、終わりにしよう」と言い、私がシャスタで娘がレイプされるのを目撃したことに言及した。それから私に服を脱いで、ベッドのヘッドボードにもたれかかるようにと命じた。そしてベッドの脚元でケリーのジーンズを脱がせながら、こう言った。

「君はこの子を産んだように、国境協定を生んだ。そして君の役割は両方とも終わったんだ。君が燃やされている間、この子は涙を流すだろう。だが、その涙は、君がこの子に受け継がせた炎を消せやしない。君の激しい性は彼女の中で再生され、遺伝子を使ったこのホルモン実験は何世代にもわたって成功裏に進化していくことだろう。君の役割は完了した。ワシントンの友人たちのおかげでNASAは型を完成させた。再創造された血統を使った、鏡を使った子作りの技術も生まれた。わかりやすい唯一の相違点は血を冷たくできることだ。レプティリアンだ。自分の目で確かめるのだ」

デ・ラ・マドリは天蓋のスクリーンに向かって身振りをした。そこには、私がトカゲを「出産」しているNASAの製作した映像が描かれていた。この時点で私は、NASAが提供したマインドコントロールのためのデザイナードラッグ「トランクィリティ」を投与されており、薬がしっかりと効いていた。私の目は催眠術をかけられたようにビデオに釘付けになり、彼は私の娘にオーラルセックスをし始めた。ケリーもまた、薬物によって無力で無防備になり、静かに彼のあらゆる要求に応じるようになった。デ・ラ・マドリは、特定のコマンドを使い、私の足を広げ、膣切開の彫刻を見せるように命じた。彼はケリーの顔の上に自分の体を置き、ペニスで彼女が息をできないようにしながら、私の彫刻にオーラルセックスをした。

ようやくNCLの客船に戻されたとき、ケリーと私はデ・ラ・マドリの虐待とその後の高電圧のトラウマで気持ち悪くなって嘔吐していた。フロリダのキービスケーンに停泊すると、コカインとヘロインが異常なほど大量に積み込まれ、私たちの特注モーターホームの壁の中に移された。ヒューストンはそれから1週間、船で待機し、その間、私はどうやら、ドラッグと病気の娘を乗せたモーターホームをテネシー州にあるヒューストンの農場に運んでいたようだ。

ヒューストンがNCLのクルーズからテネシーに戻ったときには、ケン・ライリーがすでにモーターホームを空にして、計画通り麻薬をばら撒いていた。ヒューストンがやらなければいけない仕事は、ケリーと私を移動《トランスファーリング》させ、ダンテの元に送る最終段階を整えることと、マーク・フィリップスの最新の成功について報告を受けることだった。

ヒューストンは、ダンテのところに行く際に、ケリーと私の服以外は持っていかないよう直ちに私にプログラミングを始めた。

同時に、マーク・フィリップスと私は、新しいコミュニケーションのレベルに達していた。彼の言っていることを意識的に理解しようとすることはなかったが、彼の語る真実は私の存在の奥底に鳴り響いていた。例えば、自らが所有する『バック・トゥ・ザ・フューチャー』に登場するスポーツカー、デロリアンを見せながら、彼は「時として、行き先を知るためには、自分がどこにいたかを知らなければならない」など、賢いやり方で暗にメッセージを伝えてくれていたのだ。

ケリーと私がカリフォルニアに発つ直前、マークは、ヒューストンが家に隠している犯罪の証拠となるファイルを提供し、ヒューストンを廃業に追い込むのに協力してほしいと頼んできた。喜んで引き受けただけでなく、私は「どういうわけか」見返りに助けを求めていた。自分が殺され、ケリーが死よりも悪い運命をたどる前に、ケリーと私がヒューストンから逃げ出すのを助けてほしいと頼んだのだ。マークは必ず助けると約束してくれた。

ヒューストンがケリーと私をダンテの元に移送しようとしていたその日、私は不思議な衝動に駆られ、マークに電話をして知らせた。

その日の朝、ヒューストンはマークと会うつもりで車を走らせた。しかし、マークは引っ越し屋を連れてきて、ケリーと私を救出した。私たちが目的地に向かうのを、マークは見事に阻止してくれたのだ。マークは、ヒューストンの虐待からペットを救いたいというケリーや私の気持ちまで理解してくれた。そして家畜たちに良い里親を見つけるだけでなく、ヒューストンの家から大慌てで引っ越しをする間に、家畜を積み込んで移動させるための手配までしてくれた。マークは2時間以内に、ケリーと私、そしてペットと家畜を無事に自由な場所に移動させた。

だが、見事な作戦だったにもかかわらず、自分たちに意図されていた運命が阻止され、そこから逃れられたことがわかったケリーと私は大混乱に陥っていた。


「おはよう、眠れる美女よ」

マークはそう言って、淹《い》れたてのコーヒーで私を優しく起こしてくれた。

「新しい1日の始まりだよ」

私は目を見開いた。こんなに親切にされたことは初めてで、まったく新しい世界のように思えた。

マークは美しい腕時計をプレゼントしてくれ、私の腕にはめた。

驚いていると、マークはこう言った。

「これでいつでも、時刻がわかるね」

時間？　今まで誰も私に時間を教えてくれたことはなかった。彼らは私から時間を奪うだけだった。時計もしたことがない。時刻どころか、何月何日なのか、何年なのかもわからない。私には時間の概念がなかったのだ。マークは、今この瞬間から、時計を常に見るようにするべきだと説明した。

「誰かが君を殺そうとしているというが、なぜだい？」とマークは尋ねた。

私は答えが浮かばなかった。完全な記憶喪失になっていたのだ。私たち3人は今、重大な危険にさらされていた。私が必死に答えを探す間にも、まさに弾丸をよけ続けていたのだ。

誰から、何から逃げているのかもわからないのに、どうして助けを求めたのだろう。心のどこかに答えがあり、すべてを明らかにするつもりだった。急がなくては。今は、3人の命がかかっているのだから。

マークは、記憶を回復することで安全が確保されることを理解していた。だが、同時にこれは、私たちが直面しているのが誰で、何なのかを思い出すまでは、誰も安全でいられないということを意味していた。
マークはすぐにデロリアンを含む所有物をすべて売り払い、基本的な生活必需品だけを残した。彼は、アレックス・ヒューストンとの離婚で手に入れたモーターホームも売った。この資金で、マークはケリーと私をアラスカの平和な大自然に連れ出してくれた。

1988年2月4日、ケリーと私はマインドコントロールされた生活から解放され、新たな生活を始めた。国際的な規模で行われている「もっとも危険なゲーム」に乗り出したことで、新たなサバイバルも始まった。そして死の危険や殺人未遂、脅迫や隠蔽にもかかわらず、秘密を暴露しながら、なんとかこの7年間を生き延びてきた[1]。まさに、それ自体が1つの物語でもある。

1　私のディプログラミングに関する記録の正確さが裏付けられると同時に、さまざまな体験の要旨と虐待者の特定が広範囲に広まった。これらの概要を何年もかけて読んだ人たちは、文字通り、私が心の一部（piece）を取り戻し、穏やかになっていく（peace）のを見ていた（再統合が行われたのだ）。

第33章
エピローグ

1988年、マーク・フィリップスが自らの手で、CIAのMKウルトラ計画のモナーク・プロジェクトから私と当時8歳だった娘のケリーを救い出すまで、絶対的なマインドコントロールの存在は私たちだけが知るものだった。マークは、慎重に計画された一連の出来事を通して、私たちのマインドコントロールのハンドラーであるアレックス・ヒューストンを巧みに操って、信頼を勝ち取り、私たちを無傷のまま自由にさせておく機会を作り出した。私の「所有者」であるロバート・C・バード上院議員をはじめ、このプロジェクトに参加していた国の指導者たちと呼ばれる人々が、アレックス・ヒューストンのしくじりが引き起こした問題に気づくと、マークは私たちを安全なアラスカに連れて行き、そこで私たちは忘れるはずであったことを思い出し始めた。

安全で穏やかなアラスカは、大騒動に見舞われながらも、ディプログラミングには適した環境であった。マーク・フィリップスは、私たちを虐待しないだけでなく、健やかな暮らしと幸福を気遣ってくれた初めての男性だった。その忍耐強く優しい態度は癒しとなったし、武器の扱いに長けていて頭脳明晰な彼は、どんな状況でも私たちの安全を守ってくれた。マークはその崇高な行動を通して、ケリーと私に、私たちが長いこと生きてきた世界の交友関係が、通常の人間の在り方とは相反するものであることを教えてくれた。私たちは、この地球上に善が存在すること、そして、私たちやほかの人々が耐えているマインドコントロールの残虐行為を許さない人々が、ワシントンD.C.にいることを知った。

目を開き、現実に目覚めたとき、私は怒りがこみ上げてきた。それは娘に負わされたトラウマに対する怒り、我が国のいわゆる「指導者」の手によって、生涯にわたって虐待され続けたことへの怒りだった。誰が、何が、自分たちの国を動かしているのか、アメリカ国民たちがまったく知らないことにも憤りを感じた。マークは「最高の復讐は完全に回復することだ」と言って、私の怒りを生産的な方向に向かわせる手助けをしてくれた。

記憶と心を取り戻すことを目的とした1日18時間の集中治療を受け、私は回復していった。自分の心をさまざまな角度から学び、その記憶を日誌にも記録していった。10年以上にわたるホワイトハウスやペンタゴンの人々から受けた虐待の記憶が蘇り、思考に入り込んでくるにつれ、日誌の束は増えていった。脳内の神経回路が開き、過去の場面が頭の中を駆けめぐった。私は自分の心にアクセスし、過去の記憶を取り戻すことで、心を取り戻し、自分の未来をコントロールできるようになっていった。

そして何より、私はマーク・フィリップスを深く愛するようになっていた。恋に落ちないはずがない。彼は娘と私を破滅から救い、私の自由意志を取り戻し、私が完全に安全な状態で回復できるようにしてくれた。私をひどい目に遭わせた人たちとは正反対だった。彼は私に愛と尊敬、そして思慮深い配慮をもって接してくれた。同様に重要なのは、マークがケリーにとって理想的な父親の姿を見せてくれたことだ。彼はケリーを無条件に愛し、心から理解していた。ケリーはマークを通して、男性がいかに優しいか、そしていかに人生がすばらしいものなのかを垣間見ることができた。私は、そんな男性が存在することを長い間、願うこともなかった。私の回復には、愛が大きく影響している。マーク・フィリップスは私の人生を救ってくれただけではない。今の私には生きる理由があるのだ。１９８９年にケリーが殺人未遂や自殺行為で施設に収容されたときも、私たちが分かち合ってきた愛が私を支えてくれた。家族として過ごした短い期間の中で、マークがケリーと分かち合った愛情あふれる関係は、いわゆるメンタルヘルスと、司法制度の犠牲者として、ケリーがその後の試練を生き抜く強さにもなった。

ケリーは18歳になるまで、テネシー州の政治犯として拘留されているため、モナーク・プロジェクトのマインドコントロールで受けた虐待に対し、適格なセラピーを受けることができなかった。ケリーの虐待者が政治的に強力な影響力を持つ下で、テネシー州はケリーに適格なセラピーを受けさせず、愛する家族から遠ざけることに尽力し、多くの法律と基本的な市民権に違反した。

ケリーの事件に影響を与える立場にある人々の多くは、意図的に悪者と共謀するのではなく、「知る必要」に基づいて行動しているが、ケリーの事件をよく調べてみると、強い疑問が湧き起こるはずだ。「ただの子供が、いわゆる我が国の『国家安全保障』と何の関係があるのだろうか?」といった疑問だ。

ケリーの事件を担当した少年裁判所の判事は、「国家安全保障上の理由」からメディアや傍聴人に対して門戸を閉ざし、その間にも重大であからさまな法律違反と権利の侵害が行われた。3年以上もの間、ケリーと私は公平な立場で弁護してくれる弁護士を付ける権利を否定され、裁判所が任命した擁護者といわゆる「後見人」は、小児性愛者の父から金をもらった弁護士と手を組んでいた。裁判所が任命した「弁護士」は、少年裁判所の裁判官が休みの日にはその代理を務めているが、私が気にかけているものを代弁してくれていない。私が関心を向けているのは、ケリーの幸福と未来、そして彼女に未来があるのかどうかだ。

ケリーは今も過去を思い出せず、意図的に治療を受けることができない状況に置かれている。誰を、そして何を思い出すかわからないからである。

私は、ケリーの記憶が私の存在によって呼び起こされることを回避するために、接触することを拒否されている。私がケリーに忘れるべきことをわざと思い出させることを、加害者は恐れているが、私の経験では、回復は内側から起きるものだ。外部からの情報ではない。私がケリーに対して求めているのは、私がリハビリで得たような心の安らぎだけだ。だからこそ疑問が生じる。なぜ少年院は「ジョージ・ブッシュ」という名前を口にすることを禁止しているのか？　テネシー州はスティーブン・キングのホラー小説は与えるのに、なぜ『オズの魔法使い』のことはタブーにしているのか？　なぜケリーと私は裁判所から「大統領」「政治」「新世界秩序」「マインドコントロール」という言葉を口にすることを禁じられているのだろうか？

私たちの関係を「正常」にしようとする州の役人たちの試みによって、ケリーと私は、過去のこと、ケリーの悲惨で絶望的な状況をどうにかするために私が取り組んでいること、あるいは家族としての将来の計画について話し合うことを禁じられている。

ケリーは、テネシー州がマーク・フィリップスとの接触を一切認めないことが何より恐ろしいし、不当であると考えている。私が裁判所からの監視と検閲によって娘と個人的な会話をすることを妨げられている一方で、ケリーは駐車場の向こうからマークに手を振る権利さえも否定されているのだ。私と同様に、マークは虐待者や保護者として不適格であるとされたわけではないし、裁判所の命令に違反したこともないと考えると、疑問が湧いてくる。なぜテネシー州は、ケリーを救い、無条件の愛の意味を教えてくれた男性と、ケリーとの間のコミュニケーションを、わざわざ禁止しているのだろうか？

ケリーは何年もこの質問を続けてきたが、無駄だった。テネシー州は「州ではなく、私の利益を代弁する公平な弁護士を」というケリーの要求を認めることさえ拒否している。ケリーが弁護士を依頼していることは、彼女の事例を「管理」している州のソーシャルワーカーの耳には届かないのだ。このソーシャルワーカーは、根拠のない「知る必要があること」に基づいて活動しているが、彼女とテネシー州は、ケリーが誰かまたは自分自身を傷つけた場合にその責任を負うことを「知る必要がある」のだ。

ケリーのフラストレーションは、対処しきれないほど高まっている。彼女は、モナーク・プロジェクトのマインドコントロール虐待で破壊され、リハビリテーションを受ける権利まで奪われたが、そんななかでも白分の心をコントロールしようとしているその姿に、私は拍手を送りたい。彼女は高い知性と強い意志を持ち、精神疾患を精神医学的に対処することで不可能を可能にしようと日々試みている。しかし、それでも、記憶喪失の沈黙の中に封じ込めるように設計された、ＣＩＡの「傷の封じ込め行為」という形で彼女に仕掛けられた心理的戦争を払いのけるのには十分ではない。彼女は助けを必要としている。彼女は多くの人の声を必要としているのである。

ケリーを助けるためには世論の声と、１９４７年にかつて偉大だった国の「真の安全」を破壊した国家安全保障法（そして１９８４年のレーガン修正案）の廃止が必要だ。皆さんも、いわゆる「国家安全保障法」を撤回するよう、議員や上院議員に手紙を書くことができる。どうか今すぐ手紙を書いてほしい。

追記：１９９８年秋、ケリーは18歳になった。テネシー州の知事に届けられた多くの文書や手紙、そしてその多くのコピーを私は受け取っていたにもかかわらず、ケリーはいまだ適切なリハビリテーションを受ける権利を与えられていない。ケリーが生まれたときから耐えてきた、アメリカ政府後援のMKウルトラ・マインドコントロールの虐待の事実が証明されているにもかかわらずだ。私たちの国、情報、そして「刑事」司法制度を支配する少数の犯罪者は、既知の、それにもかかわらず極秘とされ、存在が認められていない問題を解消する技術的な解毒剤を提供することを拒否している。

ケリーと私が耐えたMKウルトラ計画のマインドコントロール虐待の現実を証明する（機密解除された）文書、証拠、ビデオ、医療記録、宣誓供述書、政府の内部者の証言は7万点以上ある。さらにマーク・フィリップスと私が長年にわたって集めてきたものを考慮すると、これ以上、隠蔽が続くのは絶対に許せない。あるいは、これまでこの事件に関わった唯一の「裁判官」アンディ・ショックホフが、1993年のテネシー州ナッシュビルの少年裁判所の審理で言ったように、「国家安全保障上の理由からこの事件には法律は適用されない」ということなのだろう。

10年間の隠蔽工作の後、ケリーは治療を受けないままテネシー州の保護下から釈放された。その後も、ケリーは安全な環境で、自らが切実に望んでいるリハビリテーションを受けられる日を待っている。

システムの犠牲者
時系列での紹介

1988年2月4日：マーク・フィリップスは、アメリカ国防情報局／中央情報局のMKウルトラ計画のプロジェクト・モナークの奴隷として、拷問を受け、マインドコントロールされていたケリーと私を救い出してくれた。解離し、記憶喪失となった私たち親子は、CIA工作員のマインドコントロール・ハンドラーであるアレックス・ヒューストン、私の「所有者」であるロバート・C・バード上院議員、ケリーの虐待の主犯であるジョージ・ブッシュ、そして私たちが国内および国際レベルで参加させられていた、「闇予算」の資金作りのための秘密の犯罪活動から逃げ出した。私たちは、政府の最高レベルで行われていた倒錯した犯罪活動を暴露するのに十分な秘密を知り、この恐怖のパンドラの箱から脱出したが、今日まで続いている隠蔽と脅迫を含む心理戦の暴力からは、いまだ逃れられていない。

1988年3月：私は、テネシー州ナッシュビルの首都警察を通じて、アレックス・ヒューストンが、私たちの命を脅かし殺人未遂を起こしたとして、3件の事件についての令状を発行してもらった。さらに、ナッシュビルの地方検事局を通じて保護を求めたが、検事局の調査官スキップ・シグムンドは「銃弾が撃たれるまでは」私を保護するためにできることは何もないと言った。ケリーと私はアメリカ政府、諜報機関、軍隊、司法省のメンバーから逃げているのだから、「連邦政府の保護」など期待できるはずもなかったのだ。スキップ・

シグムンドとその仲間は、私が町を離れることを提案した。

1988年11月9日：テネシー州サムナー郡でアレックス・ヒューストンとの離婚が認められた（100％破綻していることが証明された）。私がまだ解離しプログラムされている状態にもかかわらず、ヒューストンの弁護士は証言台でトリガーを引き（その結果、人格が入れ替わった）、私の弁護士であるジャック・バトラーはマインドコントロール／虐待の問題を取り上げず、彼の友人でヒューストンの指導者であるCIA工作員「牧師」のビリー・ロイ・ムーア（主の礼拝堂／マーシャ・トリンブル殺害事件）と取引をした。その後、私は手配／プログラムされたアレックス・ヒューストンとの「結婚」から、服を着たまま「解放」された。ジャック・バトラーは、マインドコントロール／虐待を証明している提供されたすべての証拠を今日も保持している。

1988年12月9日：知らせが来た数時間後に私は法廷に召喚された。それはマーク・フィリップスとケリーと私が州から逃げる準備をしていたときのことだった。ケリーの実の父親であり、私に最初にトラウマを植え付けたハンドラー（バードが手配した）であるウェイン・コックスと、ケリーは8年間で3回しか会っていない。彼はCIAに専門的に利用されているオカルト連続殺人犯で、ケリーが州から出ないように要求をしてきた。解離と記憶喪失に陥った私は、第6巡回区控訴裁判所で、コックスと、彼にとっての母のような存在であるアレックス・ヒューストン、そして彼／彼らの弁護士ボブ・アンダーソンに対し、自分自身を弁護し、スウィガート判事に嘆願した。その結果、私は、ルイジアナ州チャタムのコックスの家での2週間の面会期間中に、ケリーを州外に連れ出す権利を認められた。記憶喪失の私は、なぜコックスにケリーの命が奪われると怯えていたのか思い出せず、裁判所の命令に従った。

1988年12月24日：私はスウィガート判事に電話し、ケリーが儀式という形で虐待を受けた（12月21日の冬至にモルモン教会で）ことを電話で報告してきたこと、コックスからケリーを返すことはできないと言われたことを伝えた。スウィガート判事は、今はホリデー期間のため、地元警察の応援を得て、私自身がケリーを引き取りに行くことを提案する以外にできることはない、と言った。

1988年12月25日：ドラマのような救出劇で、マーク・フィリップスと私はケリーの救出に成功したが、すでにケリーは深刻な心理的ダメージを負っていた。ケリーは人間の生贄やカニバリズムを目撃し、医学的に記録されているように、コックスによって薬漬けにされ、性的な暴行を受けていた。

1989年1月中旬：私たちは、アンカレッジから約50キロ離れたアラスカ州チュギアクに引っ越した。マーク・フィリップスは、私たちが移動し、安全を確保できるよう、枯渇するまで惜しみなく自分の資源を使った。

1989年春：ケリーに植え付けられたMKウルトラ計画のNASAのプログラムは、コックスとの間に受けたトラウマによって崩壊した。彼女は記憶がフラッシュバックし始め、それによってプログラムされた呼吸不全が引き起こされるようになった。私はケリーをアラスカ州アンカレッジの小児科医ローリー・シェパード博士のもとに連れて行ったが、博士はケリーが従来の薬物療法に反応しないことを深刻な様子で懸念していた。彼女は地元の児童精神科医パット・パトリック博士の診察を受けるよう勧め、ケリーの治療は長期にわたるので、すぐにメディケイドの給付を受けられるよう手配してくれた。この際にも、彼女はすべての手配を手伝ってくれた。

1989年6月：ケリーのフラッシュバックの影響で、私の記憶のフラッシュバックも誘発されるようになった。ケリーは、ロバート・C・バード上院議員が行っていた、カリブ海からコカインを密輸することに関するCIAの秘密工作について話した。ケリーは、政府の「秘密」を思い出すことや、話すことができないようにプログラムされており、たびたび呼吸不全に陥って、アンカレッジのヒューマナ病院の集中治療室に入院した。ケリーの症例は精神科医のパトリック博士が担当することになった。ヒューマナから退院した後も、ケリーは週に数回パトリック博士に会い、セラピーを受けた。

1989年8月までに、私はマーク・フィリップスと共に集中的にディプログラミングを行い、1日平均18時間これに取り組み続けることで、少しでも早くケリーの悲惨な状況に影響を与えられるよう記憶を取り戻し、精神を安定させようと努力していた。パトリック博士は、ケリーが多重人格障害（現在、専門的には解離性同一性障害と呼ばれている）に苦しんでいることをマークと私に告げた。1か月もしないうちに、私は自分も多重人格障害／解離性同一性障害であることに気づいた。ただし、私の最初の虐待のベースになっていたものは、ケリーのようなハイテク（周波数）の使用ではなく、「単なる」トラウマだったので、私の場合はすぐに回復に向かっていった。パトリック医師は、ケリーに性的虐待の症状があることを教えてくれ、身体検査をするよう助言してくれた。

私は、アンカレッジの地方検事補に、ケリーと私の命が危険にさらされていること、そして、政治が関与する記憶を取り戻しつつあり、地元、州、連邦のさまざまな法執行機関に犯罪を報告する際、援護を必要とするかもしれないことを報告した。私はケリーの虐待をアンカレッジの警察（私たちの虐待を密告し、のちに地元のスキャンダルで起訴／有罪判決を受けたジャック・チャップマン）と保健福祉省に報告した。私たちのメディケイドの給付金や記録は、その後、差し押さえられた。

私が詳細に記憶していた連邦政府が関与する犯罪は、まず検証され、アンカレッジのFBIのケン・マリシエン（のちにジャック・チャップマンとのスキャンダルに関与していたことが判明）と州内居住捜査官のジョー・ハンブリンに報告された。その結果、FBIはマーク・フィリップスの生命と自由を脅かすようになった。その頃は、まだ父の虐待・関与について記憶を取り戻していなかったため、ケリーの命に関わると思った私は、父に連絡し、資金援助を懇願した。その後、FBIは、父が私に「強要罪」を適用したため、私を逮捕することができると知らせてきた。その報告にショックを受けて、自分の意識の中に記憶が蘇ってきた。

アラスカ州に居住の税関職員のマックス・キッチンズは、コカイン事業への政府・CIAの関与に気づいており、私が国際的なこの犯罪を報告すると、私／ケリーの申し立てを調査し始めた。だが彼は、ワシントンD.C.の上司から、私たちは「歩く屍」であるため、手を引くようにと通告された。

1989年9月：ケリーの行動は暴力的になっていた。彼女は、マインドコントロールによる虐待の記憶を書き出し、殺人や自殺の傾向を見せ、健康状態は急速に悪化していた。マーク・フィリップスは、政府が使用していたようなマインドコントロールに関する知識を持ち合わせており、ケリーがすでに記憶していたプログラミングを論理的に理解することによって、一時的にケリーを落ち着かせることができた。しかし、ケリーは多重人格（基本的な人格が発達する前の幼少期のトラウマが原因の多重人格障害／解離性同一性障害）になっていて、自分自身の心をコントロールすることができなかった。その後、彼女は再びヒューマナ病院に入院し、パトリック医師を介してチャーター・ノース精神病院に転院することになった。ケリーは自分には殺人の衝動があり、対処法が必要だと私に話した。それはオカルト的な信仰に根付いてプログラムされたもので（コックスが88年12月に植え付けたとされる）、「血統」／「家族」（すなわち私）を殺さないと自分が生き残れない、という「頭の中の声」が止まらないというものだった。彼女は泣きながら、効果的な治療を受けられるまで「冬眠する」と言って、チャーター・ノース病院までの30分の間、頭を横にして眠っていた。それ以来、私はケリーの柔らかで優しい表情を見たことがない。適切なセラピーによって彼女が社会復帰し、完全に回復する日を心から願っている。

1989年9月11日：ケリーは、ウェイン・コックスとアレックス・ヒューストンから受けた性的虐待について、正義が果たされることを願い、身体検査を受けることに同意していた（6月12日）。アラスカ州が任命した専門家であるクリントン・リリブリッジ博士は、ケリーの性的虐待を確認し、さらなる情報／証拠として写真を撮った。リリブリッジ博士は、アンカレッジ警察のジャック・チャップマンとFBIのケン・マリシェンに虐待を確認し、すぐに私に隠蔽工作が進行中であることを知らせてくれた。彼は、もし私が法廷で専門的な証言が必要になったら、アメリカのどこへでも出向いてケリーの虐待を証言する、と保証してくれた。

1989年秋：隠蔽と脅迫で危険な状態に追い込まれ、マーク・フィリップスと私はアラスカを離れる準備を始めた。ケリーには高度で専門的な治療が必要だと知っていたので、私は電話、郵便、ネットワークを通じて、政府／軍のマインドコントロール技術／残虐行為に詳しいメンタルヘルスの医師を探すために徹底した調査を開始した。

ビリーブ・ザ・チルドレンのような新たに結成された組織を通じて悪名高い南カリフォルニアのマクマーティン事件に関わったセラピストや、数々の症例を見てきてマインドコントロールに精通している評判の良い心理学者や精神科医は、リハビリのテクニックは、ＭＫウルトラ計画のマインドコントロールの記録そのものと同じくらい機密の情報であると私たちに助言してくれた。命や自由、免許が奪われる可能性もあり、不屈の精神と誠実さを兼ね備えたセラピストを見つけるというジレンマはさらに大きくなった。さらに、引っ越し、ケリーの医療費、郵便代、こうした努力の結果として生じた電話代に加え、あらゆる困難を生き抜かねばならないこと、そして、多重人格障害／解離性同一性障害を対象とする補足的保障所得（ＳＳＩ）が法律で拡大される１９９１年までケリーの社会保障給付が認められないことなどもあり、私たちの持ち金はとっくに枯渇していた。

私はアラスカ州のテッド・スティーブンス上院議員に援助を求める手紙を書いたが、彼はバード上院議員の歳出委員会における不動の地位から即座に私の要求を拒否する返答をした！　さらに私は暴力犯罪の被害者のリハビリに資金を提供する連邦組織であるアラスカの暴力犯罪被害者補償委員会のノーラ・キャップにも連絡を取った。ノーラ・キャップは、テネシー州の暴力犯罪被害者補償委員のリチャード・ラッカーを紹介してくれた。ラッカー委員は、ケリーと私の虐待を確認すると、緊急の資金を提供するため、私たちがアラスカを離れる前にケリーと私の申告書を提出してくれた。ラッカー委員は、ケリーがチャーター・ノース病院から、ケンタッキー州のバレー精神医学研究所という解離性障害の治療を専門とする精神科病院へ転院できるよう、熱心に取り計らってくれた。

１９８９年12月：アメリカ税関の州内居住職員であるマックス・キッチンズが突然マークと私を訪ねてきて、明らかに動揺した様子で、私たちの命が重大な危機にさらされていることを告げた。彼は、私を黙らせることの「利益」は、彼が私たちを守ろうとする力をはるかに超えていると説明した。私に危害を加えていた何人かはアンカレッジにやってきて、父は政治家や連邦政府の加害者たちと手を組んで、私を黙らせようとしていた。父はウェイン・コックスとも手を組んで、親権や父権の問題で私たちに嫌がらせをしていた。私はラッカー委員に連絡を取ったが、彼はまだケリーのための資金準備を終えておらず、ケンタッキー州オーエンズボロにある前述のバレー精神医学研究所に、ケリーの緊急の一時預かりを確保するようにと促された。

１９９０年１月：マーク・フィリップスと私は、私たちのネットワークを通じて、アラバマ州ハンツビルのいわゆる「子供の権利擁護者」である州地方検事バド・クレイマー（彼はすぐに下院議員になり、議会情報監査委員のもっとも若いメンバーとして先例を作った）のことを知った。クレイマーは私たちを「警察の保護下」にあるハンツビルに招き、地元のNASAと軍がMKウルトラ計画のマインドコントロールとその闇予算の犯罪資金調達に関与していることを調査し暴露するつもりだ、と明言した。圧力により、ケリーがケンタッキー州立バレー精神医学研究所（V.I.P.）に移送される間、私たちは一時的にハンツビルに移住した。上院歳出委員会の議長であり、FBIビルのワシントンD.C.「特別」事務所でFBIの暴力犯罪の補償を監督しているバードが私たちの請求を停止する前に、ラッカー委員はケリーと私にバド・クレイマーの事務所を通して「緊急の補償」を提供してくれた。だが、バド・クレイマーはハンツビル警察と連携して、隠蔽、脅迫、CIAの抑止行動に積極的に関与していた。しかも、「子供の擁護」を謳う組織は、解離性同一性障害／MKウルトラの犠牲となる者を確保するための精巧な捕獲網であったことが、世間の暴露によっても証明された。私たちはハンツビルからテネシー州に逃げ、そこに住むことになった。

1990年春：マーク・フィリップスと私の状況を同情／懸念したＦＢＩ捜査官の勧めにより、私たちはテネシー州のＦＢＩに犯罪を報告する際、音声を録音し、さらにテネシー州ナッシュビルの税関に事情聴取に立ち会ってもらうことで安全を確保した。

ＦＢＩ捜査官のブラッド・ギャレットとフィル・チューニーは、提供された私のプログラムにアクセスするＣＩＡのコード、キー、トリガーを使って、私を黙らせようとしたが、驚いたことに、それはうまくいかなかった。テネシー州の上院議員サッサーはＦＢＩの隠蔽工作に巻き込まれ（証明済み）、テネシー州捜査局も脅迫計画の企てに利用された。一方、ケリーが切実に必要としていたセラピーの資金を得るための手配は白紙にされた。

1990年夏：マーク・フィリップスと私は、タイム・ライフ社、アメリカ合衆国議会の上院議員と下院議員、テネシー州議員、被害者擁護団体、支援者、メディアなどに情報を提供することで私たちの安全を確保した。バレー精神医学研究所（Ｖ．Ｉ．Ｐ．）は、ケリーの命が、父親であるウェイン・コックスや私の父などから脅かされており、彼女の身の安全を守るための十分なセキュリティがないことを私に告げた。また、連邦政府の圧力が強まり、Ｖ．Ｉ．Ｐ．から退院させざるを得ないとも言っていた。適格なリハビリテーションを受けるための資金がまだなかったため、私はケリーがテネシー州のメンタルヘルス施設に引き渡されないよう、弁護士を探した。そこで生活すれば深刻な危険にさらされると考えたからである。

1990年7月：ケリーの児童虐待でアレックス・ヒューストンを逮捕することができれば、ケリーの治療のために差し止められていた暴力犯罪の補償金を州は出さざるを得なくなるだろうというアドバイスを受けたことがあった。これを信じて、私はサムナー郡保安官サットンと彼の部下のジェフ・パチーノ刑事に連絡し、ヒューストンによるケリーへの虐待を医学的、そして精神医学的な証拠書類と共に報告したが、結果的に私の生命が脅かされることになった。さらに、私はこのことをサムナー郡の地方検事レイ・ホイットリー（のちにサットンの友人であることが判明）にも報告し、証拠を提出した。彼は「アレックス・ヒューストンが子供とセックスしているビデオテープがない限り、何もできない」と言った。レイ・ホイットリーに引き渡された証拠品（V．I．P．からの書類、ビデオなど）は、破棄されて返却された。

テネシー州議員でサムナー郡の弁護士であるランディ・スタンプスは、ケリーと私の弁護に同意したが、その後、彼と彼の家族の命がサムナー郡保安官当局によって脅かされたと報じられた。スタンプス議員は、自分の命の危険を感じながらも、この情報をテネシー州捜査局に伝えたが、そこではすでに隠蔽工作が始まっていた。法的手段もなく、ケリーは回復することなくV．I．P．から追い出された。

私は、州の被害者権利団体からのアドバイスに従って、連邦地方検事総長ジョー・ブラウンの事務所に連絡を取り、面談の約束を取り付けた。だが、レイ・ホイットリーの妻はジョー・ブラウンの秘書であり、私たちはさらなる隠蔽と脅迫の被害に遭った。

これを心配した上院議員の助言で、私はテネシー州のベン・ウェスト下院議員に連絡した。彼は、ケリーの名前で立法府に法案を提出し、子供に対する性的、儀式的、およびマインドコントロール虐待のための専門治療の必要性に対処した。

1990年8月7日：V．I．P．から退院してわずか72時間後、記録によると、ケリーはプログラムされた呼吸不全（私と再会した時に自然に浮かんだ記憶が引き金となった）を起こし、バンダービルト病院の緊急治療室に入院することになった。その後、バンダービルトはケリーをテネシー州のメンタルヘルス施設に入れるように命じた。

真夜中、警察の護衛を伴い、ケリーは「検査」を受けに紹介状を持って、テネシーメンタルヘルス研究所に移された。疲弊し、怯えたケリーは、ヴァッセル医師から嘔吐して倒れるまで執拗に尋問を受けた。「なぜあなたは気が狂ったのか？」というような非常識な質問をされ、ケリーは腹を立てていた。私はケリーと彼女の解離症状を擁護したが、彼は私を牢屋に入れるぞと脅した。ケリーはカンバーランドハウスに移され、私はそこから48時間、娘に会うことが許されなかった。

1990年8月9日：カンバーランドハウスでようやくケリーに会えたとき、彼女はここに来て以来ベッドから動いていないと言われた。ケリーはベッドに座ったまま、まばたきも会話もせずにそこにいた。壁は血で描かれた悪魔を彷彿させる落書きであふれ、カーテンが破れ、家具が壊れ、手入れもされていない荒廃した部屋で過ごしていた。愕然とし、恐怖を感じた私はケリーを慰め、その間にマーク・フィリップスは写真を撮り、壁についた血をこすり落とした。ケリー専属の精神科医であるガッボイ博士にも会ったが、彼は「マインドコントロールや儀式という形の虐待など存在しない」と言った。私はケリーの壁や床にある五芒星《ごぼうせい》、666、自殺、殺人、人肉食の落書きは、悪魔の儀式と関係しているものだと伝えた。彼は、カンバーランドハウスには儀式という形で虐待された者は1人もいなかったと主張したが、私は、マスコミは果たして同意するでしょうかと言い返した。すると、彼らは24時間以内に部屋を塗り替えた。

1990年9月：すぐにでもケリーが置かれたメンタルヘルス上の苦境を解決したいと必死になって、私は政治的な意図で任命を受けたテネシー州の精神衛生局長エリック・テイラーに会った。彼は、ケリーの窮地は解決できるし、するだろう、と断言した。連邦法では、子供を（適格なリハビリテーションが受けられると思われる）州内から州外に移送するためには、移送を裏付けるだけの診断を受けなければならないことになっている。だが、テネシー州には、軍隊やNASAのマインドコントロールのプログラムを使った多重人格障害／解離性同一性障害を治療できる人がいなかったので、彼女の障害を診断する人はいなかった。テイラー委員は、ケリーを診断する医師を探すという不可能な仕事を、保健福祉省の職員マーシャ・ウィリスに任せた。ケリーはカンバーランドハウスに隔離されたままであったが、マーシャ・ウィリスは8か月に及ぶ州内での「調査」を行い、私がすでに知っていたように「ケリーのMKウルトラ・マインドコントロール虐待を診断・治療できる者は州内にはいない」と結論づけたのだった。

1991年3月：マーシャ・ウィリスと保健福祉省の弁護士は、ケリーの窮地を「解決」するために私に会い、ケリーの親権を福祉省に譲れば、州はケリーが適格な治療を受けられるように資金を提供することができると助言した。私は彼らと少年裁判所の職員から、ウェイン・コックスは2つの施設から虐待者として名前を挙げられ／記録されているので、私がこの事実を知らせれば、ケリーがウェイン・コックスとの親権争いに巻き込まれることはないと聞かされ、そのとおりにした。

1991年4月2日：ウェイン・コックスと彼の弁護士であるテネシー州ナッシュビルの弁護士ボブ・アンダ

ーソン（私の父アール・オブライエンから報酬を得ていることは明らかである）は、ケリーの親権を取り戻すために、私に対する虐待と育児放棄の告発を少年裁判所に提出した。

コックスの主張の結果、ケリーと私は直ちに、監督下にない状況での面会を拒絶されるようになった。私はケリーを虐待したことはないが、私自身がマインドコントロールされ、虐待されていたため、コックスやその他多くの人たちからケリーを守ることができなかったのは事実である。

ケリーは私が拷問されている（記録にも残っている）のを目撃しているので、いつもこのことを理解していた。ケリーと私は、大きな苦難を共に耐えてきたことから、「普通の」母娘の関係よりも、緊密でオープンな関係を築けているし、私たちの関係は愛と尊敬に根付いている。ケリーは、私たちを虐待した者たちが政治的に著名であることから、自分が必要とし、当然受けるべきリハビリを受けるために、乗り越えなければいけないことがたくさんあることを理解しており、母娘の会話が裁判所の命令によって監視、制限、制約されることに憤りを感じていた。

1991年4月3日：テネシー州の保健福祉省職員マーシャ・ウィリスに再び会いに行った。彼女は、国防情報局（DIA）から訪問や電話があり、ケリーと私の虐待について話し続ければ「自分の命が深刻な危険にさらされる」ことになると告げた。そして、彼女がそれ以降、私たちと関わることはなくなった。この発言は、ほかの何十もの発言と同様に、秘密裏に録音テープに収められている。保健福祉省はその後2年間、少年裁判所で私と対立していた。

1991年4月～1993年4月：DIAの心理戦と、CIAの封じ込め戦術に伴う法律と市民権の侵害に、ケリーと私は共に耐えてきた。今のケリーは、司法とメンタルヘルス制度のいわゆる犠牲者であり、ＭＫウルトラのマインドコントロール虐待に耐えてきたが、適格なリハビリテーションをいまだに受けられていない。

1991年4月9日：私は法廷で自分を守る権利を否定され、弁護士を雇う金銭的な余裕もなかった。私はリーガルサービス（国が支払う）の弁護士を任命されたが、それはコックスが介入し、（証拠も文書もないまま）虚偽の告発を行い、私に対して接近禁止命令が出された後であった。さらに私は、ラッカー委員が私を保護するために設けた法的な私書箱の居住地のほかに住所がなかったため、「保護観察」に付された。

私は少年裁判所で国土安全保障省（ＤＨＳ）の職員アーネスト・フェントレスに会った。彼はこの事件のためにサムナー郡から特別に連れて来られ、「あなたはケリーの親権を失うだろう」「ケリーは虐待者ウェイン・コックスのもとに置かれるだろう」と告げてきた（私は虐待者として名が挙がったことがないにもかかわらず、精神診断や心理テストを受けるよう命じられたが、コックスはこれを受ける必要がないそうだ）。

さらに、ショックホフ判事はすべての法廷手続きを非公開で行うことを決定し、（同情的な）報道陣と地元の擁護者である暴力犯罪被害者補償委員会の会長、エディス・ハモンズを法廷から退出させて、２度と戻ってこないようにと命じた。私はケリーと私のためのサポート／立会人を法廷に入れることを許可されず、法廷では部屋の片側に「私の」国選弁護人と共に座っていることしかできなかった。相手側には４人の弁護士、カンバーランドハウスのスタッフ、ＤＨＳの職員などが座っていた。

1993年4月：テネシー州以外で入手した医療記録や精神科の記録は、どれも法廷では認められないとされた。こうしてケリーは、テネシー州にあるルートンズ・メンタルヘルス・センターのジェイニー・アダムス（少年裁判所のアンディ・ショックホフ判事と共に、性的虐待を受けた子供に性犯罪者のレッテルを貼り、そのために治療を行うのではなく、拘留していたとして現在スキャンダルとなっている）の下で「カウンセリング」を受けることになった。ジェイニー・アダムスは、ケリーの性的虐待を警察に報告するように、さもなければテネシー州が実施する性検査によって虐待が証明されて、私が起訴されることになると言った（首都警察がナッシュビルのコカイン事業によって、私たちが逃れてきた政治腐敗に深く関わっていたことは経験的に知っていた。元警察署長ジョー・ケイシー、市長リチャード・フルトン、そしてまもなく有罪判決を受け服役することになる保安官フェイト・トーマスらが、サウジアラビアへの麻薬と武器輸送に関する秘密作戦会議に出席していたからだ！）。そして私たちは、ジェイニー・アダムスの親友でアレックス・ヒューストンの隣人でもある殺人課のパット・ポスティリオーネを紹介された。

ケリーはジェイニー・アダムスによってメトロ総合病院に運ばれた（私は検査中そこにいることを禁じられていた）。ケリーの報告によると、彼女は乱暴に診察され（膣を裂かれた）、「虐待されていない」と宣言されたそうだ！　ケリーはその後、ジェイニー・アダムスによって催眠術をかけられ（お粗末な催眠プログラムを試みたことが記録に残っている）、「今度アレックス・ヒューストンに虐待されたと言ったら死ぬぞ」と脅された。そしてジェイニー・アダムスは、ケリーは性的虐待を受けていないと主張した。マーク・フィリップスの先見の明のおかげで、ジェイニー・アダムスが首都警察と組んで古典的な隠蔽工作をする前に、私はケリーの性的虐待をさらに証明する医療記録を州内で入手することができた。

ケリーは、カンバーランドハウスのソーシャルワーカー、別名「倉庫番」であるシャーリーン・ジョンソンと、彼女の友人／仲間であるジェイニー・アダムスによって、自分の過去について話すことを禁じられた。ケリーは、自分の過去を話したりすると罰せられた。これは、解離と診断された者にとって、想像しうる限り最悪の「治療」である。そしてケリーが「カンバーランドハウスで暮らさなければならないから」という理由で、指示通りに過去のことを話さなくなると、カンバーランドハウスは法廷で、ケリーは「虐待されていない、もしそうであるなら、それについて話をしているだろう」と述べた。

ケリーは、オハイオ州ヤングスタウンの「チャーム・スクール」（下院議員ジム・トラフィカントが監督する性奴隷の養成学校）にある拷問のための地下室の絵など、性的虐待を描いた生々しい絵を何枚も描いている。これらの絵が、性的虐待とマインドコントロールのトラウマを描いているのは明らかだが、ジェイニー・アダムスが〝ケリーの作り話〟と証言したため、法廷では却下された。

同じ頃、首都警察はマーク・フィリップスの命を脅かした。パット・ポスティリオーネからは、リチャード・フルトン前市長とジョー・ロジャース元駐仏大使が、私の命を脅かすことによって「私が黙らされるのを見届けるつもりでいる」ことを聞かされた。マーク・フィリップスと私は、密かに録音されたこれらの脅迫の言葉を知り合いに提供し、それがタイム／ライフ誌の調査へとつながっていった。

1991年4月15日：ナッシュビルの著名な婦人科医リチャード・プレスリー博士はケリーに対して首都警察が行った詐欺まがいの検査を非難し、ケリーの性的虐待を再確認し、私の膣切除彫刻（バード上院議員の性的嗜好のために彫られた）を文書化した。だが、これらの報告は、またしても裁判所に無視された。

1991年の春から初夏にかけて：ラッカー委員は、ケリーの窮状を解決するために、私をマクウォーター知事の法律顧問バーニー・ダーラムと会わせるよう手配した。私は絶望的な気持ちでケリーを助けてほしいと訴えた。バーニー・ダーラムは、マクウォーター知事はそのような問題に取り組んでいないので、助けられないと言った（私はMKウルトラ計画のもとで、グローバル教育の承認印と実施のために戦略的に駒とされたマクウォーター知事の最初の選挙キャンペーンに参加させられていたので、この返答には驚かなかった）。

タイム／ライフ誌はマーク・フィリップスと私のために、DHSマネージャーのチャールズ・ウィルソン（ルートンズ・メンタルヘルス・センターのジェイニー・アダムスや少年裁判所判事ショックホフと同じスキャンダルに関与している）との面会を手配してくれたが、当時は彼がCIAの封じ込め工作に携わっているとは気づかなかった。ウィルソンは「ケリーがセラピーを受けることはない」とだけ断言した。

私はコックスに対して2万1000ドルの養育費の返還を請求したが、結果は、第6巡回区控訴裁判所でさらに告訴されることになっただけであった。トーマス・ブラザーズ判事（現在コカインの陰謀で起訴されている）は、法律と私の権利を侵害し、コックスの告訴を支持し、保健福祉省に授与されるかもしれない金銭の差し押さえを許可した。

1991年4月22日：コックスはかつて、ケリーのマインドコントロール・プログラム（医学や心理学に基づいて文書化されている）を動かしていて、再びそうすると公然と脅してきたので、私は彼がケリーと接触するのを制限してほしいと少年裁判所に請願した。だが、以前いた施設、心理学者、精神科医、医学博士からの文書、ケリー自身の法廷での証言、私の証言、等々、すべてが法廷によって拒否され、コックスは監視なしでケリーと面会することが認められた。ケリーと私は、コックスがケリーのプログラムを作動できることを説明し、コックスが以前にもケリーのマインドコントロール・プログラムを作動させたことを医療記録で文書にしたが、すべて無駄だった。ソーシャルワーカーのシャーリーン・ジョンソンはケリーにコックスからの手紙を届けたが、そこにはまさに私たちが予想した通り、プログラムを作動させる方法が書かれていた。

1991年4月23日：ケリーの悲鳴、涙、助けや保護を求める声にもかかわらず、コックスは面会を許可された。ケリーは、彼が人間を殺害し、解体し、食するのを目撃したことなど、彼が行ってきた虐待を本人に突きつけたそうだ（これについては以前の施設で記録されている通りである）。だが、シャーリーン・ジョンソンは、この面会は「うまくいった」と報告している。コックスの弁護士、ボブ・アンダーソン（彼は繰り返し、ハイレベルなCIAのトリガーを法廷で私に使ってきたが、私はすでに洗脳が解けていたため、失敗した）もケリーと監視なしの時間を過ごした。一方で私の弁護士は面会を拒否された。

また、私はソーシャルワーカーのシーシー・レイストンが監督する面会で、コックスとの面会がケリーに及ぼした影響を目撃した。ケリーは泣き叫びながら、シーシーに、オカルト連続殺人犯の加害者であるコックスから身を守るためにはどうしたらいいのか、と尋ねたのである。彼女は、自分を救ってくれたマーク・フィリップスに会うことは許されないのに、コックスに会うことを強制されたこと、そしてなぜ私と監視付きで面会しなければならないのかと困惑をあらわにした。ケリーはいわゆる正義が「逆転」していることに困惑を示していた。彼女はこう言っていた。「なぜ私が閉じ込められて、加害者は自由の身なの？」

ケリーが法廷でこうした虐待を報告したとき、ケリーはショックホフ判事に伝えた「個人面会での証言」が正義をもたらすことになると信じていたが、実際には、判事に過去を話したために、シャーリーン・ジョンソンからさらに罰を受けることになっただけだったという。ケリーは、アラスカ時代から愛し、尊敬し、「お父さん」と呼んでいたマーク・フィリップスとの面会ができなくなったことで、抑えきれずに号泣してしまった。今日に至るまで、ケリーはマーク・フィリップスと話すことも連絡を取ることもできていない。

1991年3月7日—4月23日：ケリー（まだ11歳）は2週間足らずで4キロ以上痩せた。ケリーの精神状態は悪化し、ひどく落胆し、コックスによって意図的に引き起こされた喘息もひどくなったことから、カンバーランドハウスのスタッフは（私に知らせずに）バンダービルト病院に連れて行った。

1991年夏：私はケリーがリハビリを受ける権利を求めるため、また、告発をした私への報復を避けるために、常に法廷に出たり入ったりしていた。父アール・オブライエンが私と兄弟姉妹をMKウルトラ計画に売り渡したときに得た莫大な金は、ボブ・アンダーソン弁護士によって意図的に渡された高度なCIAコード、キー、トリガーと同様に私に対して使用されていた。これらのトリガーは、私の洗脳が解け、社会復帰をしたことによって効果がなくなったが、法廷で発言する権利や弁護する権利を否定されるなど、あからさまな法律と権利への侵害が続いた。私は再び裁判所から、DHSが選んだ精神科医や心理学者による追加の「検査」を受けるよう命じられ、さらにコックスが関与する詐欺的な州外での心理検査の費用を支払うよう命じられたが、これに対して意見することや別の選択をすることは許されなかった。何百ものケリーの州外記録が拒否された一方で、コックスが求めた州外での検査は裁判所によって受け入れられ、隠蔽工作の証拠のリストが急速に増えていった。

DHSのアーネスト・フェントレスは、明らかにCIAの封じ込めに関与していた。彼は露骨なまでに、すべての州の施設にケリーの誤った情報を広め、ケリーが必要とするものを信用せず、転院をさせないようにして、カンバーランドハウスに彼女を残し、シャーリーン・ジョンソンを介してさらなる虐待に耐えるようにしたことがわかっている。少年裁判所判事はフェントレスをこの件から解任したが、DHSは彼を昇進させた。

フェントレスの巧妙に仕組まれた取り組みによって生じた苦境が、ケリーの居場所を奪ったのだ。

少年裁判所判事ショックホフは、「カンバーランドハウスで継続的に暮らしていく場所（倉庫）を確保するために必要な資金を得るため」ケリーをDHSと私の共同管理下に「一時的に」置くことを命じた。心理／精神医学的検査で、私は正気で、社会復帰していること、マインドコントロールの被害者であることが立証された。そのため、相手側は私にもう1度検査を受けるよう要求し、それが認められた。これは明らかに仕組まれたことであり、私を黙らせようと連邦政府は必死に尽力していた。私はいつものように、シンシア・ターナー・グラハムとの「精神鑑定」のセッションにテープレコーダーを隠し持って行った。

彼女はすぐに、アーネスト・フェントレスがこの事件から外される前に「知るべきことはすべて」教えてもらったので、私から情報を得る必要はないと告げた。この会話を録音していたため、私に対するこの「検査」は裁判所によって却下された（注：この犯罪者の偽精神科医は、まもなく知事に任命され、次の精神衛生局長となる予定であった）。代わりに私は、ケリーの親権を維持するためには、「カウンセリング」とさらなる検査を受けなければならないと言われた（いずれも私が受けることはなかった）。

1991年5月―6月：アメリカ税関の南東地域局長ジョン・サリバン（ジョージ・ブッシュがCIAのトップだったときに存在していた部署）から連絡を受けた。この地域はメキシコとカリブ海での作戦が行われていた地域でもあった。私はナッシュビルに派遣された職員から8時間以上にわたってインタビューを受けた。彼らは、私の証言を裏付ける証拠が「国家安全保障」に関わるものであることから、ケリーの窮状と安全を案じてくれた。そして、法的手続きにおいてもケリーのために介入することに同意してくれた。

だが、アメリカ税関の職員たちは、ワシントンD.C.から「電話」を受け、それ以上の関与を阻止された。

当時の司法長官ディック・ソーンバーグ（私に危害を加えていた主な1人）による犯罪行為を立証する証拠が、FBIがかつて申し立てをしていた同様の事件を裏付けたので、ディック・ソーンバーグと彼のコカイン／白人奴隷事業にとって深刻な内部問題が生じたのである。税関のジョン・サリバンは、彼の上司である税関長ウィリアム・フォン・ラーブがトップを退任することになったと私に知らせた。この理由は、ディック・ソーンバーグが税関の内部調査をすべて確認／承認していたことから、犯罪行為が増殖し隠蔽されていたというものだった。したがって、行政の指導者が良い方向に変わるまでは、ケリーと彼女の状況に対しても何の助けも期待できそうにない。

1991年6月5日：ジョージ・ブッシュは、理由を明言することなく、ディック・ソーンバーグが辞任することを発表した。イランコントラの隠蔽スキャンダルなどにおけるソーンバーグの役割は、完全に封じ込めることができないほど広範囲に及んでおり、NBCの『カレント・アフェア』やさまざまな新聞を通じて放映された。

私は、私／ケリーがつかみ取ったいかなる成功も、同時に、虐待者たちから、組織的なCIAの脅迫やDIAの心理戦争戦術を用いて、妨害されてきたことを指摘した。その多くはケリーに向けられたが、それは彼らが、私にとってケリー／ケリーの幸福ほど大切なものはないと知っていたからである。

その結果、敵側を介して、マーサ・チャイルドが、いわゆるケリーの「訴訟後見人」に任命された。ケリーは、「FBIがコックスのすべての容疑を晴らした」と言われ、さらに私が「正気」ではなく、「マーク・フィリップスはもっとも危険な男である」と言われたそうだ（「もっとも危険な男」というのは、CIAが使う隠語で、死が差し迫っていることを指す）。私はマーサ・チャイルドとシャーリーン・ジョンソンが、父のお金で買収され、引き入れられたという証拠を手にしたし、その場面を目撃してもいた。だが、この証拠は法廷では認められなかった。ケリーと私はほとんど会うことが許されず、電話での連絡も含め、数か月間、強制的に引き離された。

ケリーは、過去の虐待や、今行われている虐待について話すたびに、シャーリーン・ジョンソンから厳しい罰を受けた。これは記録としても残されている。

私は、ケリーの脳波、健康状態の悪化、ケリーのプログラムを作動させようとする試みなどを含むカンバーランドハウスの記録を入手することを拒否された（数回の裁判所命令にもかかわらずだ）。だが、同情した職員が、コピーを取るためにケリーのファイルのいくつかを閲覧することを許可してくれた。

ケリーは、カンバーランドハウスで、職員から「無実のキャンドルライト降霊術」と呼ばれる悪魔・オカルトの儀式を受けたという。ケリーはシャーリーン・ジョンソンから「過去は現実ではない」と助言された。また、コックスはケリーとの接触を完全に維持していた。

カンバーランドハウスは、ケリーは正気であり、それゆえコックスの保護下に置く必要があると証言している。だが、この証言は、以前の声明と矛盾している。彼らはケリーが正気でなく、したがって法廷で証言することはできないと言っていたのだ。

カンバーランドハウスの代表は「マインドコントロールなど存在しない」と証言した。カンバーランドハウスはその後、ケリーはマーク・フィリップスに会えないとも証言している。その理由は「マーク・フィリップスはマインドコントロールの専門家だからだ」というものだった。

私はケリーを慰めることも、裁判に関する説明をすることも一切許されていなかった。ケリーは悪夢のような混乱の中にいるにもかかわらずだ。

ケリーはカンバーランドハウスで、バンによる交通事故に巻き込まれ、入院を繰り返していた。だが、ケリーは私に電話をして事故について知らせる権利を否定された。彼女は2週間後、こっそり自分の病院のＩＤブレスレットを私に郵送した。

1991年7月29日：シャーリーン・ジョンソンとカンバーランドハウスを起訴する権利を否定されたため、私は助けを求める公開書簡を書いた。

ケリーは助けを求めて数通の手紙を書いたが、すぐにエディス・ハモンズ／暴力犯罪被害者補償委員会を含む外部との連絡をとることを禁じられた。ケリーは電話をかけることも、郵便物を送ったり受け取ったりすることも禁止された。

1991年9月13日：コックスが求めた州外での詐欺的な検査で、彼が「正気」であることが宣言された。

1991年夏：ケリーの事例が複雑になり、新しい組織ＩＣＡＭが担当することになった。この組織は、不正行為の隠蔽において正義の鉄鎚を下す法的監視委員会であるとされていた。ケリーの検査を要求したのは、ナッシュビルで「最高」だと評される、バリー・ナーカム博士（ＣＩＡの支援を受けてオーストラリアから移住）だった。１９８９年、そして、１９９０年に保健福祉省のマーシャ・ウィリスがコンタクトをとったとき、彼は「資格がない」という理由でケリーの治療を拒否していた。ケリーの状態についての彼の報告書は、結論の出ないものだった。

しかし、ＩＣＡＭのマネージャーは私の主張を十分に検証し、ケリーがＭＫウルトラ計画でマインドコントロールの虐待を受けていて、適切な治療が切実に必要であることを理解していた。彼女はケリーを州外に移し、できるだけ早く適格なセラピーを受けられるように手配してくれた。ワシントンD.C.とテネシー州議会での私の信用は申し分なく、このマネージャーはケリーと私が直面している問題の大きさを理解してくれた。彼女は、「多重人格障害／解離性同一性障害の可能性がある」と診断した医師の紹介状さえあれば、ケリーを移送するための書類を完成させることができると教えてくれた。DHSはこの時点でICAMという組織を解散させた。

1992年1月：バリー・ナーカム博士は、ケリーをウェイン・コックスから引き離して保護するよう裁判所に手紙を書いた。だが、この手紙はショックホフ判事によって却下され、さらに、コックスがトリガーとトラウマを用いて、ケリーを惨状に陥れたことを証明する医療記録などその他すべての証拠も却下された。判事は「カンバーランドハウスが決めることだ」と言ったが、カンバーランドハウスの職員たちは嘘をつき、ケリーが再びコックスの被害に遭うことはないと法廷で断言した。マーク・フィリップスは、ナーカム博士に呼ばれ、その後、「あなたとキャシーが黙らないなら、あなたは死ぬことになるだろう」と発言するのを録音した。

コックスは、養育費の返還に関する第6巡回区控訴裁判所の手続きに必要な宣誓証言のため、ナッシュビルに到着した。少なくとも、この宣誓証言に立ち会った地方検事補のスコット・ローゼンバーグは、コックスの証言と行動を見て、彼こそが、私がずっと言ってきた虐待者であり、MKウルトラのプロジェクト・モナークやバード上院議員のような政治関係者の虐待に関する情報を持っているために、CIA／アメリカ政府によって保護されている人物であることをすぐに理解した。

シャーリーン・ジョンソンはコックスにカンバーランドハウスでのケリーとの面会を許可し、ケリーが私に電話することを禁じた。虐待を行ってきたコックスの母親もケリーとの面会を許可された。

ケリーは泣き叫び、懇願し、嘆願するなどしたが効果はなく、恐怖のあまり床に崩れ落ちた。この事実は、このことに同情した職員によって「偶然」私に公開されたカンバーランドハウスの記録に残されている。

シャーリーン・ジョンソンは、ケリーに身体的暴行を加え、彼女の体を激しく揺さぶり、コックスと面会するために直立不動で立つことを強要した。ケリーはその後、協力的でないという理由で、暴れる患者を収容するためのクッション壁の独房に隔離された。

私は再び裁判所に請願した。少年裁判所は、ケリーは共同親権の下にあるため、私には告発する管轄権がなく、カンバーランドハウスはケリーに対する虐待について説明責任を果たせないという判決を下した（「ある州の機関は、ほかの州の機関を訴えることができない」とのことだった）。シャーリーン・ジョンソンは現在もカンバーランドハウスに勤務している。現在、カンバーランドハウスのロゴは、オオカバマダラ（モナーク・バタフライ）の蝶の羽を持つ子供に変更され、太字でR．I．P．のイニシャルが書かれている。

1992年1月22日：私の弁護士が買収した新しい組織、オムニビジョンがケリーの件の監督を担当することになった。私は、ケリーの親権をDHSに委ねれば、オムニビジョンが州外でも適格なセラピーを提供し、コックスからの保護も行うと確約された。私には親権がなく、シャーリーン・ジョンソンがケリーをひどく虐待していたことを考えると、ほかに方法がなかった。しかし、私が決断する前に、ショックホフ判事はケリーをDHSの完全な保護下に置くことを決定した。

1992年1月：バリー・ナーカム博士から、ケリーの診断を行うためには、アメリカ国防総省の精神科医マーティン・オルネ博士の下でマインドコントロールを研究した、ナッシュビルの新しい精神科医／心理学者が必要だと知らされた。信頼の厚いこの医師が敵側の人間である可能性を考慮し、私はミッチェル博士に8時間に及ぶ聞き取りを行ったが、無駄だった。ミッチェル博士は、「身の安全のために、必要な記録は秘密にする」という条件でケリーのケースを引き受けてくれた。

ケリーはオムニビジョンによって里親のもとに置かれた。私はこの里親が誰で、どこにいるのかを知ることが許されなかった。しかし、私はミッチェル博士のオフィスを通じて、手配ができ次第、定期的にケリーに会うことを許可された。

ミッチェル博士の秘密保持と私の面会のための裁判は6か月間続き、その間、私はほとんどケリーに会えなかった。

その後、私は、ケリーが公然と魔術を行う元カンバーランドハウスの従業員の元に里子として預けられたことを知った。

1992年2月5日：少年裁判所を通したオムニビジョンからの接近禁止命令によって、ケリーは助けを求める手紙を書いたり、支援者や被害者団体に連絡したりすることを禁じられ、彼女がわずかに思い出した過去を含む特定の話題について話すことも制限された。

1992年3月8日：DHSに対し、ケリーが受けている虐待と権利の侵害について説明責任を果たすよう嘆願する手紙を書いた。私は助けを求める手紙を何度も書き、ケリーが必要とし、当然受けるべきリハビリを受けられるよう必死に気を配っていた。その結果、ある上院議員から、テネシー州議会への働きかけを勧めるという返事をもらった。そして、テネシー州議会と当時の保健福祉省長官であったレドモンド・グルーノーを前に、私がゲストとして話をする手配がなされた。

1992年4月13日：私は議会で演説し、ケリーの窮状の解決を訴えた。私をかつて虐待していた1人であるテネシー州上院議員レイ・オルブライトは、テネシー州議会が開会している間に退席した。マカフィー議員は協力を約束し、グルーノー委員にケリーの事例に関する報告書を提出するよう命じた。

会議の後、グルーノー委員は私に向かって、「どんなことがあってもケリーはセラピーを受けることはない」と怒りを滲ませた。DHSのケースワーカーのデニース・アレキサンダーは、ケリーと私に協力的だったが、グルーノー委員から圧力をかけられ、彼の隠蔽に従わずに仕事を辞めたと言われている。彼女は涙ながらにケリーと私の幸運を祈ってくれた。

1992年7月：ケリーはようやくミッチェル博士のセラピーを受けられることになり、その後、ケリーと私は彼の医療ソーシャルワーカー仲間であるネイスウェンダー氏との「家族セラピー」セッションに毎週参加することが許されるようになった。ケリーと私は、2年ぶりに話をすることが許された。だが、ケリーはすぐにミッチェル博士を恐がるようになり、ネイスウェンダー氏に、私とは何の問題もないが、里親になったオカルト崇拝者のメリッサ・サーモンドとの間にはひどい問題があると説明した。ケリーは恐怖と不安を訴え、メリッサが用意したオカルトジュエリーを身につけ、「満月」のキャンプファイヤーの儀式やパーティーのことを話し、オカルト文献を読んでいた。私は、ケリーがまたしてもオカルト的なトラウマにさらされているのだとはっきりわかった。

1992年8月：ケリーはメリッサ・サーモンドを通じてオカルトに関わったことで、オカルト的な人格にすり替わり、暴力を振るうようになった。メリッサはその後、ケリーと彼女のわずかな持ち物をYMCA近くの道路の縁石に捨て、DHSに通報した。ケリーは傷害行為や自傷行為が理由で、バリー・ナーカム博士とウィリアム・ミッチェル博士の「治療」を受けることになり、バンダービルトの施設に収容された。オムニビジョンはケリーがもはや「自分たちのプログラムに適さない」と判断し、彼女のケースから手を引き、ケリーのことはDHSが完全にコントロールすることになった。

1992年9月初旬：私は、アメリカのインテリジェンス・コミュニティの知識豊富で協力的なメンバーから、バンダービルト大学の精神科部門が、ケリーに大きな脅威を与えているアメリカ政府の腐敗した一派と同じ下請けをしていることを警告されていた。私は、バンダービルト大学の家族会議に出席するように裁判所から命令され、ケリーの心と生命がそこで重大な危険にさらされていることを経験／目撃した。さらに、機密扱いされているMKウルトラ計画のマインドコントロールという手段でケリーを黙らせようとする試みがなされていること、そして、彼女が加害者へのアクセスを要求するように再プログラムされるかもしれないことを知らされた。

1992年10月：ネガティブなプログラムを植え付けられたケリーと会う覚悟はできていた。ケリーは「なぜ私は記憶がフラッシュバックしなくなったのかしら?」と私に尋ね、「コックスに会いたい」と言った。面会を監視していたネイスウェンダー氏は、ケリーに「コックスについて、良いことも悪いことも、何か思い出せるか？」と尋ねたが、ケリーは「いいえ」と答えた。そこで、私はケリーに、脳はあまりにも恐ろしいトラウマの記憶を区分けするのだと思い出させ、もしかしたら、そのためにコックスの記憶がないのではないか、と尋ねた。呼吸不全になりかねない記憶を誘発することなく、ケリーはこの説明で自分の心をコントロールする方法を思い出した。そして、ケリーはコックスに会わないことを決意し、自分の過去について覚えていることをすべて話し始めた。

ネイスウェンダー氏は驚いて椅子から転げ落ち、ケリーに、その晩のうちに、このことをミッチェル博士に話すようにと言った。ケリーはＣＩＡの暗号やカリブ海での作戦、ペンタゴンやホワイトハウスに出入りしていたことなどを具体的に覚えており、ジョージ・ブッシュに関する過激な性的行為についても話をした。

１９９２年10月下旬：法廷記録は、バンダービルトがケリーと政府との戦いに関与していたことを示している。誰がどちらの味方だったかはわからないが、ケリーは思い出したことを忘れさせようと、「周波数」を受けたと伝えられている。私は、バンダービルトでケリーに会うことを禁じられ、ネイスウェンダー氏もそれからすぐに「引退」した。ミッチェル博士やナーカム博士に会いに行っても、ドアには鍵がかかり、何も話してもらえなかった。

この間に私が告発した北米自由貿易協定（ＮＡＦＴＡ）に関する情報は、特に選挙の年だったこともあり、私たちの生活を大きく危険にさらすものであると知らされた。ＮＡＦＴＡの情報は、ジョージ・ブッシュと、彼がケリーに対して行った残虐な性的虐待の記憶と直接結びついていた。私は、彼が小児性愛者であるさらなる証拠と確証を得た。私たちを「黙らせる」ことは、私たちの信憑性を証明することになるだけでなく、膨大な情報が拡散されることも意味している。

ジョージ・ブッシュは再選キャンペーンのもっとも重要な時期である10月に、5回にわたってナッシュビルを訪れている。そのほとんどは全国的には公表されなかったが、文書には残されている。

私は、ケリーがこの時期に耐えたと報告される周波数プログラミングによって負った脳幹のダメージは、すぐに適切なリハビリテーションが行われた場合、効果的に治療され、元に戻すことができると言われた。

1992年11月5日：マーク・フィリップスと私は、テキサス州ヒューストンの郊外で、州および連邦の法執行機関の大勢の人々を前にして、私たちの命を守ることになるかもしれない、文書化されたＮＡＦＴＡに関する情報を公開するために話をした。

1993年1月5日：新しい監査組織ＡＣＣＴがケリーの事例を管理するようになった。ケリーはテネシー州メンフィスのチャーター・レイクサイド精神病院に移され、私には一切の接触が許されなかった。バンダービルトで彼女に最後に会ってからは4か月以上が経っていた。私はＡＣＣＴの会合に出席する許可をもらい、上層部の1人から意見を聞くことができた。ＡＣＣＴによって作成された書類によると、ケリーは常にＡ（優）～Ｂ（良）の成績で、平均よりはるかに高い知能を持っているが、バンダービルト病院によると「脳が損傷し」、学習障害者として認定される水準になっているそうだ。

1993年3月11日：チャーター・レイクサイドの新しいソーシャルワーカー、アボット・ジョーダンの指示でケリーから監視付きの電話を受けた。バンダービルトでの事件以来、ケリーと話すのはこれが初めてだった。ケリーは泣きながら、ミッチェル博士に思い出したこと（ＣＩＡの作戦とブッシュについて）を報告すると、博士は48時間食べ物も水も睡眠もとらずに椅子に座らせることを強要し、ケリーが話したことをすべて忘れるようにさせたと話した。そして、ケリーは「反抗的」と診断された。だが、誰が彼女を責めることができるだろうか？　私が知っているあの子とはまったく違う。私はケリーのあらゆる性格や側面を知っている。ケリーは、自分が意識を集中させることができずにいること、専門的で適切なリハビリテーションが切実に必要だということを理解している。いつものように、私はケリーに「勝つまでは終わらない」ことを誓った。

1993年3月17日：私は、法廷で証言する権利を何度も否定されていた。コックスの弁護士からは、第6巡回区控訴裁判所を通じて私に与えられた3000ドルの養育費を支払うよう請求され、私たちは係争中だった。地方検事補のスコット・ローゼンバーグは、この請求が合法ではなく、その3000ドルはケリーの裁判のためのさらなる証拠を得るためにすでに費やされたと証言した。判事は「国家安全保障のため、この件に法律は適用されない」と言い、私に働けない理由がない限り、養育費を払うべきだと言った。コックスの弁護士ボブ・アンダーソンは、私が「金を使いこんだ」（実際には1度も見ていない）ので刑務所に入るべきだと怒鳴った。私は、自分の命が狙われていることを証言することを許されず、この状況下でなんとか日常生活を送っていた。1993年3月17日、ショックホフ判事は、1993年1月に遡って、私が週25ドルの養育費を支払うべきという裁定を下した。

この判決により（私には支払う方法がないため）、すぐにすべての親権が（まるで私には親権があるかのように）取り上げられ、私は支払い義務の不履行により刑務所に入る可能性があると忠告された。

1993年4月1日：ケリーと話をした。ケリーはまだ過去の記憶がなく、チャーター・レイクサイドの裁判所指定医に1度診てもらっただけである。私たちは、ケリーが虐待を受けたと診断され、適格なリハビリテーションを必要とするという決定を待っているところである。

1995年9月：マークと私は、十分な証拠で裏付けされた『トランス　フォーメーション・オブ・アメリカ』を出版した。ここに掲載した写真や詳細は、反論しようがないもので、それ自体が議会、FBI、CIA、DIA、DEA、TBI、NSAなどの法執行機関の全派閥、主要な報道機関グループ、国内外の人権擁護団体、米国心理学・精神医学協会、国立精神衛生研究所などに提出できる証拠となるものであるが、それも無駄だった。それにしても、『トランス　フォーメーション・オブ・アメリカ』は、多くの加害者とそのアジェンダを名前付きで徹底的に暴露しているにもかかわらず、なぜ私たちは訴えられないのだろうか？　その明白な答えは、司法や公的な暴露を行う際に、あらゆる手段を妨げ続けている「国家安全保障法」が、裁判の中で、こうした犯罪者たちが用いるマインドコントロールの存在を明るみに出してしまうこと（私たちはその機会を望んでいる）を妨げているからである。

一方、米国心理学・精神医学協会が報告しているように、アメリカ政府主導のマインドコントロールの生存者が全米で表面化し始めた。膨大な数の生存者に最初に出会ったのは、法執行機関やメンタルヘルスの専門家であり、こうした専門家は疑問を抱き始めた。ほかの国々では、CIAがMKウルトラ計画の人権侵害に関与していることに対して、コントロールされていないメディアを通じて答えが提供されている。1998年春にはカナダ放送協会が『スリープ・ルーム』と題するテレビ・ドキュメンタリーを、カナダ全土で放映した。番組では、ケリーをバンダービルトの隠蔽工作に巻き込んだウィリアム・ミッチェル医学博士が自慢した仲間、マーティン・オルネ博士が、ケベック州モントリオールで行われたユーイング・キャメロン博士のMKウルトラ「実験」の共犯者として名を連ねていた。さらに言うなら、キャメロン博士がアメリカ精神医学協会を設立し、アメリカの精神医療専門家を情報統制の暗黒時代の中に留めたことも知られるべきだろう。

１９９１年に私たちの「システムの犠牲者」の年表を発表して以来、関心を持つ著名な精神科医や心理学者によって、国際解離学会という新しい組織が結成された。この組織は、以前は不適切に多重人格障害（ＭＰＤ）と呼ばれ、マインドコントロールの基礎にもなっている解離性同一性障害（ＤＩＤ）について、世界中のメンタルヘルス専門家に情報を発信している。解離性同一性障害は専門的には「受け止められないほど恐ろしいトラウマに対する、心の正常な防衛反応」と定義されている。これは、脳が虐待の記憶を区分けすることで、心のほかの部分がある程度「正常に」機能するようになるという巧妙な対処の仕組みのために起こる。この区分けにより、トラウマとなった出来事の中に、抑圧された記憶や失くした記憶と呼ばれるものが封じ込められているのである。被害者は、理解しがたい虐待を意識的に思い起こさないよう解離するが、感情的に打ちのめされた被害者・生存者の人格は、潜在意識に導かれ、非常に暗示にかかりやすい状態になる。それゆえ、ケリーや私のように、解離性同一性障害の被害者がマインドコントロールの有力な候補者、あるいは「選ばれし者」になるのである。

トラウマによって抑圧された記憶を癒すには、外部からの情報ではなく、本人が内側から過去を学ばなければならない。回復した生存者として、私はこの事実をテネシー州の少年裁判所判事アンディ・ショックホフに何度も繰り返した。彼はケリーと私の会話を監視するため、検閲を課していた（つまり、過去の話題、現在の取り組み、将来の計画、「マインドコントロール」「大統領」「ブッシュ」といった言葉などを検閲していた）。私は、何がケリーにとって最善かを知っている。彼の無知は、際立って不愉快なものであった！

1995年12月：『トランス　フォーメーション・オブ・アメリカ』を出版し、その後、世論の反発により、ショックホフ判事はケリーに対する5年間の外部との通信や郵便物の禁止を解除せざるを得なくなった。彼はケリーに対し、「君の憲法上の権利を侵害することは、私には到底できない」と皮肉り、大衆の訴えに追従したようなことを言った。また、同じ公聴会で、彼はケリーに『トランス　フォーメーション・オブ・アメリカ』を読むように命じ、それに対してケリーは「何を読むか選ぶのは私の憲法上の権利だ」と答えている。ケリーが新たに移送されたノックスビルのキリスト教系の施設、ジャブニールの代表者は、ケリーの精神状態に対するショックホフ判事の配慮のなさに異議を唱えた。彼らはマインドコントロールを理解していなかったが、明らかな隠蔽工作を認識し、何としてもケリーの味方をすることを誓った。だが、その結果、途方もない代償を払うことになった。

1997年7月：ジャブニールの扉は永遠に閉じられた。ケリーの報告によると、連邦警察のチームがＦＢＩの身分証明書を見せびらかし、ほかの施設に移動させるために子供たちに手錠をかけ、すべての記録を没収したそうだ。ケリーは、その症状と状況が不安定であったことから、比較的安全な場所に移す手配が直ちになされた。

この解体されることになった「隠れ家」から、ケリーは制約がなく、構造化されていない、彼女の健康にとっては非常に有害なライフスタイルに突き落とされた。没収された彼女の健康記録と学校記録の追跡が本格的に始まったが、今のところ成果はない。

1997年秋：ケリーは、さまざまな施設や倉庫で、ギャング、悪魔崇拝者、暴力的で危険な人物、精神障害者などの仲間と仲良くするように指導され、何年も条件付けされた後、公立の高校に通った。ケリーの解離した心は非常に暗示にかかりやすく、それまでの8年間、仲良くすることを強いられてきた同じ種類の「仲間」に対しては特に脆かった。プログラムを再び作動させられた。解離性同一性障害と診断された彼女は、無防備で、意識的な分別がなく、自己認識や自尊心がなく、プログラムを再び作動させられた／させられる対象であることを自覚し、理解を切実に必要としていた。ケリーの状態は下降線をたどり始め、そこからまだ回復していない。

私は、ケリーの親権者であるテネシー州から、学校関係者や指導員と必要な連絡を取ることを妨害された。彼らはケリーの状態や苦境を十分に理解しておらず、おまけに過去の医療、メンタルヘルス、学校での記録がFBIに没収され、保留されているという事実によって、状況はさらに深刻なものとなった。ケリーは学校側に適切な情報を提供することができず、それゆえ、セラピーを受けられず解離の症状を抱えたままでいたし、その後、記録を提供しない限りはクラスを卒業することはない／できないだろうと言われた。私たちは、テネシー州の保健福祉省（現在はテネシー州児童福祉局に名称変更）に救済を求めた。しかし、ケリーのケースワーカーと呼ばれるケイティ・フィニーが、長年にわたってケリーが抱えてきた現実を露骨に隠蔽してきただけでなく、新しいケースワーカー、フレッド・ポラチェクに担当が交代することになり、事態はいつまで経っても解決しなかった。その間も、ケリーの入院、投薬、治療などの必要なすべてを、テネシー州の医療保険で賄うことはできなかった。この「重罪」に加えて、１９８９年にアラスカで認められた社会保障給付が、テネシー州の過失により失効し、ケリーが18歳になるともう利用できなくなることを告げられた。

テネシー州の保護下にあるケリーは、自分の過去を思い出すことも、未来に向かって前進することもできないまま、宙ぶらりんな状態に置かれ、健康上の問題から、体が弱く、動きが鈍くなった。かつては高かった成績の平均点も、今ではすっかり下がってしまった。以前は学力テストでも学年の水準をはるかに超えていたのに、今は学業に十分な集中力を維持し、やり遂げるのにも苦労している。

そんななか、クリスチャンの愛国者であるシンガーソングライターのカール・クラングが、我が家のモットーをタイトルにした励ましの歌『It's Not Over Till We Win（勝つまでは終わらない）』を最新アルバムに収録し、全米でオンエアされるようになった。ケリーの元には、カードや手紙、プレゼントがたくさん届くようになったが、状況は変わらなかった。私が粘り強く注意を喚起し、行動を起こしたにもかかわらず、医療の救済も、適切な精神科の治療も、社会保障給付も、学校での記録も、ケリーの件に関する膨大な記録も、テネシー州児童福祉局の職員の間で消散してしまった。私がいくら努力しても、ケリーが私の監護下にないことを「法的に」思い知らされるばかりだった。

ケリーは、国から支給されない基本的な生活必需品を買うために、単純労働をするよう命じられた。仕事でのケリーは、学校にいるときよりもさらに集中力を欠き、ごく普通の業務の要求にもうまく応えられないでいた。

1997年9月20日：ケリーは苦境から逃れるため、ノックスビルの施設から逃げ出し、約320キロ離れたナッシュビルのリバーフロント・パークのホームレスがいる区画の橋の下で寝ていたところを発見された。ケリーは薬も着替えも食べ物も持っておらず、すぐに、虐待された女性や帰る家のない子供たちのためのディー・ディー・ウォレス・シェルターに搬送された。そのときの私はまだ、法的に親権を奪われていた！

ケリーが抱えている問題は1つも解決されておらず、屋根があること以上の救済は何もなかった。ケリーは公立学校に戻されたが、そこでもまた、記録が欠如していたことから、彼女の深刻な精神障害を正しく理解する者はいなかった。ケリーと私のコミュニケーションは減少しており、断続的な10分間の電話と月に2時間の面会に制限されていた。

1998年2月：ケリーの18歳の誕生日が近づき、マークと私は、ケリーが民間の最先端で「機密扱い」とされているリハビリ施設に移るための準備を安全に進めるために、必要な手順と予防措置を取った。この取り組みを完了するには、ある種の記録と金銭が必要だったが、ケリーがテネシー州の親権を離れた時点で「合法的」に入手できるだろうと予想していた。私は、親権の移行には3か月の「猶予期間」があることを知ったが、これは法律やお役所仕事のグレーゾーンとも言えるものだった。

1998年2月19日：ケリーは18歳になった。ケリーが何週間もテネシー州ナッシュビルの街角に姿を隠していたため、適切なリハビリを受けるための計画が不確実になり、回り道し始めた。ケリーが州外のフォート・キャンベル（ケンタッキー州にある、ケリーと私が共に耐えた「元」マインドコントロール虐待基地）などの地域へ旅行したことを証拠と共に報告している間、私たちの努力は力をなくしていくように思われた。州が住むことを強要したトライ・アングル・ハウス（スザンヌ・ブーン　３１３７　ロング・ブルーバード、ナッシュビル、テネシー州３７２０３）は、ケリーが不在の間に、衣類や、心のこもった手紙、工作品などが詰まった「希望の箱」を含む彼女の持ち物を「ほかの人に分け与えた」と主張し、それらは2度と見ることができなかった。

1998年春：テネシー州からの記録も救済もなく、ケリーは再び卒業できないことを告げられた。18歳になったケリーは、高い知能を持ちながらも集中力を欠き、学校を退学して再び路上生活を送るようになった。

手を伸ばせば届きそうで届かない、「どうしようもない」ケリーに、私は涙を流した。ケリーは「プログラムについていけない」恐怖を口にしており（どんなプログラムなのだろうか?）、ケリーが話をする「友人」は暴力的な悪魔崇拝者と麻薬の売人であった。愛が宇宙で何より強力な癒しの力であることを知っていた私は、ケリーとのコミュニケーションを維持し、マークは再び、ケリーが最終的に自分の心をコントロールできるようになることを期待して、専門技術を駆使し、ディプログラミングのための準備を進めていった。だが、ケリーはもっとも都合の悪いタイミングで姿を消してしまった。社会保障局でさえ、ケリーが法的手続きに従って、きちんと約束の時間に現れさえすれば、控訴を進めることを望んでいた。政府の内部情報を持って武装した人々は、ケリーが心を取り戻すのを助ける準備ができていたが、テネシー州で拘留されているうちにケリーの心に明らかに悪い影響が及ぶことを、ますます警戒するようになった。人命が危険にさらされていた。マークが知っている何人かの人物の命が失われ、その後、「秘密のメンタルヘルス回復チーム」は部分的に解散し、残りの活動を他国に移した。

1998年夏：こうした出来事に心をかき乱され、私はケリーと彼女のプログラミングの間で揺れる愛と論理の葛藤に押しつぶされそうになっていた。私たち全員に対して仕掛けられたCIAの組織ぐるみの心理戦が激化していく一方で、私はケリーを安全な場所に連れ出す方法を計画し、夢に描いていた。ケリーの窮地と『トランス　フォーメーション・オブ・アメリカ』に書かれた証明済みの事実が、国際的な人権問題に影響を及ぼし、その結果、我が国が政治的に大きく変動する可能性もあった。ケリーはプログラムされているため、ケリーとの再会が実現すれば、私たちの命は危険にさらされ、生き残る可能性は皆無に等しいということも改めて告げられた（ケリーが1980年代前半にNASAや軍の施設で受けた最先端の脳波の操作は、現在も当時と同じように鮮明である。そして、コンピュータ化により、この技術は何光年も進歩した）。だが、この悪夢も愛には勝てない。私と一緒にいてもいなくても、私はケリーの精神的、肉体的な自由を確保しようと決意を固めている。物理的に離れていた年月は、私たちの間の絆をより強固なものにしたのだ。

ケリーと私は、通常の母娘関係を超えた深いコミュニケーションを共有している。私たちが誰と何を経験し、今、何に直面しているかを知っているケリーは、私たちのたゆまぬ努力に感謝しながら、基本的な理解を示すことがある。彼女自身の人生に対する洞察力は非常に進化しているようだし、生まれつきの精神は愛によってさらに強くなった。しかし、ケリーは自らのトラウマと、高度な技術に基づくアメリカ政府のマインドコントロール・プログラミングの現実と闘っている。これは呼吸器系（私の場合は消化器系と循環器系）の脳機能をコントロールするために、調波数を使って植え付けられたもので、このためケリーは、今日のスパイのように政府の秘密を話そうとすると死んでしまうことになっていた。ケリーと私が一緒にいると、自然と過去の体験の記憶が呼び起こされ、彼女はたびたび呼吸不全に陥る。このプログラムのことは、ケリーが自分の人生をコントロールするために、過去を思い出し、自分の心のコントロールを取り戻すために、拡散させる必要がある。ケリーの心理状態は時に自覚的であり、決然としている。しかし、脳が完全に発達する前の幼児期に、調波数を使って操作され形成された脳波には、まだ打ち勝つことができずにいる。それどころか、ケリーは入院を繰り返している。

ケリーのような窮状が、彼女だけでなく、アメリカ中に広がっていることを知ってほしい。高周波活性オーロラ研究プロジェクト（ＨＡＡＲＰ）を含む、現在起きている出来事、そして誇大広告やメディアの「情報操作」から私たちは目覚めなければいけない。知識を武装し、合法的かつ平和的にこの国に刑事司法制度を復活させ、自由と正義という憲法の価値をすべての国民の元に取り戻すことを、これまで以上に強く求められているのだ。

ケリーの窮状を理解することで、私たち自身の窮状も理解できるようになる。ケリーを助けることで、私たち自身を助けることができるのである。洞察力を得ることによって、私たちは次の千年紀に向けて、より強く、賢く、健康的で、逞しく愛に満ちた人類へとポジティブに進化することができるのである。このタイムラインに向かって、マークと私は、責任あるリーダーとして、この件を解決するために尽力するつもりでいるし、読者の皆さんにもどうか私たちの活動への支援を謹んでお願い申し上げたい。今日からこのタイムラインを広め、議員に手紙を書き、私たちの本『トランス　フォーメーション・オブ・アメリカ』の詳細を参照し、人々の意識を高めることによって、アメリカを助けてほしい……ケリーのために……あなたの愛する人たちのために……そして人類のために。

沈黙は死に等しい

私たちの生存の鍵は、裏付けのある詳細な証言を膨大かつタイムリーに広めたことにある。私たちは1988年から5年連続で、郡、州、連邦のすべての法執行機関に証言と反論の余地のない証拠を提出した。この証言は、私たちに共感してくれたテネシー州の下院議員ボブ・クレメントによって、ワシントンD.C.のすべての関係政府機関、および上院と下院の特定の議員に手渡された。善悪の区別はせず、皆に同じ内容のものを送った。

最終的に返ってきたのは、当たり障りのない手紙や、私たちの命や自由を脅かすような内容だった。脅迫は、テネシー州ナッシュビルの法執行機関の地元警官から口頭で伝えられた。だが、これらの脅迫は、私たちが本当に殺されてしまえば、知らせを受けた人たちが私たちのほうを信じるため、「無駄」であるとわかっていた。それが人間の正常な反応であり、私たちは自分たちの命を守るために賭けに出たのである。そして、私たちはこの第1ラウンドに勝利した。

生き残るための情報発信に次いで、私たちは憲法に定められた司法制度が実際に崩壊しているかどうかを、きっぱりと見極めるつもりだった。この5年間の活動を通じて明らかになった苦い真実は、国家安全保障法が発動された場合、正義はもはや通用しないことを証明した。

次に示す個人と組織のリストは、私たちが証言のために接触した総数のごく一部にすぎない。私たちはあらゆる手を尽くした。そして、私たちは国家安全保障の理由から、妨害されたのである。

国内／国外

上院倫理特別委員会　主席審議官　ウィルソン・アブニィ
アムネスティ・インターナショナル編集長　ロン・ラジョワ
国防総省調査局防諜担当　メイナード・C・アンダーソン
国務長官　ジェームズ・ベーカーⅢ
情報機関に関する常設特別委員会　米国下院議員ダグ・ベロイター
米国下院議員　デビッド・E・ボイナー
米国上院議員　デビッド・L・ボーレン
BCI調査官　ジャック・ブラム
ジョージ・ブッシュ大統領
米国司法長官　ジェーン・バーネリー
ジミー・カーター大統領（国家安全保障会議議長）
ディック・チェイニー国防長官
政府説明責任プロジェクト事務局長　ルイ・クラーク
米国下院議員　ボブ・クレメント
上院情報特別委員会　ウィリアム・S・コーエン米国上院議員
米国下院議員　ラリー・コンベスト
H・ロス・ペローの代理人　バーバラ・コネリー
米国下院議員　バド・クレイマー
米陸軍犯罪捜査司令部　ユージーン・R・クロマティ少将
ホワイトハウス特派員協会ディレクター
法を通して良識を求める市民の会

全米良識連盟
国防総省広報部　ロバート・ドール上院議員
米国下院議員　ロナルド・V・デラムス
米陸軍犯罪捜査部　シム・ディブル
空軍旅団長　フランシス・R・ディロン
米国上院議員　アルバート・ゴア
CIA長官　ヘルムズ
米国上院議員　ボブ・ドール
米国上院議員　ピート・ドメニチ
米国司法長官補佐官市民権部　ジョン・R・ダン
常設情報特別委員会　ルイ・H・デュパート
米国軍備管理軍縮局国務省情報局　マンフレッド・エルマー
米陸軍犯罪捜査部　テリー・フレイ大佐
司法省コカイン課　チャールズ・J・グーテンソン
司法省地域連携担当　グレース・フローレス-ヒューズ
情報機関に関する常設特別委員会　カルバン・ハンフリー
米国下院議員　ヘンリー・J・ハイド
バーバラ・ケネリー下院議員
CIA副長官　リチャード・J・カー
米国上院議員　ジョン・F・ケリー
全米反ポルノ連合会長　ジェリー・キア
米国国防総省　フレデリック・W・クレイマー
NORAD　クティィナ将軍

ＦＢＩ特別捜査官　ケネス・Ｖ・ランニング
米国司法省　メアリー・Ｃ・ロートン
米国下院議員　デイブ・マッカーディ
議会ウォッチ・ディレクター　クレイグ・マクドナルド
国防次官補　ヴェルナー・Ｅ・ミシェル
米国上院議員　ジョージ・ミシェル
マヌエル・ノリエガとフランク・ルビノ弁護士
米国上院議員　サム・ナン
最高評議員　マイケル・Ｊ・オニール
総評議員　Ｌ・ブリット・スナイダー
ヒューマン・ライツ・ウォッチ　スーザン・オスノス
ペロー・グループ
国連諜報部員　ハーバート・クインデ
米国下院議員　ジョン・Ｏ・ローランド
米国司法長官　チャールズ・サフォス
米国上院議員　サッサー
ＦＢＩ長官　ウィリアム・セッションズ
マイケル・シャキーン
米国司法省特別捜査局　ニール・シャー
国務省情報局　ウイリアム・シェパード
執行業務副部長　ジェラルド・シュール
米国国防総省監察総監室　モリス・Ｂ・シルバースタイン
Ｌ・ブリット・スナイダー

国防情報局長官　ハリー・E・ソイスター
米国上院議員　テッド・スティーブンス
国家安全保障局長官　ウィリアム・スチュードマン副提督
米国上院議員　ドン・サンクイスト
オゼル・サットン司法長官
米国司法長官　ディック・ソーンバーグ
児童搾取わいせつ部門　パット・トルーマン、ボブ・シャルテス
米国税関長　ウィリアム・フォン・ラーブ
独立評議会　ローレンス・ウォルシュ
米国上院議員　ハリス・ウォフォード
CIAディレクター　ウィリアム・ウェブスター

組織とメディア

ABC、NBC、CBS、CNN
アラスカ州暴力犯罪局
アルバカーキ（ニューメキシコ州）ジャーナルアンドトリビューン
アクロン（オハイオ州）ビーコン・ジャーナル
米国自由人権協会
アメリカ精神医学協会
アメリカズ・ウォッチ
アムネスティ・インターナショナル
アーカンソー・デモクラット

国家安全保障OB会　ジュリアン・マッキニー
アトランタコンスティテューション　シンシア・タッカー
バプテスト日曜学校委員会
野球コミッショナー　ジョン・ダウド
編集者　ジェームズ・L・カバノー　行動科学と法
ベス・ヴァーゴ、ビリーブ・ザ・チルドレン
キャバルケード・プロダクションズ、デール・マッカリー
シャーロット（ノースカロライナ州）・オブザーバー紙
シカゴ・トリビューン
チャイルド・ファインド、ロイ・スティーブンス
コバート・アクションズ出版編集部　ウィリアム・シャップ
クリミナル・ジャスティス・リーガル財団会長　マイケル・ラッシュフォード
クリスティック・インスティテュートの調査員　ジム・ギャリソン
クリスティック・インスティテュートのシスター　サラ・ネルソン
シチズンズ・アゲインスト・ポルノグラフィー事務局長　リチャード・エンリコ
法律による良識のための市民
法と秩序のための市民
クラリオン（ミズーリ州ジャクソン）レジャー紙
コングレス・ウォッチ
コバート・アクション
クルーシャル・コンセプツ
カルト・ウォッチ・オーストラリア
シンシア・キッサーとベティ・ネイスミス、カルト・アウェアネス・ネットワーク

デキャンプ・リーガル・サービス、ジョン・デキャンプ
デトロイト・フリー・プレス
エコノミスト・グループ
政府説明責任プロジェクト
グランド・ラピッズ（ミシガン州）・プレス
米国保健福祉省メディケイド局長　クリスティーン・ナイ
デール・グリフィス
ハンツビル（アリゾナ州）タイムズ
イリノイ州公共扶助局
インデックス・オン・センサーシップ
調査報道プロジェクト代表取締役社長　アン・B・ジル
調査報道記者・編集者　スティーブ・ワインバーグ
ポルノグラフィーに反対する全国連合　マイケル・ギルストラップ
ナショナル・レインボー連合　ジェシー・ジャクソン牧師
ワシントン・ポスト　ヘイズ・ジョンソン
ジャスティス・アンリミテッド　フェイス・ドナルドソン
ロサンゼルス・タイムズ支局長　ラック・ネルソン
カンザスシティ・スター、ライトハウス・プロジェクト
ミシガン州保護擁護サービス事務局長　エリザベス・バウアー
ミルウォーキー・スター社長　ジェレル・ジョーンズ
モルモン教　ペース主教
ビル・モイヤーズ
ＮＢＣ　スティーブ・ゴールドスタイン

全米警察署長協会　ユージーン・R・クロマティ参謀長
全米児童虐待訴追センター　ジェームズ・シャイン
全米児童虐待防止委員会 常務理事　ジュディ・ロードス
ナショナル・コンソーシアム・フォー・チャイルド・メンタルヘルス
ザ・ネイション・カンパニー
全米反ポルノ連合会長　ジェリー・キア
ナショナル・フェデレーション・フォー・ディセンシー
国立精神衛生研究所　ジェームズ・ブレイリング
全米被害者センター所長　リンダ・ローランス
ネブラスカ・リーダーシップ会議
ニューリパブリック編集長　ドロシー・ウィカンデュー
オプラ・ウィンフリー
暴力犯罪被害者補償委員会会長　エディス・ハモンズ
オーランド・セントナル
子供を守る親たち
ピープルズ ジャスティス センター
プライムタイム・プロデューサー　ハーブ・オコナー
テネシー州裁判弁護士協会会長　リース・バグウェル
プログレッシブ キリスト教放送局　パット・ロバートソン牧師
ロッキー・マウンテン・ニュース
サンディエゴ・トリビューン
サンフランシスコ・クロニクル
サンフランシスコ・エグザミナー　リンダ・ゴールドスタイン

サン・ジョゼ・マーキュリー・ニュース
ソサエティ・フォー・プロフェッショナル・ジャーナリスト
サザン・エクスポージャー
グロリア・スタイネム
タンパ・トリビューン
タイム／ライフ・シビア・タマーキン
ゴルダン・トーマス
被害者のための被害者
アンドリュー・ヴァクス弁護士
V.O.C.A.L
V.O.I.C.E.S
ワシントン・ポスト編集長　ビン・ブラッドリー
ウィンストン・セーラム（ノースカロライナ州）・ジャーナル
ポルノに反対する女性たち

州の法律機構関係者

（アラバマ州）　D.O.D課報部員ジュディ・ラングレン、クリス・ヘインズ捜査官
ハンツビル警察　ジェフ・ベネットとチャック・クラブツリー、バド・クレイマー地方検事
（アラスカ州）　アンカレッジ警察　ジャック・チャップマン刑事
（アーカンソー州）　カーク・ロコイン刑事、ポーラス郡検視官、スティーブ・ノビスド
（ケンタッキー州）　ニコラスヴィー警察刑事　メリン・プライス
（ルイジアナ州）　ニューオーリンズ犯罪捜査局　ジョセフ・E、レバート・ジュニア巡査部長、殺人課のゲリー・ピットマン警

部補
（テネシー州）知事　ネッド・マクウォーター
知事法制審議会　バーニー・ダーラム
前駐仏大使　ジョー・ロジャース
米国司法長官　ジョー・ブラウン
米国司法長官補佐官　ウェンディ・ゴギン
エリック・テイラー精神衛生局長
児童福祉担当　チャールズ・ウィルソン
テネシー州上院議員　セルマ・ハーパー、上院議員　ダグ・ヘンリー、上院議員　ヒックス、下院議員　マカフィー、下院議員
ランディ・スタンプス、下院議員　ベン・ウェスト
テネシー州捜査局　ジョン・カーニー局長、アンディ・アール捜査官、ビル・トンプソン捜査官
グッドレッツビル警察署長　フレッド・ショット
サムナー郡検事総長　レイ・ホイットリー
地方検事　チャールズ・バーソン
ナッシュビルメトロ警察署長　ロバート・キルシュナー、副署長　ロス、トミー・ジェイコブス警部補、ジム・ビンクリー警部
補、ジェームズ・A・ヒクソン巡査部長、殺人課　ミッキー・ミラー警部、テリー・マッセルロイ刑事、パット・ポスティリオ
ーネ刑事
サムナー郡サットン保安官、犯罪捜査官　ジェフ・パチーノ
ウィリアムソン郡地方検事　ジョー・バウ
フランクリン警察署長　ウィズダム
ナッシュビル地方検事　トリー・ジョンソン
検事局犯罪捜査官　スキップ・シグモンド
暴力犯罪被害者補償委員　リチャード・ラッカー

ホワイトハウス警察　ロン・ミラー中尉
（テキサス州）モンゴメリー郡保安官事務所　ノエル・スタンレー、ビリー・コルソン巡査、ジョン・マクフィリップス中尉
ヒューストン ハリス郡　デビッド・ロッシ議員、デイブ・ヘイステン議員
ウィスコンシン州ミルウォーキー市警察署長　ＦＢＩアラスカ支部：担当特別捜査官　ジョー・ハンブリン、特別捜査官　ケン・マリシェン
ＦＢＩミシシッピ州　ミシシッピ州：ウイス・グレーバー特別捜査官、パット・マクグレネン特別捜査官
ＦＢＩネバダ州：ロジャー・ヤング特別捜査官
ＦＢＩテネシー州：ベン・パーサー特別捜査官、フィル・チューニー特別捜査官、ブラッド・ギャレット特別捜査官
米国アラスカ州税関：駐在員　マックス・キッチンズ
米国フロリダ州税関：担当捜査官　ジョン・サリバン、ハワード・ルドルフ刑事、ジャック・デヴァニー刑事
米国テネシー州税関：エド・ウォーカー駐在員、ルー・ボック特別捜査官
米国税関内務部長　ケン・マクミラン

ワシントンD.C.にある司法省の入り口の磨かれた花崗岩の石壁には、次の言葉が刻まれている。

「自由を守るには、絶え間ない警戒が必要である」

この言葉は、私たちの信念を裏付けるもので、すべてのアメリカの愛国者とその同盟者は、「国家安全保障という理由で、特定の犯罪行為が保護されている」ことに気づかなければならないのだ。

参考文献

1. The Oxford Companion to the Mind by Richard L. Gregory; published by Oxford University Press, 1987
2. Psychiatry and the CIA: Victims of Mind Control by Harvey Weinstein; published by Wash. D.C.; American Psychiatric Press
3. Journey Into Madness The True Story of Secret CIA Mind Control and Medical Abuse by Gordon Thomas; published by N.Y. Bantam Books, 1989
4. The Search for the "Manchurian Candidate": The CIA and Mind Control by John D. Marks; published by N.Y. Times Books, 1979
5. The Secret Team: The CIA and it's Allies in Control of the United States and the World by Fletcher Prouty; published by Englewood Cliffs, N.J. Prentice-Hall, 1973
6. The Nazi Doctors: Medical Killing and the Psychology of Genocide; published by N.Y. Basic Books, 1986
7. Secret Agenda: The United States Government/ Nazi Scientists and Operation Paperclip by Linda Hunt; published by N.Y. St. Martin's Press, 1991
8. Mind Control in the United States by Steven Jacobson; published by Critique Publishing, 1985
9. Clinical and Experimental Hypnosis in Medicine, Dentistry, and Psychology by William S. Kroger, M.D.; published by J.B. Lippincott Company, 1977
10. Hypnotherapy by Milton J. Erickson and Ernest L. Rossi; published by Irvington Publishers, Inc., 1979
11. The Osiris Complex: Case Studies in Multiple Personality Disorder by Colin Ross, M.D.; published by University of Toronto Press Inc., 1994
12. Trance Formations: Neuro-Linguistic Programming and the Structure of Hypnosis by John Grinder and Richard Bandler; published by Real People Press, 1981
13. Reframing: Neuro-Linguistic Programming and the Transformation of Meaning by Richard Bandler and John Grinder; published by Real People Press, 1982

要約、雑誌、新聞

14. Human Rights Law Journal: Freedom of the Mind as an International Human Rights Issue by Dr. Alan Scheflin; published by N.P. Engel, 1982
15. In Through the Out Door: Subliminal Persuasion by Eric Lander; Omni, February 1981
16. Not What You Read, But How You Read It by Junichi Kikuchi; Business Japan, July 1990
17. Behavioral Modification Programs: Federal Bureau of Prisons by U.S. Congress, House, Committee on the Judiciary
18. Biomedical and Behavior Research by U.S. Congress, Senate, Committee on Labor and Public Welfare, 1975
19. Project MK Ultra: The CIA's Program of Research in Behavioral Modification by U.S. Congress, Senate, Select Committee on Intelligence, 1977
20. The Mind Control Papers by Los Angeles Editors of Freedom, 1980
21. The Mind Fields by Kathleen McAuliffe, Omni, February 1985
22. Brain Triggers: Biochemistry and Behavior by Joanne Ellison Rodgers, Science Digest, January 1983
23. Old Familiar Voices: Research on How the Brain Recognizes Familiar Voices by Diana Can Lancker, Psychology Today, Nov. 1987
24. Cells of Babel: Individual Nerve Cells can Manufacture Different Transmitter Chemicals and Thereby Speak Simultaneously in Various Languages of the Brain by Julie Ann Miller, Science News, December 1992
25. Brains Memory Chemicals by Science News, April 1980
26. New Maps of the Human Brain by Ann Gibbons, Science, July 1990
27. Sex and the Split Brain by Carol Johmann, Omni, August 1983
28. Molecules of Memory by Geoffrey Montgomery, Discover, Dec. 1989
29. Info Accumulating on How Brain Hears by Charles Marwick, JAMA, June, 1989
30. Mind In Motion: Neurologists Try to Unlock the Secrets of Language by Geoffrey Montgomery, Discover, March 1989
31. Brain Circuits and Functions of the Mind by Colwyn Trearthen and Charles Gross, Science, September 1990
32. Another Signaling System in Brain by R. Weiss, Science News, January 1990
33. Pain Perception Research: On and Off Cells in the Brain by Frederick Golden, Discover, August 1990
34. Charts of the Soul: Brain Chemistry and Behavior by Judith Hooper, Omni, March 1983
35. Relationship of Most Disorders to Violence by J.J. Collins, J[a]Nerv- Ment-Dis, 1990
36. Picture This: Discover Conscience/NASA by Steven Scott Smith, Omni, October 1990
37. Scientist in Search Of The Soul by John Gliedman, Science Digest, July 1982

私たちを自由にする真実について、
言葉を広め、意識を高めよう！

キャシー・オブライエンとマーク・フィリップスによる３つの著作の海賊版が、彼らの証言の信憑性を薄め、損なおうとする目的で意図的に流通させられています。そのため、英語版の書籍については以下のサイトを通じて購入するようにしてください。

www.TRANCE-Formation.com

・TRANCE Formation of America by Cathy O'Brien with Mark Phillips
・ACCESS DENIED For Reasons of National Security by Cathy O'Brien with Mark Phillips
・PTSD: Time to Heal by Cathy O'Brien

【連絡先】

メール：TRANCE008@hotmail.com
住所：Reality Marketing PO Box 868 Guntersville, Alabama 35976 USA

CIA「MK ウルトラ」マインドコントロールサバイバーの実話
人格破壊からの癒しと回復、目覚めへの鐘――

心身を癒し統合した現在のキャシー・オブライエン自身が出演。
過去の写真や映像とともにマインドコントロール極秘作戦の闇と最新情報、
そして、マインドコントロールからの回復を可能にした
究極の“魂の解決策”について語る。

キャシー・オブライエンは、壮絶な経験と自身の変容を通して、
一人ひとりが尊厳あるスピリットとして生きるための洞察を与え続けている。

『TRANCE：The Cathy O’Brien Story/日本語字幕版』

■2023年6月10日リリース
■販売価格：1700円（税込）
■視聴方法
動画配信システム Vimeo での
ストリーミング配信
Vimeo の無料会員に登録後、
購入、ご視聴いただけます
■予告編&本編購入ページ
https://vimeo.com/ondemand/trancecathy

■ STAFF & CAST
出演　キャシー・オブライエン
時間　１時間22分
監督　Adrienne Youngblood
構成　Isabella Antinoro
　　　Adrienne Youngblood

〈日本語字幕版〉
字幕監修　田元明日菜
プロデュース　横河サラ
企画制作　ヒカルランド

世界の真実追求者が大絶賛、2022年公開の話題作！

『TRANCE：The Cathy O'Brien Story』
日本語字幕版　待望のリリース！

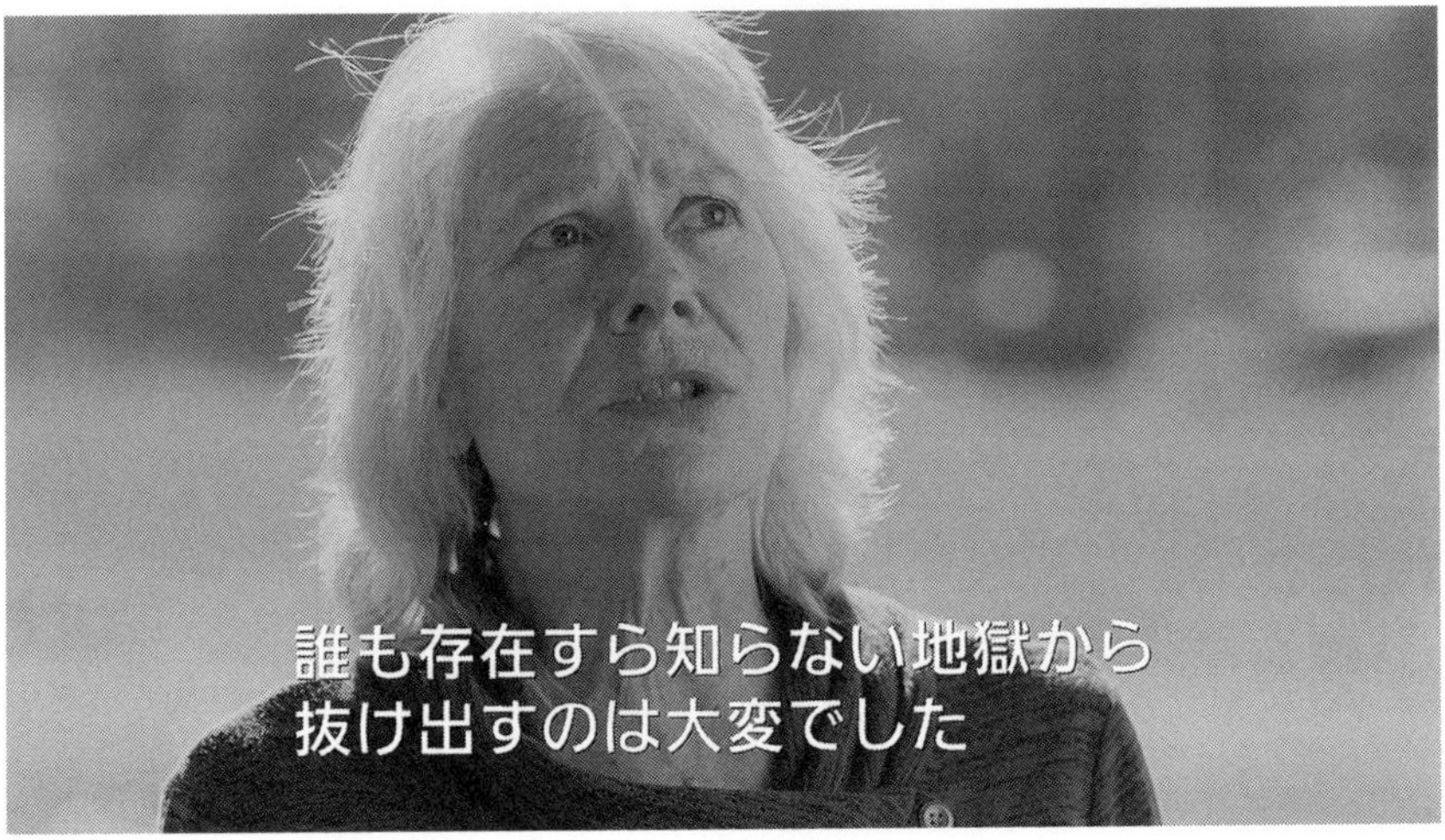
誰も存在すら知らない地獄から
抜け出すのは大変でした

1953年に始まった米国政府による極秘洗脳計画「MK ウルトラ」の実態、
世界を牛耳ろうと企む権力を持った犯罪者たちは、
いかにして「新世界秩序（ニューワールドオーダー）」の実現を諮《はか》ったのか。

おぞましい数の人体実験の末、
驚くほどの進化を遂げたマインドコントロール技術は、
長きにわたり、巧妙に民衆に向けて使用され続けている。

私たちは過去どのように支配されてきたのか、
そして今、一体何が行われているのか。

コロナ、ワクチン、マスク、LGBT、メディア、エンタメ界の闇———

この事実から目を逸《そ》らすわけにはいかない。

キャシー・オブライエン

1957年ミシガン州マスキーゴンに生まれ、MK ウルトラ計画によるマインドコントロールと、そこからの回復をテーマにしたアメリカ政府の内部告発者として国内外に知られている。

知識はマインドコントロールから身を守る。キャシーの経験は、今日の社会におけるマインドコントロールの広範囲な影響と、自由な思想を取り戻し、保護し、拡大するために何ができるかを洞察する力を与えてくれる。

1995年、米国議会情報監視特別委員会での彼女の証言に対して、国家安全保障法が発動され、その証言はマーク・フィリップスとの共著『TRANCE Formation of America』を通じて公開された。著書に『ACCESS DENIED For Reasons of National Security』（マーク・フィリップスとの共著）、『PTSD：Time to Heal』がある。

2022年、自身も出演した映画『TRANCE：The Cathy O'Brien Story』が公開された。

マーク・フィリップス

1943年、テネシー州ナッシュビル生まれ。アメリカ政府の内部告発者として、真実を明らかにすることで、人々が生まれながらにして持つ思想の自由という権利を平和的なやり方で取り戻すために尽力し、命を捧げた。2017年に逝去。

田元明日菜　たもと あすな

1989年生まれ。早稲田大学大学院文学研究科修了。訳書に『タオ・オブ・サウンド』『ウブントゥ』（ヒカルランド）、『つのぶねのぼうけん』『すてきで偉大な女性たちが世界を変えた』（化学同人）、共訳書に『ノー・ディレクション・ホーム：ボブ・ディランの日々と音楽』（ポプラ社）などがある。

横河サラ　よこかわ さら

ドランヴァロ・メルキゼデク School of Remembering® 公認ティーチャー

脈々と続いてきた洗脳の箱から出て、一人ひとりがハートから生きることを思い出すために、精力的に活動中。著書に『ダイヴ！ into ディスクロージャー』『ダイヴ！ into アセンション』（ヒカルランド）、『ハートナビ』（ビオ・マガジン）がある。

狂気の洗脳と操り

トランス フォーメーション・オブ・アメリカ

CIAマインドコントロール性奴隷「大統領モデル」が語った真実

第一刷 2023年6月30日

著者 キャシー・オブライエン／マーク・フィリップス

訳者 田元明日菜

推薦 横河サラ

発行人 石井健資

発行所 株式会社ヒカルランド
〒162-0821 東京都新宿区津久戸町3-11 TH1ビル6F
電話 03-6265-0852 ファックス 03-6265-0853
http://www.hikaruland.co.jp info@hikaruland.co.jp

振替 00180-8-496587

本文・カバー・製本 中央精版印刷株式会社

DTP 株式会社キャップス

編集担当 Y+

落丁・乱丁はお取替えいたします。無断転載・複製を禁じます。
©2023 Tamoto Asuna Printed in Japan
ISBN978-4-86742-266-3

書籍と映画の同時リリースを記念して
スペシャルイベント開催！
『マインドコントロール「MK ウルトラ」の真実』

講師：横河サラ

本書の推薦者で、映画『TRANCE／日本語字幕版』のプロデュースもされた横河サラさんをお迎えし、書籍と映画には収録されていないキャシー・オブライエン氏からのディープ情報、最新情報を解説。操作を許さず、スピリットとして本質を生きるために、理解しておくべきことはなにか。人類奴隷化から立ち上がる大転換期に、皆さまと大切なことを確認しあいます。

【一部：映画プレミアム上映会】
『TRANCE：The Cathy O'Brien Story／日本語字幕版』
【二部：特別セミナー】
『マインドコントロール「MK ウルトラ」の真実』

・開催日：2023年7月8日(土)
・二部は《後日動画販売》あり
・詳細＆申込みはヒカルランドパークHPへ

開催後、セミナーは動画販売いたします。
アップデート情報はヒカルランドパークHPをご確認ください。

ヒカルランドパーク
JR 飯田橋駅東口または地下鉄 B1出口（徒歩10分弱）
住所：東京都新宿区津久戸町3－11 飯田橋 TH1ビル 7F
TEL：03－5225－2671（平日11時－17時）
E-mail：info@hikarulandpark.jp　URL：https://hikarulandpark.jp/
Twitter アカウント：@hikarulandpark
ホームページからも予約＆購入できます。

ヒカルランド　好評既刊！

地上の星☆ヒカルランド　銀河より届く愛と叡智の宅配便

地球外存在と人類のめくるめく〔支配とコントロールのダンス〕の全貌。徹底したリサーチ、圧倒的な情報量で語りつくしたディスクロージャー超濃厚セミナーシリーズを待望の書籍化！　もう、眠った羊のままではいられない。人類が目覚めに向かうために知っておくべき衝撃の超真実！

底なしの洗脳の闇から一気に引き上げる衝撃の超真実！
ダイヴ！ intoディスクロージャー
著者：横河サラ
四六ソフト　本体 2,500円+税

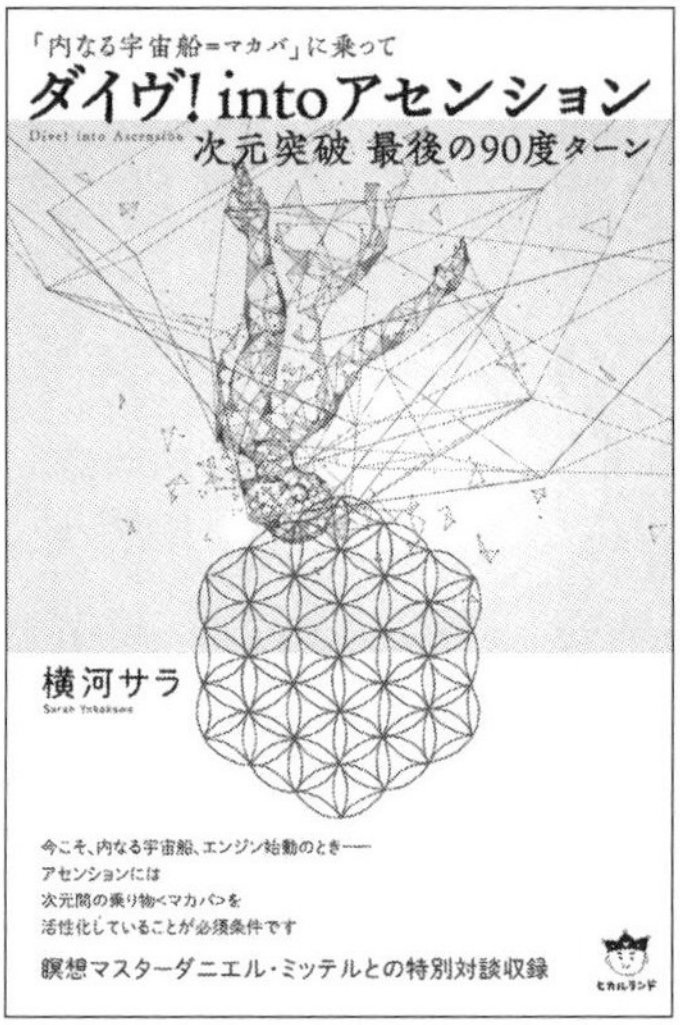

ドランヴァロ・メルキゼデクのスクール ATIH 公認ティーチャーである著者が、人体を取り巻くエネルギーフィールド「マカバ」について深め､宇宙の設計図フラワー・オブ・ライフ（神聖幾何学）を生きる本当の意味に触れていく。ハートが導くアセンションの叡智へと読者を誘う。瞑想マスター、ダニエル・ミテルとの特別対談収録。

「内なる宇宙船＝マカバ」に乗って
ダイヴ！ intoアセンション
次元突破 最後の90度ターン
著者：横河サラ
四六ソフト　本体 1,900円+税

ヒカルランド　好評既刊！

地上の星☆ヒカルランド　銀河より届く愛と叡智の宅配便

NYタイムズベストセラー！　世界39か国翻訳の名著。内なるエネルギーでいかに身体・心を最適化するか、「自己変革」成就への究極の実践プログラム。インドで最も影響力ある50人の１人に選出された現代最高峰のグルが古典ヨガの科学を今に蘇らせる！　今こそ“絶対幸福への道”を歩きだそう！

歓喜へ至るヨギの工学技術
インナー・エンジニアリング
内なるエネルギーでいかに身体・心を最適化するか
著者：サドグル
訳者：松村浩之／松村恵子
四六ハード　本体 2,200円+税

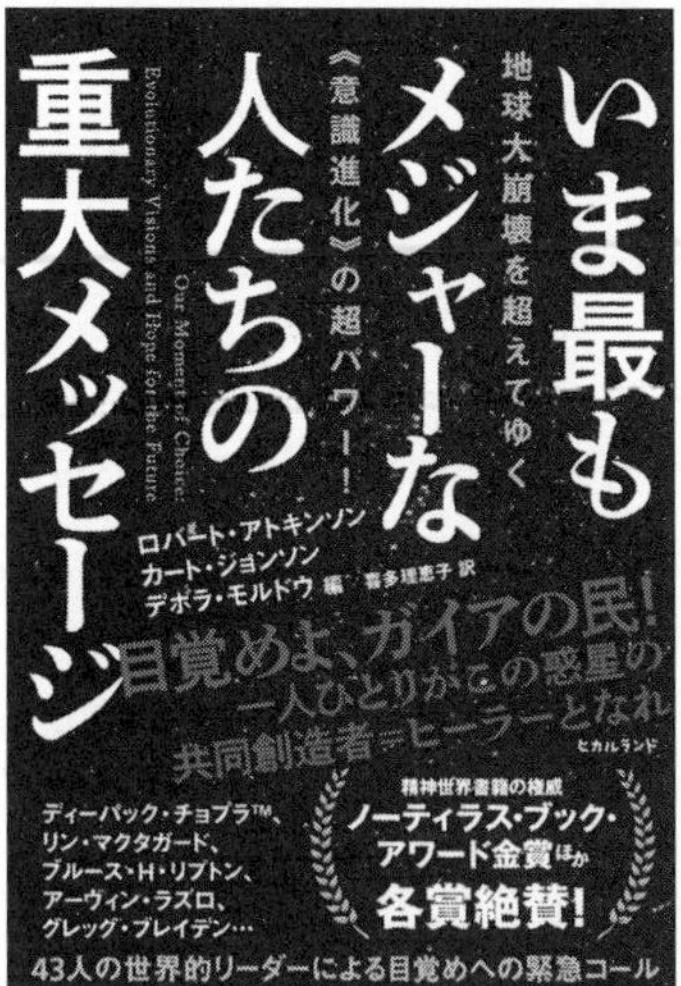

一人ひとりがこの惑星の共同創造者＝ヒーラーとなれ！　ディーパック・チョプラTM、リン・マクタガード、ブルース・H・リプトン、アーヴィン・ラズロ、グレッグ・ブレイデン…43人の進化的指導者（エボリューショナリー・リーダー）たちによる意識覚醒のメッセージ。いざ、進化と相乗の新次元へ！

地球大崩壊を超えていく《意識進化》の超パワー！
いま最もメジャーな人たちの重大メッセージ
著者：ロバート・アトキンソン／カート・ジョンソン／デボラ・モルドウ
訳者：喜多理恵子
四六ソフト　本体 3,000円+税

ヒカルランド　好評既刊！

地上の星☆ヒカルランド　銀河より届く愛と叡智の宅配便

著者自身が実体験した異星人による拉致の告白と慈悲深い異星人との交流を紹介。本書の中心を成しているのは、110もの宇宙種族についてエレナ自身が描くイラスト付きの解説であり、異星人種族の百科事典とも言える内容。地球と地球人がこれまでどのような歴史をたどって来たのかについて初めて知りうる情報が満載です。未知なる銀河コミュニティへと読者を案内する貴重な銀河のガイド本、待望の翻訳へ！

【イラスト完全ガイド】
110の宇宙種族と未知なる銀河コミュニティへの招待
著者：エレナ・ダナーン
監修：上村眞理子　訳者：東森回美
四六ソフト　本体 3,300円+税

闇の支配勢力【ダークアライアンス】から地球を防衛する【光の艦隊】の瞠目すべき全貌！〈彼ら〉が人類にもたらす、意識進化／覚醒計画のすべて。いま、世界で最も注目を集めるスペース・コンタクティ、エレナ・ダナーンによる驚異のコズミック・レポート！

We Will Never Let You Down
この惑星をいつも見守る　心優しき地球外生命体たち
銀河連合司令官ヴァル・ソーとのDEEPコンタクト＆太陽系ジャーニー全記録
著者：エレナ・ダナーン
訳者：佐野美代子
四六ソフト　本体 3,000円+税

ヒカルランド　好評既刊！

地上の星☆ヒカルランド　銀河より届く愛と叡智の宅配便

創造の模倣者
偽の神との訣別［上］
地球に受胎した【女神ソフィア】はこうして消された！
著者：ジョン・ラム・ラッシュ
訳者：Nogi
四六ソフト　本体 3,000円+税

地球の簒奪者
偽の神との訣別［下］
女神ソフィアを知る【グノーシス秘教徒】はこうして消された！
著者：ジョン・ラム・ラッシュ
訳者：Nogi
四六ソフト　本体 3,000円+税

答え　第1巻［コロナ詐欺編］
著者：デーヴィッド・アイク
訳者：高橋清隆
四六ソフト　本体 2,000円+税

答え　第2巻［世界の仕組み編］
著者：デーヴィッド・アイク
訳者：渡辺亜矢
四六ソフト　本体 2,200円+税

インビジブル・レインボー
電信線から５G・携帯基地局・Wi-Fiまで
著者：アーサー・ファーステンバーグ
監修・解説：増川いづみ
訳者：柴田浩一
Ａ５ソフト　本体 4,550円+税

答え　第3巻［偽の社会正義編］
著者：デーヴィッド・アイク
訳者：渡辺亜矢
四六ソフト　本体 2,200円+税

ヒカルランド　好評既刊！

地上の星☆ヒカルランド　銀河より届く愛と叡智の宅配便

エジプトの謎：第一のトンネル
タイムトラベル装置、ホログラフィー装置により過去と未来を覗き見た驚異の体験報告！
著者：ラドウ・シナマー
編集：ピーター・ムーン
訳者：金原博昭
四六ソフト　本体 3,000円+税

人類の操縦者と【偽の地球】
ホログラフィック惑星
著者：A・ジョルジェ・C・R／高木友子
四六ソフト　本体 2,000円+税

ワクチン神話捏造の歴史
医療と政治の権威が創った幻想の崩壊
著者：ロマン・ビストリアニク／スザンヌ・ハンフリーズ
訳者：神 瞳　監修：坪内俊憲
Ａ５ソフト　本体 3,600円+税

日本は二次大戦に勝利していた!?
第二次世界大戦の真実
著者：笹原 俊
四六ソフト　本体 2,000円+税

白ウサギを追え！
著者：笹原 俊
四六ソフト　本体 1,500円+税

ネサラ・ゲサラ（NESARA/GESARA）がもたらす新時代の経済システムとは!?
著者：笹原 俊
四六ソフト　本体 1,500円+税

ヒカルランド　好評既刊！

地上の星☆ヒカルランド　銀河より届く愛と叡智の宅配便

ウブントゥ
人類の繁栄のための青写真《ブループリント》
著者：マイケル・テリンジャー
訳者：田元明日菜
推薦：横河サラ
A5ソフト　本体 2,500円+税

お金で人々を奴隷化した「地球規模の銀行詐欺」を徹底リサーチ。古代アフリカの哲学「ウブントゥ」が教えるお金のないコミュニティ実践法について圧倒的な筆力で解説する。世界11か国で読み継がれる名著。真に自由な世界に人類を連れ出すウブントゥムーブメント、待望の日本上陸！